超迷人 Illustrator 入門美學

CC適用

Windows & Mac

關於本書

開始練習前請先詳細閱讀以下內容

▶ 本書是根據 2022 年 12 月的資料，解說「Adobe® Illustrator® 2023」的操作方法。本書出版之後，如果「Adobe® Illustrator® 2023」及軟體功能、操作方法、畫面等出現異動，可能發生無法按照書中說明執行操作的情況。關於本書出版後的資料，我們會盡可能提供於敝公司網站（books.gotop.com.tw）上，但是無法保證所有資料都能即時發布並確實解決問題。關於運用本書而衍生出直接或間接的損害，作者與本公司概不負任何責任，敬請見諒。

▶ 若對本書內容有疑問，請至敝公司網站的「聯絡我們」頁面，於表單中輸入具體頁數並詳述您的問題後送出。我們不提供透過電話及傳真解答疑問的服務。而碁峰資訊的網站（books.gotop.com.tw）也提供包含本書在內的各碁峰出版物之相關支援資訊，請務必瀏覽、參考。

▶ 對於下列這些問題，我們無法回答，還請見諒。

- 本書出版之後有所改變的軟、硬體規格及服務內容等相關問題
- 本書所介紹之產品或服務的支援
- 不屬於書中所列步驟的問題
- 與硬體、軟體、服務本身的故障或缺陷有關的問題

● 關於專門用語

內文將「Adobe® Illustrator® 2023」簡稱為「Illustrator」。此外，本書中所使用的專門用語，基本上都以螢幕上實際顯示的名稱為準。

● 本書的操作環境

本書中的各個操作畫面，是在「Windows 10」電腦上安裝「Illustrator 2023」，並於連上網路的狀態下所擷取而得。在其他不同的環境下，部分操作畫面可能會有差異。

● 本書使用的照片素材

本書使用了 CC0 授權的照片素材。

前言

過去 Adobe Illustrator 曾是一套價格不斐的軟體，僅供專業人士使用；而設計中扮演著重要角色的字體也一樣高不可攀；就連列印檔案，也沒有現在這麼便宜又方便的網路印表機可以使用，門檻相當高。時至今日，只要透過訂閱，即可輕鬆使用 Illustrator，連專業人士使用的部分字體也能免費提供，並且可以透過搜尋立即找到符合需求的便宜網路印表機。

由於 Illustrator 的使用門檻大幅降低，即使「馬上」開始操作，也可以輕易製作出品質還不錯的作品。現在 Illustrator 的使用者已經擴大到一般族群，包括企業公關、想把網頁設計當作副業的人，以及希望製作社群媒體圖示或 YouTube 縮圖的人。

在此背景下，我收到了撰寫這本書的邀約，讓我回想起自己當初學習 Illustrator 的過程。

我在學生時期買了一本 Illustrator 的參考書，並且徹底研讀了裡面的內容，然後開始兼職當一名平面設計師。我自認可以勝任這份工作，結果卻根本看不懂資深設計師在做什麼，使得內心受到了強烈的衝擊，這件事至今仍讓我印象深刻。「我已經很認真了啊！」當時的我感到懊惱不已。學習時的練習，與實際在職場上的操作有些落差，而且 Illustrator 每次升級時，功能都會增加，變得更複雜，這可說是老牌應用軟體的宿命。

當時我需要的，應該是一本包含基本知識，同時介紹「可以在職場派上用場的功能與技巧」的書籍。如果有這種書，就可以提高學習效率。這本書涵蓋了能在職場上運用的實用功能，設計原理、具體技巧，是一本「全方位」的書。我在大學唸的科系與設計無關，沒有任何設計背景，但是我喜歡欣賞別人的作品，也愛設計創作，加上 Illustrator 的優秀功能協助，才有今天的成就。

使用 Illustrator 不一定要有設計背景，如果喜歡設計的人能把這本書當作起點，以良好的效率學習 Illustrator，我將深感榮幸。

石川洋平

CONTENTS

CHAPTER 3

CHAPTER 4

CHAPTER 7

Chapter 10

本書的閱讀方法

本書的內容同時支援 Windows 與 Mac，但是解說以 Windows 為主。如果你使用的是 Mac，執行按鍵操作時，請將 Ctrl 改成 ⌘，Alt 改成 option，Enter 改成 return。

主題標籤
這是每個單元的學習內容或關鍵字。

單元標題
扼要顯示此單元的重點。

練習檔案／完成檔案
顯示此單元使用的練習檔案或完成檔案的名稱。

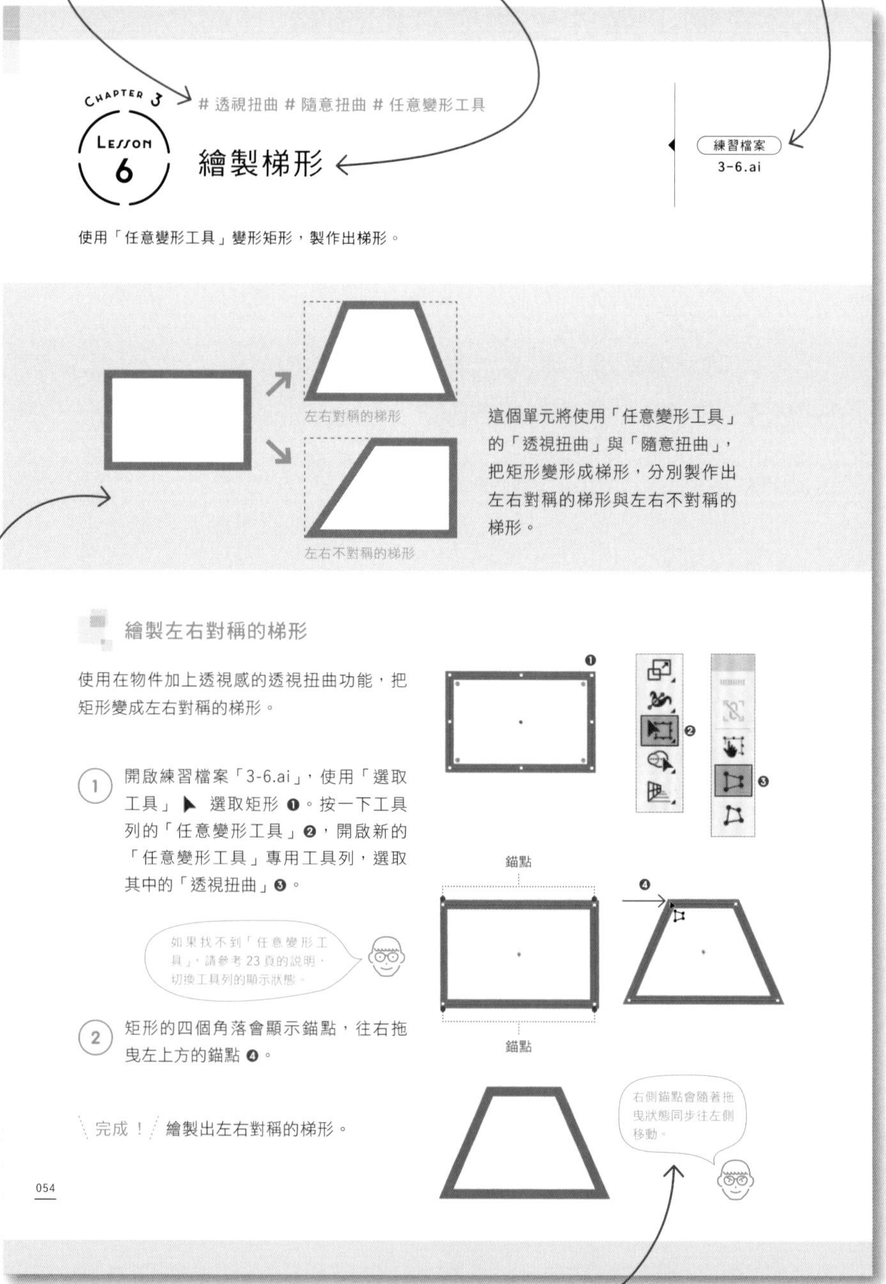

CHAPTER 3 # 透視扭曲 # 隨意扭曲 # 任意變形工具

LESSON 6 繪製梯形

練習檔案 3-6.ai

使用「任意變形工具」變形矩形，製作出梯形。

左右對稱的梯形

左右不對稱的梯形

這個單元將使用「任意變形工具」的「透視扭曲」與「隨意扭曲」，把矩形變形成梯形，分別製作出左右對稱的梯形與左右不對稱的梯形。

繪製左右對稱的梯形

使用在物件加上透視感的透視扭曲功能，把矩形變成左右對稱的梯形。

1 開啟練習檔案「3-6.ai」，使用「選取工具」選取矩形 ❶。按一下工具列的「任意變形工具」❷，開啟新的「任意變形工具」專用工具列，選取其中的「透視扭曲」❸。

如果找不到「任意變形工具」，請參考 23 頁的說明，切換工具列的顯示狀態。

2 矩形的四個角落會顯示錨點，往右拖曳左上方的錨點 ❹。

錨點

錨點

完成！繪製出左右對稱的梯形。

右側錨點會隨著拖曳狀態同步往左側移動。

054

此單元的學習內容
說明此單元要學習的功能、目標、範例。

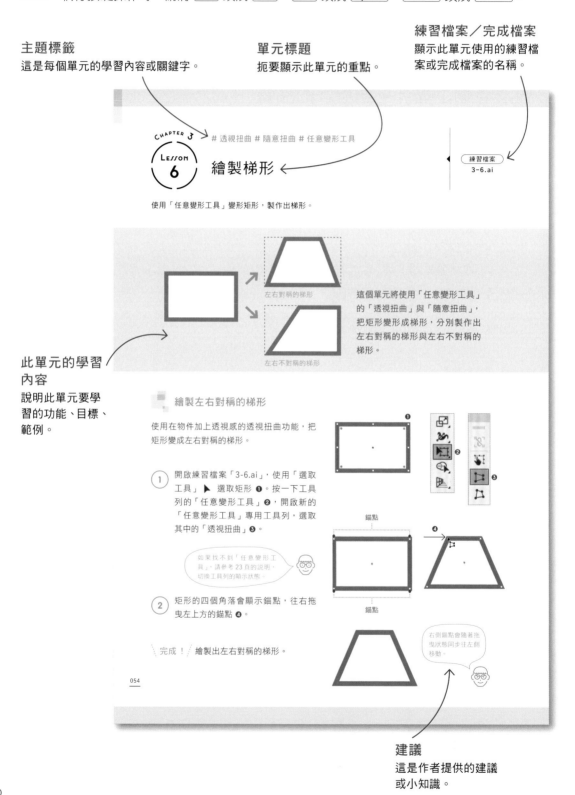

建議
這是作者提供的建議或小知識。

本書的內容設計，是讓讀者只需依序閱讀頁面，就能充分享受使用 Illustrator 製作圖像的樂趣。詳盡的特色說明，即使是初學者也可以順利操作，有經驗的人也能滿意。

操作解說

逐步解說實際在畫面上該如何操作。所列出的標題可讓人一眼就看出各步驟的操作目的。

重點提示

解說操作重點及方便的技巧。

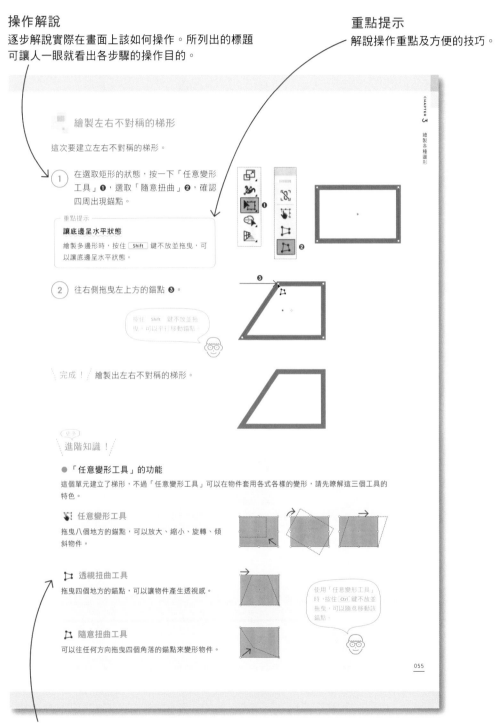

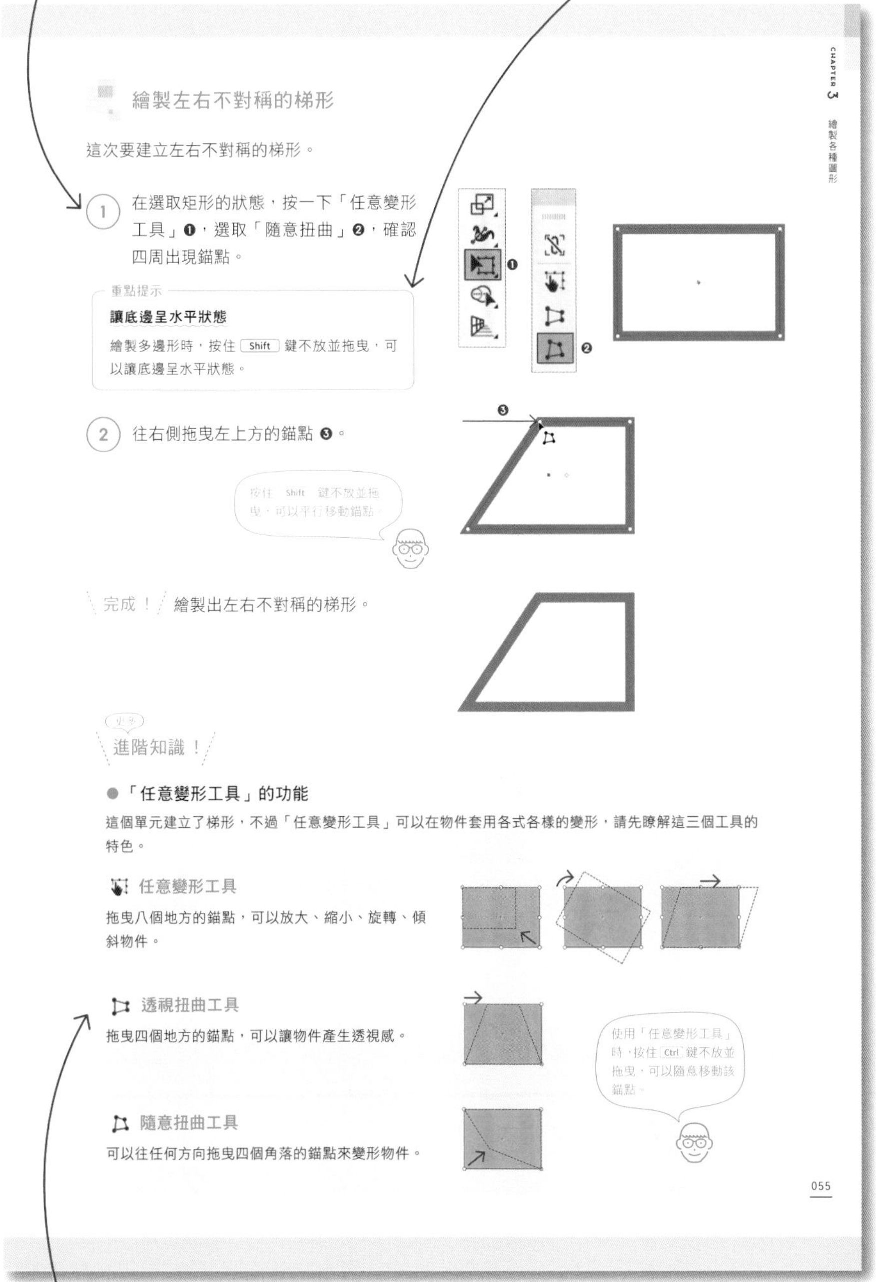

CHAPTER 3 繪製各種圖形

繪製左右不對稱的梯形

這次要建立左右不對稱的梯形。

1. 在選取矩形的狀態，按一下「任意變形工具」❶，選取「隨意扭曲」❷，確認四周出現錨點。

重點提示

讓底邊呈水平狀態

繪製多邊形時，按住 Shift 鍵不放並拖曳，可以讓底邊呈水平狀態。

2. 往右側拖曳左上方的錨點 ❸。

按住 Shift 鍵不放並拖曳，可以平行移動錨點。

完成！ 繪製出左右不對稱的梯形。

必學

進階知識！

● 「任意變形工具」的功能

這個單元建立了梯形，不過「任意變形工具」可以在物件套用各式各樣的變形，請先瞭解這三個工具的特色。

任意變形工具

拖曳八個地方的錨點，可以放大、縮小、旋轉、傾斜物件。

透視扭曲工具

拖曳四個地方的錨點，可以讓物件產生透視感。

使用「任意變形工具」時，按住 Ctrl 鍵不放並拖曳，可以隨意移動該錨點。

隨意扭曲工具

可以往任何方向拖曳四個角落的錨點來變形物件。

055

必備知識！介紹操作之前應先瞭解的知識與訊息。

進階知識！將提供與每個單元的學習重點有關的知識與技能。

※此頁面僅為示意圖，與實際的單元版面可能有出入。

本書練習範例檔

● 範例下載

本書範例檔可從以下網址下載。下載的檔案為壓縮檔，請解壓縮後再使用。

http://books.gotop.com.tw/download/ACU085500

本書提供的練習檔案及練習檔案內的素材，僅允許使用於學習本書介紹的 Illustrator 操作，而 CC0 的素材必須遵守 CC0 的使用規範。

禁止以下行為：再次散佈素材 / 用於違反公共秩序及善良風俗之內容 / 用於包含違法、虛假、誹謗等之內容 / 其他侵害著作權之行為 / 商用及非商用方面的二次利用。

● 關於社群網站的貼文

在社群媒體上發布與本書有關的內容時，請加上主題標籤「 # 超迷人 Illustrator 入門美學」。有標記創作者的照片不得擅自張貼於社群網站等處。

● 練習檔的資料夾結構

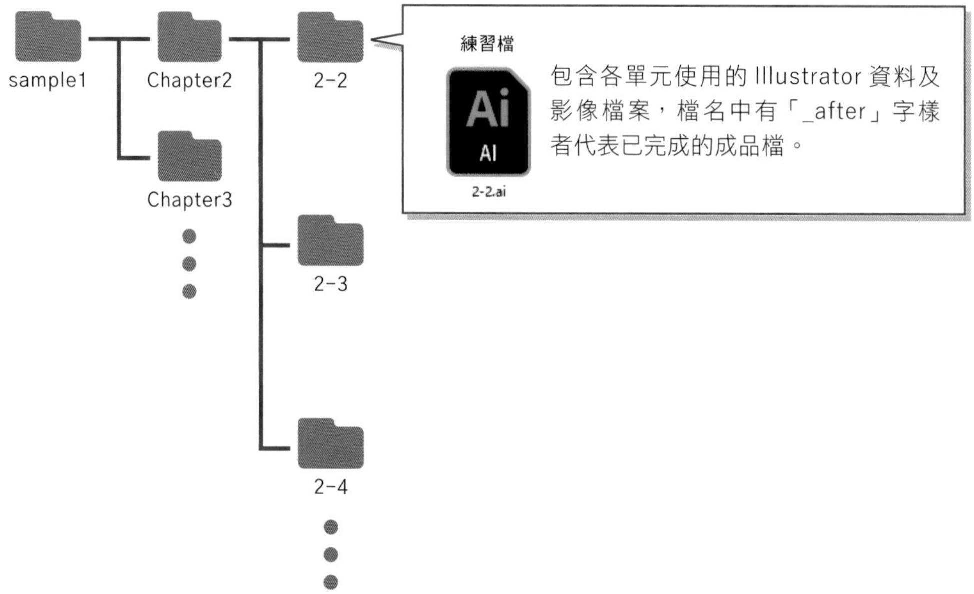
sample1
Chapter2
Chapter3
2-2
2-3
2-4
練習檔
Ai
AI
2-2.ai
包含各單元使用的 Illustrator 資料及影像檔案，檔名中有「_after」字樣者代表已完成的成品檔。

CHAPTER 1

開始學習 Illustrator

Illustrator 是可以在空白畫布上繪製任何東西的應用程式。
首先我們要介紹 Illustrator 可以做什麼，
檢視實際的範例，瞭解 Illustrator 的概念。

CHAPTER 1
LESSON 1

#Illustrator 簡介

Illustrator 是什麼？

顧名思義，Illustrator 就是繪製插圖等平面設計使用的應用程式。

DESIGN
OF
ILLUST
RATOR
使用了 Illustrator 的
設計作品
Chapter
6

Adobe Illustrator 2023（版本 27.7）的操作畫面

所有創意工具的核心

世上有許多創意作品，包括平面設計、雜誌等印刷品、影片與網站等，Adobe Illustrator 是製作這些作品的重要軟體，用它可以設計出平面媒體、網頁媒體等各種作品，還能搭配下列 Adobe 公司的其他創意工具，運用在各式各樣的情境，沒有領域限制。

with XD	with InDesign	with Photoshop	with Premiere Pro	with After Effects
Xd + Ai	Id + Ai	Ps + Ai	Pr + Ai	Ae + Ai
網頁	印刷品	平面設計	影片	動畫

適合平面設計新手

如上所述，Illustrator 因為運用方法廣泛，操作簡單直覺，而成為許多人愛用的工具。隨著社群媒體的普及，學生、商務人士等非專業設計師的使用者也愈來愈多。儘管製作平面設計的工具很多，但是考量到操作性與通用性，仍建議平面設計的初學者把 Illustrator 當作第一個學習的工具。本書專為即將開始使用 Illustrator 的人、想製作更高品質作品的人，提供簡單且詳盡的專業技巧教學。透過精彩的範例，讓你可以愉快地學習到最後。

CHAPTER 1 LESSON 2

#Illustrator 簡介

Illustrator 能做什麼？

Illustrator 具備各式各樣的功能，本單元將概略介紹我們可以使用 Illustrator 來做什麼。

組合圖形的插圖

組合直線、曲線、圖形，就能輕鬆製作出簡單的插圖與圖示。

➡ 61 頁

使用混合模式與漸層效果製作平面設計

使用能覆蓋顏色的混合模式及漸層效果，製作出各種風格的作品。

➡ 81 頁

Coffee

使用「鋼筆工具」製作手繪插圖

使用「鋼筆工具」可以隨意繪圖，在繪製的線條套用效果，能呈現手繪風格。

➡ 107 頁

製作結構複雜的插圖

使用圖層功能，就可以有效率地完成組合多個物件的作品。

➡ 131 頁

THE
STORY OF
THEIR LOVE
HERO NAME
HEROINE NAME
FRIEND NAME

運用文字排版的設計

可以調整字體、行距、字距等再輸入內容，或組合文字、照片、插圖。

➡ 169 頁

運用影像的設計

可以置入影像，單獨裁切需要的部分，或把影像轉換成插圖再進行編修。

➡ 176 頁

提供豐富的工具，可以設計各式各樣的作品

如上述例子所示，Illustrator 的特色是可以設計各種類型的作品。光是繪圖工具就有非常多種，包括繪製圓形、矩形等圖形的工具，繪製平滑曲線的鋼筆工具，以及拖曳滑鼠，就能隨意繪圖的筆刷工具等。Illustrator 可以依照不同目的，提供最佳工具。除了繪圖工具之外，也適合製作置入影像或運用文字組合的版面。

上一頁介紹的 Adobe 應用程式有各自的專長，包括編輯影像、製作網頁、編排版面等，而 Illustrator 擅長的是可以依照創意，擴大運用範圍。

除了這裡的例子，在本章最後的專欄也介紹了其他範例。請發揮你的創意，愉快地運用 Illustrator！

使用 Adobe Fonts 製作高品質的作品

平面設計的重要元素之一，就是選用符合作品風格的字體。我們可以利用 Adobe Fonts，在 Illustrator 啟用各式各樣的字體（需進行認證手續）。只要訂閱 Adobe Creative Cloud 計畫，即可使用 Adobe Fonts 中 18,000 種以上的字體，其中包含超過 400 種的日文字體，這些字體能商用也提供個人使用。在進入本書的各個單元之前，請先瞭解 Adobe Fonts 的用法。

本書主要使用 Adobe Fonts 來製作範例。

1. 按一下「開始」選單 ❶，從應用程式清單中，選取「Adobe Creative Cloud」❷，啟動「Creative Cloud Desktop」並登入。

   按一下「管理字體」❸。

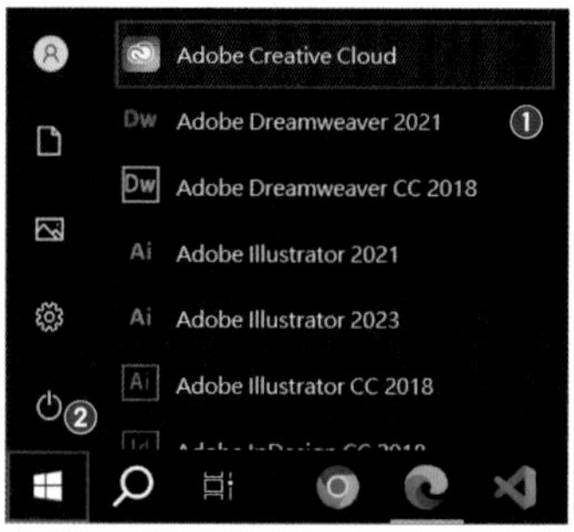

Adobe Creative Cloud
Adobe Dreamweaver 2021
Adobe Dreamweaver CC 2018
Adobe Illustrator 2021
Adobe Illustrator 2023
Adobe Illustrator CC 2018

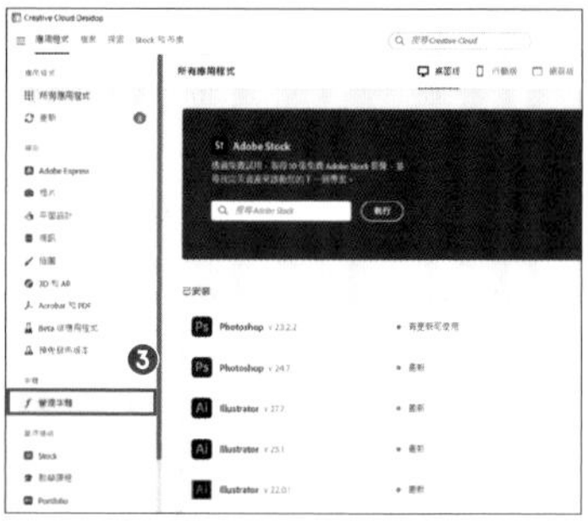

2. 按一下「瀏覽字體」❹，如果已經使用了 Adobe Fonts，請按一下右上方的「瀏覽更多字體」。

Adobe Fonts 快速入門

3. 啟動網頁瀏覽器，開啟搜尋字體的畫面。按一下其中一種字體的「檢視系列」❺。

The quick brown fox jumps over the lazy dog
The quick brown fox jumps over the lazy dog

重點提示

搜尋中文的方法

透過「字體套件」搜尋中文字體比較方便。

字體套件

4. 開啟選取字體系列的清單，按一下該字體的「新增字體」鈕 ❻。

   啟動 Illustrator，確認是否新增了該字體。

   確認字體 ➡ 142 頁

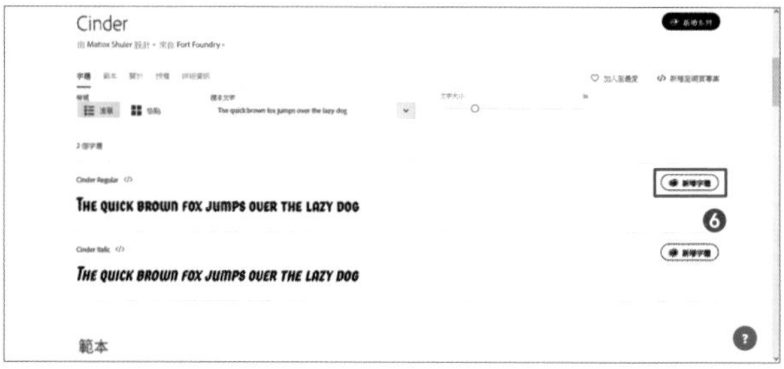

Cinder
THE QUICK BROWN FOX JUMPS OVER THE LAZY DOG
THE QUICK BROWN FOX JUMPS OVER THE LAZY DOG
範本

CHAPTER 1
LESSON 3

#Illustrator 簡介

瞭解 Illustrator 的特性

本單元將說明使用 Illustrator 時，必須瞭解的繪圖格式。

放大也不會變粗糙的向量格式

使用 Illustrator 製作的檔案是以「向量」格式繪製。向量格式是用數值記錄、呈現點與線的位置及方向。以計算方式繪圖的優點是，即使縮放也不會讓畫質變差，而且資料量較小。不過以點陣圖格式呈現的複雜深淺效果就不適合使用 Illustrator。

向量格式的影像狀態
放大之後，影像不會變粗糙，可以直接擴大顯示

能呈現照片效果的點陣圖格式

向量格式是用點、線繪圖，而點陣圖格式則是以小正方形的像素集合繪圖。放大之後，像素本身也會變大，導致影像變粗糙。雖然可以呈現複雜的深淺效果，卻不適合向量格式這種邊緣清楚銳利的影像。

點陣圖格式主要是用 Photoshop 進行處理。

點陣圖格式的影像狀態
放大之後，可以看到正方形像素變粗糙

COLUMN

熟悉之後可以成為萬用工具

Illustrator 是用途非常廣的萬用工具。你可以在白色畫布上，隨心所欲地設計各種作品。除了本書說明的插圖、排版、網頁素材之外，也能使用 Illustrator 製作簡報資料、企劃書等商業文件，工業產品的設計圖，3D 渲染模型，甚至是 Photoshop 擅長的影像合成也可以用 Illustrator 完成。

除了部分情況使用專用程式比較適合之外，一般都可以用 Illustrator 完成設計，可以說是 Illustrator 的一大優勢。

請透過本書，擴大 Illustrator 的運用範圍，Illustrator 一定可以成為屬於你的萬用工具。

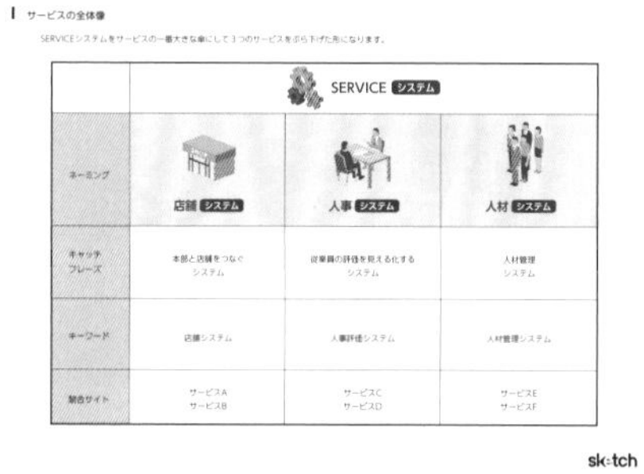
サービスの全体像
SERVICE システム
店舗 システム
人事 システム
人材 システム

企劃書／取代 PowerPoint

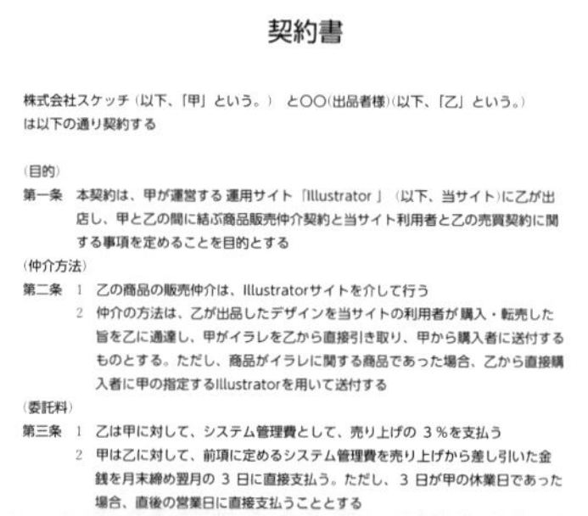

契約書

株式会社スケッチ（以下、「甲」という。） と〇〇(出品者様)(以下、「乙」という。)
は以下の通り契約する

（目的）
第一条　本契約は、甲が運営する運用サイト「Illustrator」（以下、当サイト)に乙が出店し、甲と乙の間に結ぶ商品販売仲介契約と当サイト利用者と乙の売買契約に関する事項を定めることを目的とする
（仲介方法）
第二条　1　乙の商品の販売仲介は、Illustratorサイトを介して行う
2　仲介の方法は、乙が出品したデザインを当サイトの利用者が購入・転売した旨を乙に通達し、甲がイラレを乙から直接引き取り、甲から購入者に送付するものとする。ただし、商品がイラレに関する商品であった場合、乙から直接購入者に甲の指定するIllustratorを用いて送付する
（委託料）
第三条　1　乙は甲に対して、システム管理費として、売り上げの 3％を支払う
2　甲は乙に対して、前項に定めるシステム管理費を売り上げから差し引いた金銭を月末締め翌月の 3 日に直接支払う。ただし、3 日が甲の休業日であった場合、直後の営業日に直接支払うこととする

合約／取代 Word

Knit Works
ABOUT

網頁設計／取代 Adobe XD

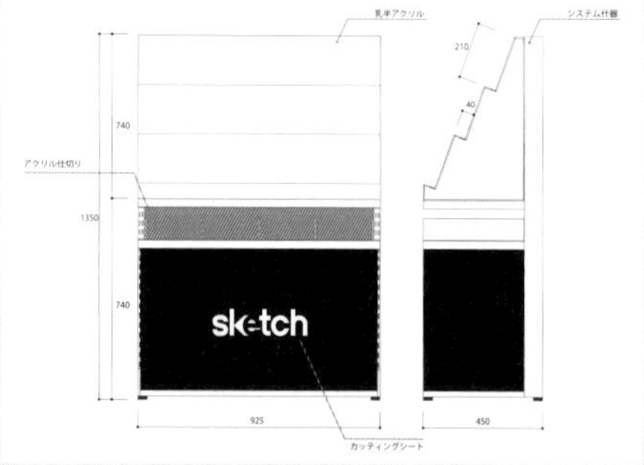
740
1350
740
925
450
210
40

設計圖／取代 CAD 軟體

影像合成／取代 Adobe Photoshop

3D 平面設計／取代 3D 軟體

CHAPTER

2

學會 Illustrator 的基本操作

本章將介紹 Illustrator 比較常用的工具及功能，
試著體驗開啟檔案、編輯插圖、儲存檔案等操作。

CHAPTER 2 LESSON 1

啟動 # 新增文件 # 開啟檔案 # 工作區域

啟動 Illustrator 並開啟檔案

如果要使用 Illustrator，必須啟動它並建立新文件（檔案）。本單元將試著啟動 Illustrator，建立新文件。

啟動 Illustrator

首先，啟動 Illustrator。

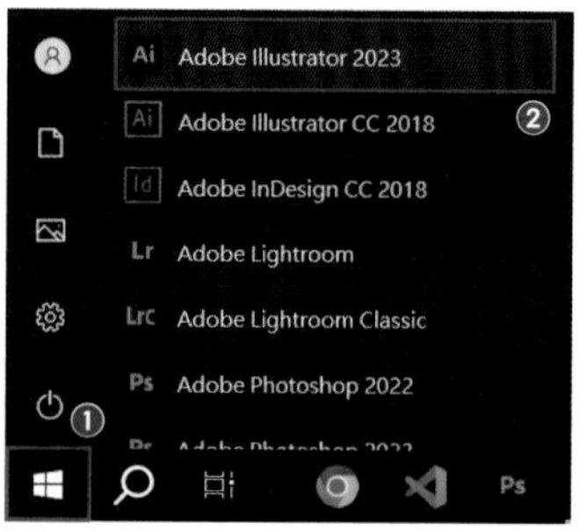

Adobe Illustrator 2023
Adobe Illustrator CC 2018
Adobe InDesign CC 2018
Adobe Lightroom
Adobe Lightroom Classic
Adobe Photoshop 2022

1. 按一下「開始」選單 ❶，在應用程式清單中，選取「Adobe Illustrator 2023」❷。

如果要在 Mac 啟動 Illustrator，請按下 ⌘ + Shift + A 鍵，開啟「應用程式」檔案夾，在「Adobe Illustrator 2023」檔案夾內的「Adobe Illustrator 2023」按兩下，或透過 Creative Cloud 桌面應用程式啟動 Illustrator。

重點提示

在 Windows11 啟動 Illustrator

如果要在 Windows 11 啟動 Illustrator，請按一下「開始」鈕 ❶，在彈出式視窗「所有應用程式」❷ 中的「Adobe Illustrator 2023」按兩下 ❸。

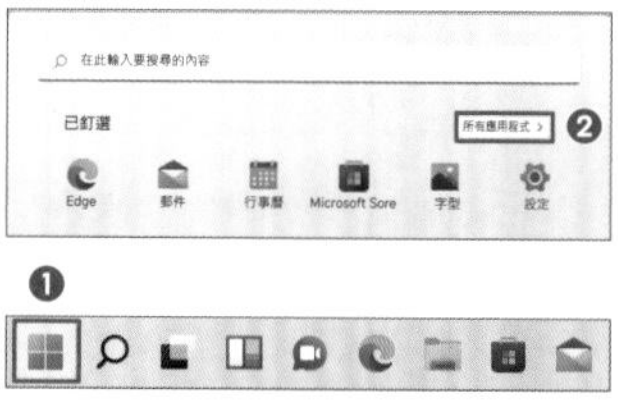

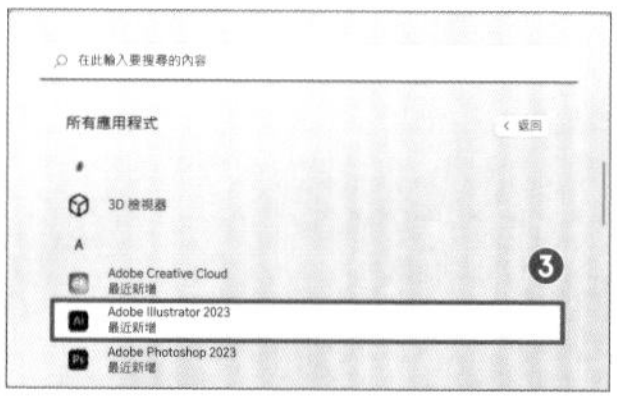

2. 顯示 Illustrator 的啟動畫面。

首頁畫面

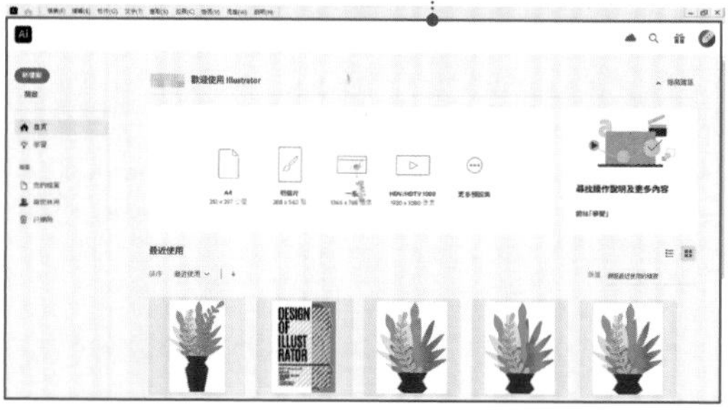

3. 啟動 Illustrator，顯示首頁畫面。

首頁畫面除了可以新增文件、開啟已經完成的專案之外，也能透過「學習」瞭解操作方法。

建立新文件

Illustrator 把檔案稱作文件，可以根據用途設定成不同文件，以下將新增 A4 尺寸的列印文件。

新檔案
❶
歡迎使用 Illustrator
A4
明信片
一般
HDV/HDTV 1080
更多預設集
尋找操作說明及更多內容
最近使用
DESIGN OF ILLUST RATOR

① 按一下首頁畫面左邊的「新檔案」鈕 ❶。

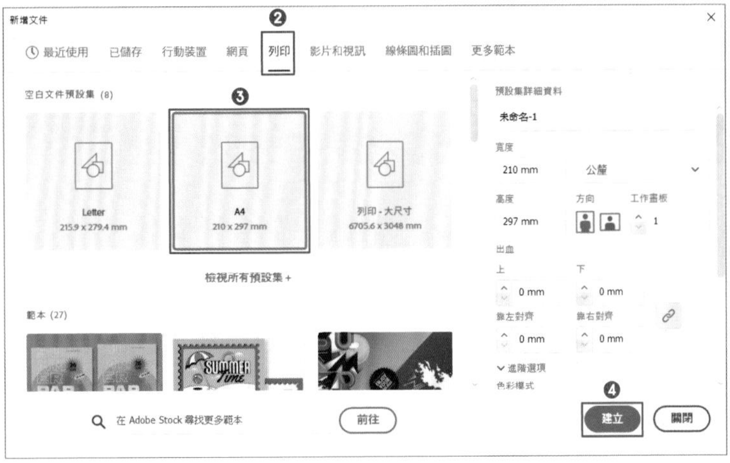
新增文件
最近使用
已儲存
行動裝置
網頁
列印
影片和視訊
線條圖和插圖
更多範本
❷
❸
空白文件預設集 (8)
Letter
215.9 x 279.4 mm
A4
210 x 297 mm
列印 - 大尺寸
6705.6 x 3048 mm
檢視所有預設集 +
範本 (27)
預設集詳細資料
未命名-1
寬度
210 mm
公釐
高度
方向
工作畫板
297 mm
1
出血
上
下
0 mm
靠左對齊
靠右對齊
進階選項
色彩模式
在 Adobe Stock 尋找更多範本
前往
❹
建立
關閉

② 開啟「新增文件」對話視窗，設定文件的用途與尺寸。

選取「列印 ❷→空白文件預設集→A4 ❸」。

選取之後，按下「建立」鈕 ❹。

執行畫面上的「檔案→新增」命令，也可以開啟「新增文件」對話視窗。

重點提示

提供豐富的範本

在預設集下方，準備了不同用途的範本，透過 Adobe Stock 可以下載這些範本。Adobe Stock 能下載高品質照片、插圖、範本、動畫素材等各種內容，透過網頁瀏覽器也可以瀏覽（https://stock.adobe.com/tw/）。

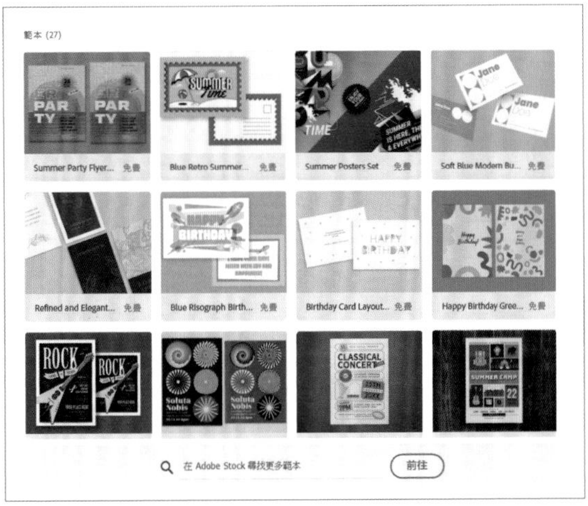
範本 (27)
Summer Party Flyer... 免費
Blue Retro Summer... 免費
Summer Posters Set 免費
Soft Blue Modern Bu... 免費
Refined and Elegant... 免費
Blue Risograph Birth... 免費
Birthday Card Layout... 免費
Happy Birthday Gree... 免費
在 Adobe Stock 尋找更多範本
前往

＼完成！／ 開啟新文件，完成設計作品的準備工作。
請記住畫面中各個部分的名稱與功能。

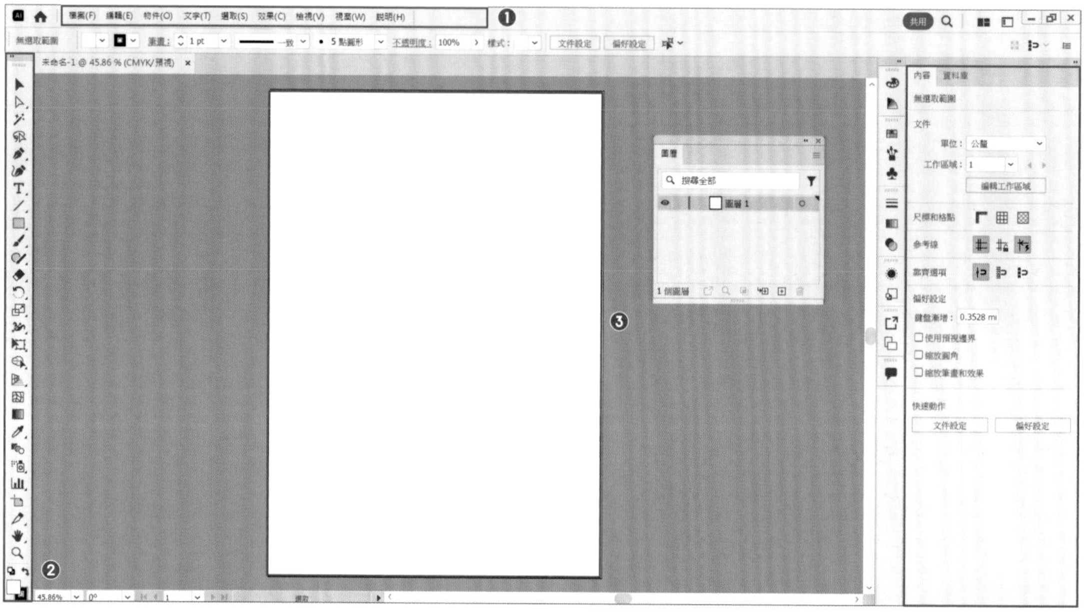

❶ 選單列

依照選單分類 Illustrator 的各項功能，按一下選單，可以存取該功能。

❷ 工具列

這裡提供製作插圖、平面設計的各種工具。

❸ 工作區域

這是製作插圖等平面設計的區域，會輸出白色範圍。

❹ 面板停駐區

面板停駐區位在畫面右側，可以存放各種面板。這些面板依照 Illustrator 的功能分類，製作插圖時，可以先顯示需要的面板，並視狀況切換面板的顯示方法。

面板的用法

除了預設在面板停駐區的面板，Illustrator 還依照不同功能準備了各種面板。按一下「視窗」選單，可以從中選取你要的面板。部分面板會顯示為整合了多個面板的面板群組狀態，按一下標籤，即可切換欲顯示的面板。當你想將面板從群組中分離出來，只要拖曳標籤就能分離。按一下面板右上方的 ◂◂ ，可以切換要顯示成面板或圖示，請根據你需要的畫面區域及操作內容來調整。

● 顯示面板

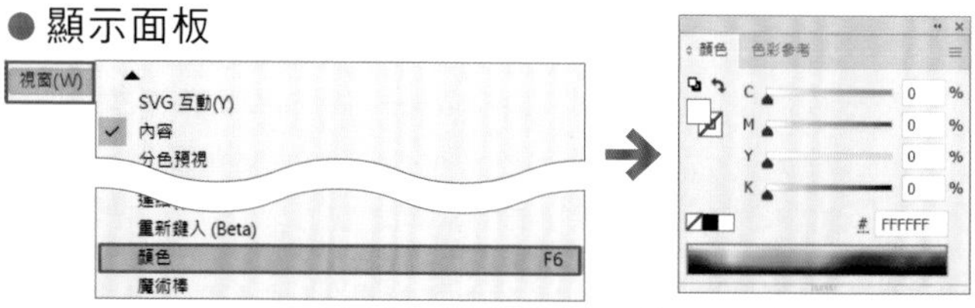
視窗(W)
SVG 互動(Y)
內容
分色預視
重新鍵入 (Beta)
顏色
F6
魔術棒

按一下面板群組中的標籤
可以切換要顯示的面板

● 分離面板

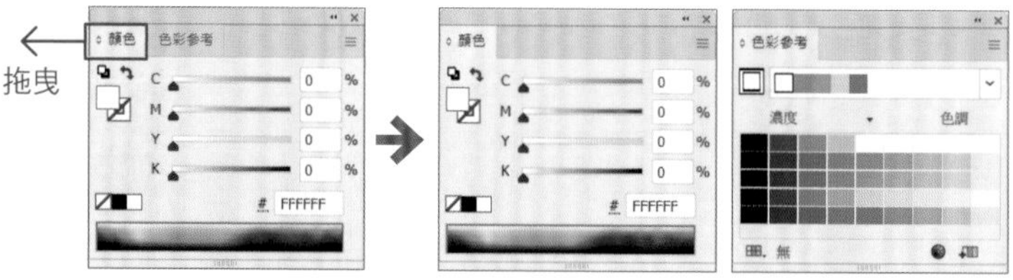
拖曳

● 切換顯示成面板或顯示成圖示

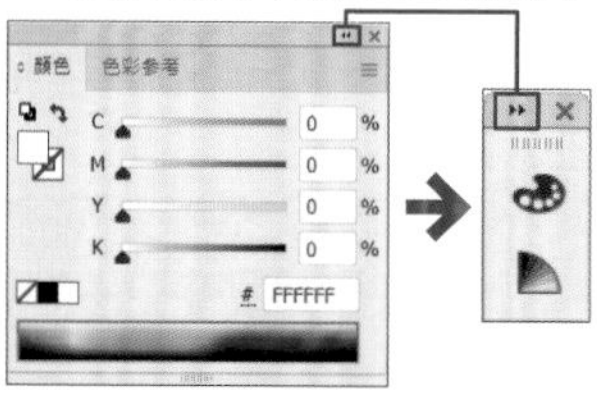

設定工具列

工具列的顯示方法包括「基本」與「進階」，預設值為「基本」，設定成「進階」可以顯示更多工具，本書為了方便使用，所以設定成「進階」。

請執行「視窗→工具列→進階」命令 ❺。根據畫面大小，有時工具列會顯示成兩行。

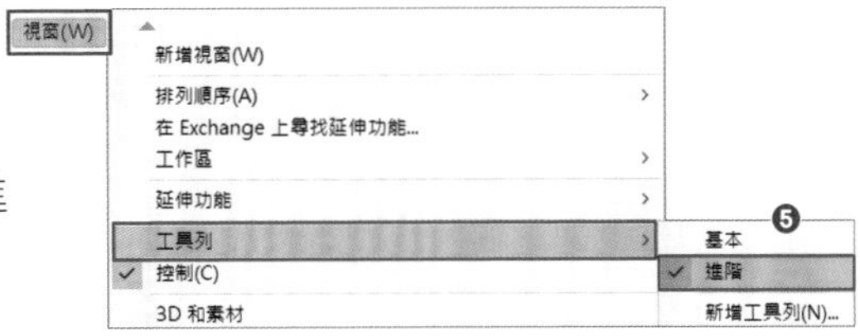
視窗(W)
新增視窗(W)
排列順序(A)
在 Exchange 上尋找延伸功能...
工作區
延伸功能
工具列
控制(C)
3D 和素材
❺
基本
進階
新增工具列(N)...

基本
進階

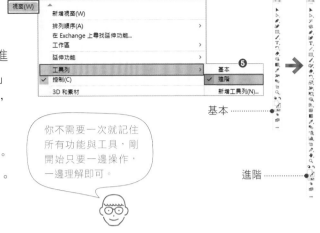

你不需要一次就記住所有功能與工具，剛開始只要一邊操作，一邊理解即可。

更多
進階知識！

● **新增文件的詳細設定**

「新增文件」對話視窗的右邊可以進行詳細的文件設定，請視狀況設定特殊大小或工作區域的方向、數量等。

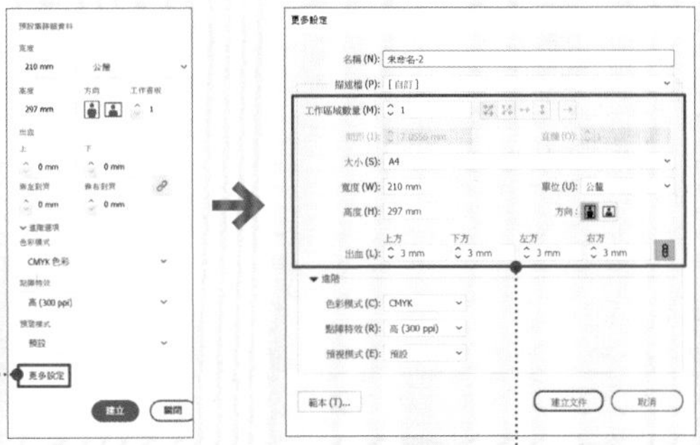

按一下「更多設定」

可以設定工作區域數量、大小、方向等

建立文件後，若要更改設定，只要在「工具列」的「工作區域工具」按兩下 ❶，即可開啟「工作區域選項」對話視窗 ❷，更改工作區域的設定。

此外，在選取「工作區域工具」的狀態，按住 Alt（option）鍵不放，拖曳現有的工作區域 ❸，可以拷貝工作區域。

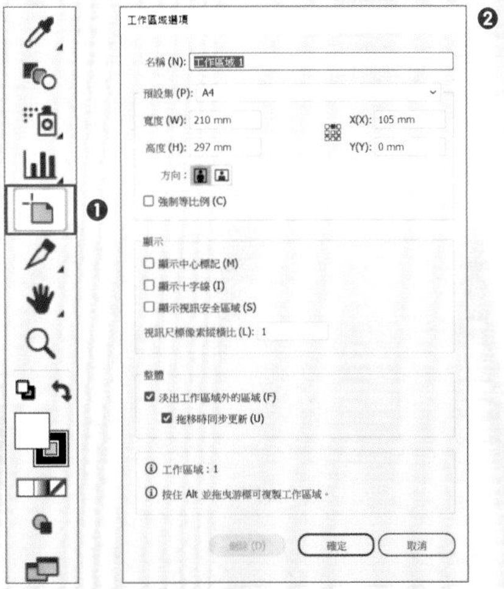
❶
❷
工作區域選項
名稱 (N): 工作區域 1
預設集 (P): A4
寬度 (W): 210 mm
高度 (H): 297 mm
X(X): 105 mm
Y(Y): 0 mm
方向：
強制等比例 (C)
顯示
顯示中心標記 (M)
顯示十字線 (I)
顯示視訊安全區域 (S)
視訊尺標像素縱橫比 (L): 1
整體
淡出工作區域外的區域 (F)
拖移時同步更新 (U)
工作區域：1
按住 Alt 並拖曳游標可複製工作區域。
確定
取消

如果當作拷貝來源的工作區域內已經有物件存在，也會同時拷貝該物件，若想建立相同格式的頁面，使用這種方法就很方便。

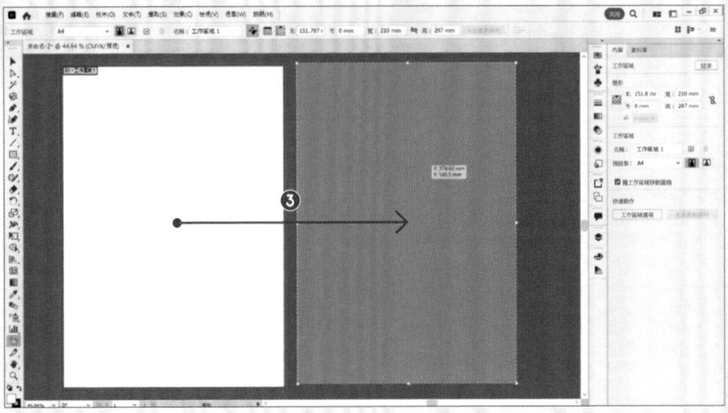
❸

CHAPTER 2

LESSON 2

開啟AI檔案

開啟檔案

練習檔案

2-2.ai

使用 Adobe Illustrator 儲存的檔案簡稱為「AI 檔案」或「AI 資料」（取 Adobe Illustrator 的第一個字母），以下將開啟已經建立的 AI 檔案。

開啟 AI 檔案

① 執行「檔案→開啟舊檔」命令 ❶。

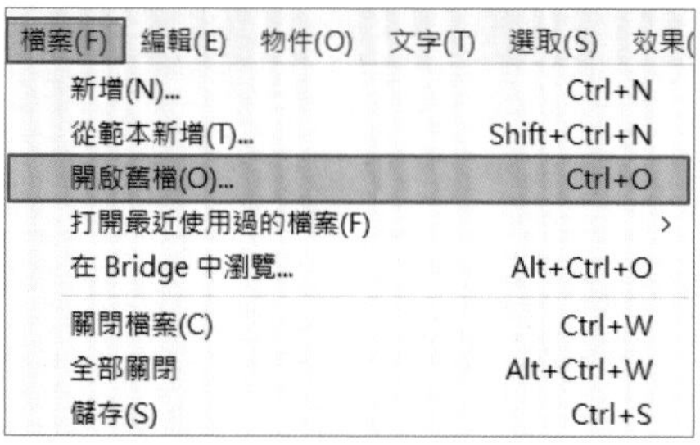

檔案(F)
編輯(E)
物件(O)
文字(T)
選取(S)
新增(N)... Ctrl+N
從範本新增(T)... Shift+Ctrl+N
開啟舊檔(O)... Ctrl+O
❶
打開最近使用過的檔案(F)
在 Bridge 中瀏覽... Alt+Ctrl+O
關閉檔案(C) Ctrl+W
全部關閉 Alt+Ctrl+W
儲存(S) Ctrl+S

② 顯示「開啟」對話視窗，選取「2-2.ai」❷，按下「開啟」鈕。

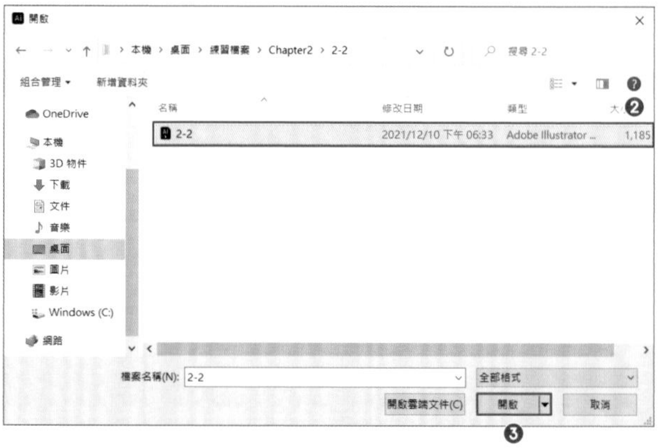

開啟
本機 › 桌面 › 練習檔案 › Chapter2 › 2-2
組合管理
新增資料夾
OneDrive
本機
3D 物件
下載
文件
音樂
桌面
圖片
影片
Windows (C:)
網路
名稱
修改日期
類型
❷
2-2
2021/12/10 下午 06:33
Adobe Illustrator ...
檔案名稱(N): 2-2
全部格式
開啟雲端文件(C)
開啟
取消
❸

\ 完成！/ 開啟 AI 檔案。

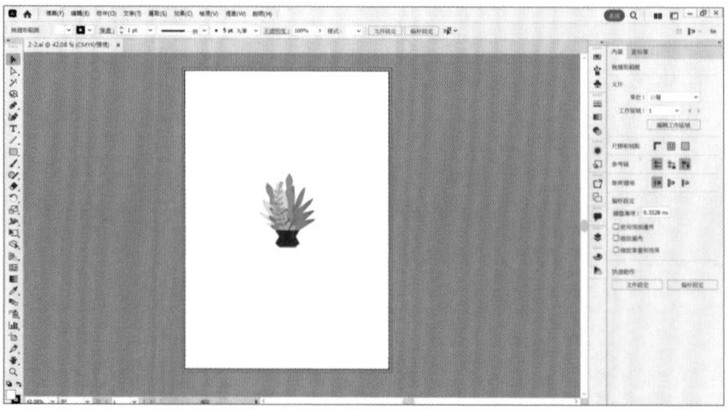

第 2 單元 Lesson 2 ～ 9 的內容相關，開啟本單元的練習檔案「2-2.ai」，可以沿用至下一個單元。如果你想從半途開始操作，請開啟每個單元的練習檔案。

重點提示

快速開啟 AI 檔案的方法

在 AI 檔案上按兩下，或是將 AI 檔案拖曳至 Illustrator 圖示後放開，都可以開啟檔案。

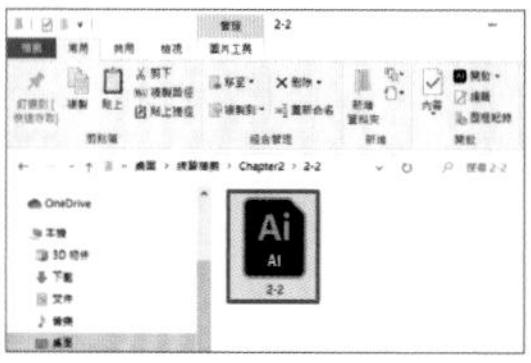

在 AI 檔案按兩下

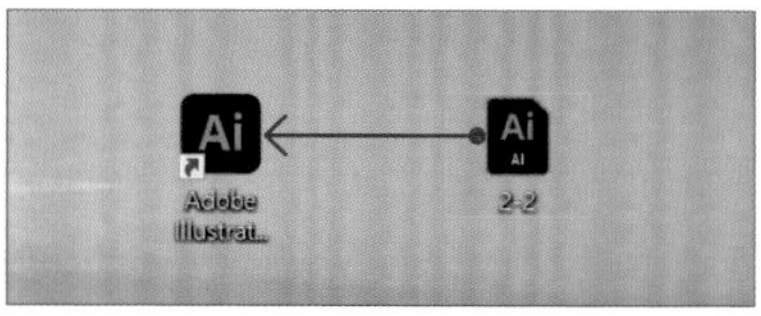

Ai
Adobe Illustrat...
Ai
2-2

將 AI 檔案拖曳至 Illustrator 的圖示上

CHAPTER 2 LESSON 3

放大鏡工具 # 手形工具

調整工作區域的顯示比例與顯示位置

練習檔案
2-3.ai

製作插圖之前，請先記住調整顯示比例與移動顯示位置的方法，後續操作比較方便。

使用「放大鏡工具」調整顯示比例

「放大鏡工具」是用來放大、縮小工作區域的工具。放大顯示可以編輯插圖的細節，縮小顯示能確認整體狀態。

1 開啟練習檔案「2-3.ai」，選取工具列中的「放大鏡工具」❶，在放大處的中心位置按一下 ❷，就會放大顯示該部分，請按四次。

除了按滑鼠左鍵之外，拖曳操作也可以進行縮放，往右拖曳是放大，往左拖曳是縮小。

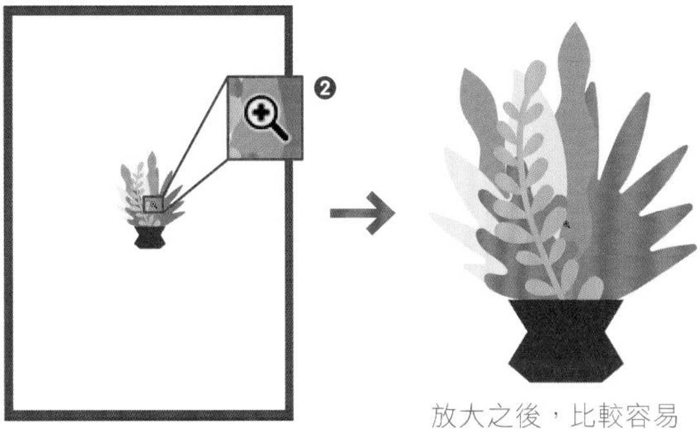

放大之後，比較容易調整細節

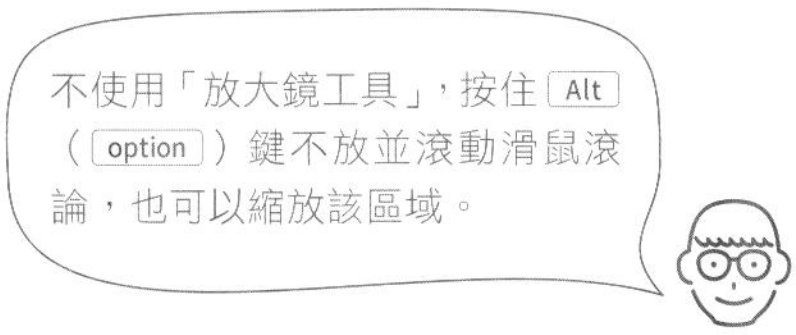
不使用「放大鏡工具」，按住 Alt（option）鍵不放並滾動滑鼠滾論，也可以縮放該區域。

2 接著要縮小物件，恢復成原本的比例。在選取「放大鏡工具」 的狀態，按住 Alt（option）鍵不放並按一下縮小處的中心 ❸，即可縮小顯示。請按四次，恢復成原本的比例。

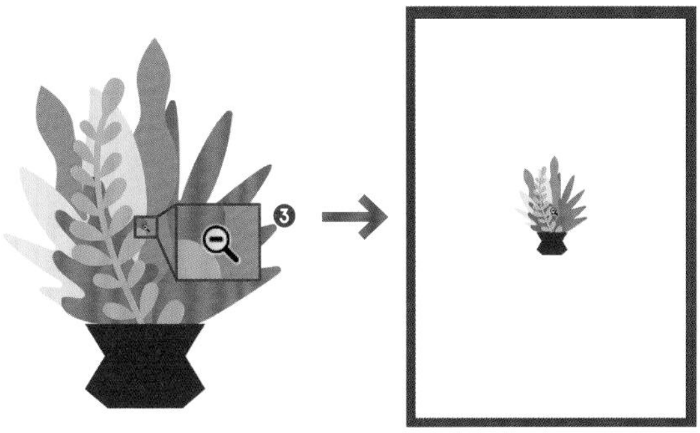

縮小之後，可以確認物件相對於工作區域的大小

使用「手形工具」移動顯示範圍

如果要提高 Illustrator 的工作效率，絕對不能缺少隨意移動工作區域顯示位置的操作。使用「手形工具」就能拖曳移動顯示區域。

1. 選取工具列的「手形工具」❶，確認滑鼠游標的形狀 ❷。

2. 在文件上拖曳 ❸，即可移動顯示範圍。

❶
❷

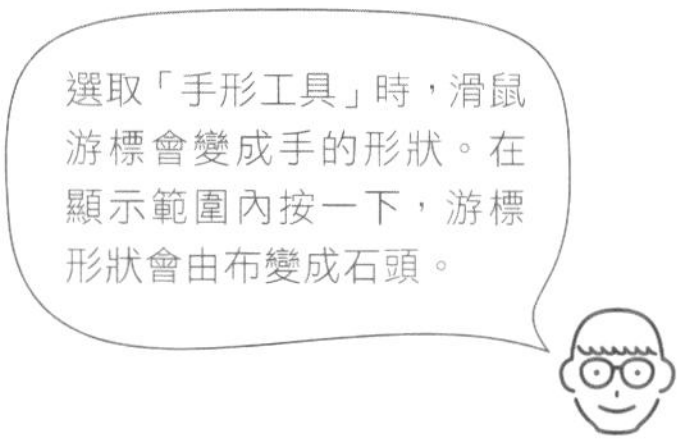
選取「手形工具」時，滑鼠游標會變成手的形狀。在顯示範圍內按一下，游標形狀會由布變成石頭。

重點提示

輕鬆切換「手形工具」的方法

不論使用哪一種工具，在按下 Space 鍵的期間，就會切換成「手形工具」。這是非常方便的技巧，請先記下來。

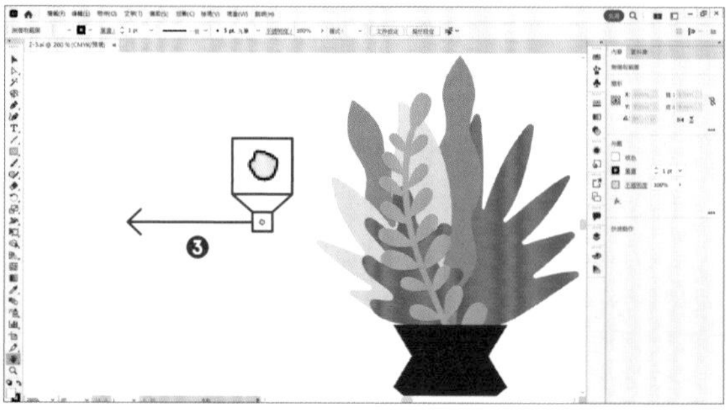
❸

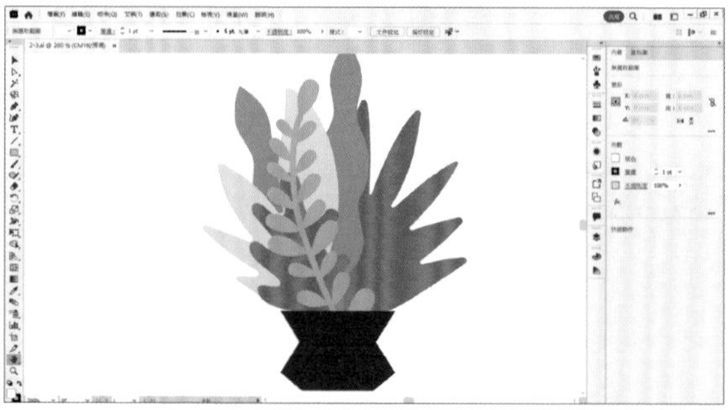

往拖曳方向移動顯示範圍

更多
進階知識！

● 記住調整顯示比例的方法

Illustrator 除了「放大鏡工具」，還有其他縮放方法，把這些操作技巧記下來，可以讓後續的工作順利進行。

方便的快速鍵

- 按住 Ctrl（⌘）鍵不放並按下 − 鍵，可以縮小物件
- 按住 Ctrl（⌘）鍵不放並按下 + 鍵，可以放大物件
- 按住 Ctrl（⌘）鍵不放並按下 0 鍵，可以顯示整個工作區域
- 按住 Ctrl（⌘）鍵不放並按下 1 鍵，能以 100% 的比例顯示文件

其他方便的操作技巧

- 在工具列的「放大鏡工具」按兩下，能以 100% 的比例顯示文件
- 在工具列的「手形工具」按兩下，會顯示整個工作區域

CHAPTER 2 LESSON 4

選取工具 # 還原操作 # 重做操作

試著選取、移動物件

練習檔案
2-4.ai

Illustrator 的操作幾乎都必須先選取成為操作對象的物件，以下將說明選取方法、選取種類、取消選取的方法等。

選取物件

Illustrator 把可以處理的圖形、文字、影像都稱作「物件」。

1 開啟練習檔案「2-4.ai」，選取工具列的「選取工具」❶，按一下工作區域內的藍色植物 ❷，藍色植物就會呈現被矩形包圍的選取狀態 ❸。任何對物件執行的操作，包括移動、變形等，都必須先選取物件。

選取物件時，出現的矩形框稱作「邊框」

選取多個物件

1 如果想一次選取多個物件，請使用「選取工具」▶ 拖曳包圍你想選取的物件 ❶。

此時，在矩形虛線範圍內的物件，以及滑鼠游標接觸的地方，全都會被選取起來。

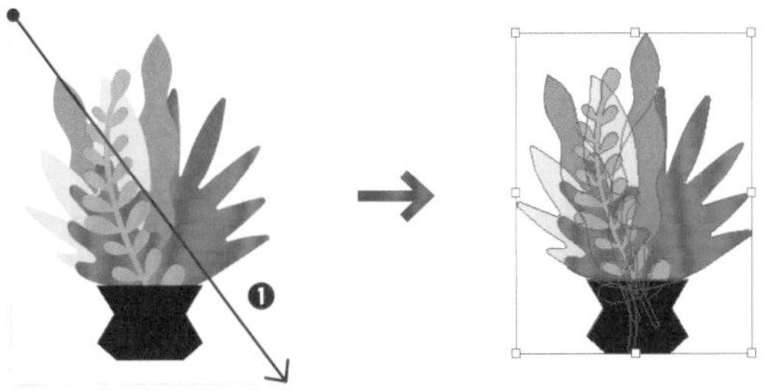

使用「選取工具」拖曳

選取範圍內所有的物件都會呈現選取狀態

2 在選取了一個物件的狀態，按住 Shift 鍵不放，再按一下其他物件 ❷，就可以增加選取的物件。

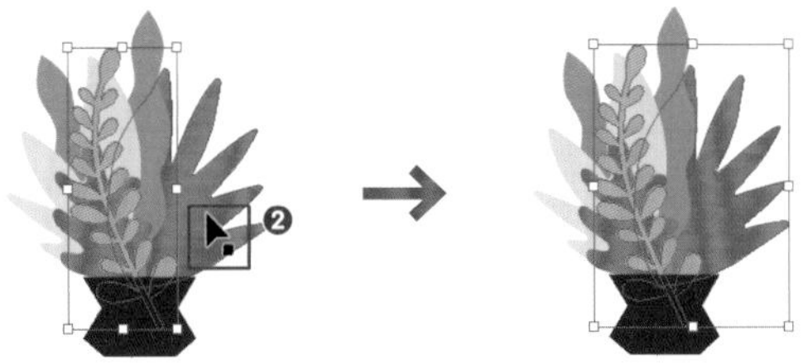

按住 Shift 鍵不放並按一下其他物件

選取了多個物件

重點提示

快速切換成「選取工具」

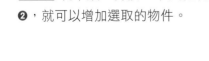

不論選取哪一個工具，在按住 Ctrl（⌘）的期間，都會切換成「選取工具」。

取消選取

1 如果想取消物件的選取狀態，可以使用「選取工具」 ▶ 在工作區域的空白部分（沒有物件的部分）按一下 ❶。

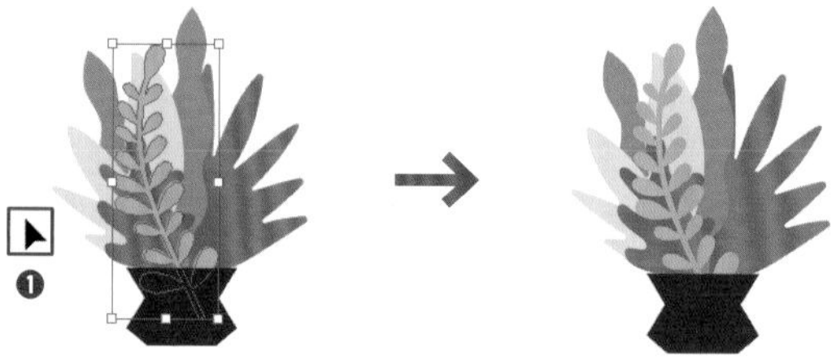

按一下沒有物件的部分　　取消選取

移動物件

試著移動選取中的物件。

1 選取工具列的「選取工具」❶，按一下藍色植物 ❷。

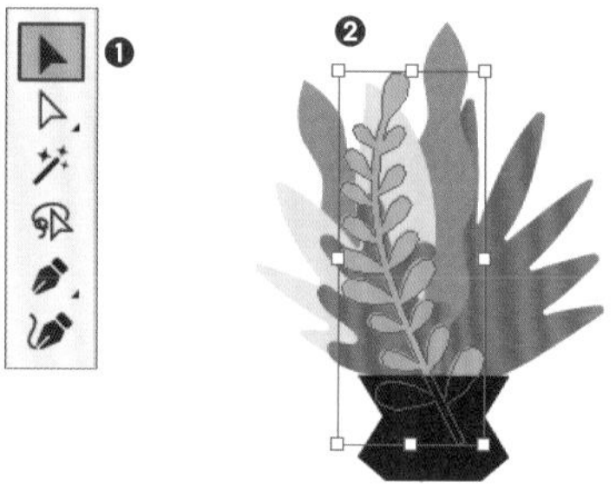

2 拖曳選取中的物件 ❸，移到花瓶外面。

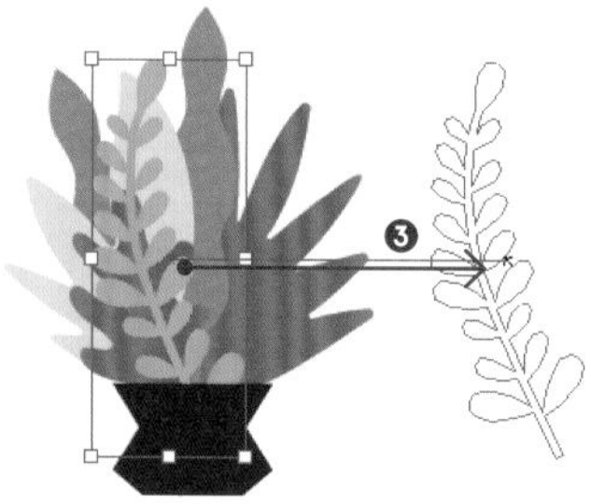

重點提示

水平、垂直移動物件

拖曳物件的過程中，按下 Shift 鍵，可以往水平或垂直方向移動物件。

＼完成！／ 移動了藍色植物。

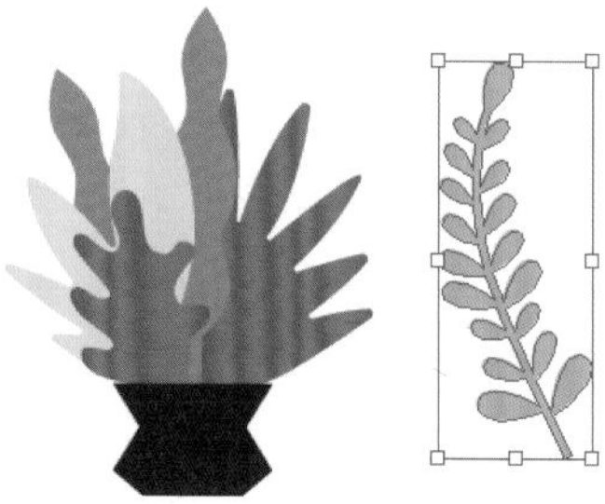

↑、↓、←、→ 鍵也能移動物件。

還原上一步操作

因操作錯誤而刪除或移動了需要的物件時，可以還原該項操作，恢復原本的狀態。

1. 執行「編輯（Mac 為 Illustrator）→還原移動」命令 ❶。

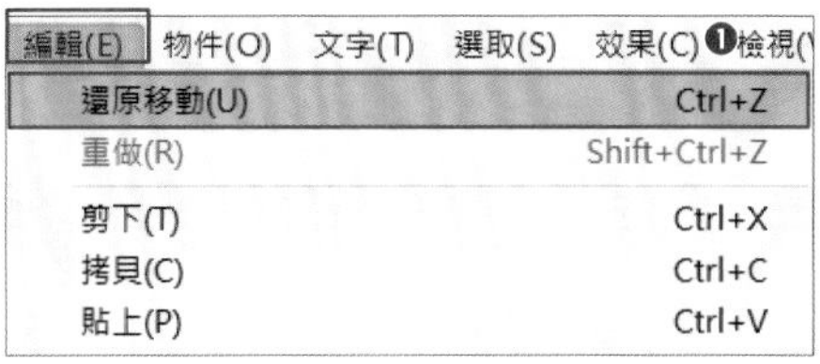
編輯(E)
物件(O)
文字(T)
選取(S)
效果(C)
❶
檢視(
還原移動(U) Ctrl+Z
重做(R) Shift+Ctrl+Z
剪下(T) Ctrl+X
拷貝(C) Ctrl+C
貼上(P) Ctrl+V

重點提示

使用快速鍵比較方便

按下 Ctrl（⌘）+ Z 鍵，可以還原操作。這是很常用的操作步驟，請先記起來。

「還原～」的「～」會依照上一步的操作來顯示內容。

完成！ 還原移動物件的操作，藍色植物回到原本的位置。

「編輯」選單是 Windows 的表示法，但是 Mac 顯示為「Illustrator」選單。

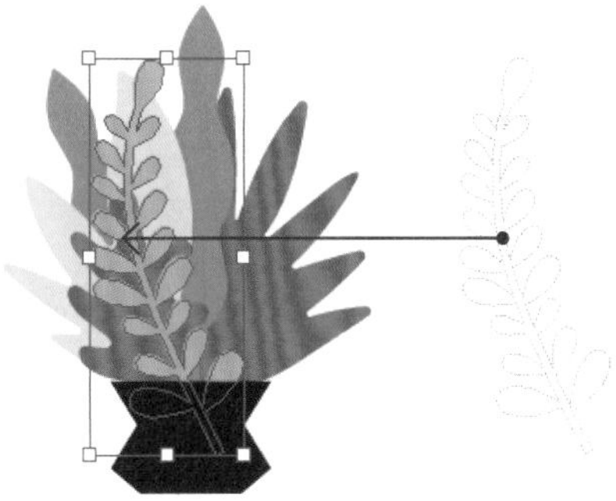

回到移動物件前的位置

重點提示

重新執行已還原的操作

執行了「還原移動」命令之後，立即執行「編輯→重做移動」命令，可以讓物件回到還原前的位置。

快速鍵：Ctrl（⌘）+ Shift + Z

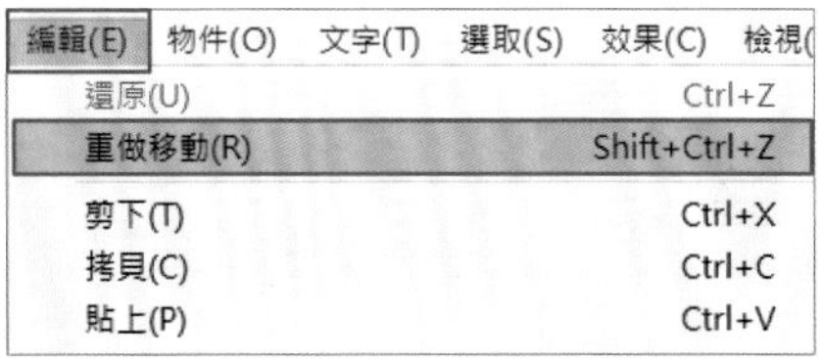
編輯(E)
物件(O)
文字(T)
選取(S)
效果(C)
檢視(
還原(U) Ctrl+Z
重做移動(R) Shift+Ctrl+Z
剪下(T) Ctrl+X
拷貝(C) Ctrl+C
貼上(P) Ctrl+V

不只移動物件，所有操作都可以還原或重做。

更多

進階知識！

● 最多可以還原 200 次操作

「還原操作」可以重複執行，還原前一次操作、還原前兩次操作，最多可以還原 200 次操作。執行「編輯→偏好設定→效能」命令，在「步驟記錄狀態」可以設定最大的還原次數。

使用者介面
效能
檔案處理
剪貼簿處理
黑色外觀
裝置
GPU 詳細資訊
供應商：NVIDIA Corporation
裝置：Intel(R) UHD Graphics 620
版本：30.0.101.1122
總記憶體：1024MB
顯示系統資訊
其他
步驟記錄狀態：100
即時繪圖與編輯

CHAPTER 2
LESSON 5

拷貝 # 刪除 # 邊框

拷貝、變形物件

練習檔案
2-5.ai

以下將說明拷貝物件以及使用邊框變形物件的方法。

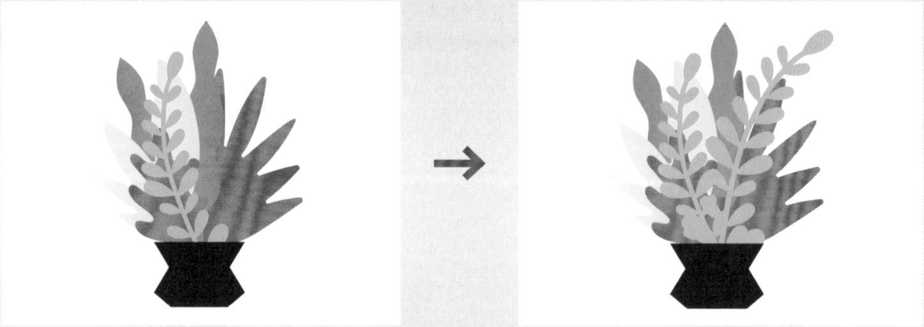

這個單元將拷貝→放大→旋轉花瓶中的物件。光是拷貝、變形現有物件，就能輕鬆讓花瓶變得繽紛。

拷貝物件

貼上物件之前，一定要先拷貝物件，請把拷貝&貼上當作一組命令。

請試著拷貝選取的物件。

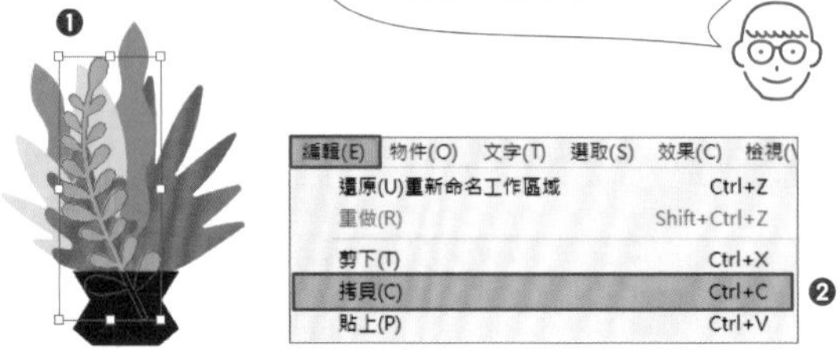

❶
編輯(E) 物件(O) 文字(T) 選取(S) 效果(C) 檢視(V)
還原(U)重新命名工作區域 Ctrl+Z
重做(R) Shift+Ctrl+Z
剪下(T) Ctrl+X
拷貝(C) Ctrl+C
貼上(P) Ctrl+V
❷

① 開啟練習檔案「2-5.ai」，使用「選取工具」 ▶ 選取藍色植物 ❶，執行「編輯→拷貝」命令 ❷。

② 接著執行「編輯→貼上」命令 ❸，即可複製出剛才拷貝的物件 ❹。

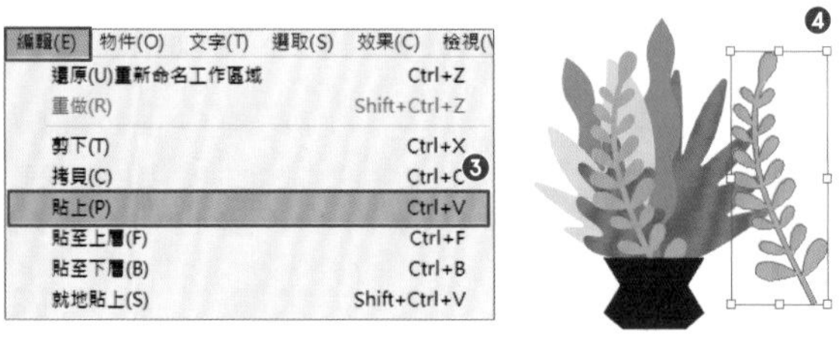

編輯(E) 物件(O) 文字(T) 選取(S) 效果(C) 檢視(V)
還原(U)重新命名工作區域 Ctrl+Z
重做(R) Shift+Ctrl+Z
剪下(T) Ctrl+X
拷貝(C) Ctrl+C
❸
貼上(P) Ctrl+V
貼至上層(F) Ctrl+F
貼至下層(B) Ctrl+B
就地貼上(S) Shift+Ctrl+V
❹

快速鍵 Ctrl（⌘）+ C 可以拷貝物件，Ctrl（⌘）+ V 能貼上物件。

重點提示

貼上方式

執行「編輯→貼上」命令時，下方會出現「貼至上層」或「貼至下層」等貼上功能，請一併記住這些功能。

拷貝來源物件
❷ ❶ ❸

❶「貼至上層」……把物件拷貝至原物件相同位置的上一層。

❷「貼至下層」……把物件拷貝至原物件相同位置的下一層。

❸「就地貼上」……把物件拷貝至原物件相同位置的最上層。

※ 為了方便瞭解，本範例在貼上物件之後，更改物件的顏色並調整左右的位置。

利用滑鼠操作拷貝物件

使用滑鼠也能拷貝物件。想把相同物件拖曳拷貝至其他地方時，可以使用這種方法。

① 選取想拷貝的物件，將滑鼠游標移動到物件上，按下 [Alt]（[option]）鍵，游標的形狀會變成 ▶ ❶。

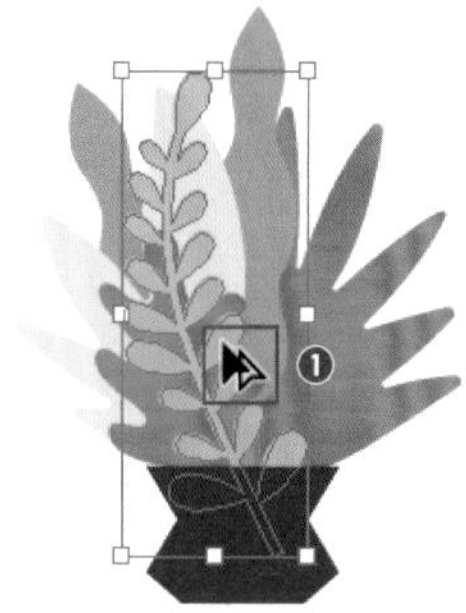
❶

② 直接將物件拖曳至其他地方 ❷，即可拷貝出物件 ❸。

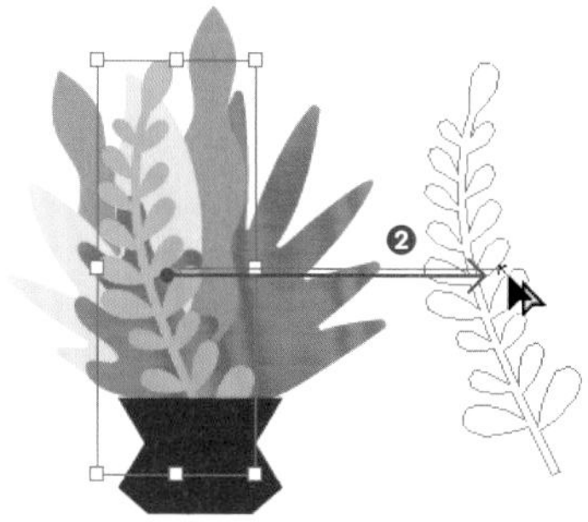
❷

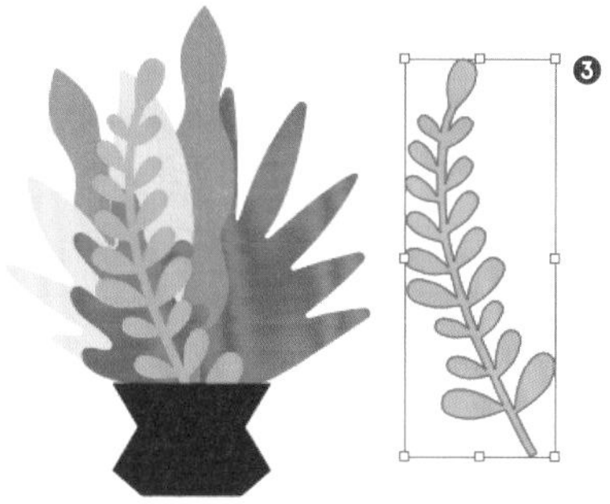
❸

> 重點提示
>
> **如何以固定方向拷貝物件？**
>
> 按住 [Shift] 鍵不放並拖曳，能固定往垂直、水平、斜 45 度的方向拷貝物件。如果想整齊排列物件，可以使用這個方法。

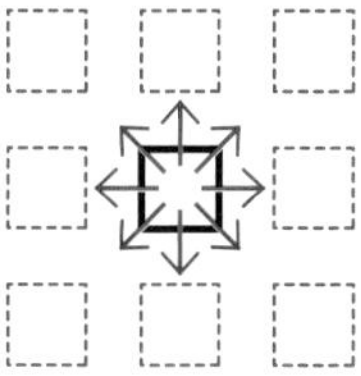

變形物件

透過滑鼠操作也能變形物件，只要拖曳選取物件時顯示的邊框即可。

① 使用「選取工具」▶ 選取拷貝好的藍色植物 ❶，物件的周圍就會出現邊框。

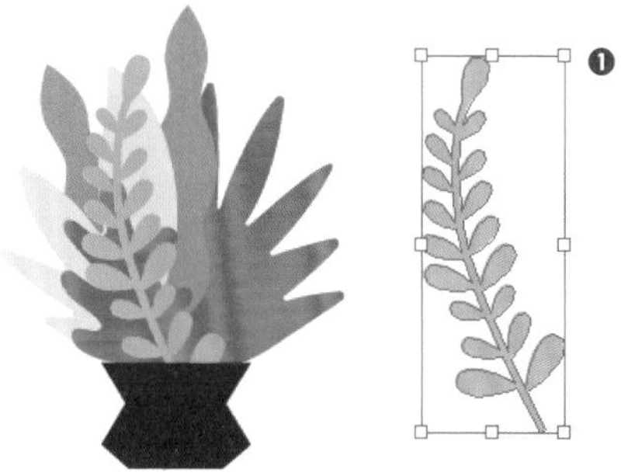
❶

> 重點提示
>
> **何謂邊框？**
>
> 邊框是使用「選取工具」選取物件時，出現在物件周圍的方框。拖曳顯示在邊框上的 8 個控制點，可以放大、縮小、旋轉物件。

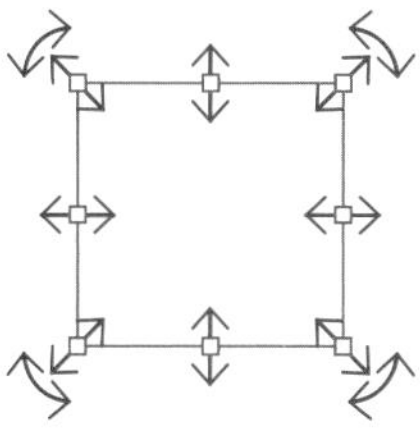

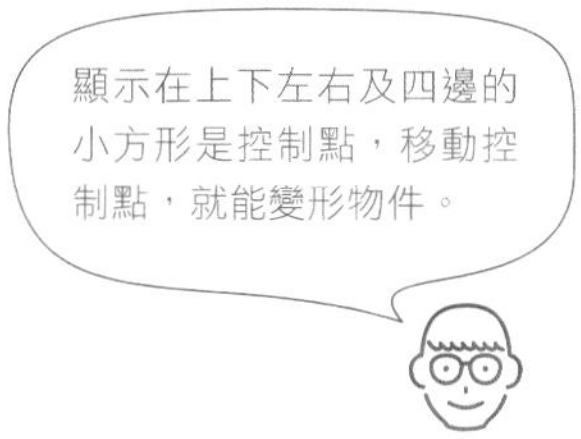
顯示在上下左右及四邊的小方形是控制點，移動控制點，就能變形物件。

② 將滑鼠游標移動到邊框右上方的控制點，游標的形狀就會變成 ⤢ ❷。

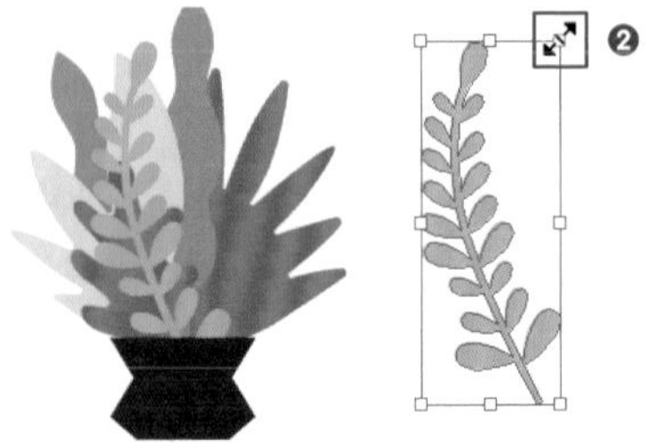
❷

③ 在此狀態下，往右上方拖曳控制點 ❸。
這樣就能依照拖曳的距離放大物件。

按住 Shift 鍵不放並拖曳，能以固定的長寬比來放大或縮小物件。

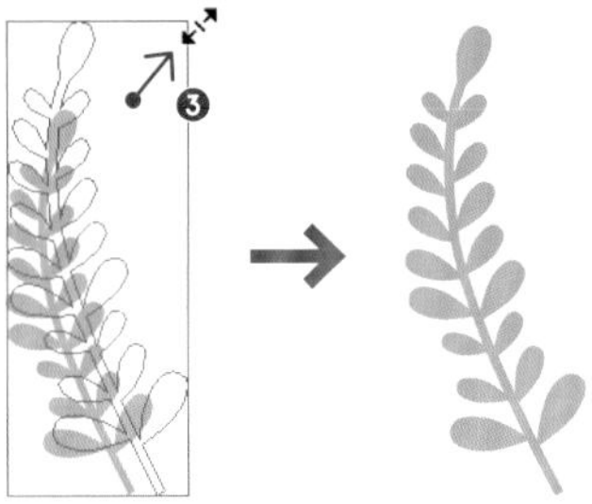
❸

放大物件

旋轉物件

① 將滑鼠游標移動到邊框控制點略微外側的地方，游標形狀就會變成 ⤵ ❶。

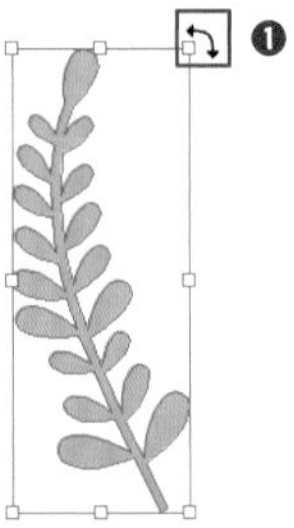
❶

② 在此狀態下，往右拖曳控制點 ❷。
即可依照拖曳距離旋轉物件。

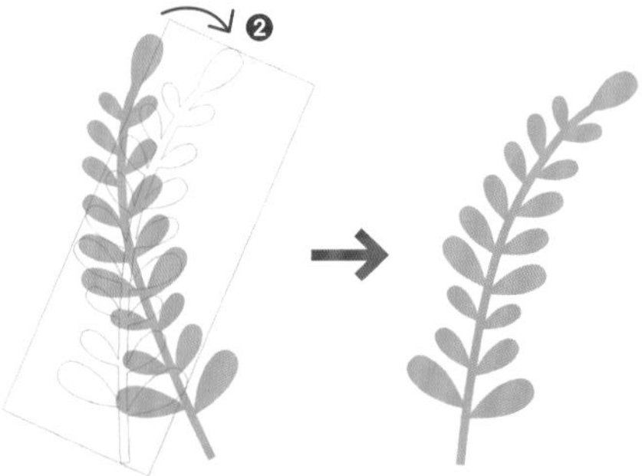
❷

旋轉物件

\ 完成！/ 將變形後的物件移動到花瓶內即完成。

重點提示

如何刪除物件

如果要刪除物件，請選取該物件並按下 Delete 鍵。

CHAPTER 2 LESSON 6

填色 # 筆畫 # 檢色滴管

物件的顏色包括「填色」與「筆畫」

練習檔案
2-6.ai

Illustrator 繪製的圖形物件是由「填色」與「筆畫」兩個元素構成。以下將分別說明這兩個元素的顏色設定方法。

「填色」與「筆畫」

物件是由路徑（線條）構成，可以分別在路徑與路徑內設定顏色，路徑稱作「筆畫」，路徑內的部分稱作「填色」。

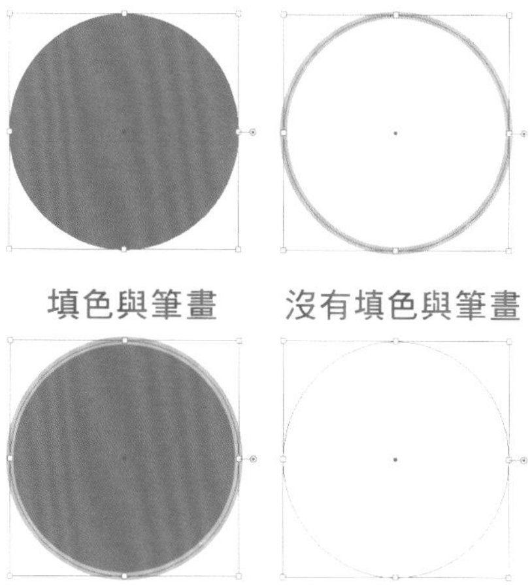
只有填色
只有筆畫
填色與筆畫
沒有填色與筆畫

切換「填色」與「筆畫」

「填色」與「筆畫」的顏色常需要調整，所以有許多面板都可以進行設定。這些面板的共通點是，必須先切換「填色」或「筆畫」再設定顏色。以下將利用工具列切換「填色」與「筆畫」。

1. 按一下工具列的「筆畫」❶，可以改變「填色」與「筆畫」的重疊順序，切換成「筆畫」❷。

2. 按一下「填色」❸，這次變成「填色」在上方，切換成可以設定「填色」的狀態 ❹。

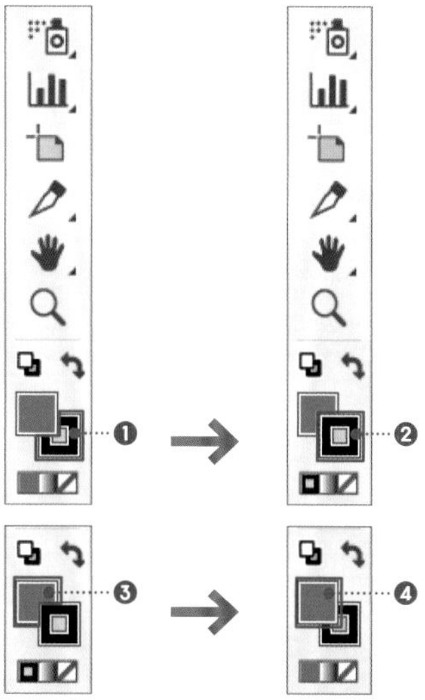
❶
❷
❸
❹

更多 進階知識！

● **切換「填色」與「筆畫」的顏色**

按一下「填色」與「筆畫」右上方的箭頭圖示 ❶，可以切換「填色」與「筆畫」的顏色。

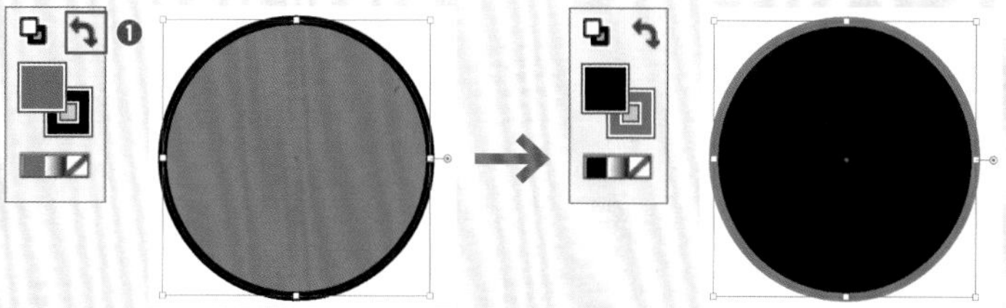
❶

由「填色」為藍色，「筆畫」為黑色切換成「填色」為黑色，「筆畫」為藍色。

更改選取物件的顏色

使用「選取工具」選取植物，調整顏色。這次將在「檢色器」對話視窗輸入 CMYK 值。

1. 開啟練習檔案「2-6.ai」。選取藍色植物，在工具列的「填色」按兩下 ❶，開啟「檢色器」對話視窗。

❶

2. 「C」輸入「80%」，「M」輸入「0%」，「Y」輸入「60%」，「K」輸入「0%」❷，按下「確定」鈕 ❸。

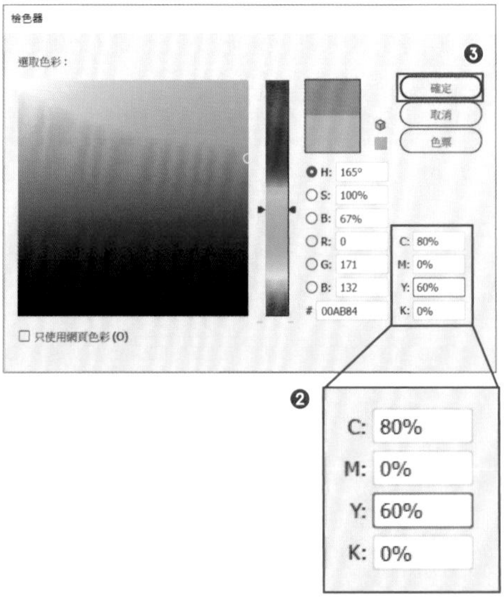
檢色器
選取色彩：
❸
確定
取消
色票
H: 165°
S: 100%
B: 67%
R: 0
G: 171
B: 132
00AB84
C: 80%
M: 0%
Y: 60%
K: 0%
只使用網頁色彩 (O)
❷
C: 80%
M: 0%
Y: 60%
K: 0%

「CMYK」是一種色彩模式，其他還有「RGB」等色彩模式，詳細說明請見 207 頁。

\ 完成！/ 改變了選取物件的顏色。

CHAPTER 2 LESSON 7

檢色器 # 顏色面板 # 色票 # 檢色滴管

記住各種顏色的設定方法

練習檔案
2-7.ai

Illustrator 有許多與顏色有關的功能，包括漸層、圖樣等，請先記住可以透過哪些面板來使用這些功能。

透過「檢色器」對話視窗調整顏色

在工具列或「顏色」面板中的「筆畫」或「填色」按兩下 ❶，可以開啟「檢色器」對話視窗 ❷。

若想精準設定顏色，可以輸入 RGB 或 CMYK 的數值 ❸。

如果想以直覺方式挑選顏色，可以透過色彩光譜 ❹ 或顏色區 ❺ 來選色。

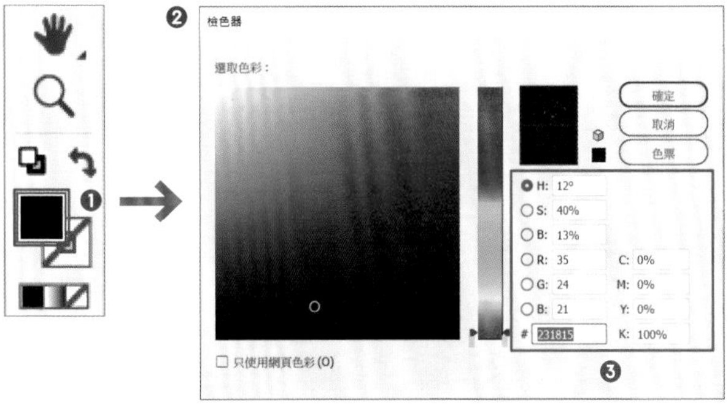
檢色器
選取色彩：
確定
取消
色票
H: 12°
S: 40%
B: 13%
R: 35
G: 24
B: 21
C: 0%
M: 0%
Y: 0%
K: 100%
231815
只使用網頁色彩 (O)

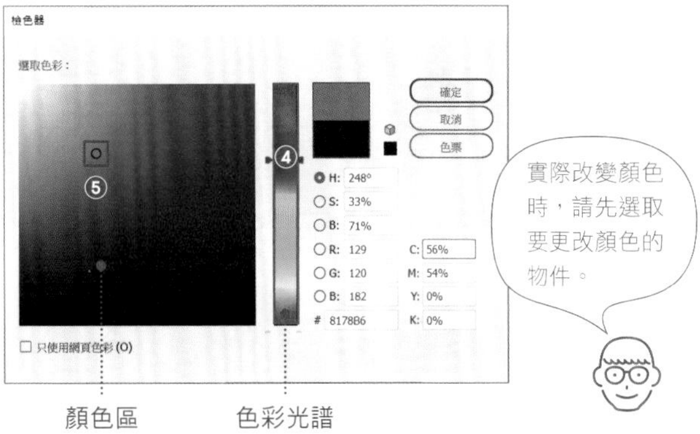
檢色器
選取色彩：
確定
取消
色票
H: 248°
S: 33%
B: 71%
R: 129
G: 120
B: 182
C: 56%
M: 54%
Y: 0%
K: 0%
8178B6
只使用網頁色彩 (O)
顏色區
色彩光譜
實際改變顏色時，請先選取要更改顏色的物件。

透過「顏色」面板調整色彩

執行「視窗→顏色」命令 ❶，可以開啟「顏色」面板 ❷。

在選取物件的狀態，移動面板內的「顏色滑桿」或輸入數值，就能調整顏色 ❸。

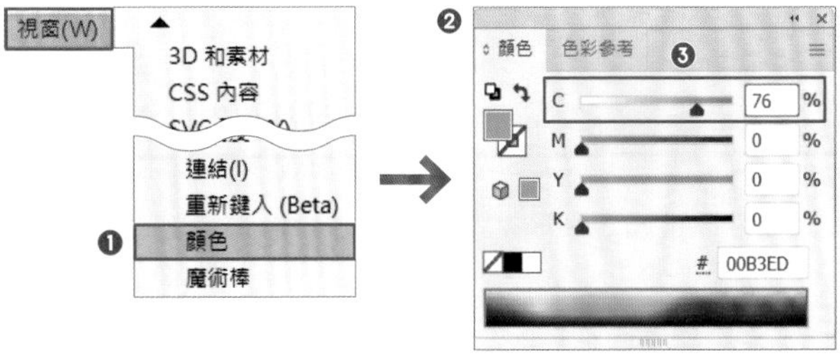
視窗(W)
3D 和素材
CSS 內容
連結(I)
重新鍵入 (Beta)
顏色
魔術棒
顏色
色彩參考
C 76 %
M 0 %
Y 0 %
K 0 %
00B3ED

重點提示

更改顏色的呈現方法

如果顯示在「顏色」面板中的顏色為灰階或 RGB，按一下面板右上方的 ≡，即可切換成「CMYK」❹。

22.8 %
隱藏選項
灰階(G)
RGB(R)
HSB(H)
CMYK(C)
可於網頁顯示的 RGB(W)

利用「色票」面板更改顏色、儲存顏色

我們也可以挑選事先儲存的顏色。執行「視窗→色票」命令 ❶，開啟「色票」面板 ❷。這裡已經儲存了顏色、漸層、圖樣等色彩，只要選取物件，再選擇已經儲存的顏色（這裡稱作「色票」），就能進行調整，還可以自訂顏色。

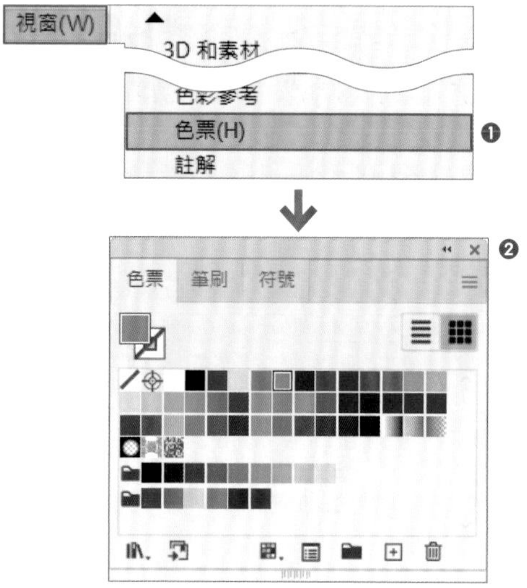

視窗(W)
3D 和素材
色彩參考
色票(H)
註解
❶
❷
色票
筆刷
符號

利用「檢色滴管工具」調整顏色

使用「檢色滴管工具」可以取出物件的填色或筆畫資料，就像用滴管吸取顏色般，取出物件的填色等資料，直接套用在其他物件。用法是選取想調整顏色的物件 ❶，再選取工具列的「檢色滴管工具」❷，當滑鼠游標變成滴管形狀後，按一下想取得顏色的物件 ❸，即可將顏色套用在選取物件上 ❹。

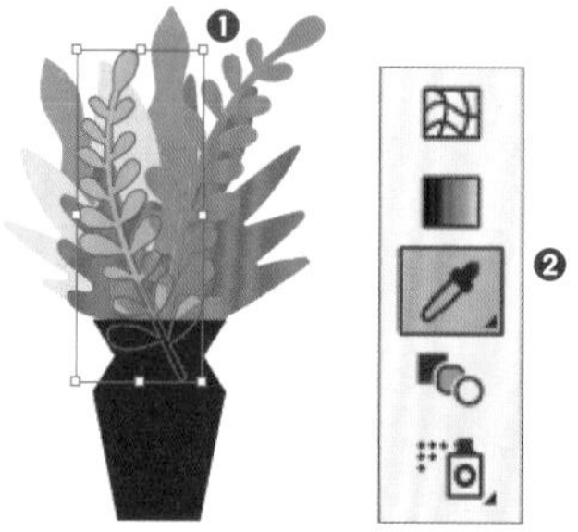

❶
❷

反之，你也可以將選取物件的顏色套用在其他物件。此時，選取物件後 ❺，按住 Alt 鍵不放，再按一下其他物件 ❻，接著按一下想套用選取物件顏色的物件 ❼。

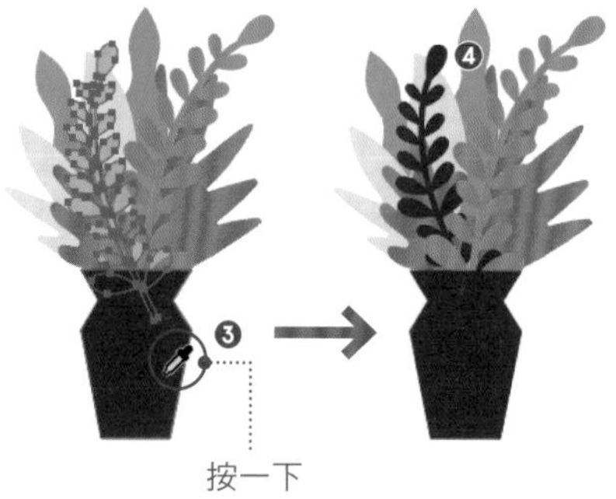

❸
❹
按一下

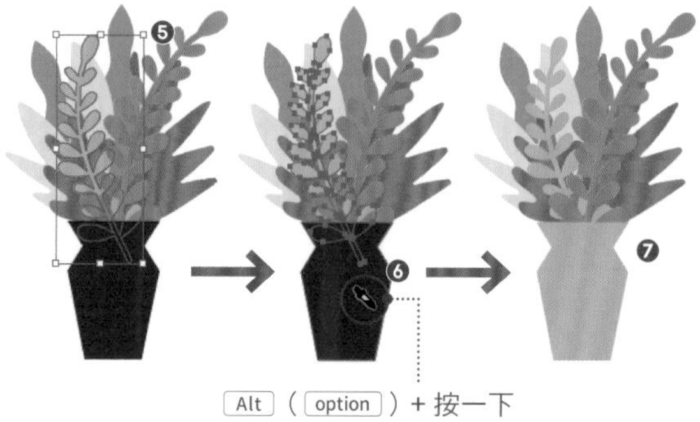

❺
❻
❼
Alt（option）+ 按一下

重點提示

從影像中也能取得顏色！

「檢色滴管工具」也能從貼至 Illustrator 的影像中取出顏色資料。假如想統一影像與物件的色調，使用這種方法就很方便。按一下影像，即可取出顏色。假如無法取出顏色，請按住 Shift 鍵不放並按一下。

CHAPTER 2 LESSON 8

直接選取工具

使用「直接選取工具」調整花瓶的形狀

練習檔案 2-8.ai

以下將使用「直接選取工具」選取構成物件的線段（路徑）或點（錨點），試著變形物件。

使用「直接選取工具」單獨選取花瓶的底部，再往下拖曳延伸，變形成有深度的花瓶。

使用「直接選取工具」選取並移動路徑

Illustrator 的物件是由錨點與路徑組合而成，「直接選取工具」可以個別選取、編輯錨點與路徑。

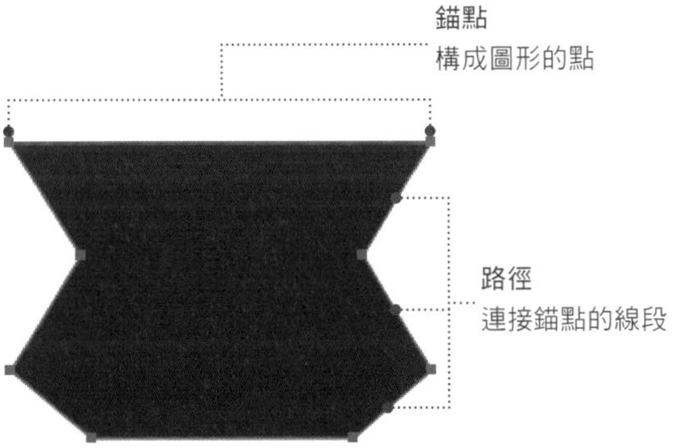
錨點
構成圖形的點
路徑
連接錨點的線段

有些物件並不是由錨點與路徑構成，例如影像等。

① 開啟練習檔案「2-8.ai」，選取工具列中的「直接選取工具」❶，按一下花瓶底邊的路徑 ❷。

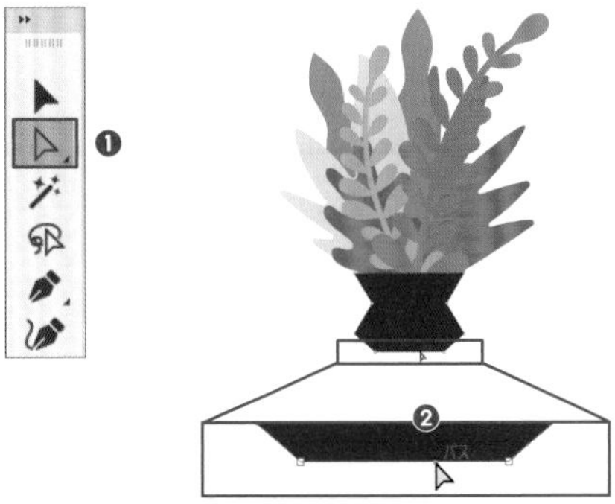
❶
❷

只在路徑上按一下

重點提示

錨點的選取狀態

錨點的顏色可以分辨是否為選取狀態。選取中的錨點顯示為藍色，而非選取中的錨點顯示為白色。

■ 選取中的狀態　□ 非選取中的狀態

② 往下拖曳 ❸。

拖曳時，按下 Shift
鍵，可以垂直移動。

❸

\ 完成！/ 改變了花瓶的形狀。

更多

進階知識！

● 分別使用「選取工具」、「直接選取工具」、「群組選取工具」

「選取工具」、「直接選取工具」、「群組選取工具」都是用來選取物件的工具，但是可以選取的部分不同。根據你想選取的部分妥善運用，能提升工作效率。

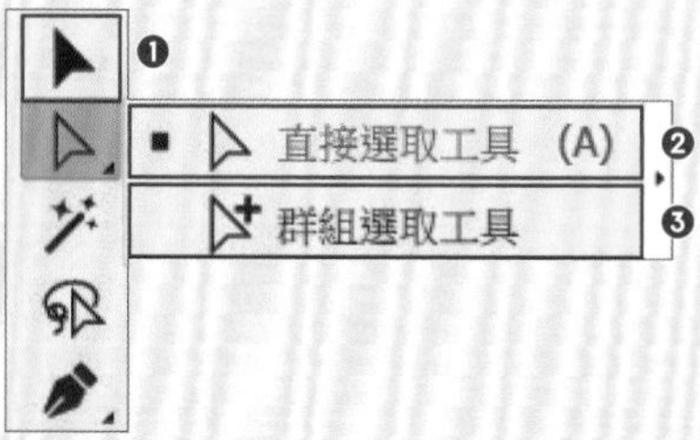
❶
直接選取工具 (A)
❷
群組選取工具
❸

❶ 「選取工具」

選取整個物件。如果是組成群組的物件，會依照群組來選取。

❷ 「直接選取工具」

能選取路徑、錨點、方向控制把手。想編輯或變形物件的其中一部分時，可以使用這個工具。

❸ 「群組選取工具」

按一次可以選取單一物件，按兩次能選取包含下個階層在內的群組。每按一次，就會增加能選取的群組。可以選取群組內特定物件或多個群組中的其中一個群組。

組成群組 ➡ 110 頁

「群組選取工具」的詳細用法
請參考 249 頁的說明，這裡先
概略瞭解有哪些工具即可。

CHAPTER 2 LESSON 9

儲存 # 結束 Illustrator

儲存檔案，結束 Illustrator

練習檔案
2-9.ai

完成的插圖請先儲存起來，沒有存檔就關閉檔案或結束 Illustrator，會讓已經製作好的插圖或影像消失不見。

另存新檔

Lesson 1 開啟檔案後，對物件執行了各種操作。為了把這些操作保留下來，要將 Lesson 1 開啟的檔案另存成新檔。

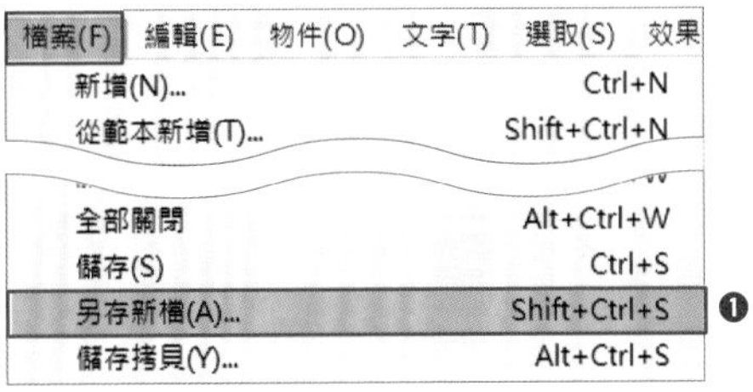

檔案(F)
編輯(E)
物件(O)
文字(T)
選取(S)
效果
新增(N)... Ctrl+N
從範本新增(T)... Shift+Ctrl+N
全部關閉 Alt+Ctrl+W
儲存(S) Ctrl+S
另存新檔(A)... Shift+Ctrl+S
儲存拷貝(Y)... Alt+Ctrl+S
❶

1. 開啟練習檔案「2-9.ai」，執行「檔案→另存新檔」命令 ❶。

2. 開啟「另存新檔」對話視窗，選擇存檔位置 ❷。

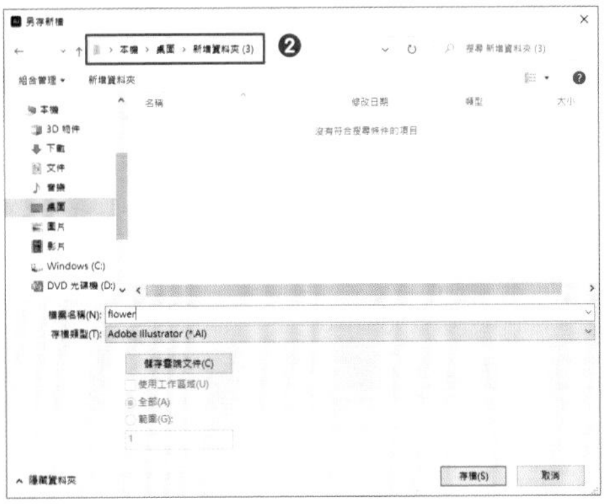

❷
flower
Adobe Illustrator (*.AI)

3. 在「檔案名稱」輸入比較容易瞭解的名稱 ❸，按下「存檔」鈕 ❹。

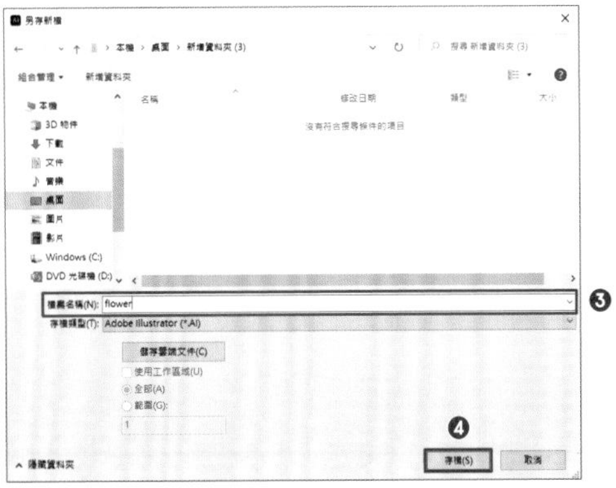

❸
❹
flower
Adobe Illustrator (*.AI)

4. 開啟「Illustrator 選項」對話視窗 ❺，按下「確定」鈕 ❻。

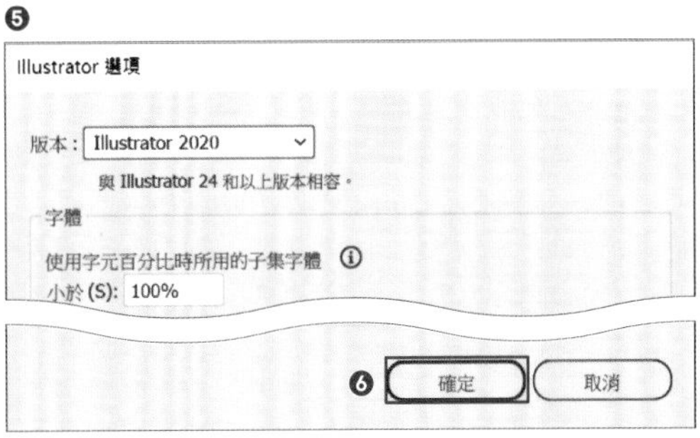

❺
Illustrator 選項
版本：Illustrator 2020
與 Illustrator 24 和以上版本相容。
字體
使用字元百分比時所用的子集字體
小於 (S): 100%
❻
確定
取消

重點提示

「儲存」與「另存新檔」的用法

執行「檔案→儲存」命令 ❶，會直接覆寫原本的檔案。已經儲存過一次的檔案，第二次執行「檔案→儲存」命令時，會以覆寫方式存檔。如果想把舊的檔案儲存成其他名稱，請執行「檔案→另存新檔」命令，更改檔名再存檔。

此外，第一次存檔時，會出現和「另存新檔」一樣的操作。

檔案(F) 編輯(E) 物件(O) 文字(T) 選取(S) 效果(
新增(N)... Ctrl+N
從範本新增(T)... Shift+Ctrl+N
開啟舊檔(O)... Ctrl+O
打開最近使用過的檔案(F) >
在 Bridge 中瀏覽... Alt+Ctrl+O
關閉檔案(C) Ctrl+W
全部關閉 Alt+Ctrl+W
儲存(S) Ctrl+S
另存新檔(A)... Shift+Ctrl+S
儲存拷貝(Y)... Alt+Ctrl+S

❶

重點提示

養成以快速鍵存檔的習慣

按下 Ctrl（⌘）+ S 鍵就能存檔，請養成隨時存檔的習慣。

關閉檔案

1 儲存完畢後，請關閉檔案。執行「檔案→關閉檔案」命令 ❶。

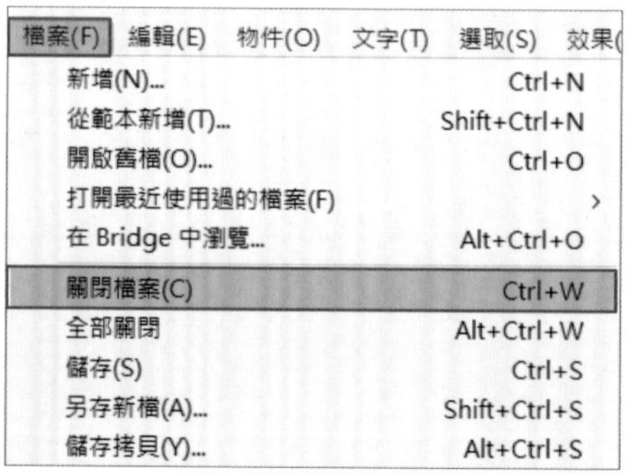

檔案(F) 編輯(E) 物件(O) 文字(T) 選取(S) 效果(
新增(N)... Ctrl+N
從範本新增(T)... Shift+Ctrl+N
開啟舊檔(O)... Ctrl+O
打開最近使用過的檔案(F) >
在 Bridge 中瀏覽... Alt+Ctrl+O
關閉檔案(C) Ctrl+W
全部關閉 Alt+Ctrl+W
儲存(S) Ctrl+S
另存新檔(A)... Shift+Ctrl+S
儲存拷貝(Y)... Alt+Ctrl+S

❶

重點提示

使用標籤關閉檔案

按一下標籤旁邊的「×」鈕，關閉原本的檔案。

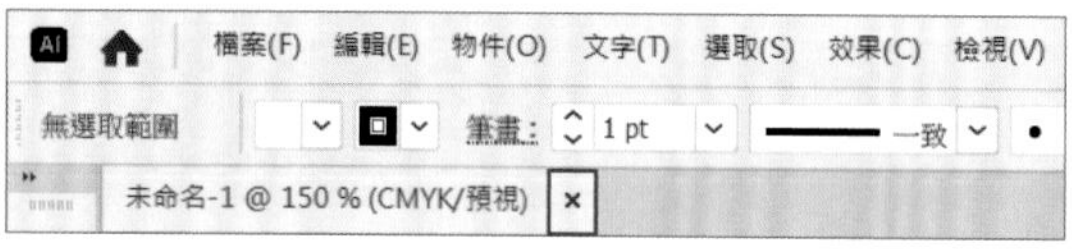

Ai
檔案(F) 編輯(E) 物件(O) 文字(T) 選取(S) 效果(C) 檢視(V)
無選取範圍
筆畫：1 pt
一致
未命名-1 @ 150 % (CMYK/預視)
×

結束 Illustrator

1 執行「檔案→結束」命令 ❶，關閉 Illustrator（Mac 為執行「Illustrator→結束 Illustrator」命令）。

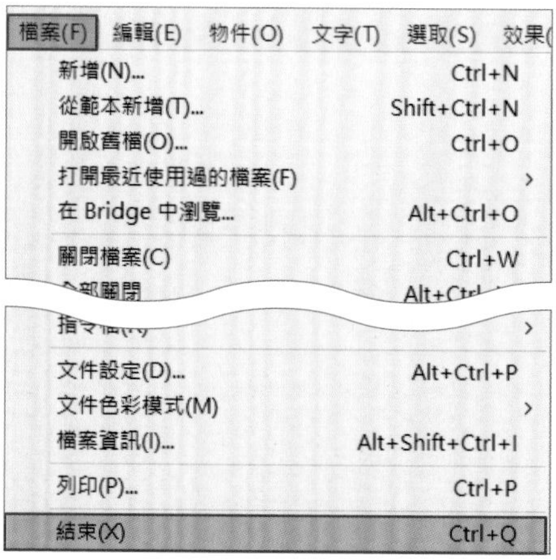

檔案(F) 編輯(E) 物件(O) 文字(T) 選取(S) 效果(
新增(N)... Ctrl+N
從範本新增(T)... Shift+Ctrl+N
開啟舊檔(O)... Ctrl+O
打開最近使用過的檔案(F) >
在 Bridge 中瀏覽... Alt+Ctrl+O
關閉檔案(C) Ctrl+W
文件設定(D)... Alt+Ctrl+P
文件色彩模式(M) >
檔案資訊(I)... Alt+Shift+Ctrl+I
列印(P)... Ctrl+P
結束(X) Ctrl+Q

❶

重點提示

「結束」的快速鍵

按下 Ctrl（⌘）+ Q 鍵可以結束 Illustrator。

更多

進階知識！

Illustrator 可以儲存的格式

儲存新的檔案或另存新檔時，可以在「存檔類型」選擇存檔格式。

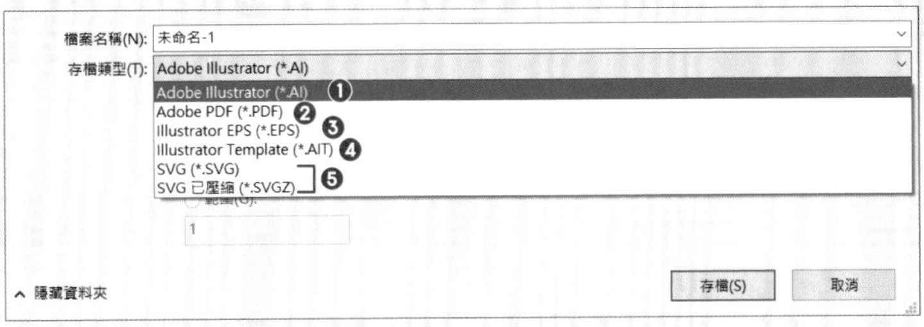

檔案名稱(N): 未命名-1
存檔類型(T): Adobe Illustrator (*.AI)
Adobe Illustrator (*.AI) ❶
Adobe PDF (*.PDF) ❷
Illustrator EPS (*.EPS) ❸
Illustrator Template (*.AIT) ❹
SVG (*.SVG)
SVG 已壓縮 (*.SVGZ) ❺
1
隱藏資料夾
存檔(S)
取消

❶ Adobe Illustrator（ai）……這是 Illustrator 的檔案格式。

❷ Adobe PDF（pdf）……這是各種環境都可以開啟的通用格式。

❸ Illustrator EPS（eps）……這是可以儲存向量影像與點陣圖影像的檔案格式。

❹ Illustrator Template（ait）……這是能把以常用設定建立的資料儲存為範本的格式。ait 格式的檔案無法覆寫或編輯。

❺ SVG（svg）、SVG 壓縮（svgz）……這是放大後也不會變粗糙的向量影像格式。最近的網頁常用這種格式製作。

「Illustrator 選項」對話視窗的設定項目

儲存新檔案或另存新檔時，可以選擇存檔方式。

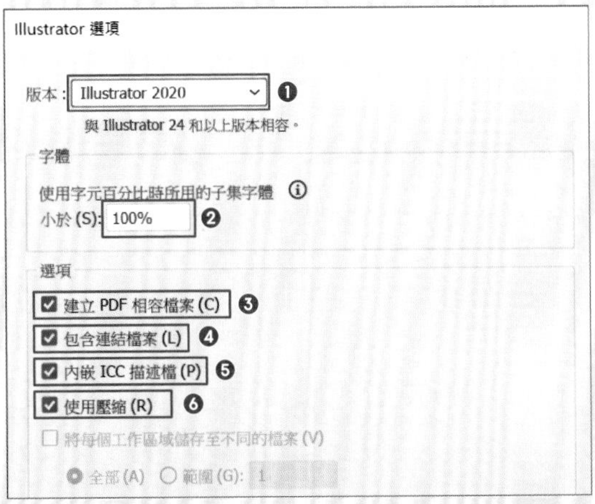

Illustrator 選項
版本：Illustrator 2020 ❶
與 Illustrator 24 和以上版本相容。
字體
使用字元百分比時所用的子集字體
小於 (S): 100% ❷
選項
建立 PDF 相容檔案 (C) ❸
包含連結檔案 (L) ❹
內嵌 ICC 描述檔 (P) ❺
使用壓縮 (R) ❻
將每個工作區域儲存至不同的檔案 (V)
全部 (A)
範圍 (G): 1

❶ 版本……可以設定 Illustrator 的版本。如果希望舊版 Illustrator 也能開啟檔案，請在這裡設定該版本。

❷ 字體……設定是否嵌入使用的字體。一般設定為 100% 即可。

❸ 建立 PDF 相容檔案……勾選之後，可以開啟為 PDF 檔，但是檔案會因此變大，如果想縮小檔案，可以取消此項目。

❹ 包含連結檔案……勾選之後，會嵌入並儲存連結影像。

❺ 內嵌 ICC 描述檔……可以設定是否嵌入色彩描述檔，一般會取消此項目。

❻ 使用壓縮……壓縮檔案再存檔。可以控制檔案大小，所以基本上會勾選此項目。

COLUMN

很難記住所有功能而且也沒有必要

本書的概念不是詳盡說明每一項工具，而是以基本技巧為主，盡量說明在設計上最常使用的工具。筆者（石川）使用 Illustrator 已經有二十多年的資歷，包括學生時期。慚愧的是，即使到現在，仍會發現「原來有這種功能」的情況。

筆者以前在網路上寫過「無須記住 Illustrator 所有功能」的文章，獲得社群媒體上許多設計師的認同，他們表示：「我也不會使用 Illustrator 的這個或那個功能。」大家的想法都一樣。因此，最重要的是如何設計出作品，而非知道大量罕見的功能。此外，設計作品有各式各樣的做法，筆者幾乎可以肯定地說，沒有不知道某個功能就做不出來的作品。剛開始你可能誤以為只要學會這些功能，就可以製作出好設計，但是用 Illustrator 從零開始設計作品時，光靠這些功能通常不足以創作出令人驚豔的成果。

學會 Illustrator 的捷徑不是像背字典般從頭開始記住所有功能，而是根據設計的目的，透過各種方法實際操作，逐漸學會各項功能。因此，本書的原則將著重在動手操作並加以說明。

目的
學習功能
方法
設計作品
透過製作過程來學習功能比較快，請持續創作出原創作品。

目的
設計作品
方法
學習功能
以學習功能為目的，設計作品的難度就會變高，反而繞遠路。

CHAPTER 3

繪製各種圖形

這一章將先使用工具繪製矩形、圓形等簡單的圖形，
之後再說明利用合併、剪裁方式改變圖形形狀的方法。

CHAPTER 3
LESSON 1

矩形工具

繪製矩形與正方形

完成檔案
3-1_after.ai

建立圖形是繪製插圖的基本技巧，以下將先學習繪製矩形與正方形的方法。

矩形是很常用的圖形，例如當作插圖的部分物件或版面的外框等。以下將使用「矩形工具」繪製矩形與正方形。

你可以憑直覺描繪，愉快地畫出各種形狀。

繪製矩形

首先要繪製橫長矩形。

1 選取工具列的「矩形工具」❶。

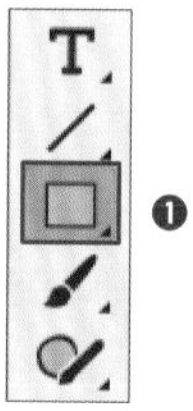

❶

這個範例會在筆畫與填色設定顏色。
➡ 33 頁

重點提示

找不到「矩形工具」?

假如工具列中顯示了矩形以外的工具，請長按該圖示，選取「矩形工具」。

2 在工作區域上斜向拖曳 ❷。

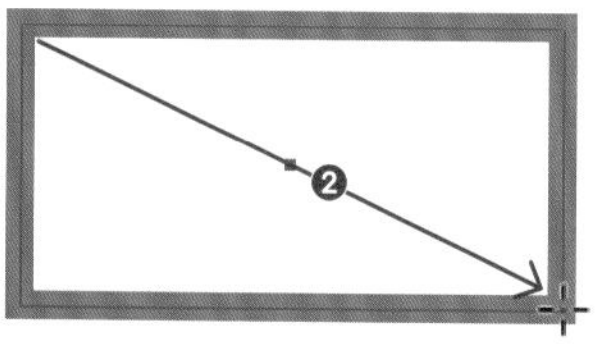

❷

3 建立矩形，並呈現選取狀態。按住 Ctrl（⌘）鍵不放並在工作區域的空白部分按一下，取消選取 ❸。

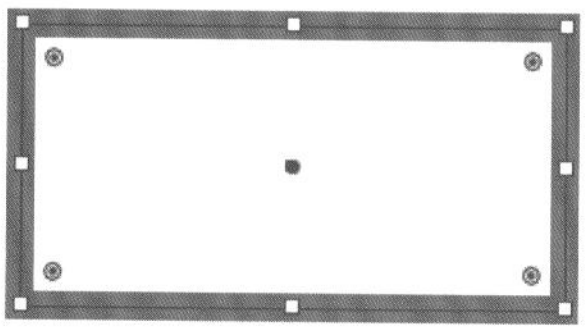

❸

繪圖之後，請取消選取。在按住 Ctrl（⌘）鍵的過程中，會切換成「選取工具」。

完成！ 建立矩形。

繪製正方形

接著要繪製正方形。按住 Shift 鍵不放並拖曳，可以繪製固定長寬比的圖形。

1 選取「矩形工具」❶，按住 Shift 鍵不放並拖曳 ❷。

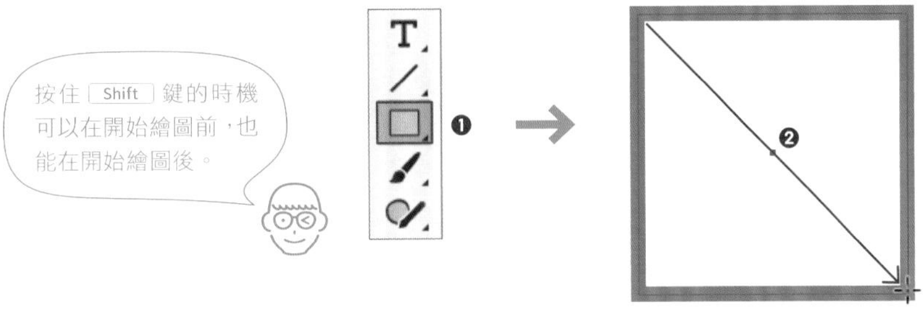
按住 Shift 鍵的時機可以在開始繪圖前，也能在開始繪圖後。
❶
❷

完成！ 建立正方形。

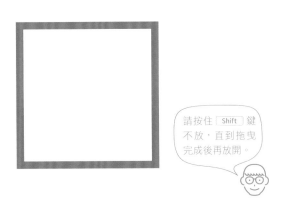
請按住 Shift 鍵不放，直到拖曳完成後再放開。

更多 進階知識！

● **從中心開始繪圖**

在選取「矩形工具」的狀態，按下 Alt（option）鍵，滑鼠游標的形狀會變成 ⁞⁞。直接拖曳 ❷，就會從中心開始繪製出矩形。

此時，按住 Shift 鍵不放並拖曳，能從中心開始繪製正方形。

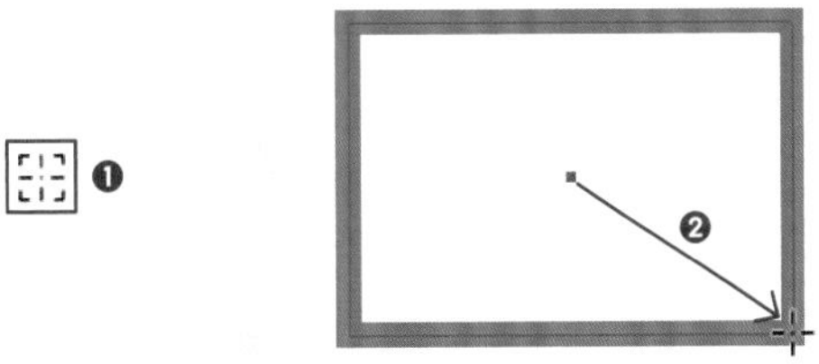
❶
❷

CHAPTER 3 LESSON 2

橢圓形工具

繪製橢圓形與正圓形

完成檔案
3-2_after.ai

使用「橢圓形工具」繪製圓形，圓形是各種場合都會用到的常用圖形。

「橢圓形工具」可以製作當成設計重點的按鈕，以及插圖的眼睛與嘴巴等物件。以下將繪製橢圓形與正圓形。

用法與「矩形工具」一樣。

繪製橢圓形

首先繪製橫長橢圓形。

① 長按工具列的「矩形工具」❶，選取「橢圓形工具」❷。

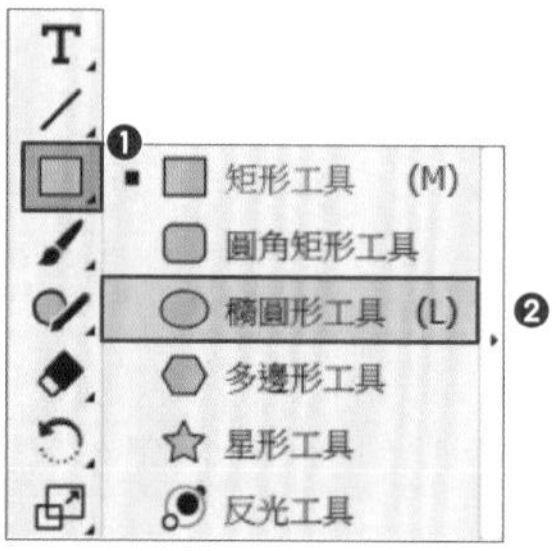

❶
矩形工具 (M)
圓角矩形工具
橢圓形工具 (L)
❷
多邊形工具
星形工具
反光工具

重點提示

顯示最後使用的工具

工具列會顯示最後使用的工具。如果一開始顯示的是「橢圓形工具」，只要直接按一下就能使用。

除了長按之外，按下滑鼠右鍵，也可以顯示隱藏中的工具。

② 在工作區域上斜向拖曳 ❸。

這個範例在筆畫與填色設定了顏色。
➡ 33 頁

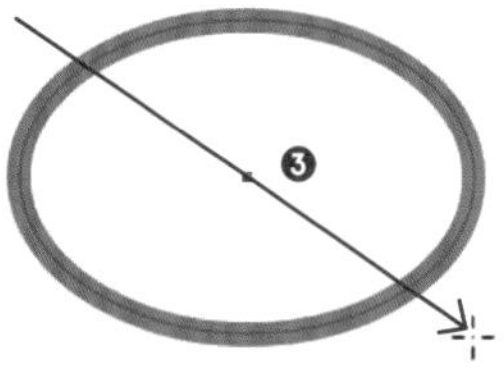

❸

③ 建立橢圓形並呈現選取狀態。按住 Ctrl（⌘）鍵不放並按一下工作區域的空白部分，取消選取 ❹。

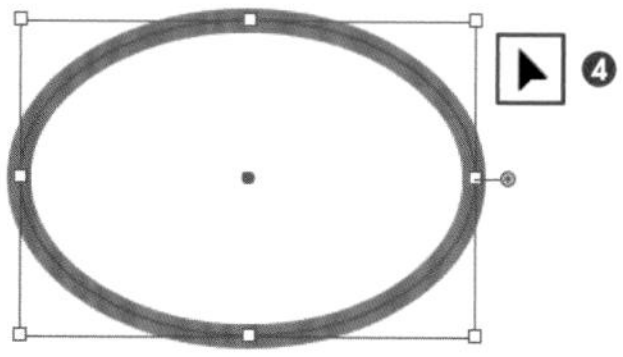

❹

＼完成！／ 製作出橢圓形！

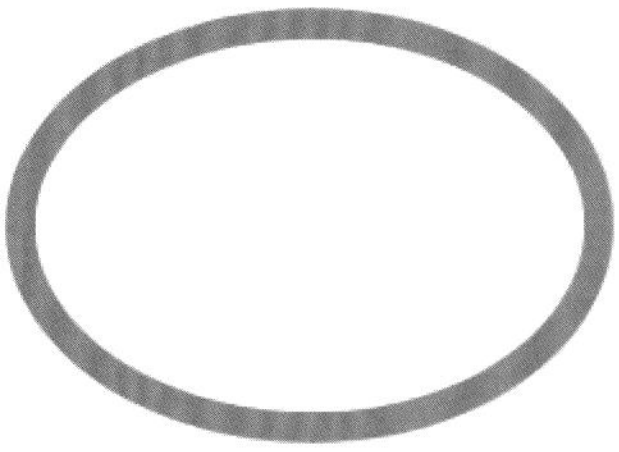

繪製正圓形

接下來要繪製正圓形。按住 Shift 鍵不放並拖曳，可以繪製固定長寬比的圖形。

1. 選取「橢圓形工具」❶，按住 Shift 鍵不放並拖曳 ❷。

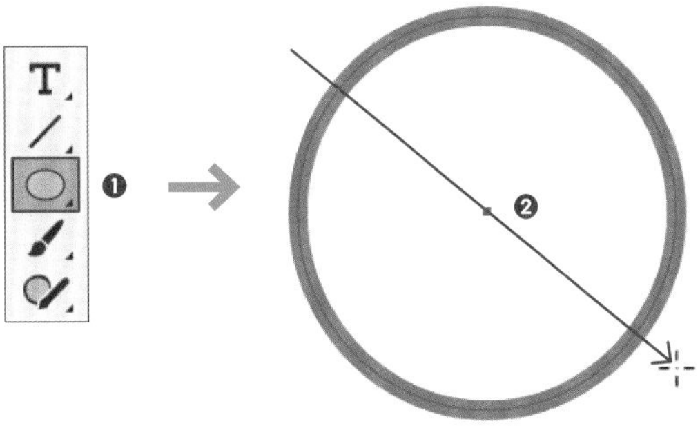
❶
❷

拖曳過程中，請按住 Shift 鍵不放。

＼完成！／ 製作出正圓形。

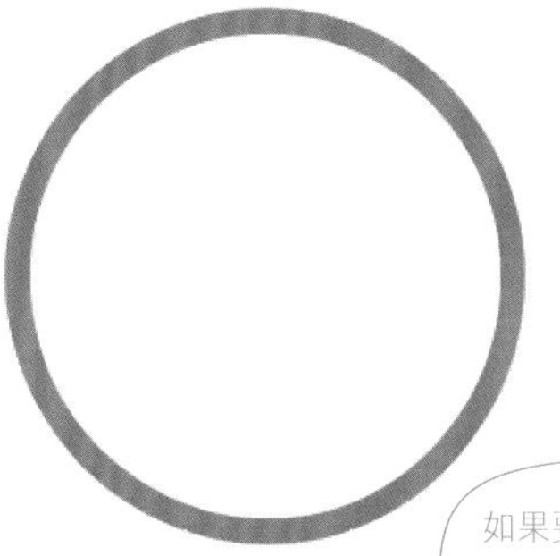

如果要從中心開始繪圖，請按住 Alt（option）鍵不放並拖曳。

更多
＼進階知識！／

● 以精準的尺寸繪圖

選取「橢圓形工具」，在工作區域按一下，開啟「橢圓形」對話視窗 ❶。「寬度」與「高度」已先輸入上一次建立的圖形尺寸，你可以自行調整。

按一下「強制寬高等比例」圖示 ❷，切換成鎖鏈連結起來的狀態 ，即可固定長寬比。如果不想固定長寬比，請切換成 的狀態。

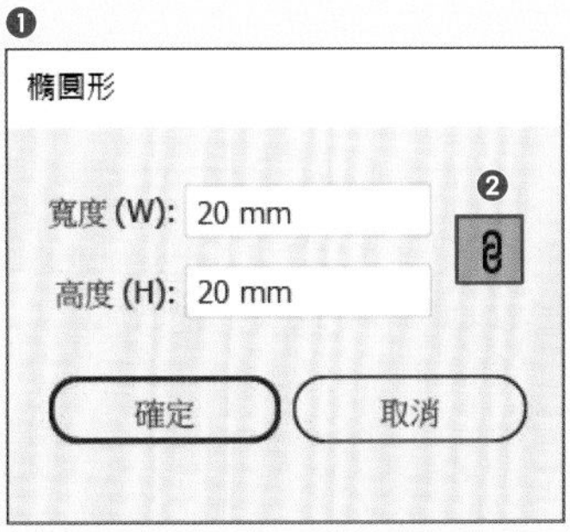
❶
橢圓形
寬度 (W): 20 mm
高度 (H): 20 mm
❷
確定
取消

這是「矩形工具」、「多邊形工具」等繪圖工具共通的技巧。

CHAPTER 3
LESSON 3

多邊形工具

繪製多邊形

完成檔案
3-3_after.ai

這裡要繪製非矩形的多邊形。使用「多邊形工具」可以繪製五邊形、八邊形等多邊形，這個工具也可以繪製三角形。

「多邊形工具」可以建立三角形、六邊形等非矩形或圓形的圖形。
以下將繪製正六邊形與正三角形。

繪製正六邊形

首先要繪製正六邊形。

1. 長按工具列的「矩形工具」❶，選取「多邊形工具」❷。

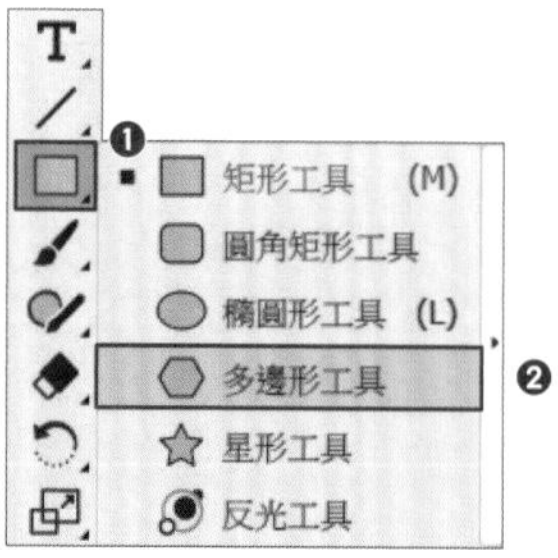
❶
矩形工具 (M)
圓角矩形工具
橢圓形工具 (L)
多邊形工具
星形工具
反光工具
❷

2. 在工作區域上斜向拖曳 ❸。

「多邊形工具」的預設值為正六邊形。

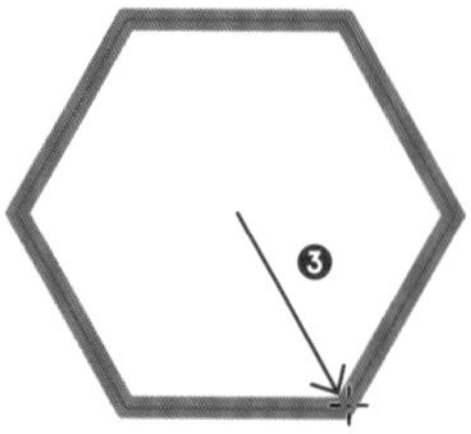
❸

3. 建立正六邊形並呈現選取狀態。按住 Ctrl（⌘）鍵不放再按一下工作區域的空白部分，取消選取 ❹。

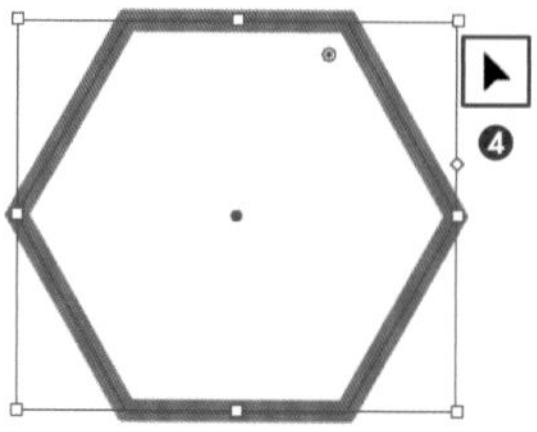
❹

＼完成！／ 繪製出正六邊形。

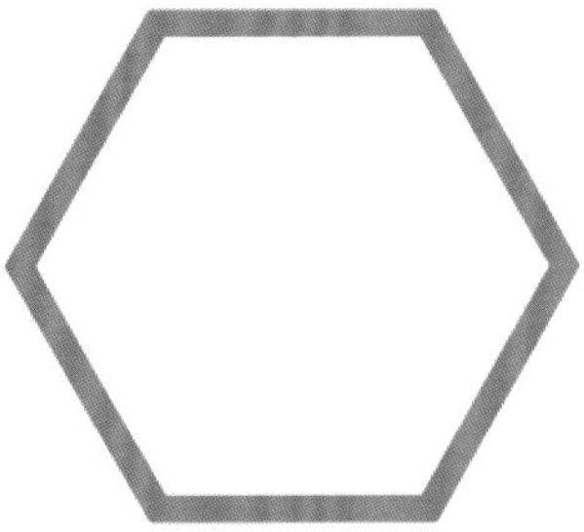

重點提示

讓底邊呈水平狀態

繪製多邊形時，按住 Shift 鍵不放並拖曳，可以讓底邊呈水平狀態。

繪製六邊形以外的多邊形

接著要繪製非六邊形的其他多邊形，這次的範例是繪製正三角形。

1. 選取「多邊形工具」，按一下工作區域的空白部分，開啟「多邊形」對話視窗 ❶。

2. 「邊數」輸入「3」❷，按下「確定」鈕 ❸。

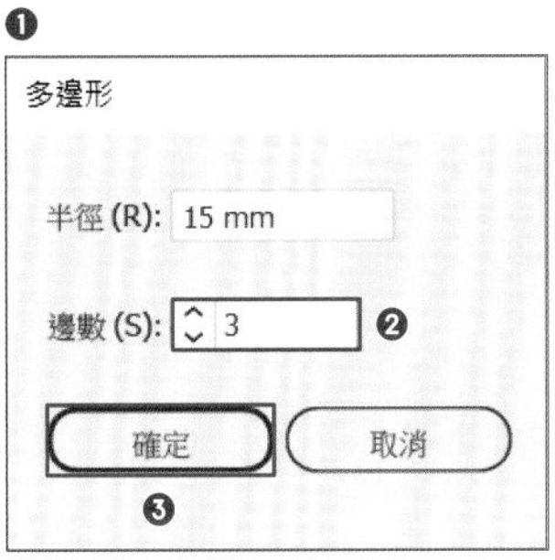
❶
多邊形
半徑 (R): 15 mm
邊數 (S): 3
❷
確定
取消
❸

「半徑」與「邊數」已經設定成上一次繪圖的數值。

＼完成！／ 繪製出正三角形。

更多

＼進階知識！／

● **憑感覺繪製任意多邊形**

以「多邊形工具」拖曳時，按下鍵盤中的 ↑ 鍵與 ↓ 鍵，可以增減邊數。

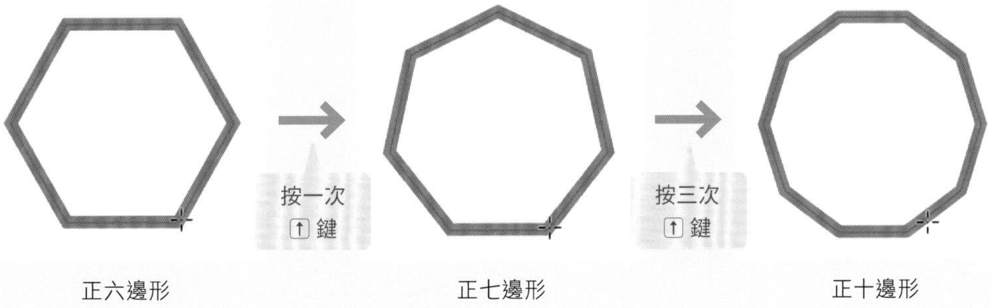
按一次
↑ 鍵
按三次
↑ 鍵
正六邊形
正七邊形
正十邊形

CHAPTER 3

LESSON 4

\# 星形工具

繪製星星或爆炸圖案

完成檔案
3-4_after.ai

使用工具也可以輕易繪製出星形。除了星形，也能描繪鋸齒狀的爆炸圖案。

● 星形

● 爆炸圖案

使用「星形工具」可以繪製出鋸齒狀圖形，以下將繪製一般的星形與爆炸圖案。

繪製一般的星形

首先要繪製一般的星形。

1. 長按工具列的「矩形工具」❶，選取「星形工具」❷。

預設狀態為一般的星形。

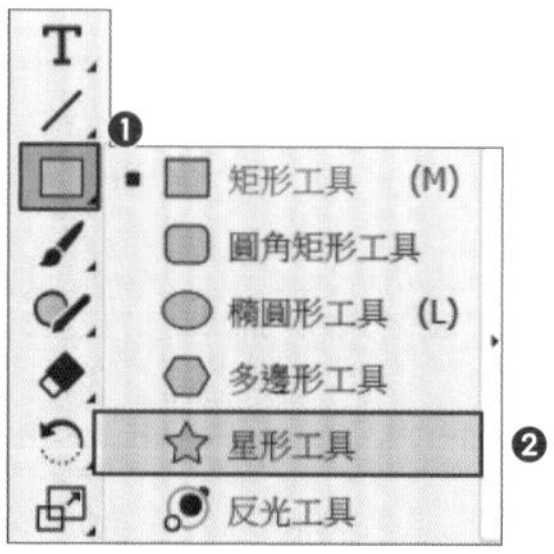

❶
矩形工具 (M)
圓角矩形工具
橢圓形工具 (L)
多邊形工具
星形工具
反光工具
❷

2. 在工作區域上拖曳 ❸。

3. 建立星形並呈現選取狀態。按住 Ctrl（⌘）鍵不放再按一下工作區域的空白部分，取消選取狀態 ❹。

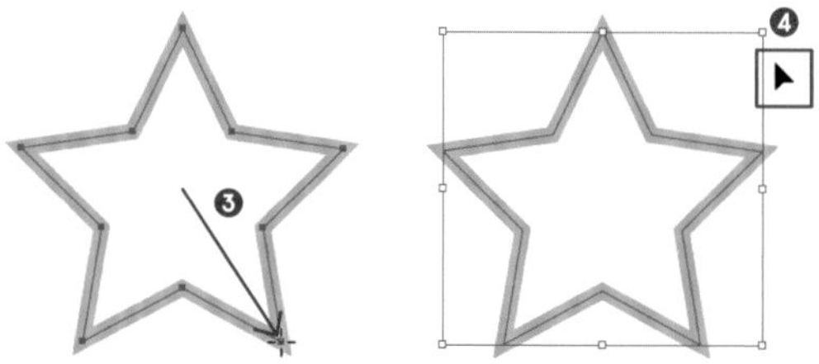

❸
❹

重點提示

讓頂點呈水平狀態或讓各邊呈平行狀態

按住 Shift 鍵不放並拖曳，可以和左圖一樣，平行繪製出星形。若同時按下 Alt（option）鍵，能和右圖一樣，讓各邊變成平行狀態。

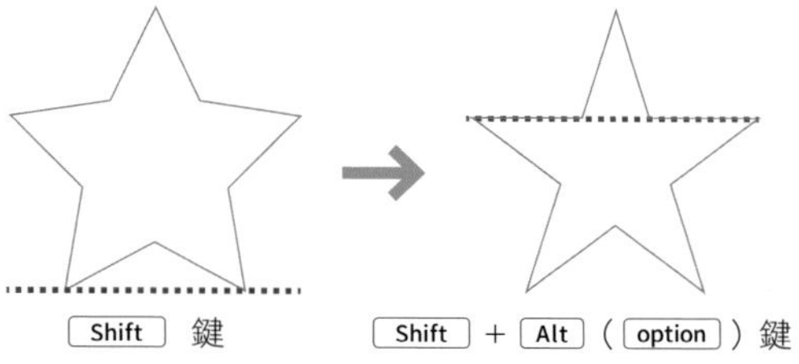

Shift 鍵
Shift + Alt（option）鍵

完成！ 繪製出一般的星形。

繪製爆炸圖案

接下來要增加鋸齒數量。以下範例將繪製爆炸圖案。

1. 選取「星形工具」，在工作區域的空白部分按一下，開啟「星形」對話視窗 ❶。

2. 「半徑 1」輸入「20mm」，「半徑 2」輸入「15mm」，「星芒數」輸入「16」❷，按下「確定」鈕 ❸。

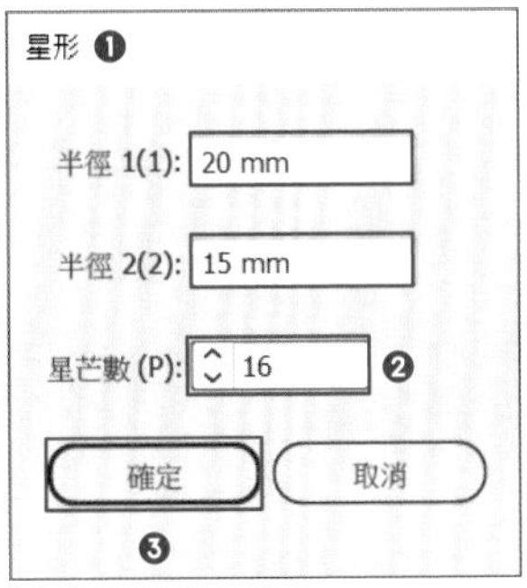
星形 ❶
半徑 1(1): 20 mm
半徑 2(2): 15 mm
星芒數 (P): 16 ❷
確定
取消
❸

半徑 1 與半徑 2 的涵義請參考以下「重點提示」的說明。

完成！ 繪製出爆炸圖案。

這是讓人感覺物超所值常用的形狀。

重點提示

「星形」對話視窗的設定項目

「半徑 1」代表星形的凸點到中心點的距離，「半徑 2」代表星形的凹點到中心點的距離，「星芒數」代表頂點的數量。

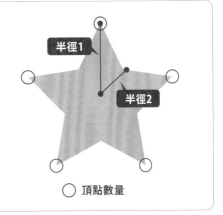

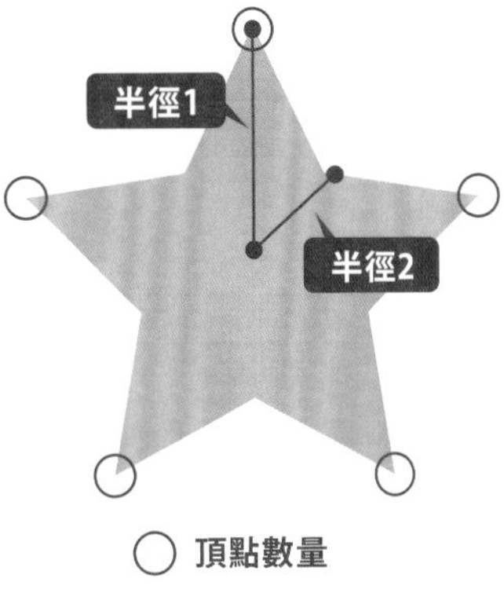
半徑1
半徑2
頂點數量

CHAPTER 3 LESSON 5

即時形狀

讓多邊形的邊角變成圓角

練習檔案
3-5.ai

這次將繪製圓角圖形。先描繪多邊形，再利用即時形狀功能讓邊角變成圓角。

以下將把現有圖形的特定邊角變成圓角。除了可以把所有邊角變成圓角之外，還能單獨將其中一個邊角變成圓角，或調整曲線的弧度。

可以直覺調整，
非常方便。

將所有邊角變成圓角

以下將把已經畫好的矩形邊角都變成圓角。

1 開啟練習檔案「3-5.ai」，使用「選取工具」❶ 選取矩形 ❷。

此時，四個角落會顯示「Widget」。確認滑鼠游標靠近 Widget 時，形狀會改變 ❸。

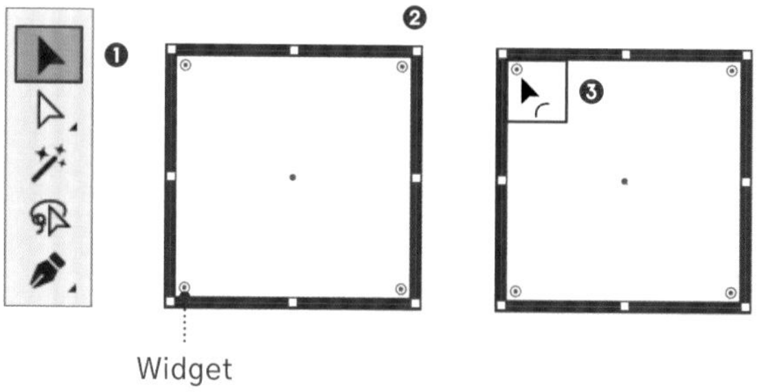
❶
❷
❸
Widget

2 在此狀態下，慢慢往圖形內側拖曳 ❹，當邊角變成圓角時就放開。

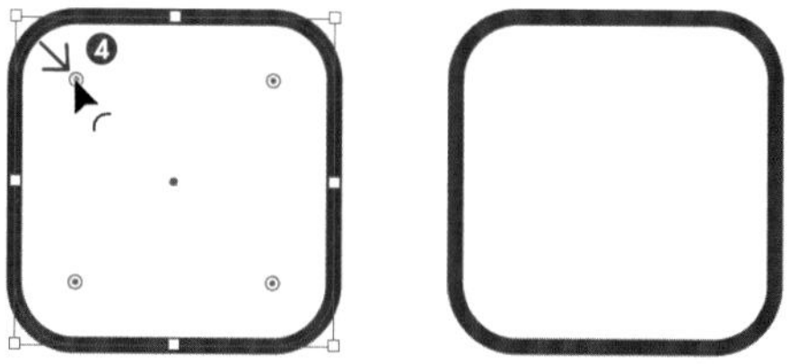
❹

更多
進階知識！

● **以精準數值讓邊角變成圓角**

執行「視窗→變形」命令，開啟「變形」面板，在選取物件的狀態下，輸入數值 ❶，就能以精準的數值建立圓角。

0°
❶
4.167
4.167
4.167
4.167
縮放圓角
縮放筆畫和效果

讓一個邊角變成圓角

以下將把已經畫好的矩形左上角變成圓角。

1 選取「直接選取工具」❶，按一下左上角 ❷，確認這個邊角顯示了 Widget。

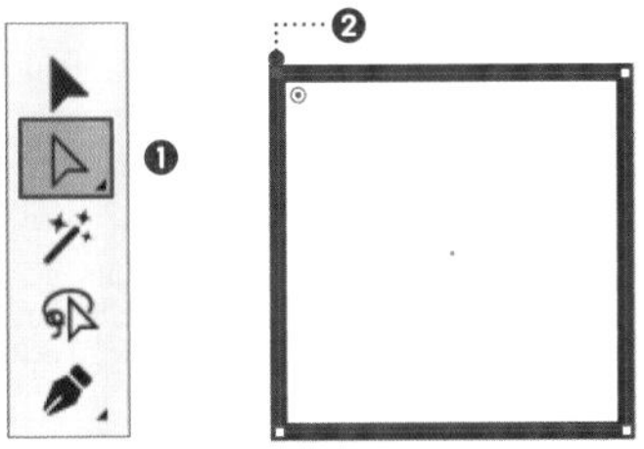

2 往圖形內側拖曳 Widget ❸。

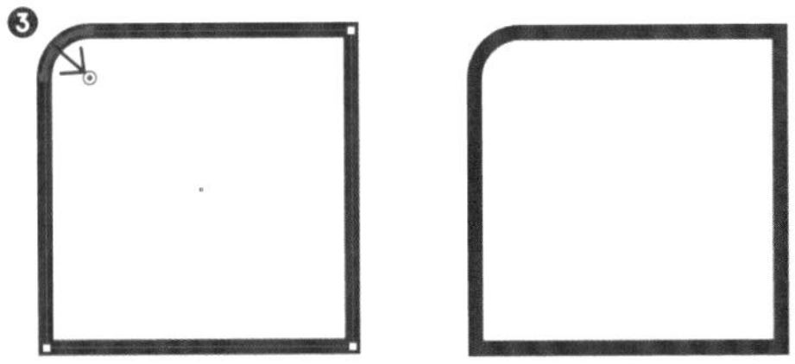

完成！ 只將上左上角變成圓角。

讓星形的邊角變成圓角

將星形的每個邊角都變成圓角。

1 使用「直接選取工具」 拖曳包圍整個星形 ❶。

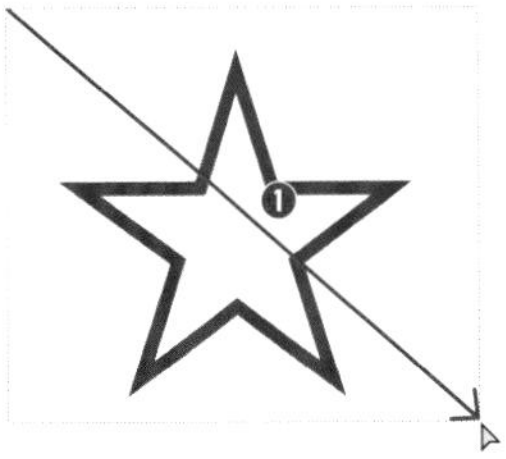

2 確認星形的 10 個點都顯示了 Widget。將頂點的 Widget 往內側拖曳 ❷。

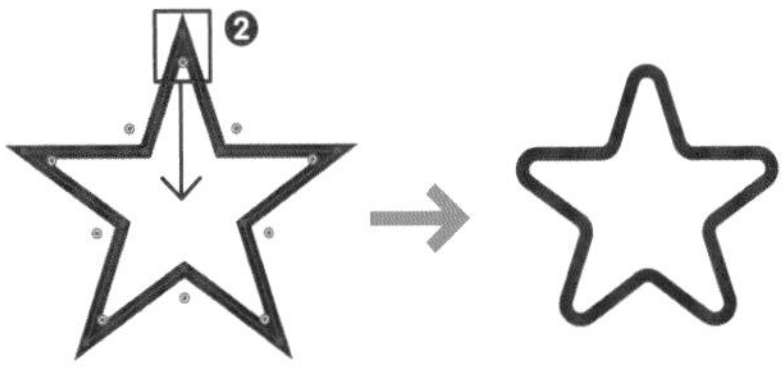

完成！ 製作出圓角星形。

更多 進階知識！

● 切換圓角的種類

按住 Alt（option）鍵不放並按一下 Widget，可以依序切換圓角的種類，包括圓角、反轉的圓角、凹槽。

CHAPTER 3 LESSON 6

\# 透視扭曲 # 隨意扭曲 # 任意變形工具

繪製梯形

練習檔案
3-6.ai

使用「任意變形工具」變形矩形，製作出梯形。

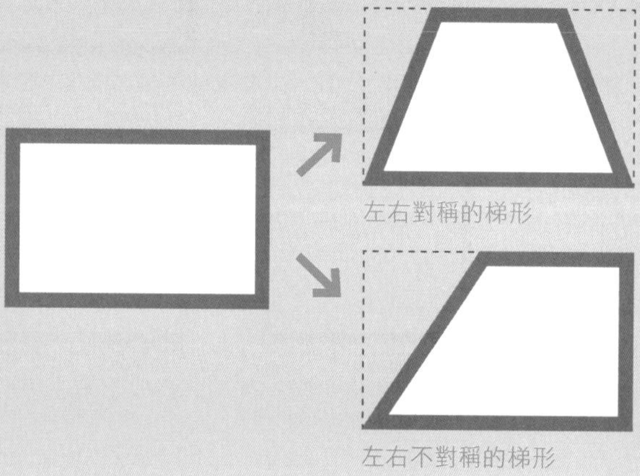
左右對稱的梯形
左右不對稱的梯形

這個單元將使用「任意變形工具」的「透視扭曲」與「隨意扭曲」，把矩形變形成梯形，分別製作出左右對稱的梯形與左右不對稱的梯形。

繪製左右對稱的梯形

使用在物件加上透視感的透視扭曲功能，把矩形變成左右對稱的梯形。

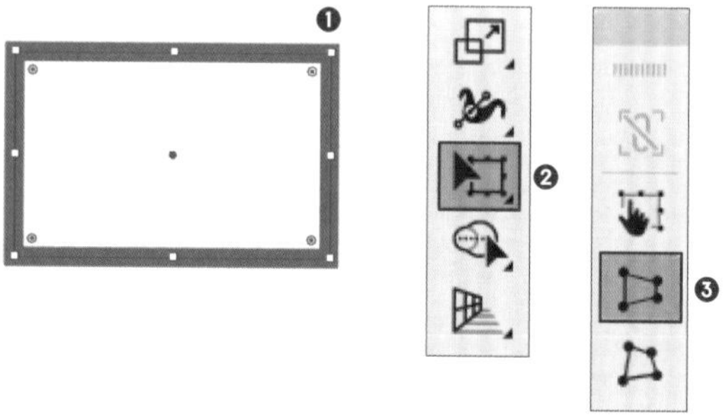
❶
❷
❸

1. 開啟練習檔案「3-6.ai」，使用「選取工具」 ▶ 選取矩形 ❶。按一下工具列的「任意變形工具」❷，開啟新的「任意變形工具」專用工具列，選取其中的「透視扭曲」❸。

如果找不到「任意變形工具」，請參考 23 頁的說明，切換工具列的顯示狀態。

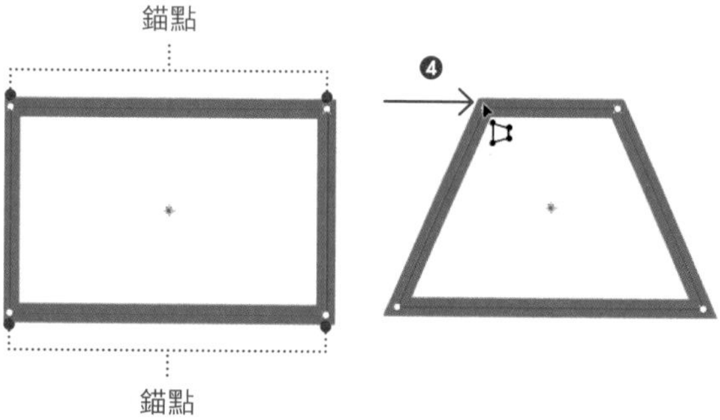
錨點
錨點
❹

2. 矩形的四個角落會顯示錨點，往右拖曳左上方的錨點 ❹。

完成！ 繪製出左右對稱的梯形。

右側錨點會隨著拖曳狀態同步往左側移動。

繪製左右不對稱的梯形

這次要建立左右不對稱的梯形。

① 在選取矩形的狀態，按一下「任意變形工具」❶，選取「隨意扭曲」❷，確認四周出現錨點。

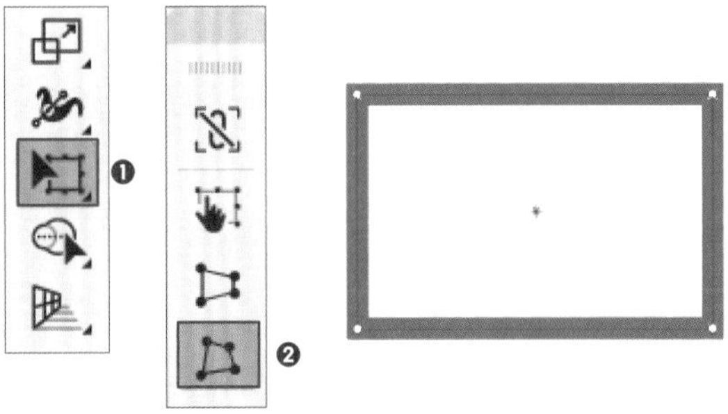
❶
❷

② 往右側拖曳左上方的錨點 ❸。

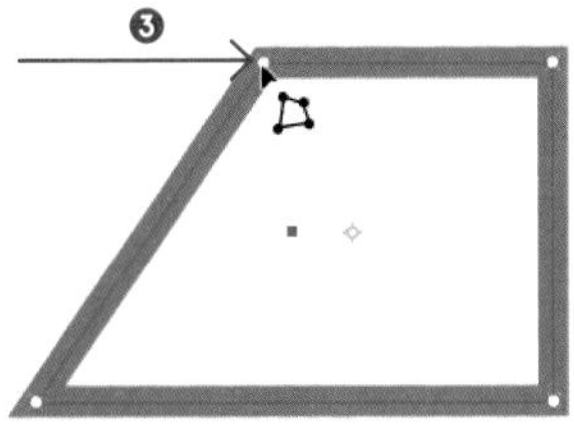
❸

按住 Shift 鍵不放並拖曳，可以平行移動錨點。

完成！ 繪製出左右不對稱的梯形。

更多
進階知識！

●「任意變形工具」的功能

這個單元建立了梯形，不過「任意變形工具」可以在物件套用各式各樣的變形，請先瞭解這三個工具的特色。

任意變形工具

拖曳八個地方的錨點，可以放大、縮小、旋轉、傾斜物件。

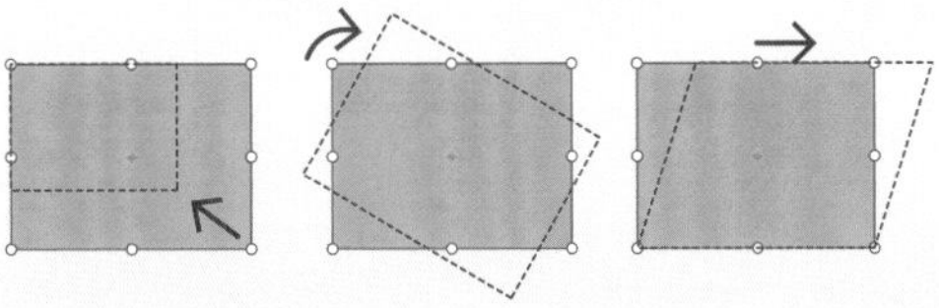

透視扭曲工具

拖曳四個地方的錨點，可以讓物件產生透視感。

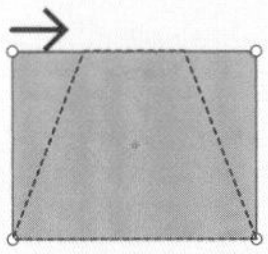

使用「任意變形工具」時，按住 Ctrl 鍵不放並拖曳，可以隨意移動該錨點。

隨意扭曲工具

可以往任何方向拖曳四個角落的錨點來變形物件。

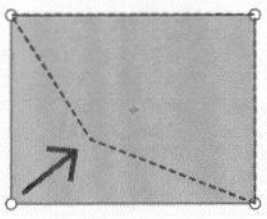

CHAPTER 3 LESSON 7

路徑管理員

繪製甜甜圈

完成檔案
3-7_after.ai

使用路徑管理員功能，裁剪、分割圖形，製作出甜甜圈。

● 製作流程

減去兩個正圓形的重疊部分 → 分割重疊的物件 → 在上面加上裝飾

這次要繪製巧克力甜甜圈。首先，把兩個圓形疊在一起，裁剪重疊部分，製作出甜甜圈中間的洞。接著疊上矩形再分割，製作出巧克力的部分，最後加上當作裝飾的彩色圓點。

除了第 3 章前幾個單元學到的技巧，這裡還使用了分割與減去等功能。

● 何謂路徑管理員？

路徑管理員可以利用重疊的物件製作出千變萬化的形狀。例如，合併兩個圖形或減去兩個圖形重疊的部分。60 頁的「進階知識！」將會介紹路徑管理員的種類。

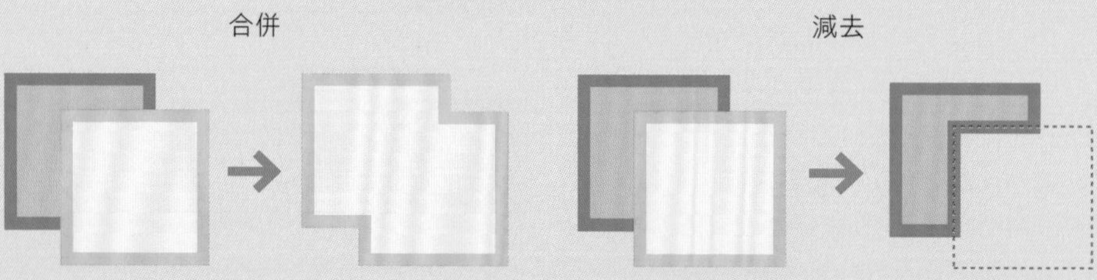

合併
減去

開啟「路徑管理員」

1 執行「視窗→路徑管理員」命令 ❶，開啟「路徑管理員」面板 ❷。

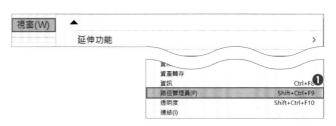

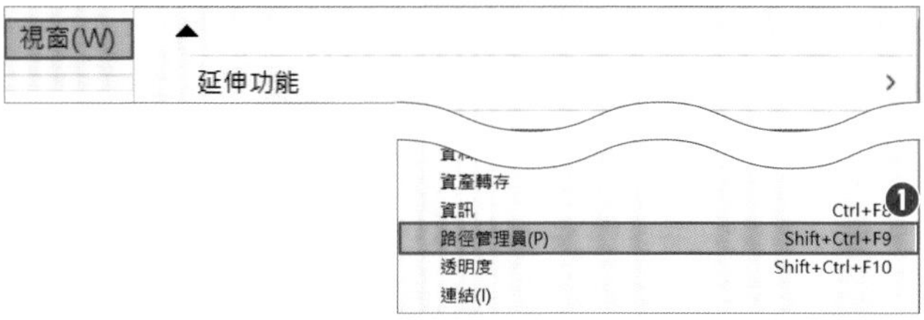
視窗(W)
延伸功能
資產轉存
資訊 Ctrl+F8
路徑管理員(P) Shift+Ctrl+F9
透明度 Shift+Ctrl+F10
連結(I)

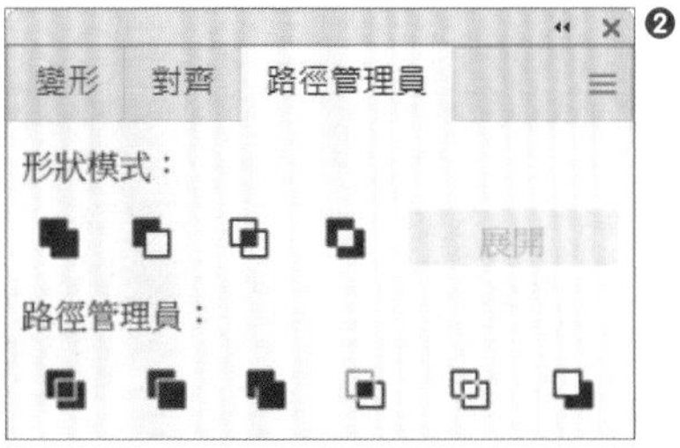
變形
對齊
路徑管理員
形狀模式：
展開
路徑管理員：

製作甜甜圈中間的洞

首先建立當作甜甜圈雛形的形狀。使用大圓形製作甜甜圈的麵團部分，再剪掉小圓形製作出中間的洞。

1 使用「橢圓形工具」 ，繪製正圓形 ❶，再繪製出較小的圓形，當作甜甜圈中間的洞 ❷。

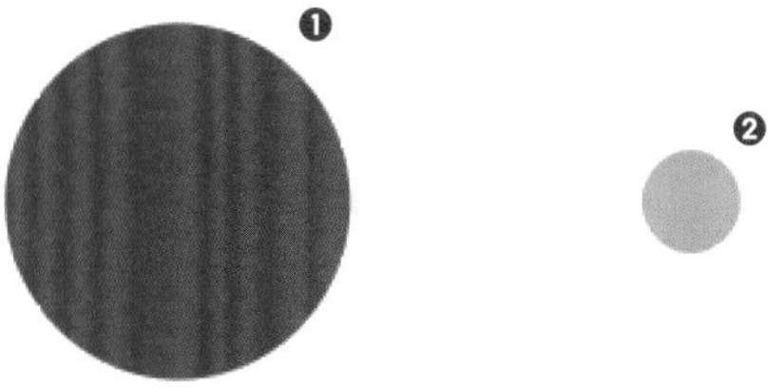

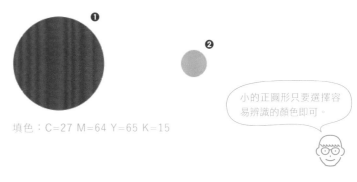

填色：C=27 M=64 Y=65 K=15

小的正圓形只要選擇容易辨識的顏色即可。

2 將小圓形拖曳到大圓形的中心 ❸。

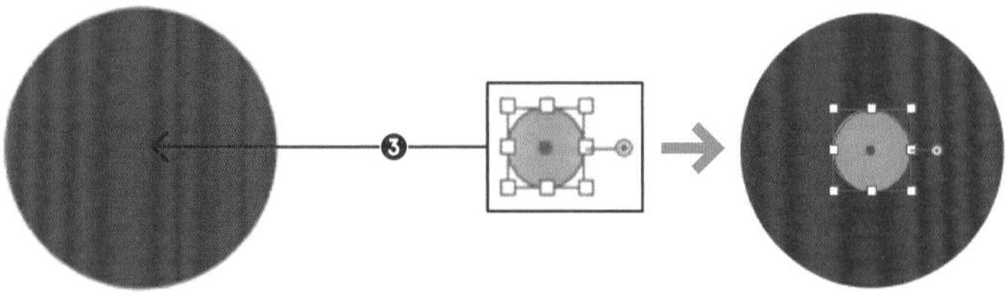

在出現「中心點」的位置放開滑鼠左鍵，就可以把圓形放在中心位置。如果沒有顯示「中心點」，請執行「檢視→智慧型參考線」命令再操作。

重點提示

如何調整物件的重疊順序？

後面繪製的物件會重疊在上層，如果想調整排列順序，請選取該物件，按滑鼠右鍵，執行「排列順序→移至最前、置前、置後、移至最後」命令。

詳細說明 ➡ 117 頁

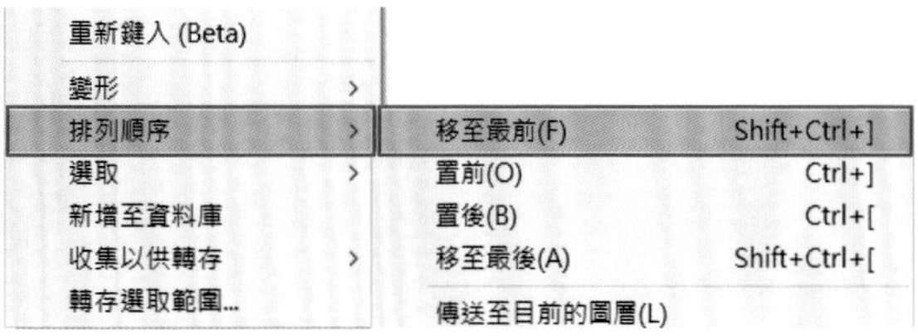
重新鍵入 (Beta)
變形
排列順序
選取
新增至資料庫
收集以供轉存
轉存選取範圍...
移至最前(F) Shift+Ctrl+]
置前(O) Ctrl+]
置後(B) Ctrl+[
移至最後(A) Shift+Ctrl+[
傳送至目前的圖層(L)

關鍵重點！

3 選取兩個物件 ❹，按一下「路徑管理員」面板的「減去上層」❺。

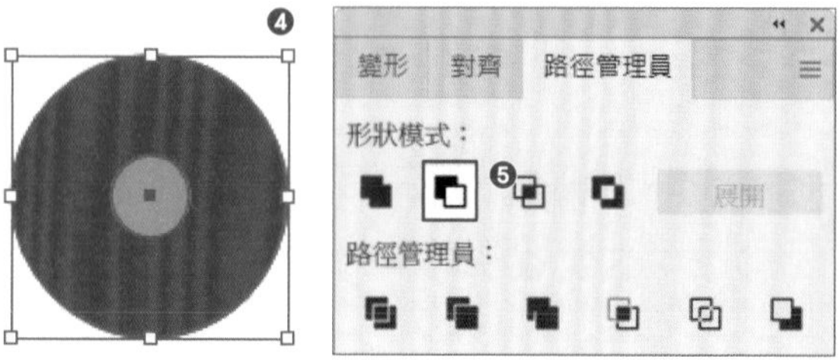
❹
變形
對齊
路徑管理員
形狀模式：
❺
展開
路徑管理員：

4 製作出甜甜圈中間的洞。

用前面重疊的小圓形
裁剪大圓形！

製作淋上巧克力的部分

在甜甜圈淋上巧克力。同樣使用「路徑管理員」面板，保留重疊部分的圖形。

1 使用「矩形工具」 繪製要隱藏甜甜圈右側的矩形 ❶。

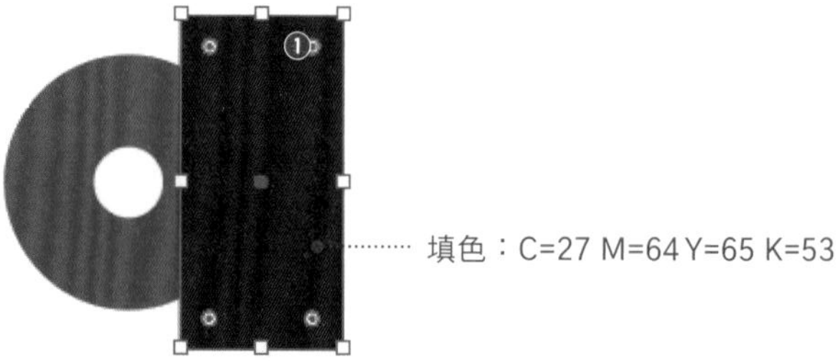
①
填色：C=27 M=64 Y=65 K=53

2 選取兩個物件 ❷，按一下「路徑管理員」面板的「分割」❸。

以路徑相交的平面分割重疊的物件。

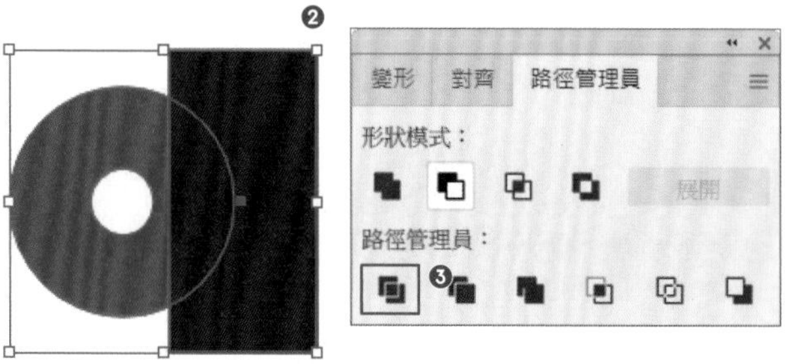
❷
變形
對齊
路徑管理員
形狀模式：
展開
路徑管理員：
❸

3 刪除超出範圍的部分。使用「直接選取工具」 選取超出範圍的部分 ❹，按下 Delete 鍵。

完成淋上巧克力的甜甜圈。

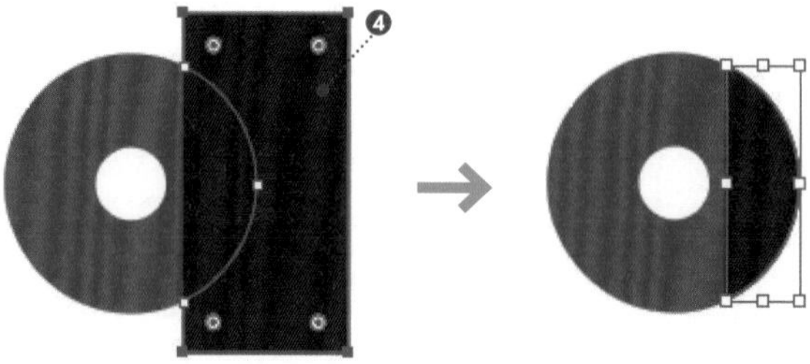
❹

加上裝飾

接著利用正圓形繪製當作裝飾的部分。

① 使用「橢圓形工具」 繪製裝飾。這個範例是以正圓形繪製裝飾，拷貝圓形，設定成黃色、粉紅色和藍色。

拷貝物件 ➡ 30 頁
調整顏色 ➡ 34 頁

圓形太小，不易描繪時，請放大畫面再操作。

填色：	填色：	填色：
C=0 M=0 Y=100 K=0	C=10 M=100 Y=60 K=0	C=100 M=0 Y=0 K=0

② 把圓形疊在甜甜圈上 ❶。

請一邊拷貝，一邊疊上去。這裡的關鍵是隨機配置，呈現繽紛感。

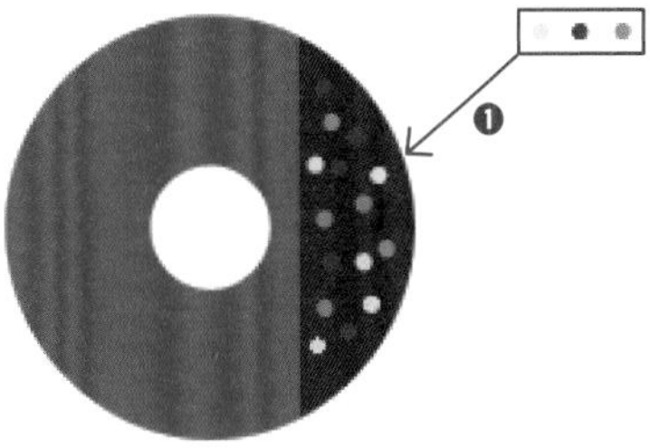
❶

完成！ 繪製出點綴著繽紛裝飾的甜甜圈。

重點提示

調整顏色製造變化

改變甜甜圈的麵團或巧克力部分的顏色，可以製作出許多種類的甜甜圈。

填色：C=50 M=25 Y=85 K=0　填色：C=50 M=25 Y=85 K=32

填色：C=0 M=60 Y=52 K=0　填色：C=0 M=85 Y=68 K=0

填色：C=35 M=85 Y=33 K=0　填色：C=32 M=85 Y=33 K=40

更多

進階知識！

● 路徑管理員的種類

這個單元使用了「減去上層」與「分割」功能，不過「路徑管理員」面板還有其他功能。

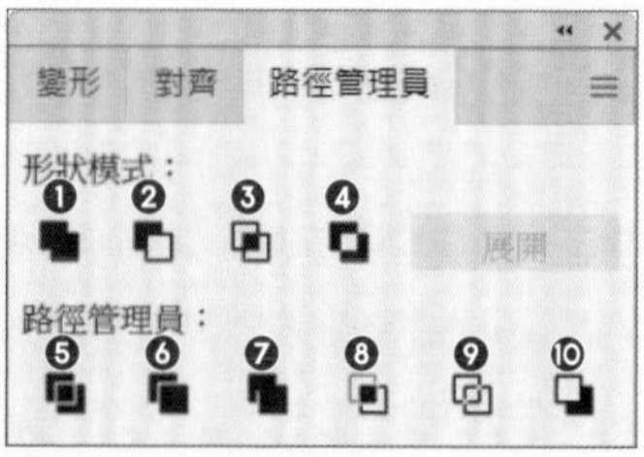

變形
對齊
路徑管理員
形狀模式：
❶ ❷ ❸ ❹
展開
路徑管理員：
❺ ❻ ❼ ❽ ❾ ❿

❶ 聯集

合併重疊的物件。

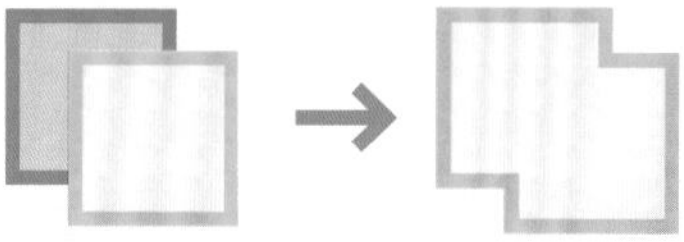

※ 結果會顯示最上層物件的「填色」與「筆畫」樣式及屬性。

❷ 減去上層

以上層物件的形狀裁剪下層物件。

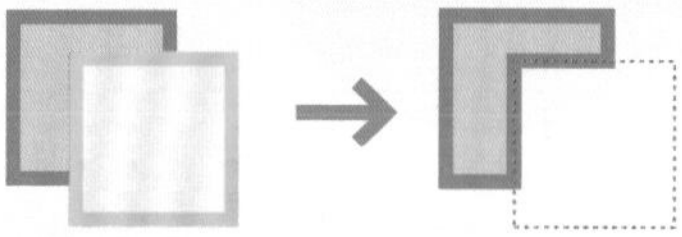

※ 結果會顯示下層物件的「填色」與「筆畫」樣式及屬性。

❸ 交集

保留上層物件與下層物件重疊部分的形狀。

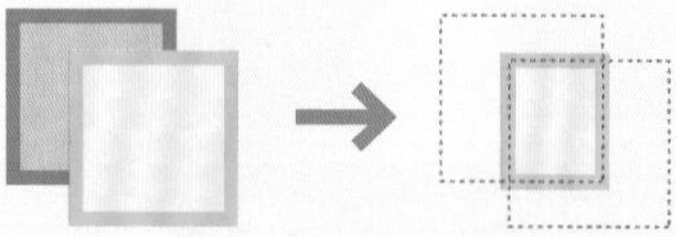

※ 結果會顯示最上層物件的「填色」與「筆畫」樣式及屬性。

❹ 差集

只刪除上層物件與下層物件重疊的部分。

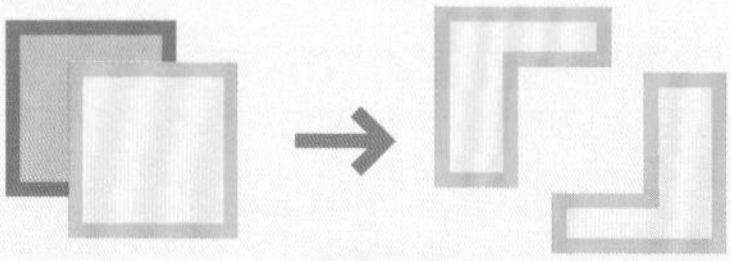

※ 結果會顯示最上層物件的「填色」與「筆畫」樣式及屬性。

❺ 分割

以重疊物件的路徑相交平面分割物件。

※ 重疊部分會顯示最上層物件的「填色」與「筆畫」樣式及屬性。

❻ 剪裁覆蓋範圍

刪除物件重疊時被隱藏的部分。

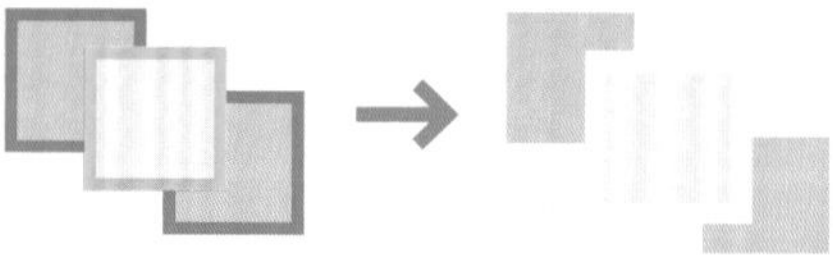

※ 變成無筆畫。

❼ 合併

刪除物件重疊時被隱藏的部分，並合併同色物件。

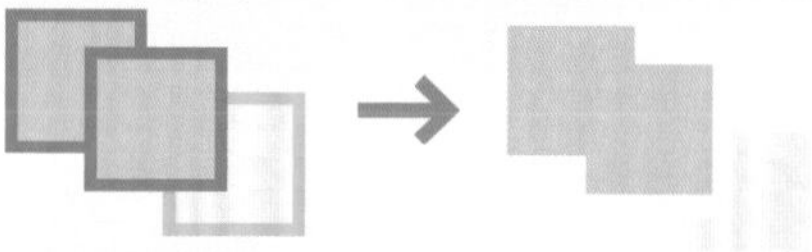

※ 變成無筆畫。

❽ 裁切

以最上層的物件進行裁切。

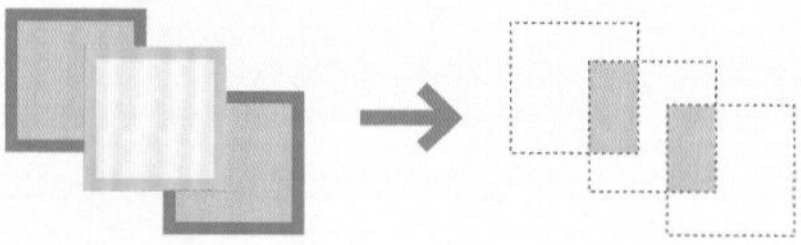

※ 變成無筆畫。

❾ 外框

重疊的物件顯示為筆畫為 0pt 的路徑。

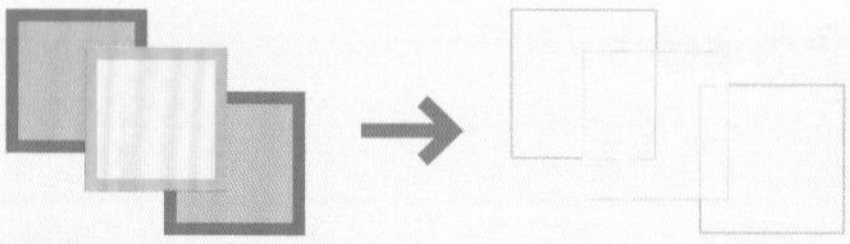

❿ 依後置物件剪裁

以下層物件的形狀剪裁上層物件。

※ 結果會顯示最上層物件的「填色」與「筆畫」樣式及屬性。

CHAPTER 3

CHALLENGE 製作圖示

完成檔案
3-C_after.ai

這次只用「橢圓形工具」、「矩形工具」等第 3 章學過的功能，繪製各式各樣的圖示。

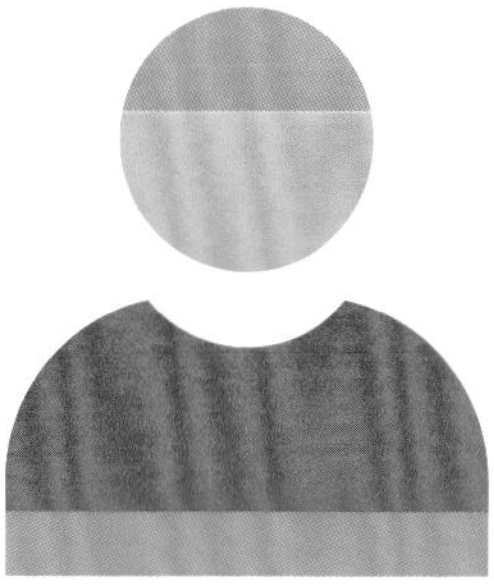

將圓形、矩形、圓角矩形組合起來製作成圖示。

除了第 3 章各個單元學過的功能之外，也同時使用「剪裁覆蓋範圍」等路徑管理員功能繪製圖示。

① 首先繪製身體。在圓角矩形疊上矩形，按一下「路徑管理員」面板中的「分割」。使用「直接選取工具」選取多餘的部分並刪除。

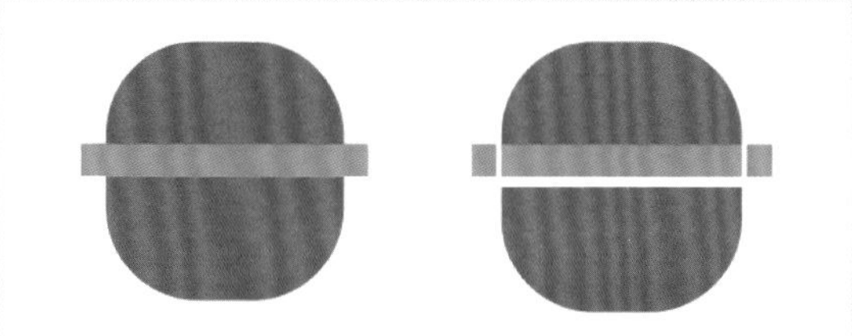

② 接著繪製頭部。繪製當作臉部輪廓的正圓形，重疊在身體上，接著疊上當作頭髮的矩形。和身體一樣，按一下「路徑管理員」面板中的「分割」，再刪除多餘的部分。

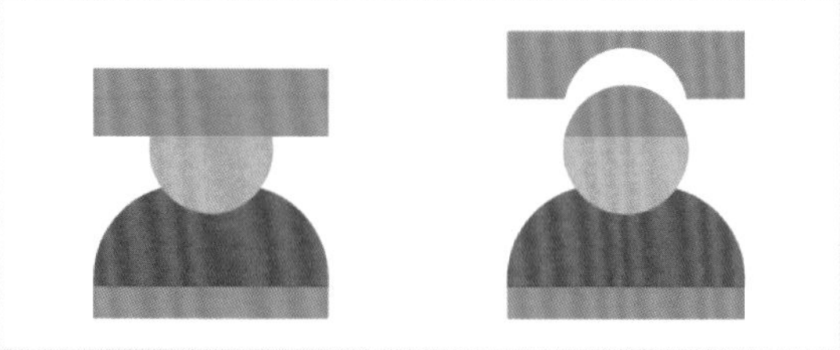

③ 在選取頭部與身體的狀態，按一下「路徑管理員」面板中的「剪裁覆蓋範圍」。

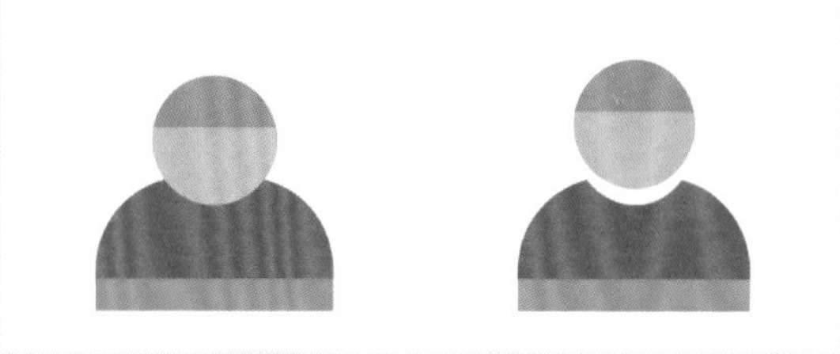

\ 完成！/ 把頭的位置稍微往上移就完成了。

這次不需要組成群組，但是如果物件容易分散各地，請一定要組成群組。
組成群組 ➡ 110頁

以下這些圖示也可以利用第 3 章解說的功能製作出來。

Column

Illustrator 的用法沒有標準答案

設計師通常都有自己的工具用法，這些訣竅很難與別人分享。因此，觀察其他人用電腦設計作品的過程，可能會發現「原來還有這種做法！」而感到十分意外。這種情況不是「偶爾」，而是「經常」出現。

Illustrator 的功能隨著升級愈來愈多，同一個作品可能有好幾種做法，本書介紹的不過是其中一個例子。

筆者曾和幾位設計師討論過「如何繪製心形」，結果每個人的做法都不一樣。

有時可能需要微調，才能完成符合個人喜好的設計，但筆者認為無論使用哪種方法，只要按照自己的想法做即可。重點是畫出心形，過程其實並沒有任何限制。筆者認為 Illustrator 的樂趣之一，就是可以組合你會的功能，想出繪製方法。

● 各種繪製心形的方法

利用「路徑管理員」的聯集，合併正方形與圓形兩個物件。

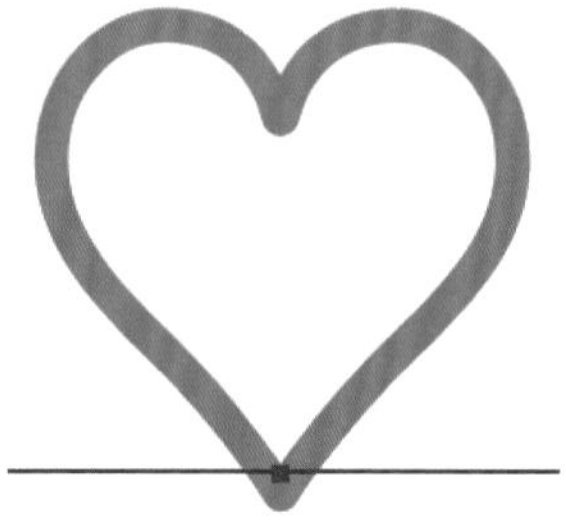

把字體的心形符號建立外框。

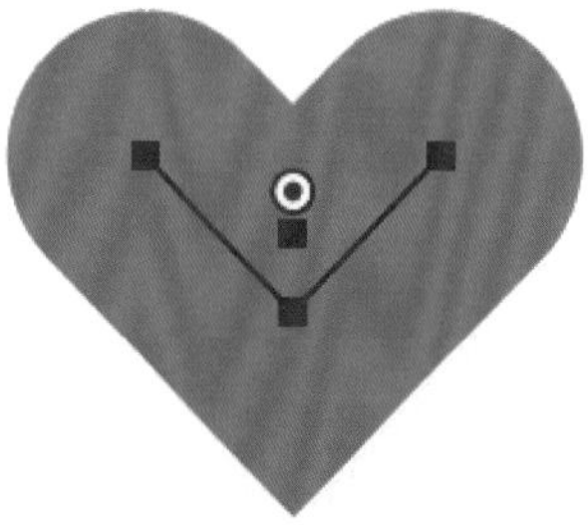

把筆畫設定成「圓端點」，形狀設定為「尖角」。

使用「鋼筆工具」繪製單側，再垂直反轉拷貝。

CHAPTER 4

運用顏色、圖樣、漸層

這一章要學習漸層與圖樣的用法以及統一調整顏色的方法，
瞭解能徹底改變設計印象的色彩知識。

CHAPTER 4

LESSON 1

使用漸層製作圖形

\# 漸層 # 任意形狀漸層

練習檔案
4-1.ai

利用色彩平滑變化的漸層製作圖形。

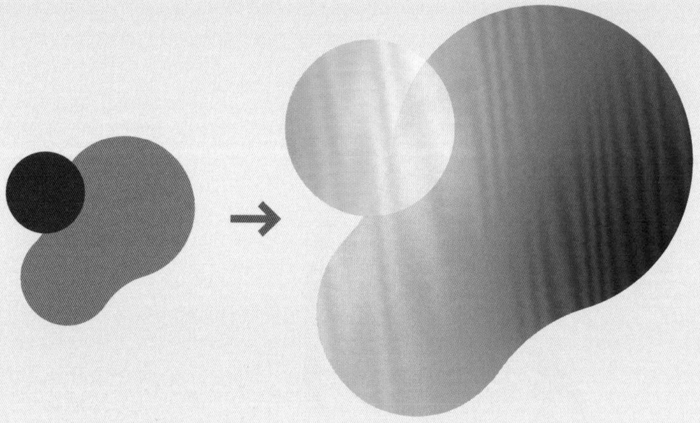

在流體形狀套用漸層效果，製作出風格柔和的物件。左側圓形物件套用了往水平方向直線變化的「線性漸層」，右側物件則套用了無特定方向的「任意形狀漸層」。

用曲線繪製出類似液體的物件稱作「流體形狀」。

● 製作流程

套用「漸層」面板中的「線性漸層」 → 調整漸層的色彩與透明度 → 使用任意形狀漸層建立複雜的漸層效果

開啟「漸層」面板

1 開啟練習檔案「4-1.ai」，執行「視窗→漸層」命令 ❶，開啟「漸層」面板 ❷。

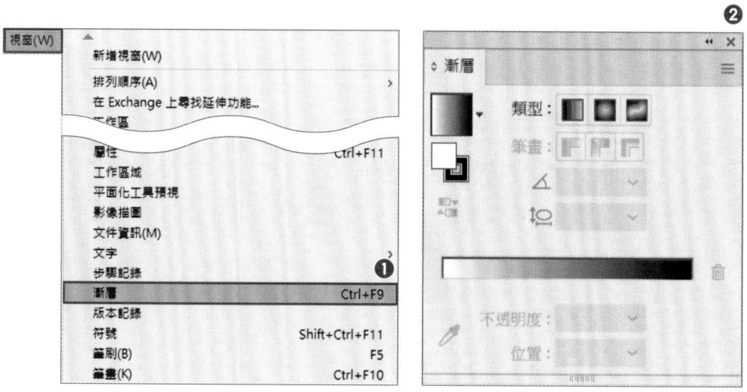
視窗(W)
新增視窗(W)
排列順序(A)
在 Exchange 上尋找延伸功能...
Ctrl+F11
工作區域
平面化工具預視
影像描圖
文件資訊(M)
文字
步驟記錄
❶
漸層 Ctrl+F9
版本記錄
符號 Shift+Ctrl+F11
筆刷(B) F5
筆畫(K) Ctrl+F10
❷
漸層
類型：
筆畫：
不透明度：
位置：

在物件填滿漸層

在物件套用漸層效果。

① 使用「選取工具」 ▶ 選取圓形物件 ❶，接著選取「漸層」面板的「線性漸層」❷。

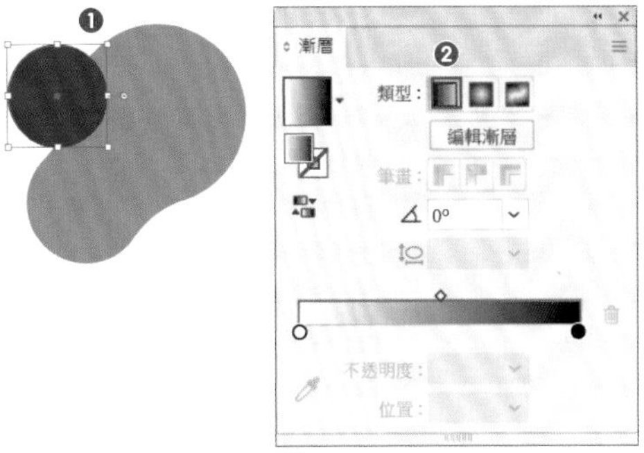

漸層
類型：
編輯漸層
筆畫：
0°
不透明度：
位置：

② 在物件套用了漸層 ❸。

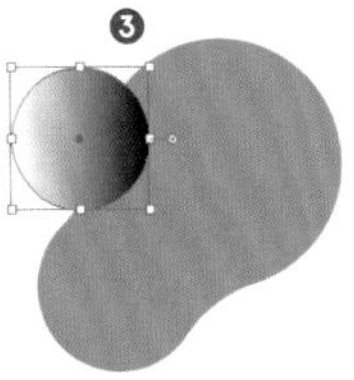

選取「放射性漸層」後，會套用從中心開始呈圓形擴散的漸層效果。

重點提示

調整漸層的角度

「漸層」面板中的「角度」❶可以調整漸層的方向。

選取「反轉漸層」❷，就能改變漸層的方向。

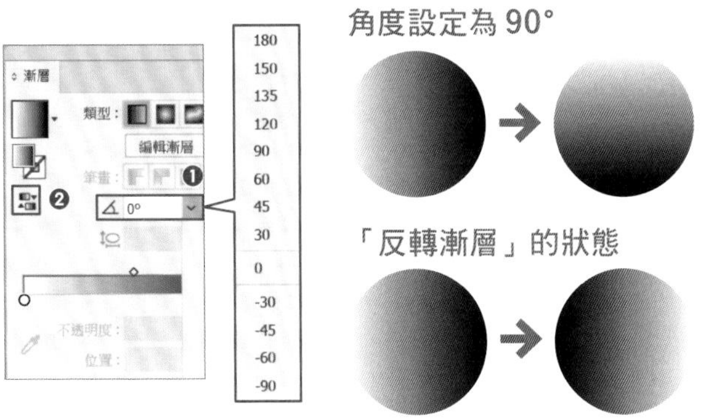

漸層
類型：
編輯漸層
0°
180
150
135
120
90
60
45
30
0
-30
-45
-60
-90
角度設定為 90°
「反轉漸層」的狀態

調整漸層的顏色

漸層必須設定兩種以上的顏色，以下設定了粉紅色與淺黃色。

關鍵重點！

① 首先設定第一種顏色。在選取物件的狀態，於「漸層」面板左側的色標按兩下 ❶，開啟設定顏色的畫面，按一下右上方的選單 ❷，選取「CMYK」❸，再按照 ❹ 設定 CMYK 的值。

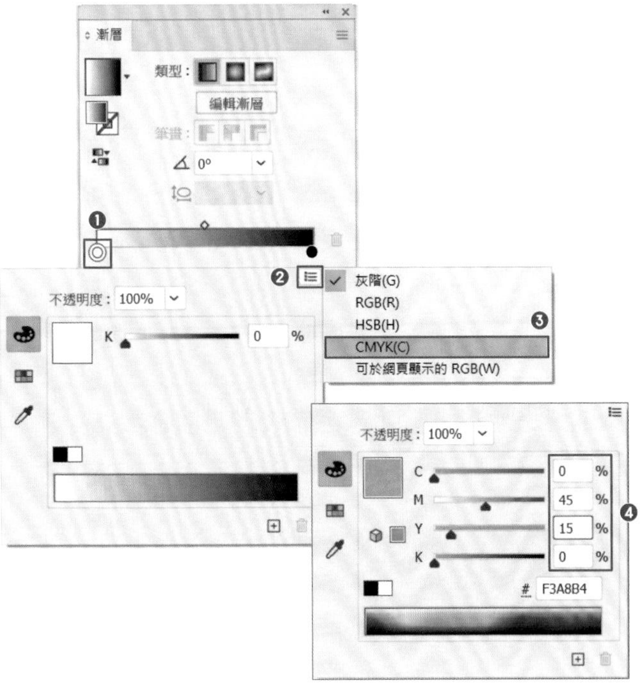

漸層
類型：
編輯漸層
0°
不透明度：100%
K
0 %
灰階(G)
RGB(R)
HSB(H)
CMYK(C)
可於網頁顯示的 RGB(W)
C 0 %
M 45 %
Y 15 %
K 0 %
F3A8B4

② 同樣在右側的色標上按兩下 ❺，參考上一頁的步驟 ①，依照 ❻ 設定 CMYK 的值。

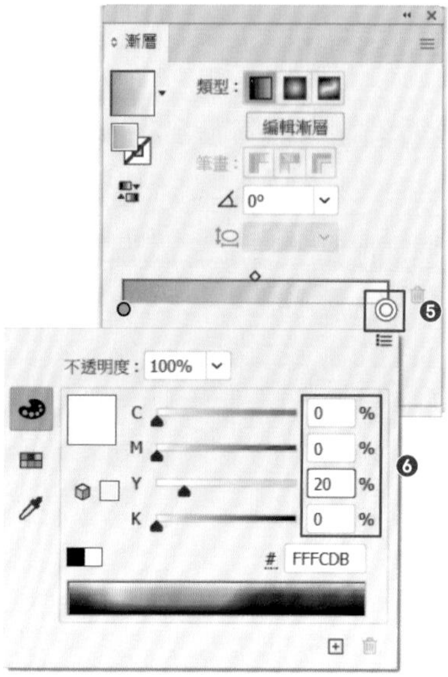

漸層
類型：
編輯漸層
筆畫：
0°
❺
不透明度：100%
C
M
Y
K
0
0
20
0
%
❻
FFFCDB

③ 建立由左往右，顏色從粉紅逐漸變成黃色的漸層。

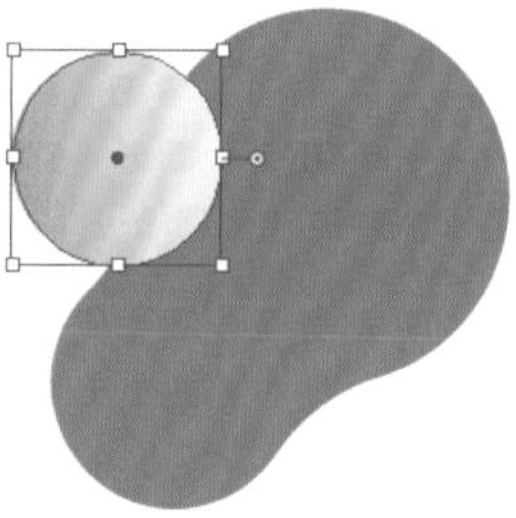

切換填色與筆畫，也能在筆畫套用漸層。

重點提示

如何增加、刪除漸層色標？

● **增加漸層色標**

按一下漸層滑桿下方，可以增加色標。

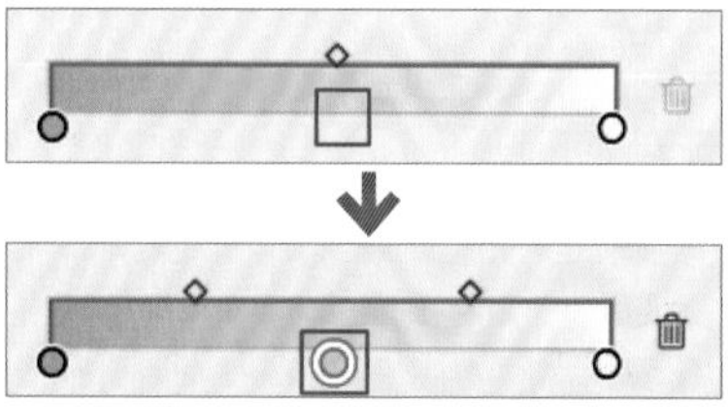

● **刪除色標**

把漸層滑桿上的「色標」往外拖曳即可刪除。

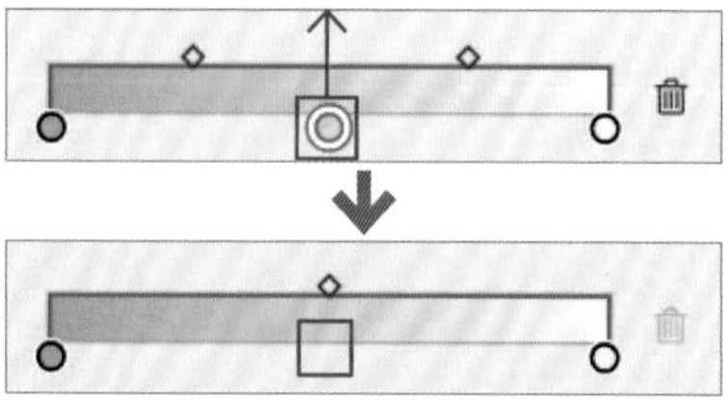

設定漸層的透明度

讓淺黃色變透明，套用漸層的同時，就會透出下層顏色。

① 按一下右側的色標 ❶，將「不透明度」設定為「60%」❷。

製作出半透明的漸層 ❸。

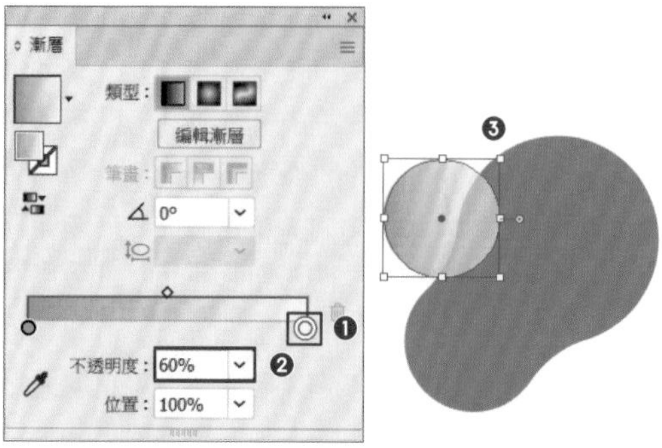

漸層
類型：
編輯漸層
筆畫：
0°
❶
不透明度：60%
❷
位置：100%
❸

建立複雜的漸層

在右側物件使用任意形狀漸層，填滿水藍色、藍色、紫色等三色漸層。套用任意形狀漸層之後，物件上會顯示色標。每個色標都可以調整顏色與位置，還能增減色標，建立漸層。

① 選取右側的物件 ❶，按一下「漸層」面板的「任意形狀漸層」❷。

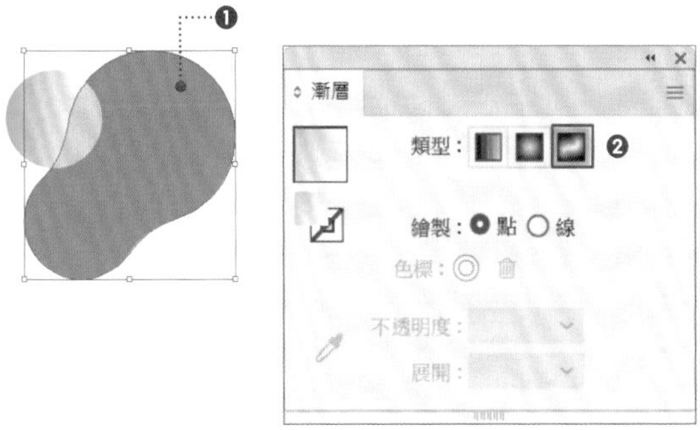
❶
漸層
類型：
❷
繪製：點 線
色標：
不透明度：
展開：

② 這樣就會在物件套用任意形狀漸層。接下來要新增色標。當滑鼠游標在物件上的形狀變成 ○+ 時按一下 ❸。

建立一個新的色標 ❹。

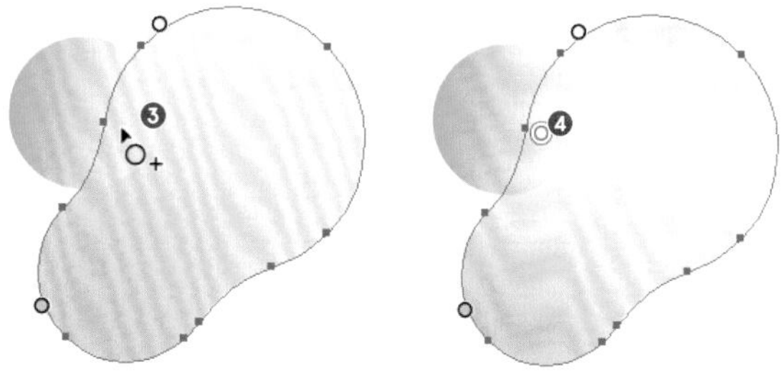
❸
❹

③ 開啟「顏色」面板，調整顏色 ❺，就會以色標為中心，讓顏色產生變化 ❻。

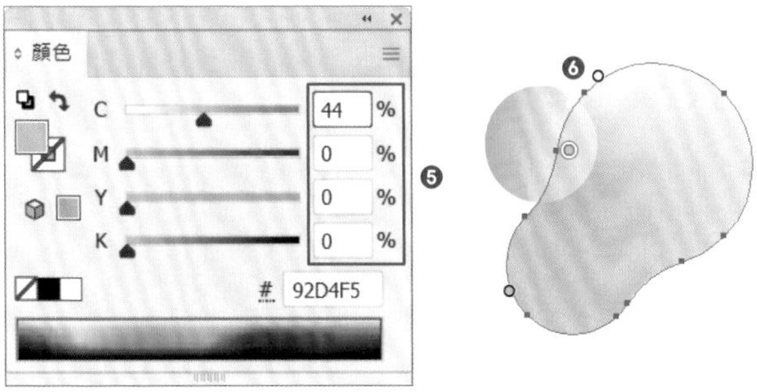
顏色
C 44 %
M 0 %
Y 0 %
K 0 %
92D4F5
❺
❻

在色標上按兩下，也可以開啟「顏色」面板。

還差一步！

④ 和步驟 ②～③ 一樣，新增一個色標 ❼，調整顏色 ❽。

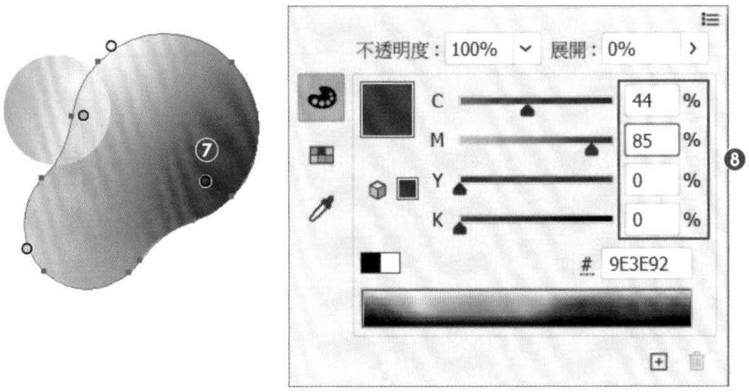
❼
不透明度：100%
展開：0%
C 44 %
M 85 %
Y 0 %
K 0 %
9E3E92
❽

刪除色標

已經不需要的色標可以刪除。請刪除左上方的色標。

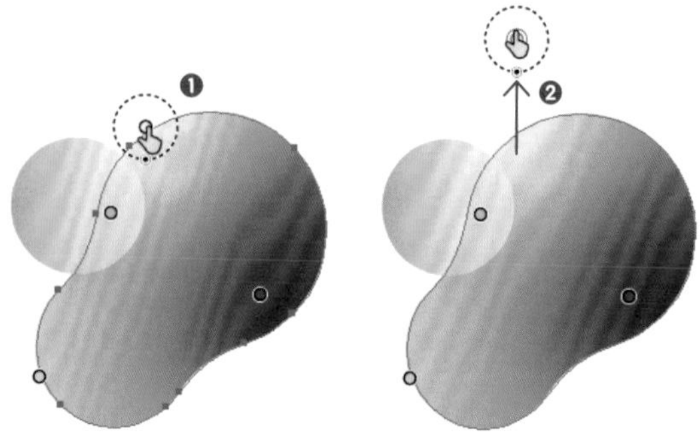

(1) 將滑鼠游標移動到左上方的色標 ❶，把色標拖曳到物件外側 ❷。

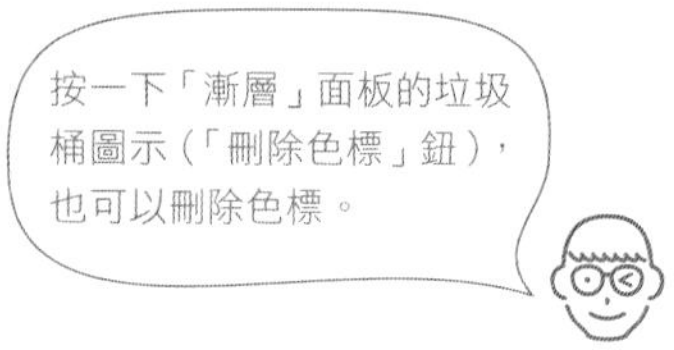

按一下「漸層」面板的垃圾桶圖示（「刪除色標」鈕），也可以刪除色標。

\ 完成！/ 完成套用了漸層的圖形。

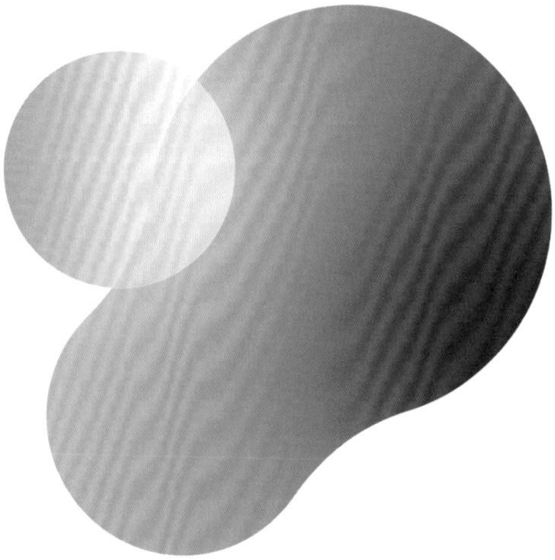

更多
\ 進階知識！/

● 個別調整漸層大小

當滑鼠游標移動到色標上，周圍會顯示圓形虛線 ❶。把圓形邊緣的黑色錨點拖曳到圓形外側 ❷，就能擴大該色標的漸層範圍 ❸。

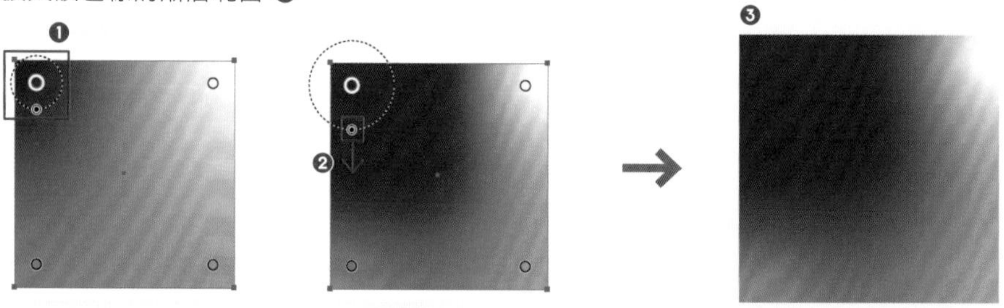

● 漸層分成「點」與「線」兩種

漸層的繪製方法包括「點」與「線」。「點」是以色標為中心，套用漸層效果，而「線」是以連接色標的線為中心，套用漸層效果。

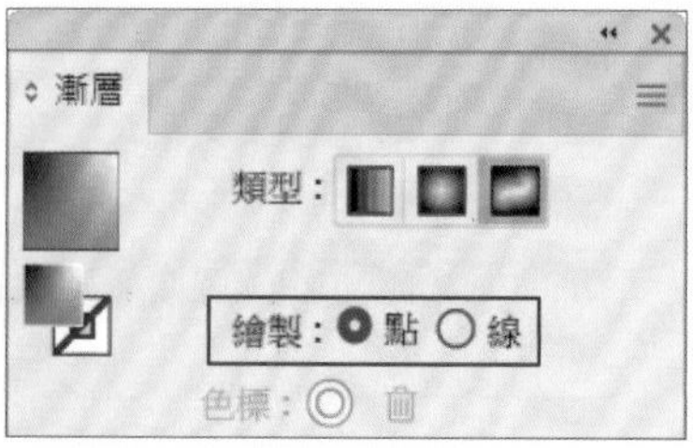

漸層
類型：
繪製：點 線
色標：

點

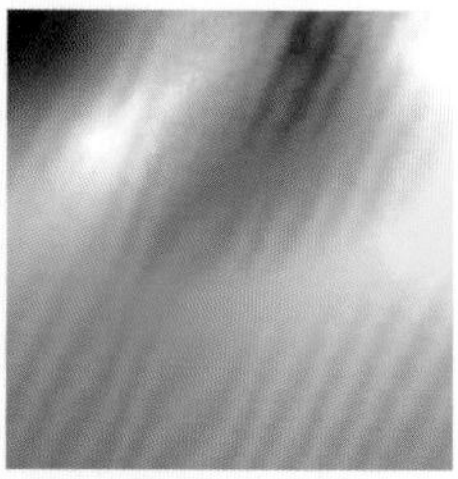

線

CHAPTER 4 LESSON 2

色票 # 製作圖樣 # 儲存圖樣

製作圖樣 ①

完成檔案
4-2.ai

棋盤格圖案或圓點圖案等連續性圖案稱作「圖樣」，這次要練習製作簡單的圖樣。

把多個彩色物件儲存成色票，可以製作出連續圖樣。

這個單元把正方形當作基本形狀，製作出圖樣。建立的圖樣可以當成「填色」套用在物件上。

繪製當作圖樣雛形的正方形

這次要建立棋盤格圖案，棋盤格圖案是由四個雙色正方形組合而成。以下將一併學習在「移動」對話視窗設定位置再拷貝的方法。

1 建立新文件，繪製寬度 10mm、高度 10mm 的正方形 ❶。

以指定尺寸繪製圖形的方法 ➡ 47 頁

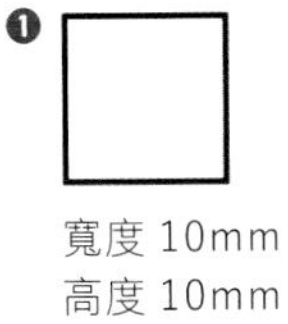
❶
寬度 10mm
高度 10mm

這裡製作的正方形就是格子圖案中，實際的正方形大小。

拷貝物件

往右 10mm 拷貝剛才建立的正方形，接著往下 10mm 拷貝這兩個正方形，共建立四個正方形。以和寬、高一樣的距離拷貝正方形，可以讓這些正方形緊密相連。

牢牢記住！

1 選取剛才建立的物件，使用「選取工具」 按兩下，開啟「移動」對話視窗，「水平」設定為「10mm」，「垂直」設定為「0mm」❶，接著按下「拷貝」鈕 ❷。

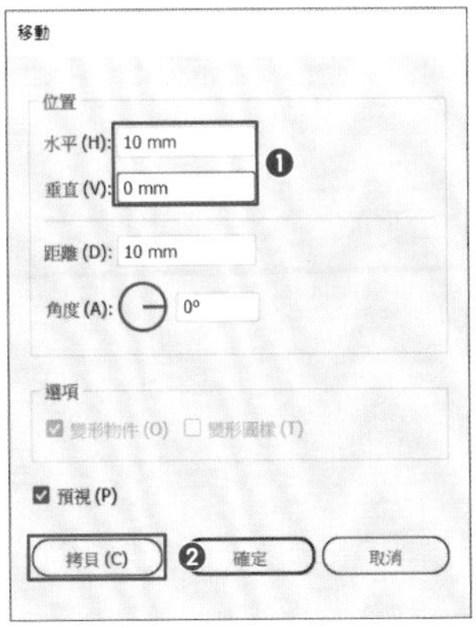
移動
位置
水平 (H): 10 mm
垂直 (V): 0 mm
❶
距離 (D): 10 mm
角度 (A): 0°
選項
變形物件 (O)
變形圖樣 (T)
預視 (P)
拷貝 (C)
❷
確定
取消

2 這樣就會在物件旁邊置入相同物件 ❸。

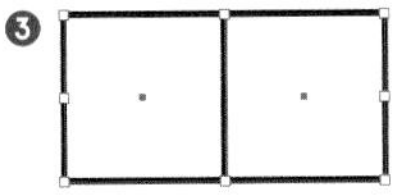
❸

3 選取兩個正方形，在「選取工具」 ▶ 按兩下，開啟「移動」對話視窗，「水平」設定為「0mm」，「垂直」設定為「10mm」❹，接著按下「拷貝」鈕❺。

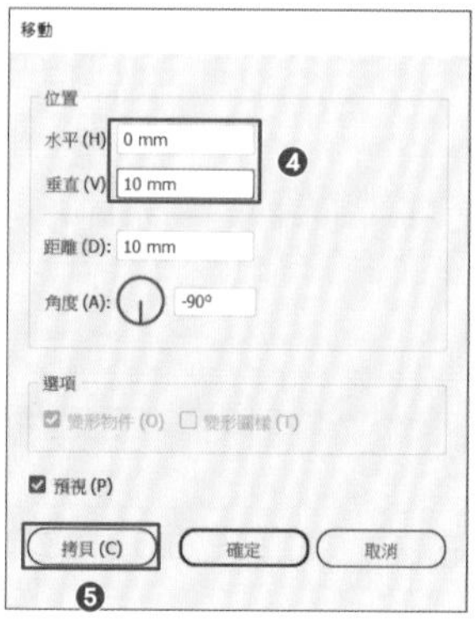
移動
位置
水平 (H): 0 mm
垂直 (V): 10 mm
❹
距離 (D): 10 mm
角度 (A): -90°
選項
預視 (P)
拷貝 (C)
確定
取消
❺

選取物件，按下 Enter 鍵，也會開啟「移動」對話視窗。

4 上下各排列兩個物件，完成格狀圖形❻。

❻
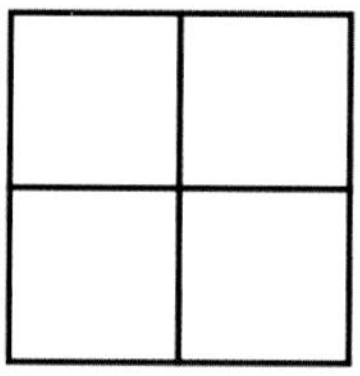

物件填色

為四個正方形設定顏色。

1 選取物件，筆畫設定為無，分別填上顏色，如右圖所示。

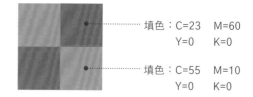

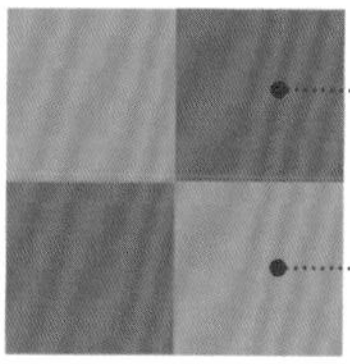
填色：C=23 M=60 Y=0 K=0
填色：C=55 M=10 Y=0 K=0

將圖樣儲存成色票

1 執行「視窗→色票」命令，開啟「色票」面板❶。選取所有正方形❷，往「色票」面板拖曳❸。

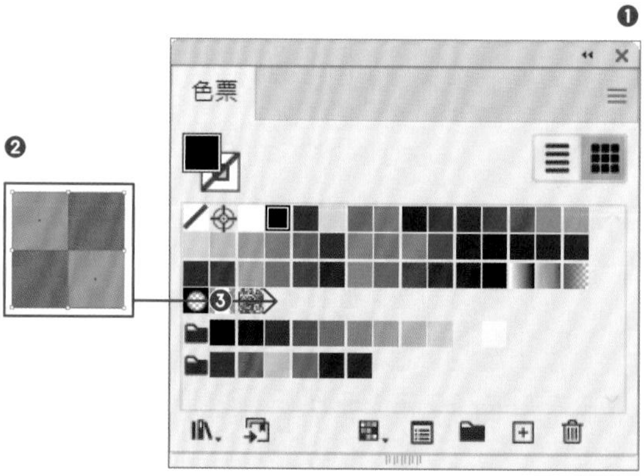
❶
❷
色票
❸

2 把圖樣儲存在「色票」面板中❹。

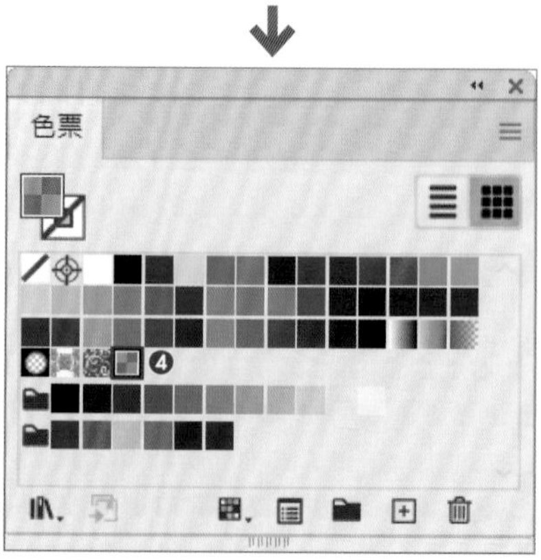
色票
❹

如果要刪除色票，請將該色票拖曳到面板右下方的垃圾桶。

在物件套用圖樣

如果要使用儲存在「色票」面板中的圖樣，請先選取要套用圖樣的物件，再按一下「色票」面板的圖樣。

(1) 使用「矩形工具」 建立如右圖的矩形 ❶。

任何顏色都可以。

❶

尺寸：寬度 100mm　高度 50mm

(2) 在選取矩形的狀態，按一下已儲存的圖樣 ❷。

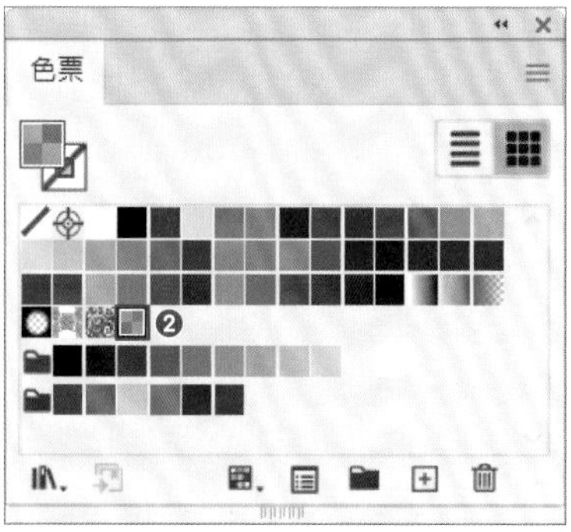
色票
❷

\ 完成！/ 在選取的物件套用了剛才建立的圖樣 ❸。

❸

更多
\ 進階知識！/

● 如何調整圖樣？

如果想調整現有圖樣的尺寸或顏色，請以原本的圖樣為基礎，調整之後再儲存成新圖樣。

(1) 把圖樣從「色票」面板拖曳到「工作區域」❶，已儲存的圖樣就會建立為物件。

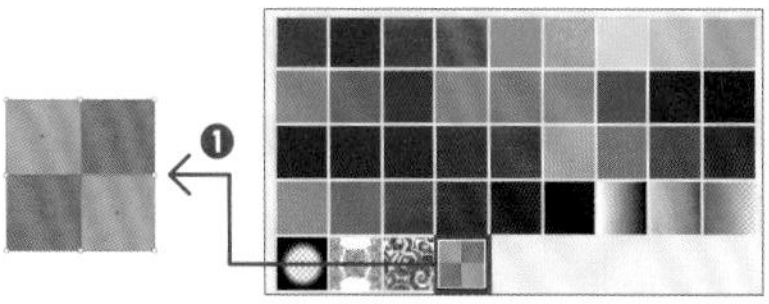
❶

(2) 調整圖樣大小與顏色，再拖曳至「色票」面板。

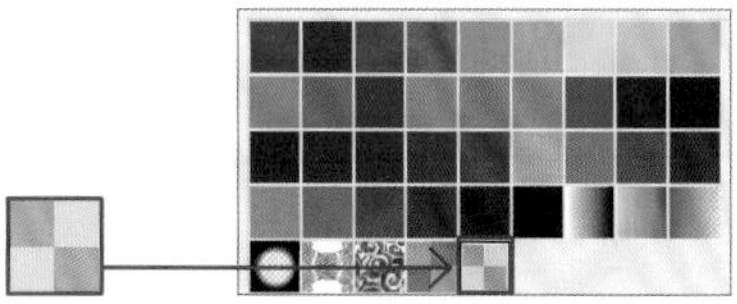

\ 完成！/ 請在物件套用新圖樣。

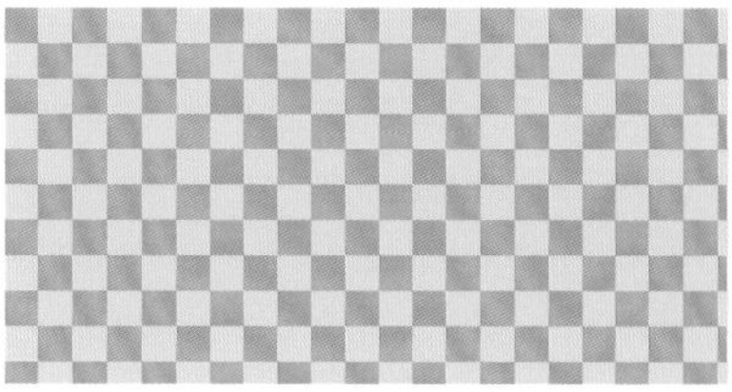

CHAPTER 4 LESSON 3

色票 # 製作圖樣 # 儲存圖樣

製作圖樣 ②

完成檔案
4-3.ai

上一個單元製作出棋盤格圖案的圖樣，接著要製作圓點圖案的圖樣。

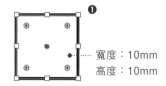

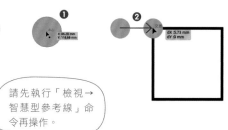

圓點圖案常當作設計背景或素材使用，學會之後就很方便。首先要記住在正方形內置入圓形，儲存成色票的基本方法。在「進階知識！」中，將介紹使用「圖樣選項」直覺製作圖樣的方法。

繪製正方形與圓形當作圖樣的基本形狀

1 開啟新文件，使用「矩形工具」建立正方形物件 ❶。這裡建立了「寬度」與「高度」皆為 10mm 的正方形。

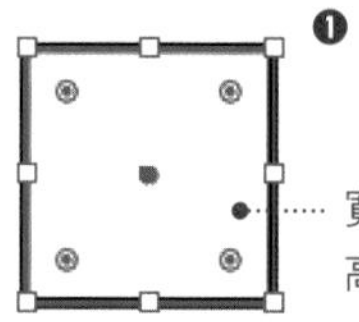

❶
寬度：10mm
高度：10mm

2 使用「橢圓形工具」建立正圓形 ❷，這次把「寬度」與「高度」設定為 2.8mm。利用拷貝製作出共五個正圓形 ❸。

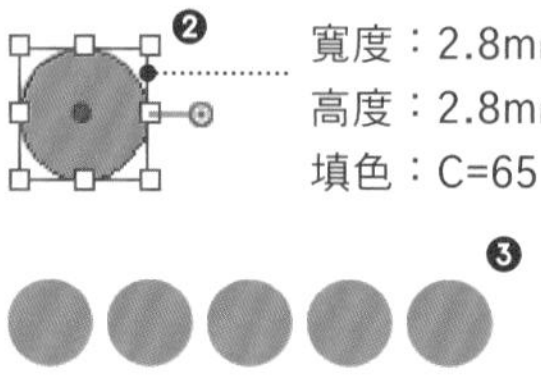

❷
寬度：2.8mm
高度：2.8mm
填色：C=65 M=0 Y=0 K=0
❸

組合物件製作圖樣的基本形狀

1 使用「選取工具」，將滑鼠游標移動到圓形中心 ❶，把中心拖曳到正方形的邊角上 ❷。

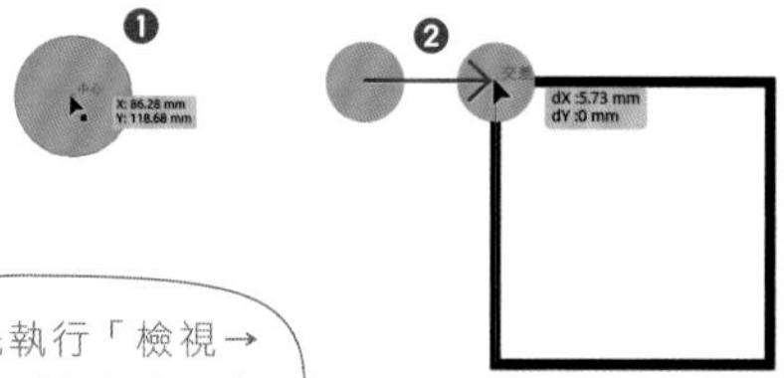

❶
❷
dX :5.73 mm
dY :0 mm

請先執行「檢視→智慧型參考線」命令再操作。

關鍵重點！

② 其他圓形物件分別放在正方形物件的邊角，並且在中心置入一個圓形 ❸，就完成圖樣的雛形，將正方形物件的填色與筆畫設定為無 ❹。

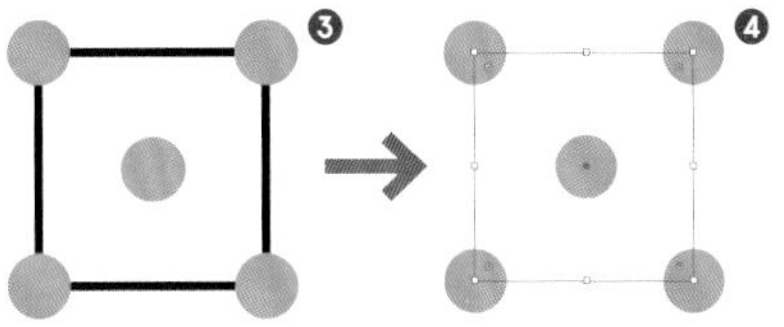

③ 選取所有物件 ❺，拖曳到「色票」面板中 ❻，即可將圓點圖案儲存成圖樣。

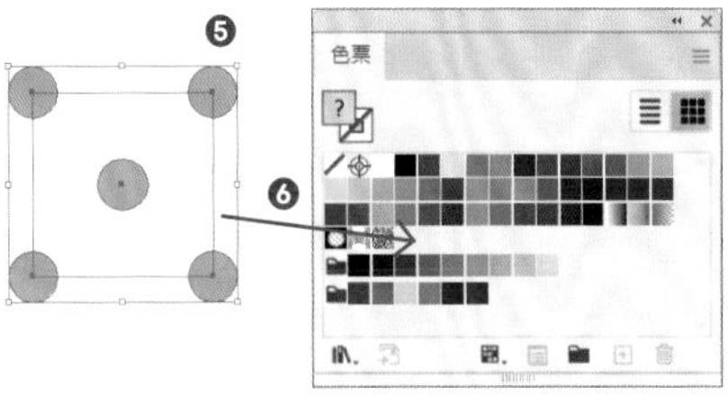
色票

完成！ 請參考 71 頁，套用圖樣。

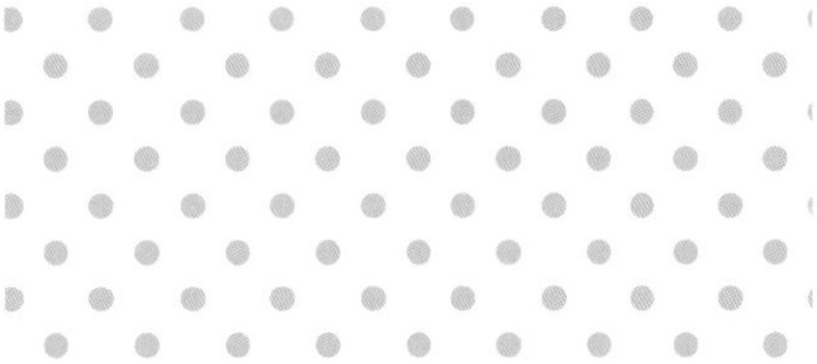

更多

進階知識！

● **以更直覺的方式建立圖樣**

使用「圖樣選項」能以更直覺的方式把物件變成圖樣。

① 建立正圓形 ❶，執行「物件→圖樣→製作」命令 ❷。

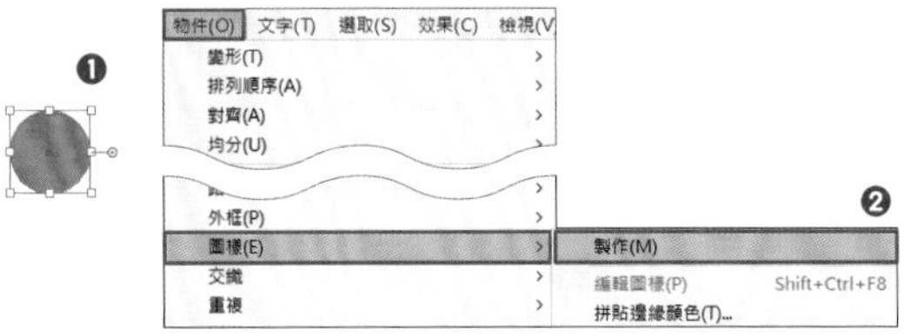
物件(O) 文字(T) 選取(S) 效果(C) 檢視(V
變形(T)
排列順序(A)
對齊(A)
均分(U)
外框(P)
圖樣(E)
交織
重複
製作(M)
編輯圖樣(P) Shift+Ctrl+F8
拼貼邊緣顏色(T)...

② 「圖樣選項」面板與工作區域會顯示圖樣的預視狀態，先選取中央的物件 ❸。

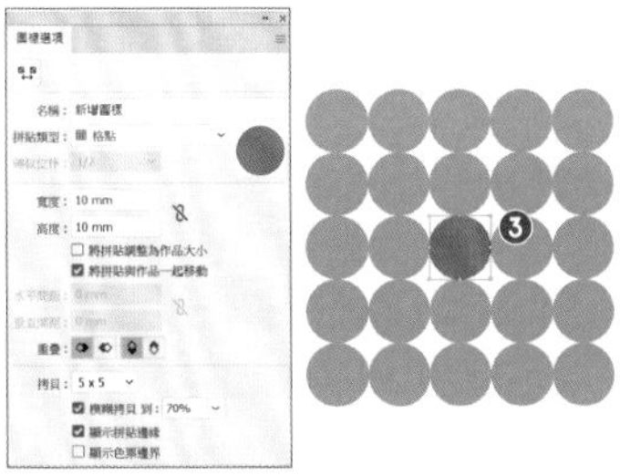

③ 按住 Shift 鍵不放並拖曳邊框 ❹，調整物件大小，即可編輯物件的間距 ❺。

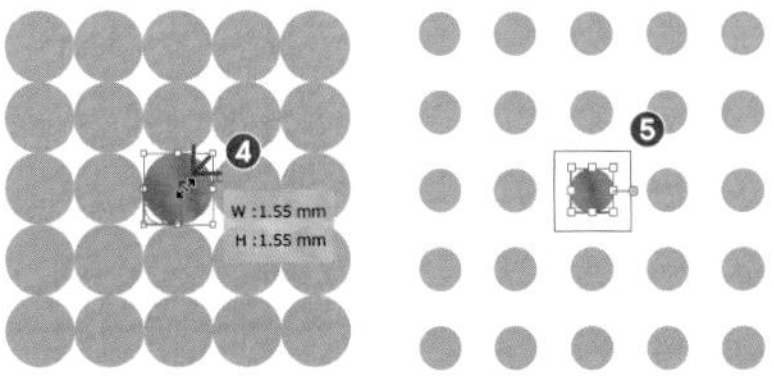
W :1.55 mm
H :1.55 mm

擴大物件的間距

④ 按下工作區域上方「完成」鈕 ❻，在「色票」面板儲存剛才編輯的圖樣 ❼。

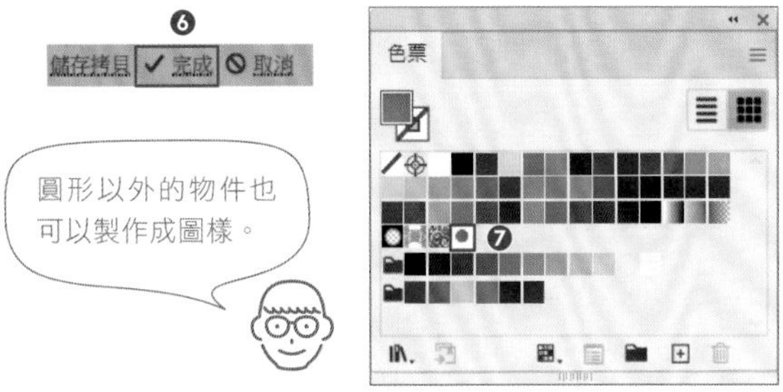
儲存拷貝
完成
取消
圓形以外的物件也可以製作成圖樣。
色票

CHAPTER 4 LESSON 4

重新上色圖稿

一次調整多種顏色

練習檔案
4-4.ai

利用「重新上色圖稿」功能，可以一次調整多個物件的顏色。

更改整體的顏色
只調整燭光的顏色

使用「重新上色圖稿」可以一次調整多個物件，讓色調具有一致性。這次將調整由多個物件組合而成的杯子蛋糕顏色。先調整整體的顏色，再單獨改變燭光的顏色。

我們可以只調整特定物件的顏色，或統一更改整體的顏色。

一次改變所有顏色

操作「重新上色圖稿」的色輪，試著一次調整所有顏色。

1. 開啟練習檔案「4-4.ai」，選取所有物件 ❶，執行「編輯（Mac 為「Illustrator」）→編輯色彩→重新上色圖稿」命令 ❷。

❶

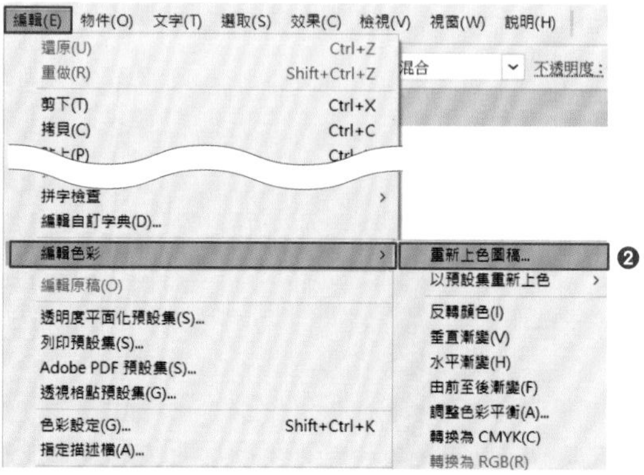
編輯(E) 物件(O) 文字(T) 選取(S) 效果(C) 檢視(V) 視窗(W) 說明(H)
還原(U) Ctrl+Z
重做(R) Shift+Ctrl+Z
剪下(T) Ctrl+X
拷貝(C) Ctrl+C
拼字檢查
編輯自訂字典(D)...
編輯色彩
編輯原稿(O)
透明度平面化預設集(S)...
列印預設集(S)...
Adobe PDF 預設集(S)...
透視格點預設集(G)...
色彩設定(G)... Shift+Ctrl+K
指定描述檔(A)...
混合
不透明度：
重新上色圖稿...
以預設集重新上色
反轉顏色(I)
垂直漸變(V)
水平漸變(H)
由前至後漸變(F)
調整色彩平衡(A)...
轉換為 CMYK(C)
轉換為 RGB(R)
❷

你也可以在「內容」面板中，按下「快速動作」的「重新上色」鈕。

關鍵重點！

② 顯示重新上色選項。調整色輪，更改顏色，把比較長的褐色顏色控制點 ❸拖曳到水藍色附近 ❹。

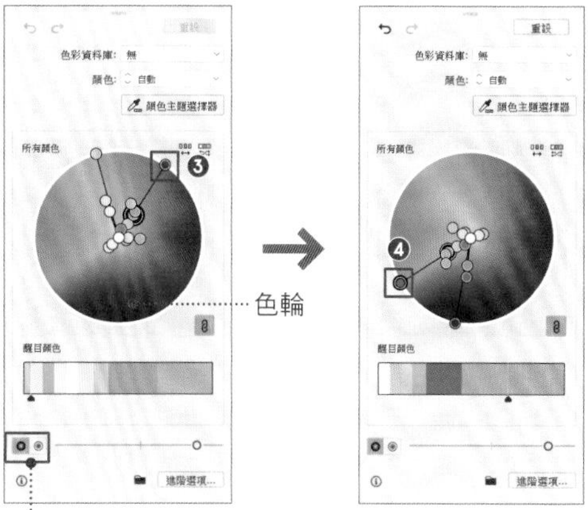

❸
❹
色輪

左：「在色輪上顯示亮度和色相」鈕
右：「在色輪上顯示飽和度和色相」鈕

按下「在色輪上顯示亮度和色相」鈕：移動小的顏色控制點，可以改變整體顏色。移動大的顏色控制點，能調整整體的顏色與亮度（如果想調整飽和度，要按下右側的「在色輪上顯示飽和度和色相」鈕）

重點提示

何謂顏色控制點？

色輪上有幾個顏色控制點（圓形），代表該物件使用的顏色，移動顏色控制點，可以一次調整整體的顏色。最大的顏色控制點代表基本色，移動這個顏色控制點，除了顏色之外，也會同步調整整體的亮度與飽和度。

③ 變成以水藍色為基調的杯子蛋糕。

較長的褐色顏色控制點是使用在插圖輪廓的顏色。

重點提示

可以一次調整所有顏色！

在預設狀態下，「重新上色圖稿」會同步調整所有顏色，因此可以維持色彩平衡，同時改變整體的顏色。

調整部分顏色

「重新上色圖稿」也可以個別調整顏色。調整了整體的顏色後，想再調整部分位置的顏色時，可以使用這種方法。這次要將蠟燭的燭光由藍色改成黃色。

① 在重新上色選項，按一下「連結解除連結色彩調和顏色」圖示 ❶，解除連結。

② 解除基本色與其他顏色的連動狀態，即可單獨移動各個顏色控制點。將最下方較長的藍色顏色控制點 ❷拖曳到黃色區域 ❸。

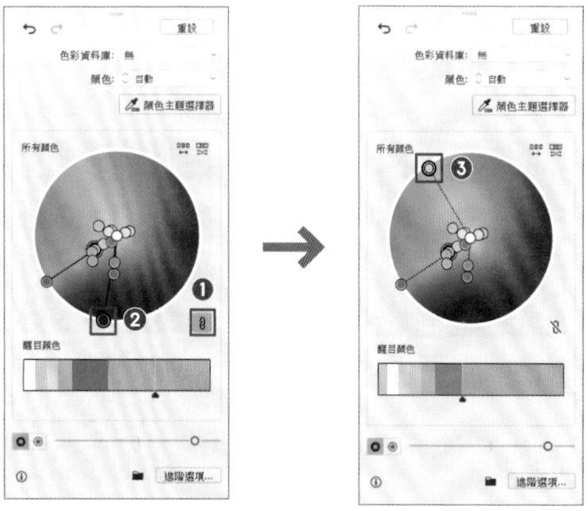

❶
❷
❸

完成！ 只改變了蠟燭的燭光顏色。

CHAPTER 4 LESSON 5

色彩參考

色彩平衡的配色

練習檔案
4-5.ai

使用色彩參考功能，可以一次在多個物件設定色彩平衡的配色，以下將介紹色彩參考的用法。

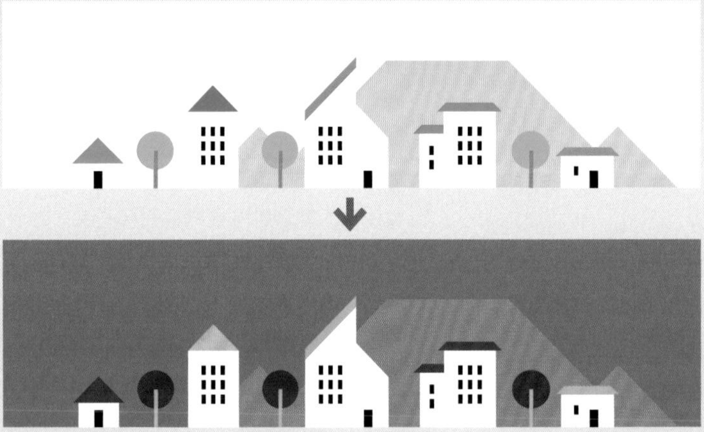

含有多種顏色的繽紛插圖

以橘色為主，自動調整亮度與飽和度的插圖

這個單元將使用色彩參考，把色彩繽紛的白天街道插圖調整成以橘色為主的傍晚插圖。色彩參考可以針對指定顏色，提出色彩平衡的組合建議，是很方便的功能。當你為了配色苦惱，或希望提出多種類型的變化時，使用這個功能就可以輕鬆設定色彩平衡的配色。

開啟「色彩參考」面板

這個功能可以提供色彩平衡的配色建議，對設計新手很有幫助。

1 開啟練習檔案「4-5.ai」，執行「視窗→色彩參考」命令 ❶，開啟「色彩參考」面板 ❷。

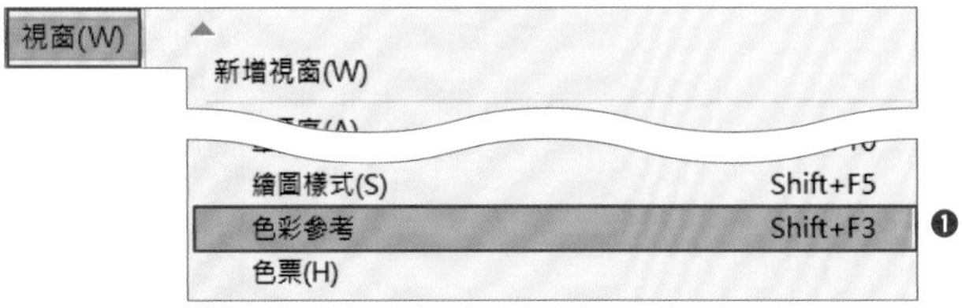

視窗(W)
新增視窗(W)
繪圖樣式(S) Shift+F5
色彩參考 Shift+F3
色票(H)
❶

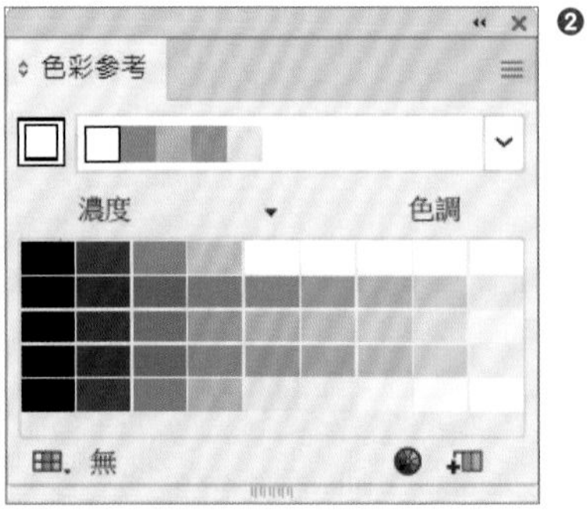

❷
色彩參考
濃度
色調
無

使用色彩參考功能調整插圖的顏色

顯示色彩平衡的各種顏色群組，統一更改插圖的顏色。這裡以橘色為主，調整整體的顏色。

1 在「色票」面板中，選取當作基本色的顏色（這裡設定為 C=0 M=35 Y=85 K=0）❶。

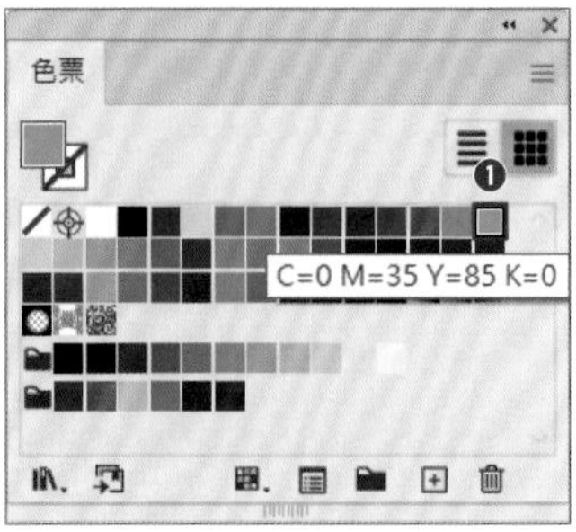

色票
❶
C=0 M=35 Y=85 K=0

2 顯示由步驟①的顏色構成的顏色群組 ❷，這是「色彩參考」建議的色彩平衡群組。

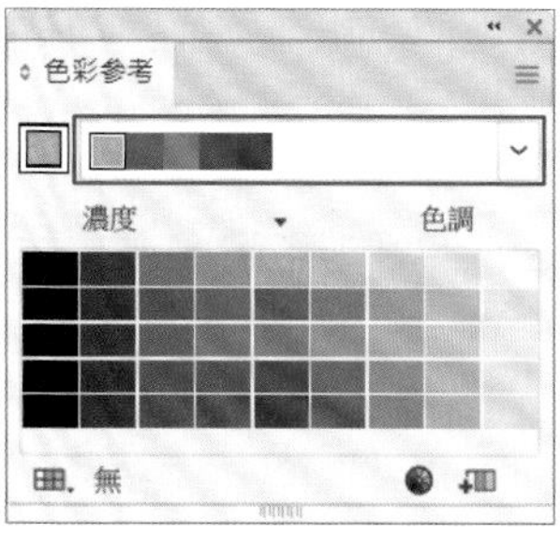
色彩參考
❷
濃度
色調
無

3 選取整個物件 ❸，按下「色彩參考」面板的「編輯色彩」圖示 ❹。

❸

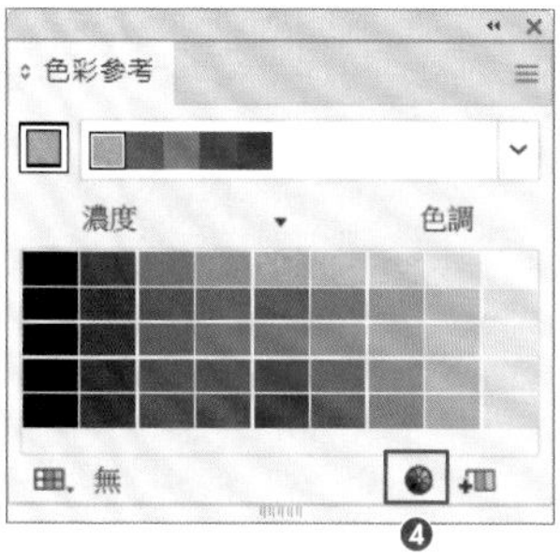
色彩參考
濃度
色調
無
❹

4 開啟「編輯色彩」對話視窗，按下 ⌄ ❺，就會顯示顏色群組提示。選取你喜歡的顏色群組（這個範例選擇「單色 2」）❻，完成後，按下「確定」鈕 ❼。

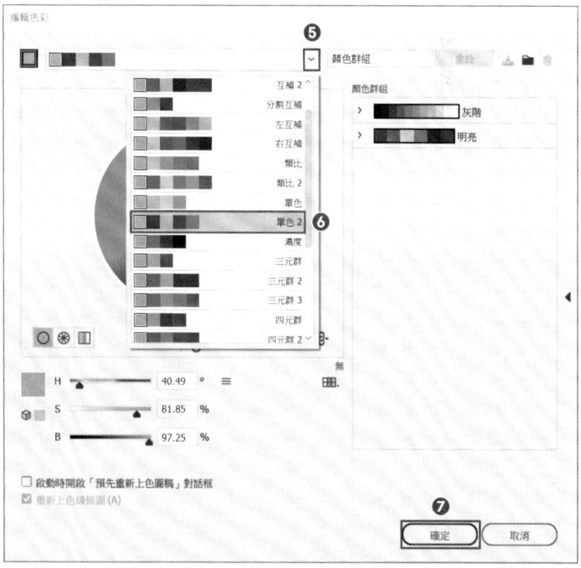
編輯色彩
❺
顏色群組
互補 2
分割互補
左互補
右互補
類比
類比 2
單色
單色 2
❻
濃度
三元群
三元群 2
三元群 3
四元群
四元群 2
灰階
明亮
H 40.49 °
S 81.85 %
B 97.25 %
無
啟動時開啟「預先重新上色圖稿」對話框
重新上色線條圖 (A)
❼
確定
取消

完成！ 更改成以橘色為基本色的調和色調。

CHAPTER 4

LESSON 6

混合模式

在照片疊色營造夢幻氛圍

練習檔案
4-6.ai

使用混合模式功能，可以合成多個彩色物件。請利用這個功能在照片上疊色，打造夢幻氛圍。

在重疊的物件套用「混合模式」，可以依照物件的相容性，展現不一樣的效果。瞭解混合模式的特色能增加設計的廣度。

何謂混合模式

「混合模式」是重疊物件時，混合顏色，呈現特殊效果的功能。更改上層物件的混合模式，可以為下層物件帶來各種效果。上層物件稱作「混合顏色」，下層物件稱作「基本顏色」。右圖是使用了「色彩增值」混合模式的範例。

混合顏色套用色彩增值後，會乘上重疊部分的顏色。

除了物件之外，與影像搭配組合也能營造出各式各樣的效果。

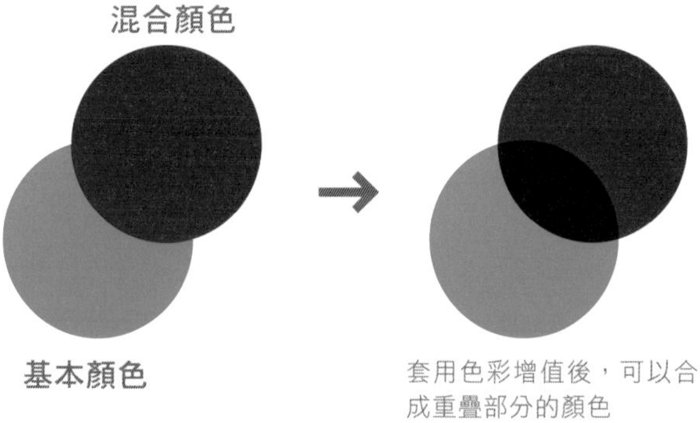
混合顏色
基本顏色

套用色彩增值後，可以合成重疊部分的顏色

混合顏色
基本顏色

套用色彩增值後，會加上和混合顏色一樣的漸層

套用「網屏」混合模式

以下將在影像疊上漸層物件，套用「網屏」混合模式。
「網屏」混合模式會反轉重疊的顏色再相乘。

1. 開啟練習檔案「4-6.ai」。
執行「視窗→透明度」命令 ❶，開啟「透明度」面板 ❷。

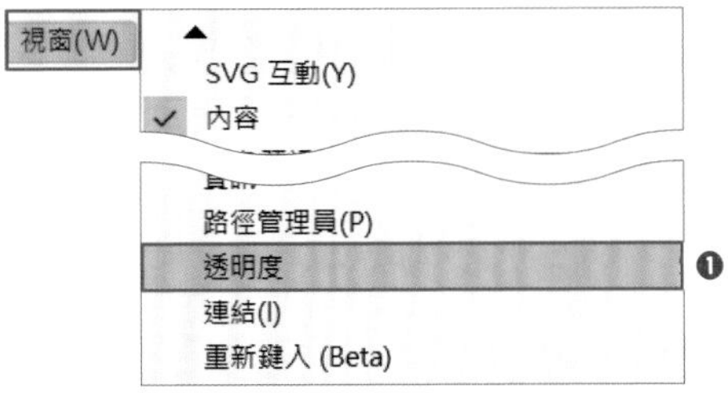
視窗(W)
SVG 互動(Y)
內容
路徑管理員(P)
透明度
連結(I)
重新鍵入 (Beta)
❶

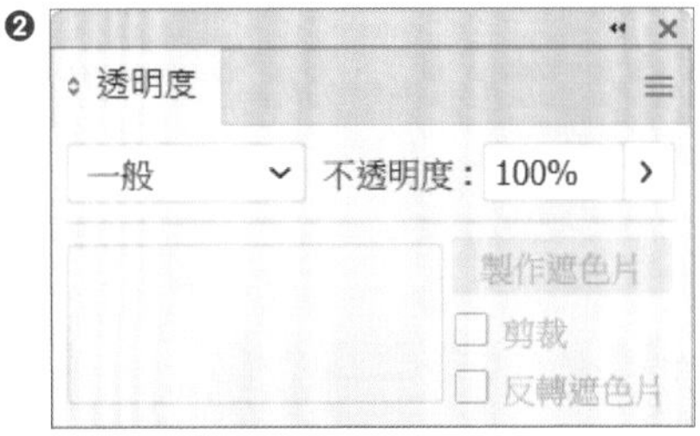
❷
透明度
一般
不透明度：100%
製作遮色片
剪裁
反轉遮色片

2. 拖曳上層矩形物件，重疊在影像上 ❸。

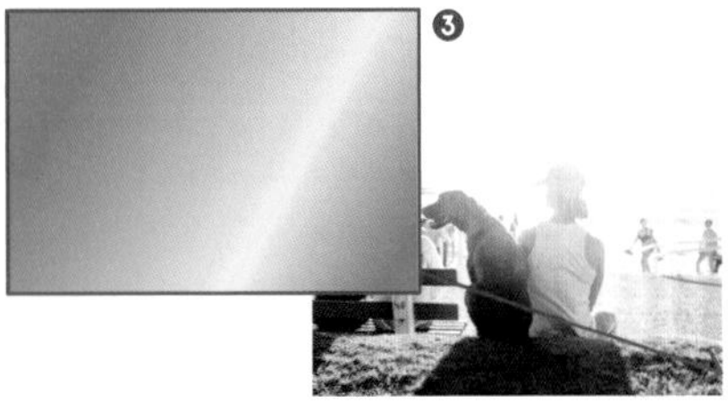
❸

關鍵重點！

3. 選取上層矩形物件，將「混合模式」設定為「網屏」❹，「不透明度」設定為「100%」❺。

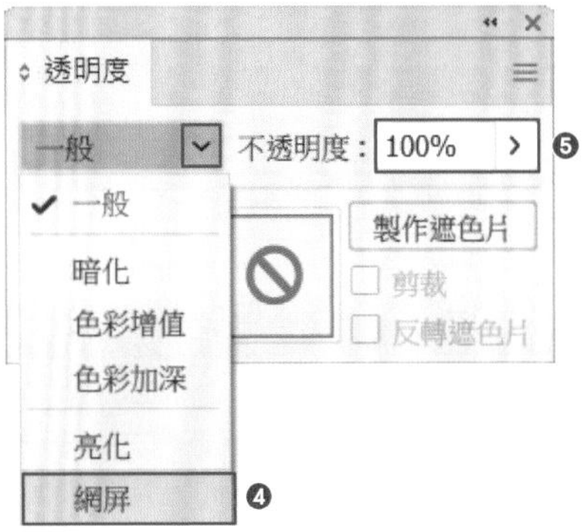
透明度
一般
不透明度：100%
❺
一般
暗化
色彩增值
色彩加深
亮化
網屏
❹
製作遮色片
剪裁
反轉遮色片

完成！ 套用網屏，製作出色調令人印象深刻的影像。

重點提示

調整混合模式的不透明度

降低不透明度，會透出底下重疊的影像，減少混合效果。如果覺得效果太強，只要調整不透明度即可。

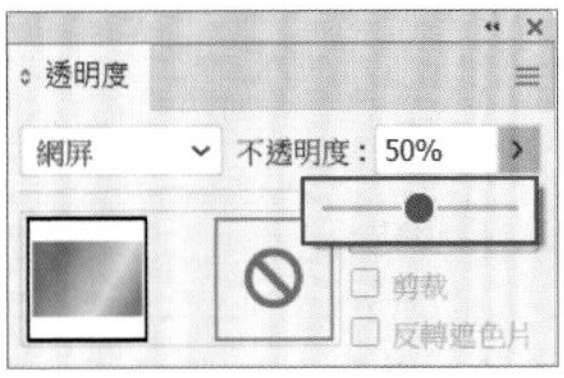
透明度
網屏
不透明度：50%
剪裁
反轉遮色片

與不透明度 100% 相比，降低了白色的效果

更多
進階知識！

● 混合模式的種類

混合模式全部共有 16 種，「變暗效果」、「變亮效果」、「加強對比效果」是設計作品時，很常用的模式。

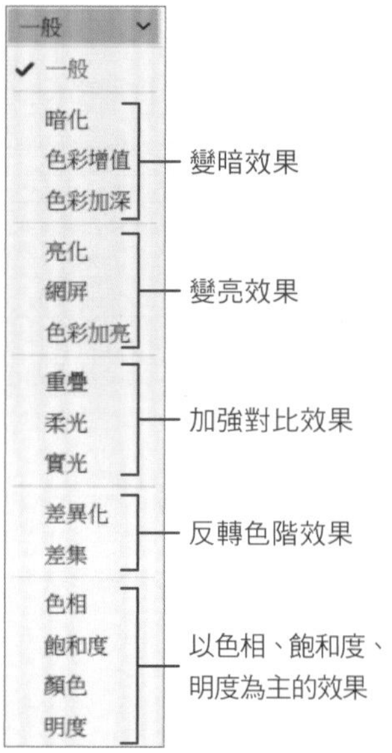
一般
一般
暗化
色彩增值
色彩加深
亮化
網屏
色彩加亮
重疊
柔光
實光
差異化
差集
色相
飽和度
顏色
明度
變暗效果
變亮效果
加強對比效果
反轉色階效果
以色相、飽和度、
明度為主的效果

色彩加深

Burning

Burning

可以製造出烙印效果

重疊

能呈現對比分明的色調

你只要先概略瞭解混合模式能呈現這種效果即可。

暗化	比較基本顏色與混合顏色，比較暗的一方為結果顏色。
色彩增值	合成基本顏色與混合顏色，產生比較暗的結果顏色。
色彩加深	加深基本顏色，反映出混合顏色。
亮化	合成基本顏色或混合顏色時，顏色數值較較亮的一方將顯示為結果顏色。
網屏	基本顏色與反轉後的混合顏色相乘，結果顏色為比較亮的顏色。
色彩加亮	加亮基本顏色，反映出混合顏色。
重疊	根據基本顏色套用色彩增值或網屏效果。
柔光	混合顏色比 50% 灰階亮的部分，會像套用加亮效果般變亮；比 50% 灰階暗的部分，會像套用加深效果般變暗。
實光	比 50% 灰階亮的部分，會像套用網屏效果般變亮；比 50% 灰階暗的部分，會像套用色彩增值般變暗。
差異化	明度值較大的顏色減去明度值較小的顏色。
差集	與差異化混合模式類似，但是效果的對比較低。
色相	以基本顏色的明度與飽和度加上混合顏色的色相建立結果顏色。
飽和度	使用基本顏色的明度與色相加上混合顏色的飽和度產生結果顏色。
顏色	使用基本顏色的明度加上混合顏色的色相與飽和度產生結果顏色。
明度	使用基本顏色的色相與飽和度加上混合顏色的明度產生結果顏色。

CHAPTER 4

CHALLENGE 製作色彩繽紛的影像

完成檔案
4-c_after.ai

運用漸層、圖樣、混合模式等功能，製作色彩繽紛的影像。

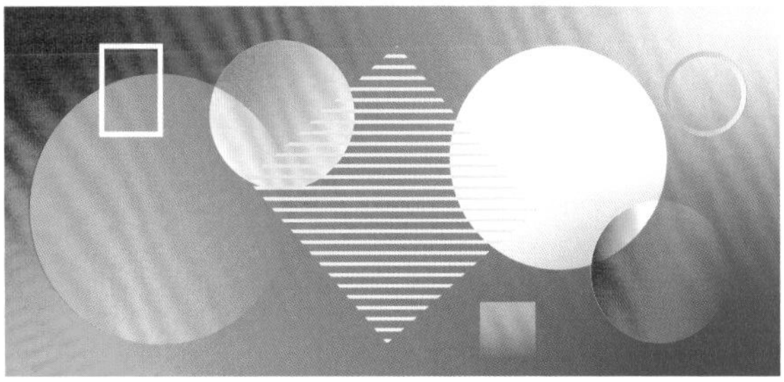

請運用本章學過的漸層、混合模式等技巧，製作由圖形構成的影像。

① 使用「矩形工具」繪製基本形狀，再以「任意形狀漸層」設定四邊的顏色。

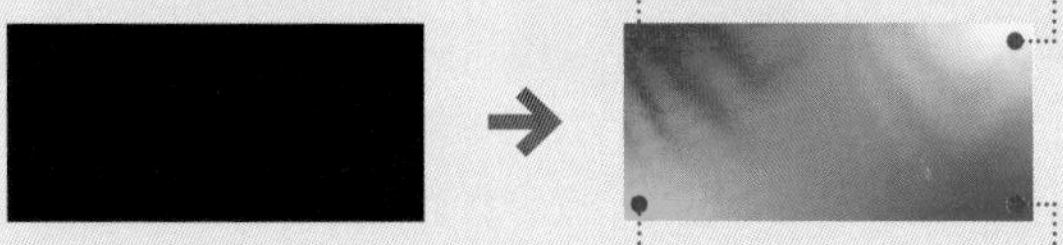
C=0 M=100
Y=45 K=0
C=27 M=0
Y=0 K=0
寬度 110mm
高度 51mm
C=0 M=40
Y=7 K=0
C=100 M=45
Y=0 K=0

② 建立物件圖樣，儲存在「色票」面板中。

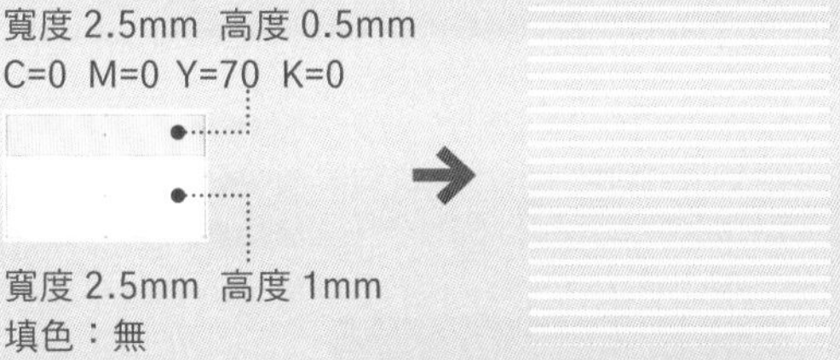
寬度 2.5mm 高度 0.5mm
C=0 M=0 Y=70 K=0
寬度 2.5mm 高度 1mm
填色：無
寬度 28mm
高度 30mm

③ 使用「橢圓形工具」與「矩形工具」繪製形狀，再利用「漸層工具」的「線性漸層」設定「填色」與「筆畫」的顏色。

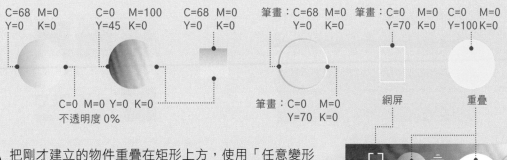

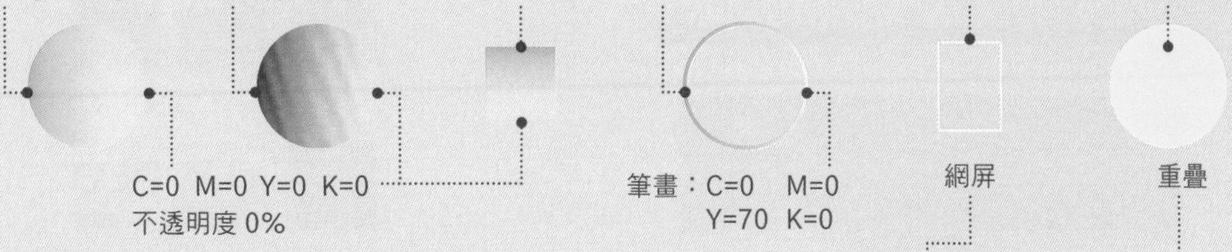
C=68 M=0
Y=0 K=0
C=0 M=100
Y=45 K=0
C=68 M=0
Y=0 K=0
筆畫：C=68 M=0
Y=0 K=0
筆畫：C=0 M=0
Y=70 K=0
C=0 M=0
Y=100 K=0
C=0 M=0 Y=0 K=0
不透明度 0%
筆畫：C=0 M=0
Y=70 K=0
網屏
重疊

④ 把剛才建立的物件重疊在矩形上方，使用「任意變形工具」旋轉圖樣物件。參考右圖，套用「網屏」與「重疊」混合模式，完成影像。

使用「任意變形工具」旋轉

COLUMN

協助配色的實用工具

每個人應該都有自己偏愛的顏色組合吧？配色時，常受到個人喜好或習慣的影響，後來才發現選擇了相同的配色，使得設計顯得千篇一律。此外，設計新手一開始也不知道該如何配色吧？

你可以利用 Illustrator 的「色彩參考」（本書 76 頁）功能挑選顏色，或透過 Adobe Color（https://color.adobe.com/）的免費服務來尋找色彩。這個服務提供了許多功能，包括從照片擷取顏色，搜尋關鍵字，瞭解業界趨勢，建議公家機關必備的色盲友善配色。

此外，這些工具也可以用來說服客戶或主管，說明你選擇這種顏色組合的原因。當你不曉得該如何配色時，這些實用的工具應該可以激發你的新靈感或創意。

可以由影像建立調色盤

可以判斷對比是否適合

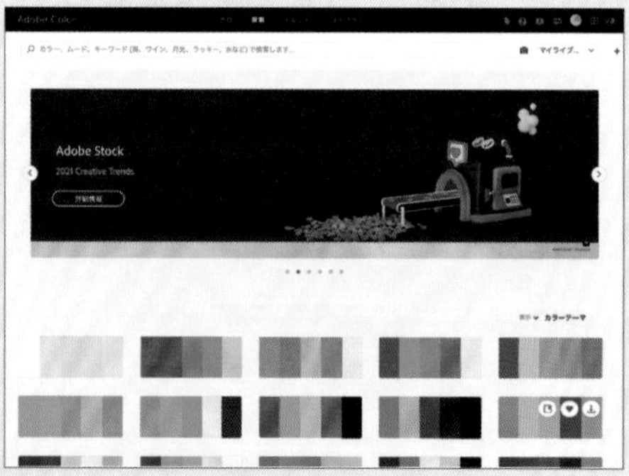

可以檢視設計師的調色盤

可以檢視顏色趨勢

CHAPTER 5

用線條繪製簡單的插圖

這一章將說明「鋼筆工具」、「鉛筆工具」、
「線段區段工具」、「繪圖筆刷工具」的用法。
請利用這些工具，學會如何繪製簡單的插圖。

CHAPTER 5
LESSON 1

路徑 # 錨點 # 方向點 # 方向線

瞭解路徑的結構

在 Illustrator 繪製插圖時，一定要善用「路徑」，請先學會路徑的基本結構與操作方法。

何謂路徑

使用「矩形工具」、「橢圓形工具」，以及接下來要介紹的「鋼筆工具」所繪製的線段物件稱作「路徑」。路徑是由稱作錨點的起點、錨點延伸出來的把手，以及連接錨點的線段（路徑區段）構成。

「路徑」的英文是「Path」，你可以當成是通行的道路，比較容易瞭解。

● 直線路徑的構成元素

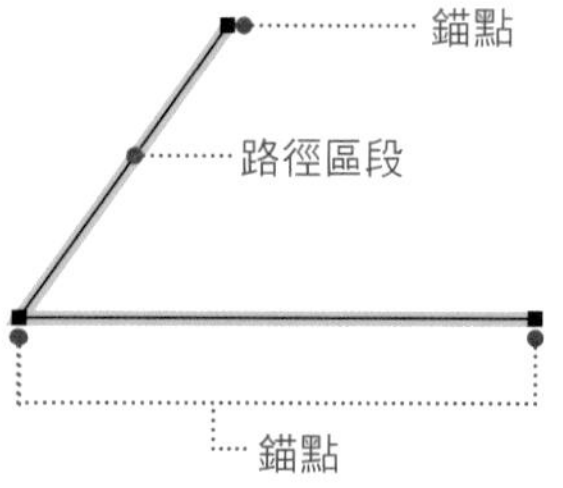

錨點
路徑區段
錨點

直線路徑是由錨點與直線的路徑區段構成。

● 曲線路徑的構成元素

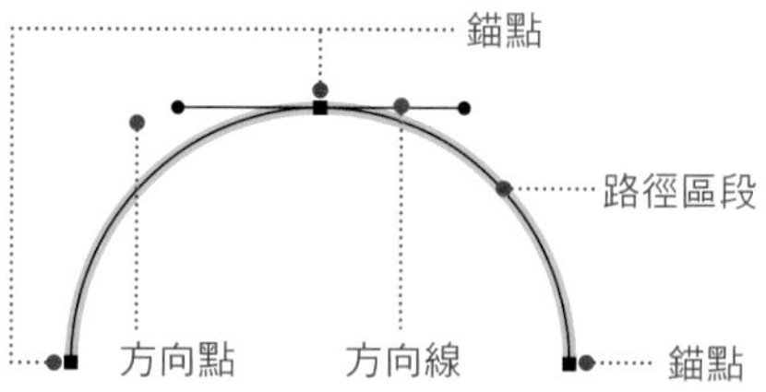

錨點
路徑區段
方向點
方向線
錨點

曲線路徑是由錨點與曲線的路徑區段、錨點延伸出來的把手構成。把手包括顯示曲線方向及大小的「方向線」與「方向點」。

重點提示

封閉路徑與開放路徑

路徑包括「封閉路徑」與「開放路徑」。封閉路徑是指路徑為封閉狀態，開放路徑是指路徑為開放狀態。根據填色與形狀，部分開放路徑可能無法順利上色，所以請改成封閉路徑再上色。

封閉路徑

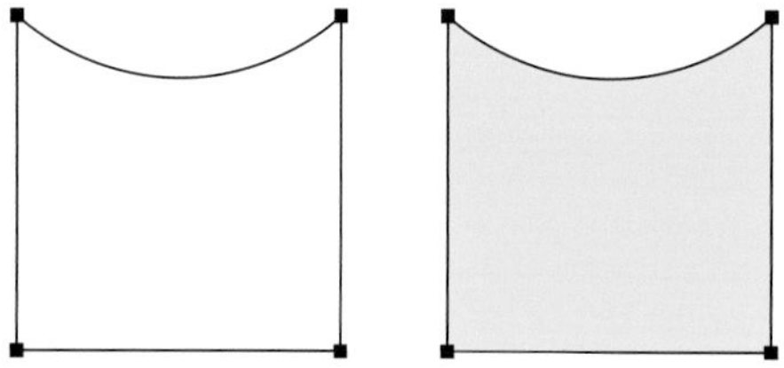

以路徑包圍的封閉圖形為封閉路徑，右邊是設定了填色的狀態。

開放路徑

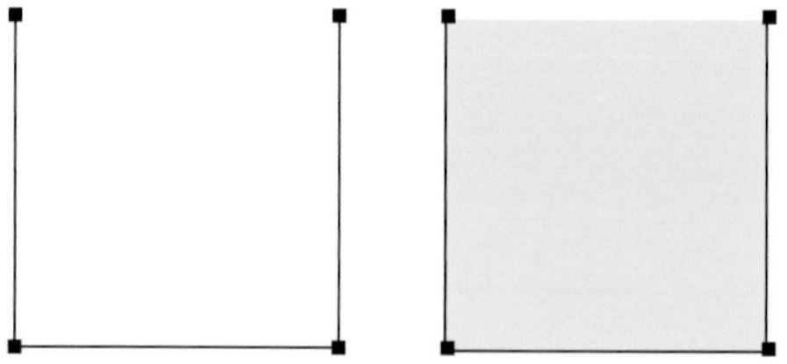

沒有以路徑封閉的圖形為開放路徑，右邊是設定了填色的狀態。開放的部分可能無法按照預期上色。

兩種錨點

錨點分成「平滑錨點」與「尖角錨點」。

● 平滑錨點

平滑連接曲線的錨點為平滑錨點。平滑錨點的左右兩邊會延伸出筆直的把手，把手會以平滑錨點為軸心同步移動。

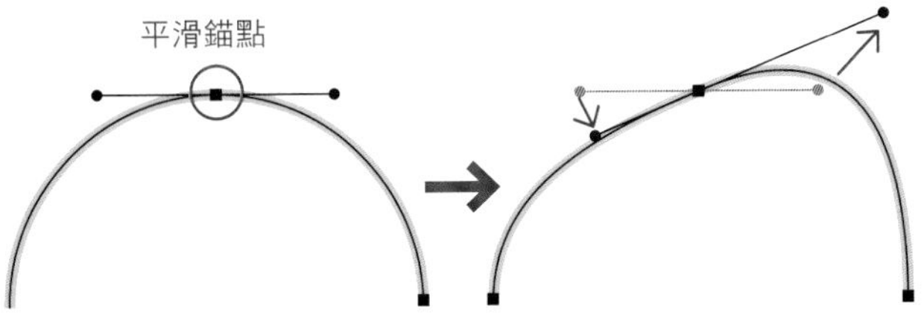
平滑錨點

拖曳移動兩端的方向點，就會以平滑錨點為軸心，像蹺蹺板般移動把手。

重點提示

使用「直接選取工具」移動方向點

使用「直接選取工具」拖曳方向點，路徑區段的形狀就會出現變化。

● 尖角錨點

連接直線、連接直線與曲線、連接曲線與曲線的錨點稱作尖角錨點。拖曳尖角錨點，移動把手後，即可變形該方向的路徑區段。

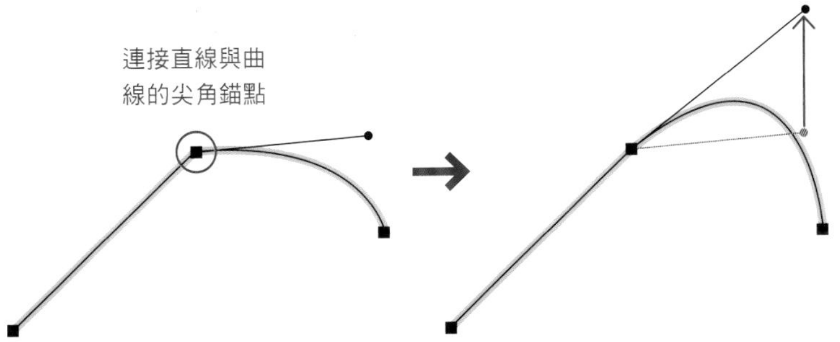
連接直線與曲
線的尖角錨點

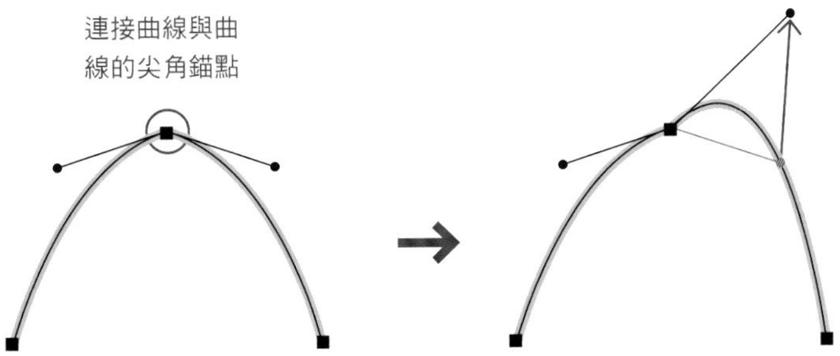
連接曲線與曲
線的尖角錨點

移動把手，只會變形該把手延伸出來的路徑。

CHAPTER 5 LESSON 2

\# 鋼筆工具 # 直線

使用「鋼筆工具」繪製直線

練習檔案 5-2.ai

使用「鋼筆工具」可以建立路徑物件。「鋼筆工具」是 Illustrator 的主要功能之一，學會之後就能大幅提升表現力。

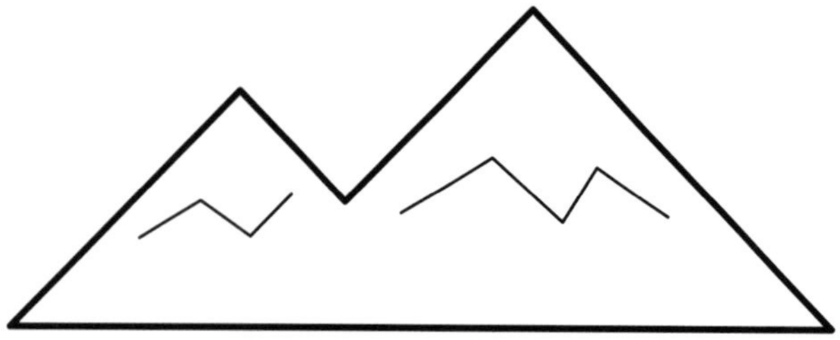

● 鋼筆工具

「鋼筆工具」是可以隨意繪製路徑的工具。簡單的圖形、複雜的插圖、LOGO 等物件都可以使用「鋼筆工具」製作出來。

以下將使用「鋼筆工具」繪製由直線構成的簡單山脈插圖。

選取「鋼筆工具」決定填色與筆畫

使用「鋼筆工具」描摹物件，繪製出直線山脈。

1. 開啟練習檔案「5-2.ai」。

   選取工具列中的「鋼筆工具」❶，將工具列的「填色」設定為無 ❷，「筆畫」設定為 K100% ❸，在「內容」面板的「外觀」，將「筆畫」設定為「2pt」❹。

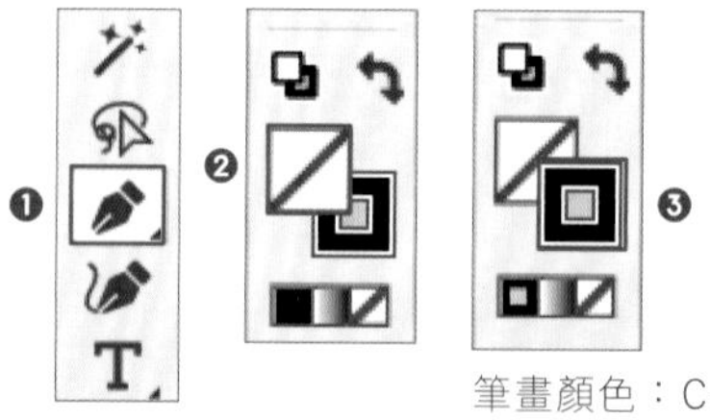
❶
❷
❸

筆畫顏色：C=0　M=0
Y=0　K=100

外觀
填色
筆畫
2 pt
❹
不透明度
100%

描繪線條時，填色設定
為無比較容易瞭解。

繪製山脈輪廓

請以「鋼筆工具」描摹事先準備好的草圖。

1. 按一下山脈的右下方 ❶，接著按住 Shift 鍵不放並按一下左下方 ❷，就會以直線連接這兩個錨點。

按一下❶

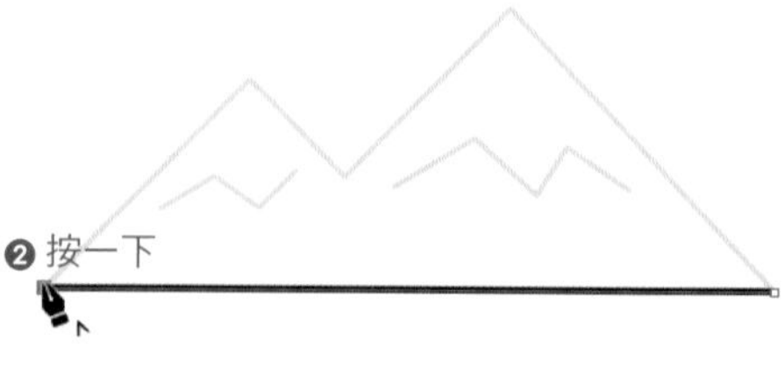
❷按一下

重點提示

以 45 度為單位描繪直線

按住 Shift 鍵不放並繪製直線，可以畫出垂直、水平、斜 45° 的直線。

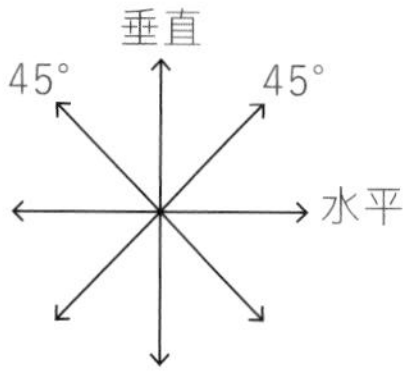
垂直
45°
45°
水平

關鍵重點！

② 依照左側山頂 ❸，中間山谷 ❹，右側山頂 ❺ 的順序按一下，最後按一下最初的錨點，將路徑連起來 ❻。

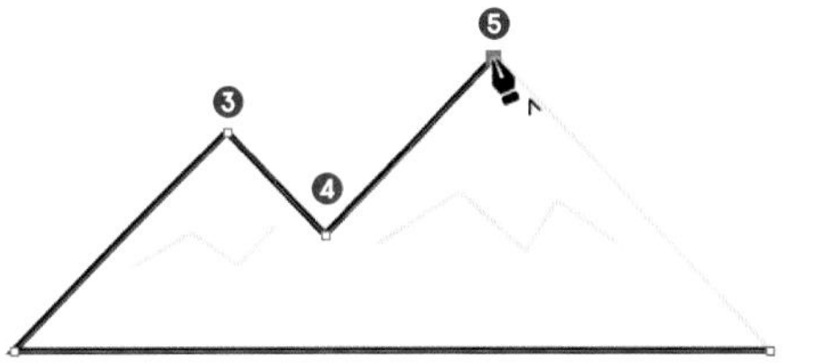
❸
❹
❺

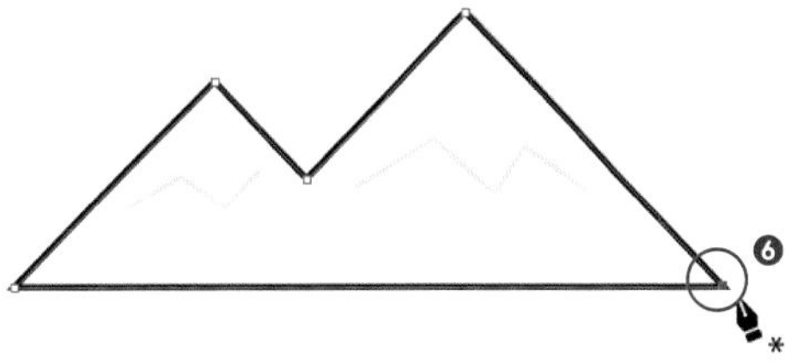
❻

重點提示

封閉路徑時的記號

將滑鼠游標移動到你想連接的錨點上，「鋼筆工具」的圖示下方會出現○，這是將路徑封閉起來，形成「封閉路徑」時會出現的符號。在此狀態按一下，就能封閉路徑。

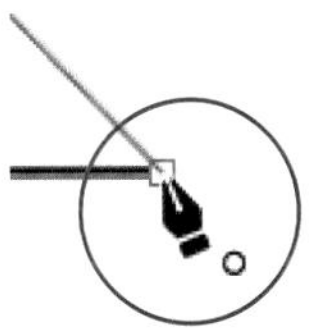

③ 完成山脈輪廓後，按住 Ctrl（⌘）鍵不放，在沒有錨點的地方按一下 ❼，取消選取。

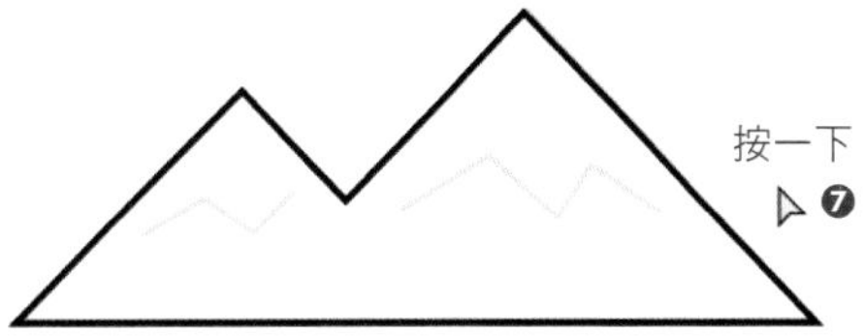
按一下
❼

繪製山脈的紋理

① 在「內容」面板中，將「筆畫」設定為「1pt」❶，使用和繪製山脈輪廓一樣的方法描繪鋸齒狀的山脈紋理 ❷。

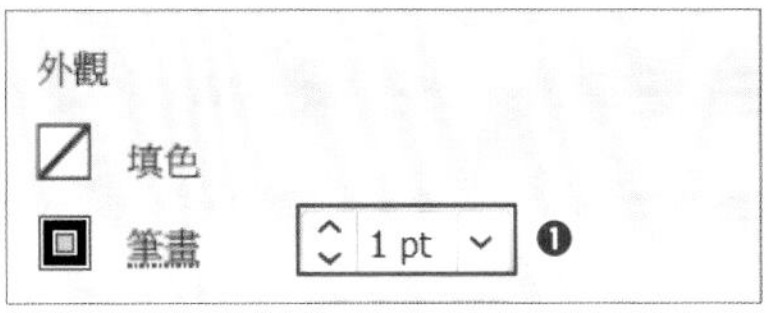
外觀
填色
筆畫
1 pt
❶

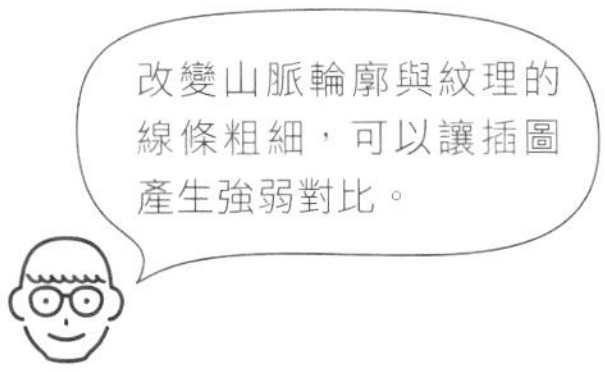
改變山脈輪廓與紋理的線條粗細，可以讓插圖產生強弱對比。

❷

② 完成左邊山脈紋理的線條後，按照步驟 ❸的方法取消選取，再繪製右邊的山脈紋理 ❸。

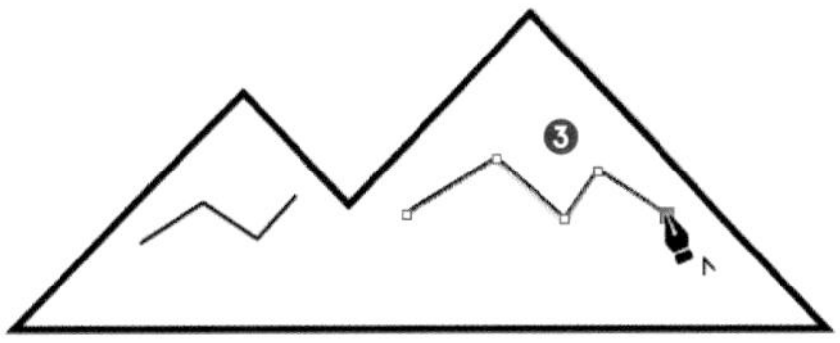
❸

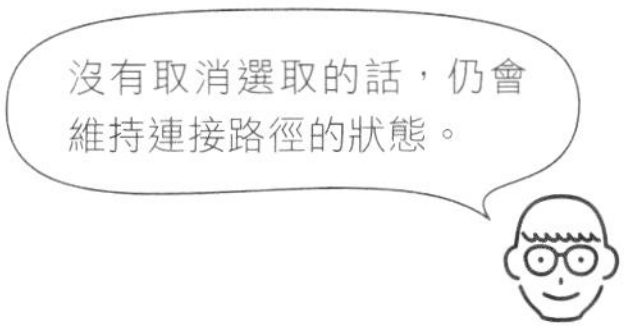
沒有取消選取的話，仍會維持連接路徑的狀態。

＼完成！／ 取消選取後，完成以直線繪製的山脈。

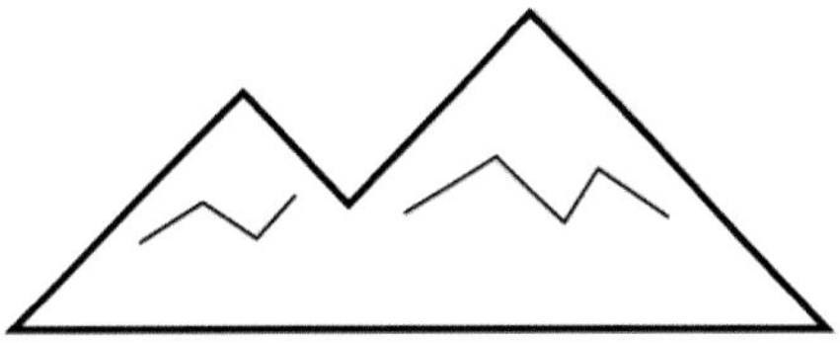

CHAPTER 5 LESSON 3

鋼筆工具 # 曲線

使用「鋼筆工具」繪製曲線

練習檔案
5-3.ai

學會繪製直線之後，這次要操控把手繪製曲線。

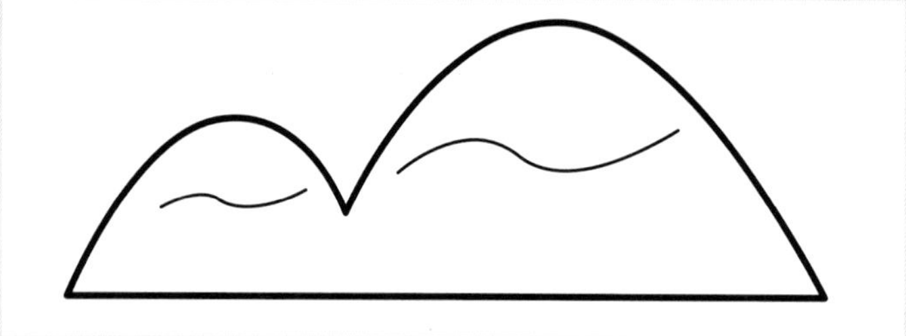

操控錨點延伸出來的把手，可以繪製出曲線，這是「鋼筆工具」的重要操作，請徹底學會。

以下將使用「鋼筆工具」繪製由直線與曲線構成的山脈。

選取「鋼筆工具」並設定筆畫與顏色

1 開啟練習檔案「5-3.ai」。

選取「鋼筆工具」 ❶，設定筆畫的顏色與寬度。

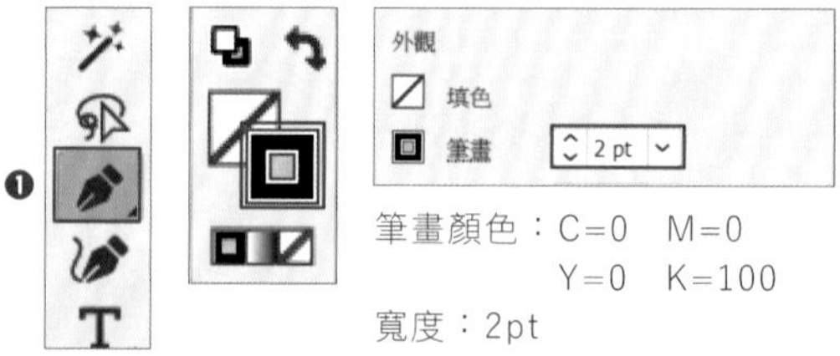

❶
外觀
填色
筆畫
2 pt

筆畫顏色：C=0　M=0
　　　　　Y=0　K=100
寬度：2pt

繪製山脈輪廓

1 和 86 頁的直線山脈一樣，使用「鋼筆工具」 按一下山脈右下方的點 ❶，接著按住 Shift 鍵不放並按一下山脈左下方的點 ❷。

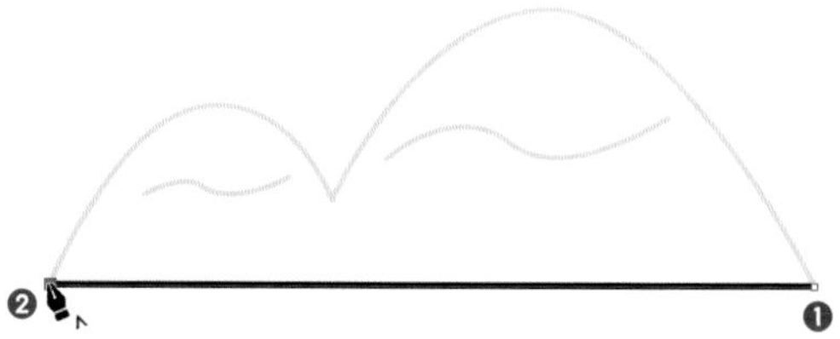

❷
❶

關鍵重點！

2 在左側山頂附近按一下 ❸，維持按住滑鼠左鍵的狀態，參考圖示，直接往右斜上方拖曳 ❹。

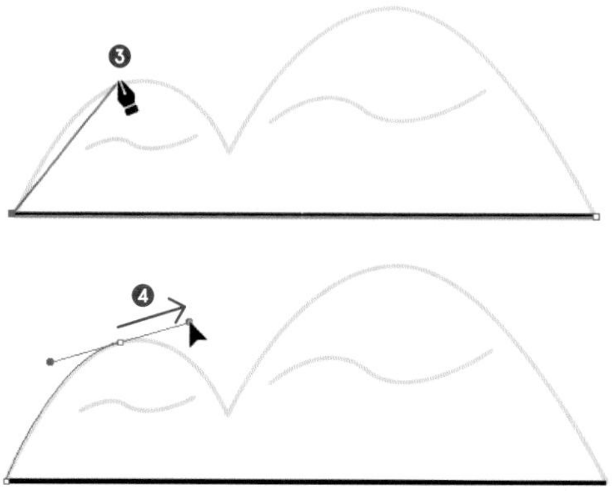

❸
❹

建立錨點後直接拖曳，會在拖曳方向的相反側延伸出方向線。請一邊拖曳，一邊調整成你想要的曲線。

③ 按一下山谷的錨點 ❺，完成第一座山脈的形狀。

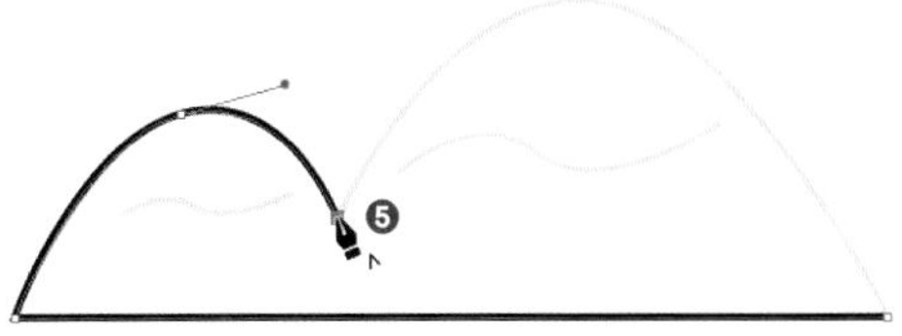
❺

即使中途取消選取，只要用「鋼筆工具」按一下錨點，就能繼續繪圖。

④ 在右側的山頂附近按一下，維持按住滑鼠左鍵的狀態，參考圖示，往右拖曳 ❻。

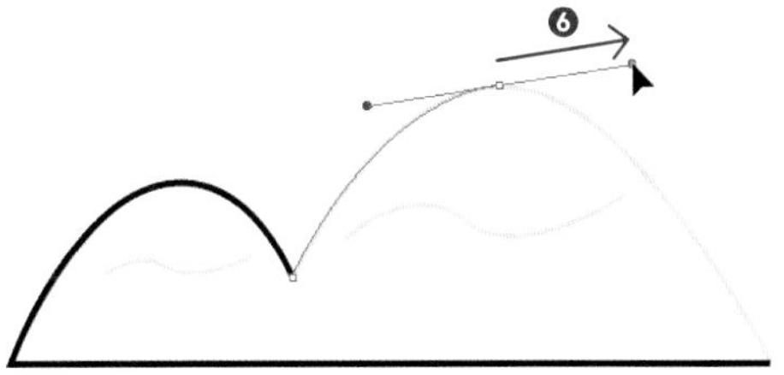
❻

重點提示

繪製曲線的訣竅

還不熟悉「鋼筆工具」的操作之前，最好分次描繪曲線，不要一次畫完，比較容易畫出你想要的形狀。分次描繪時，先在山頂這種變化明顯的部分建立錨點。

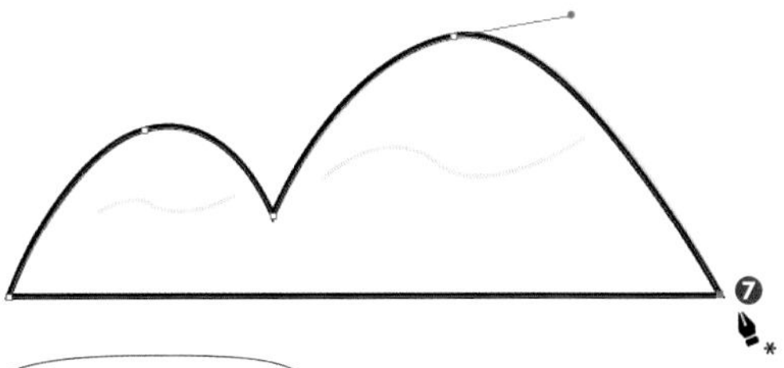
❼

⑤ 將滑鼠游標移動到第一個錨點，當「鋼筆工具」的形狀變成 時，按一下以連接路徑 ❼。

連接路徑之後，請先取消選取狀態。

繪製山脈紋理

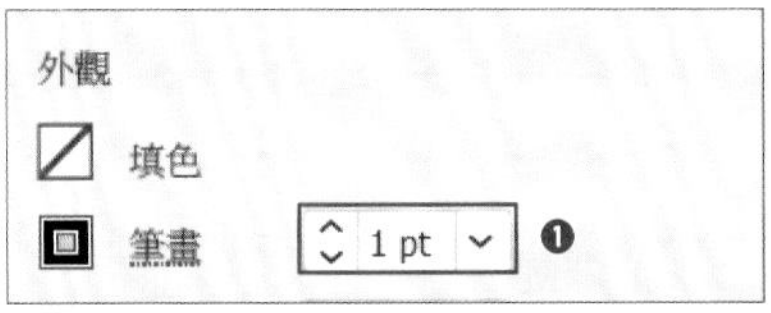
外觀
填色
筆畫
1 pt
❶

① 在「內容」屬性，將「筆畫寬度」設定為「1pt」❶，按一下山脈內的波浪線左端，建立錨點 ❷。

❷

② 參考圖示，在波浪線第一個波浪的頂點略微右側的地方按一下 ❸，往右斜下方拖曳 ❹。

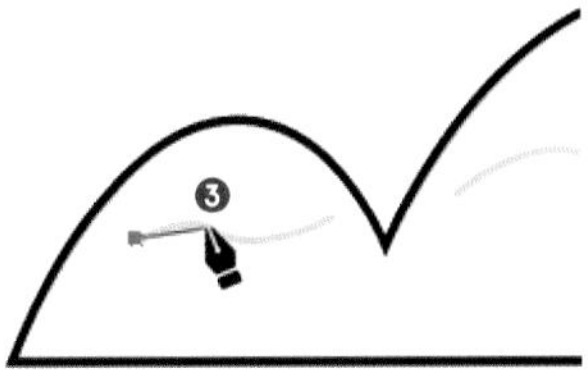
❸

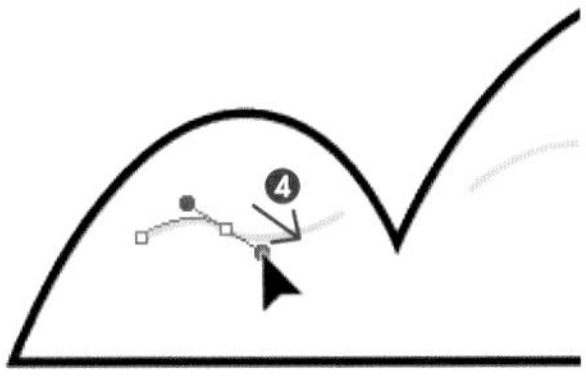
❹

重點提示

往繪製方向延伸方向線

方向線顧名思義就是曲線延伸方向的基準，請在接下來要繪製曲線的方向延伸出方向線。

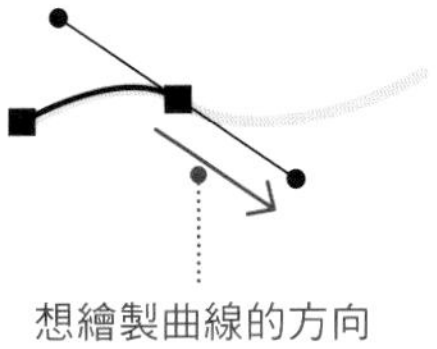
想繪製曲線的方向

還差一步！

③ 把滑鼠游標移動到波浪線的終點 ❺，往右上方拖曳 ❻。

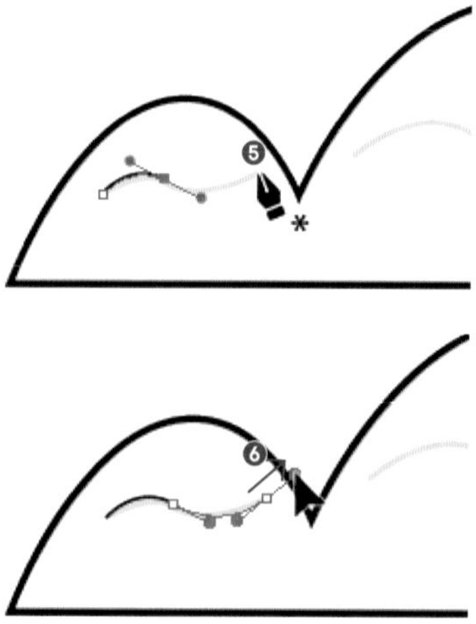

平緩的曲線要縮短方向線。

④ 先取消選取狀態，繼續繪製右邊的山脈紋理。完成之後，按住 Ctrl（⌘）鍵不放並按一下空白處，取消選取。

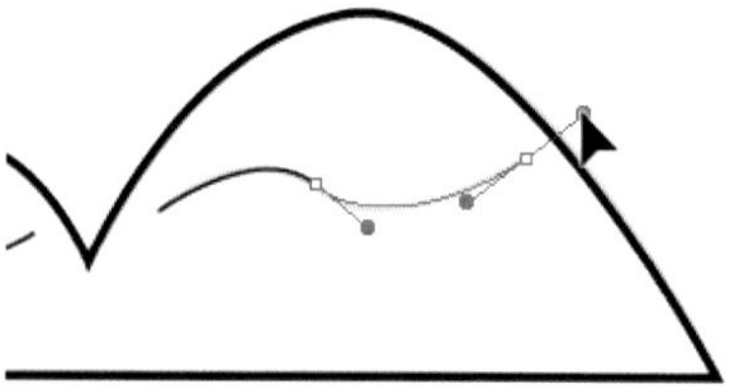

按下 esc 鍵也可以取消繪圖狀態。

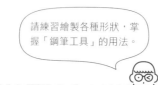

完成！ 繪製出曲線山脈。

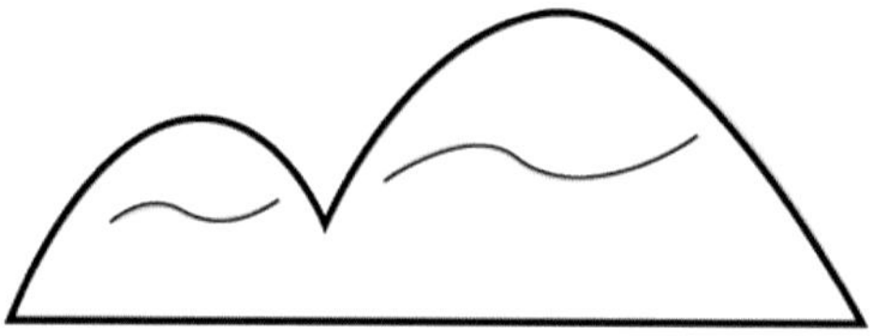

請練習繪製各種形狀，掌握「鋼筆工具」的用法。

更多

進階知識！

●一開始就延伸出把手的方法

這個單元是在建立第二個錨點時，拖曳產生把手，不過你也可以一開始就延伸出把手。繪製弧度明顯的曲線時，先延伸出把手，比較容易繪製曲線。

一開始沒有延伸出把手

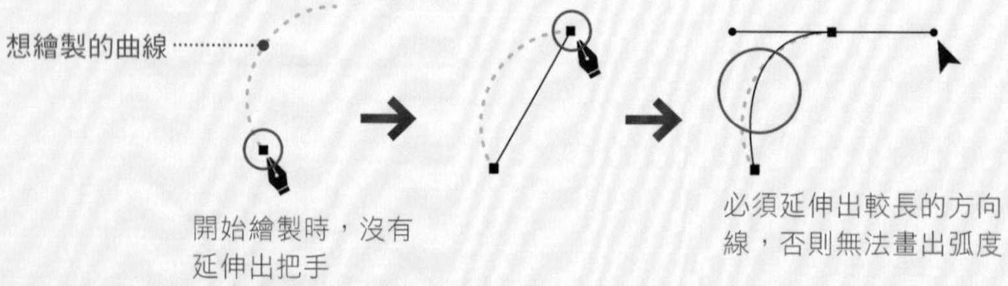
想繪製的曲線
開始繪製時，沒有延伸出把手
必須延伸出較長的方向線，否則無法畫出弧度

一開始就延伸出把手

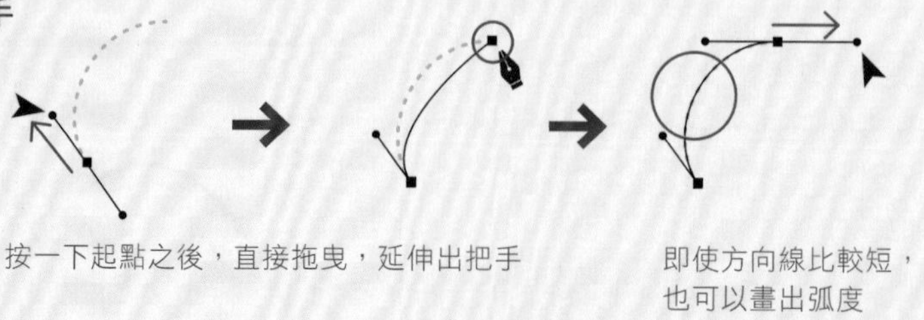
按一下起點之後，直接拖曳，延伸出把手
即使方向線比較短，也可以畫出弧度

CHAPTER 5
LESSON 4

操控錨點改變圖形的形狀

增加與刪除錨點 # 轉換錨點

練習檔案
5-4.ai

這個單元要學習增加、刪除錨點，以及轉換成平滑錨點或尖角錨點的方法。

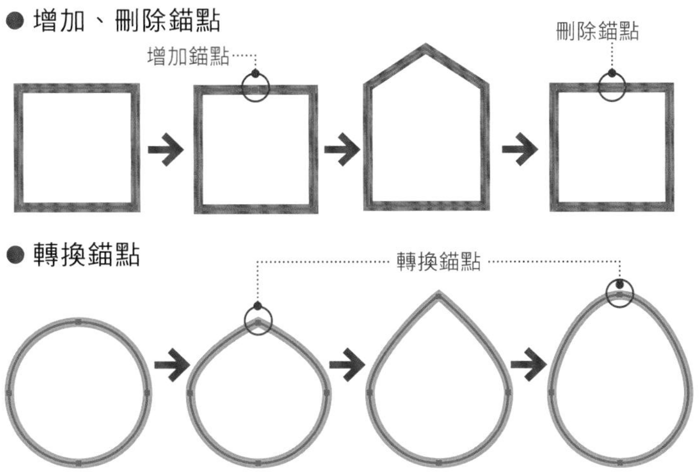
● 增加、刪除錨點
增加錨點
刪除錨點
● 轉換錨點
轉換錨點

先在矩形增加錨點，製作成房子的形狀。學會增加錨點的方法後，刪除錨點，就恢復成原本的形狀。

接著將平滑錨點轉換成尖角錨點，製作出水滴形狀，然後再恢復成平滑錨點，製作成蛋形。

增加錨點

在矩形增加錨點。

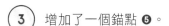

1. 開啟練習檔案「5-4.ai」。
使用「選取工具」❶ 選取矩形 ❷。

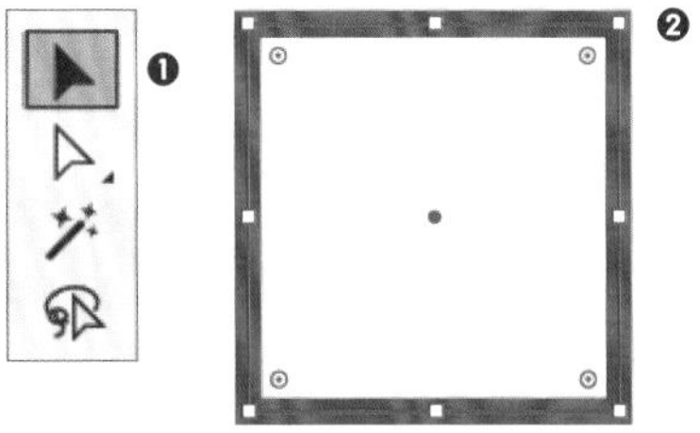
❶
❷

2. 選取「鋼筆工具」❸，將滑鼠游標移動到矩形上邊的中央，在游標形狀變成 ✒+ 的地方按一下 ❹。

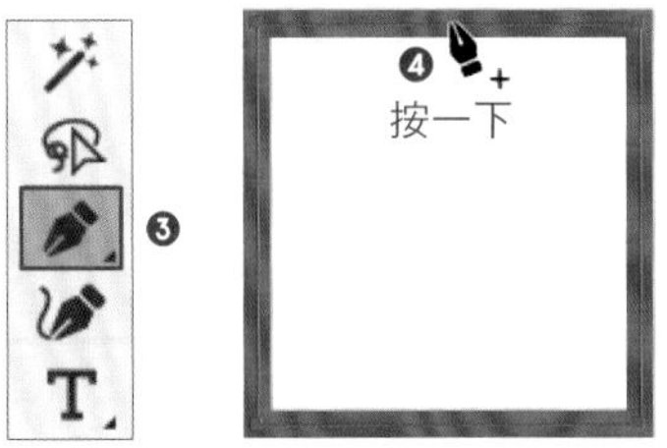
❸
❹
按一下

3. 增加了一個錨點 ❺。

❺

移動錨點

使用「直接選取工具」移動錨點，改變圖形的形狀。

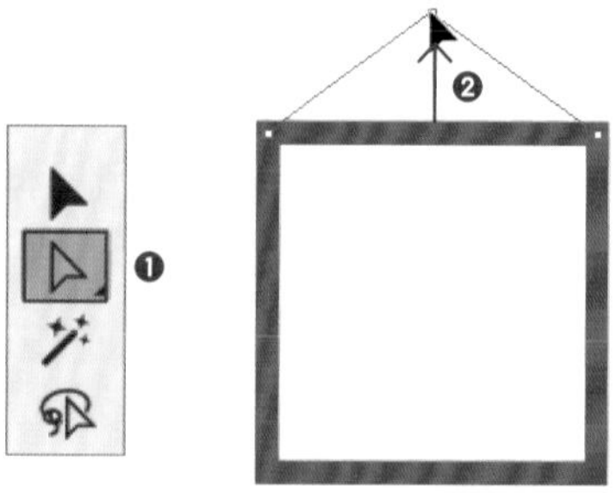

1. 選取「直接選取工具」❶，把增加的錨點往上拖曳 ❷。

2. 製作出房子的形狀。

刪除錨點

刪除錨點，恢復成矩形。

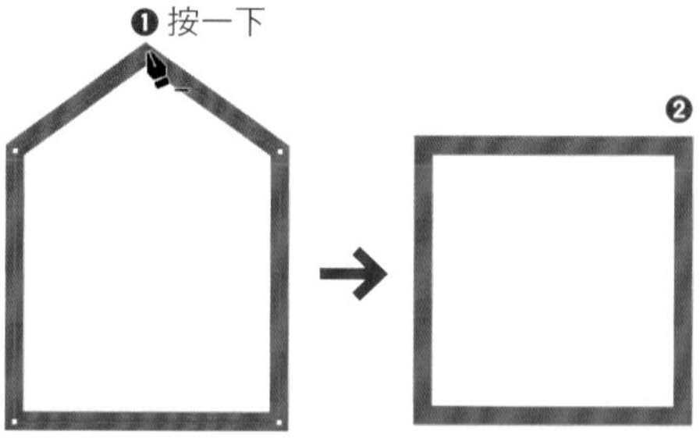
❶ 按一下
❷

1. 在選取圖形的狀態，選取「鋼筆工具」，把滑鼠游標移動到錨點上，在形狀變成 的地方按一下 ❶。

2. 刪除錨點，恢復成原本的矩形 ❷。

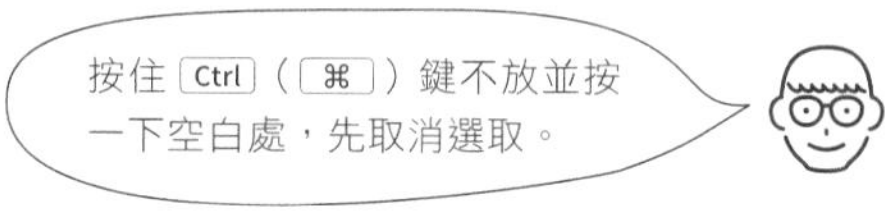
按住 Ctrl（⌘）鍵不放並按一下空白處，先取消選取。

將平滑錨點轉換成尖角錨點

接著要將圓形的平滑錨點轉換成尖角錨點，讓頂端變尖。

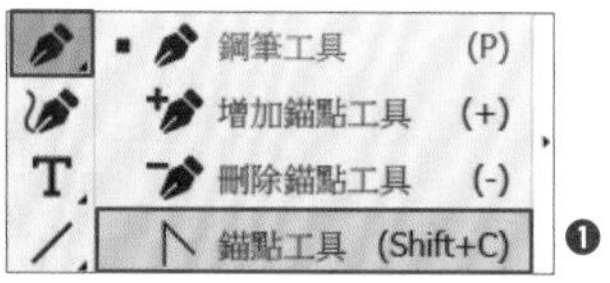
鋼筆工具 (P)
增加錨點工具 (+)
刪除錨點工具 (-)
錨點工具 (Shift+C)
❶

1. 選取圓形，接著選取工具列中的「錨點工具」❶。

2. 按一下圓形上方的錨點 ❶，平滑錨點就會轉換成尖角錨點，讓頂端變尖 ❸。

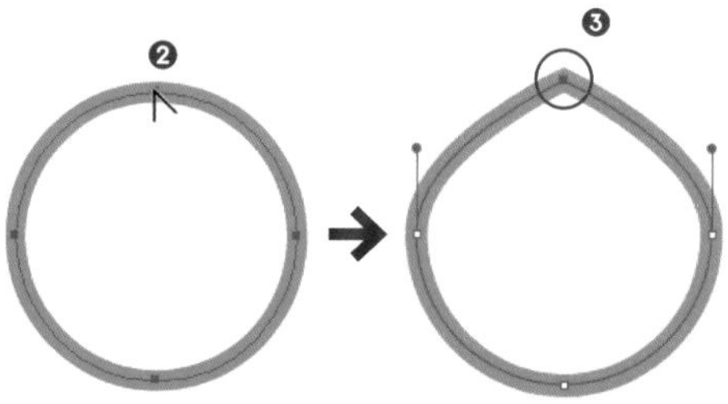
❷
❸

重點提示

使用「鋼筆工具」時，切換成「錨點工具」

在選取「鋼筆工具」的狀態，按下 Alt（option）鍵，可以暫時切換成「錨點工具」。「鋼筆工具」常與「錨點工具」一起使用，請先記住這個技巧。

移動錨點

移動錨點，製作出水滴形狀。

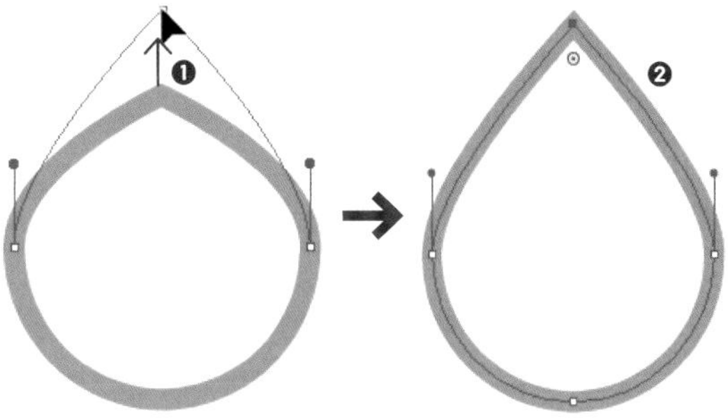
❶
❷

① 選取「直接選取工具」，把轉換後的錨點往上拖曳 ❶。

② 製作出水滴形狀 ❷。

將尖角錨點轉換成平滑錨點

這次要將尖角錨點轉換成平滑錨點，把水滴形狀變成蛋形。

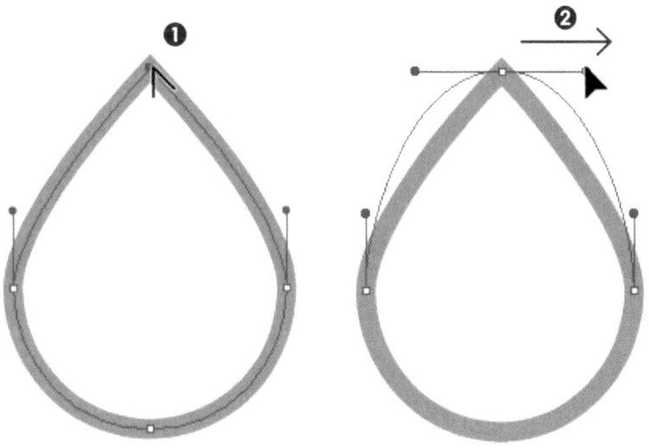
❶
❷

① 選取工具列的「錨點工具」，將滑鼠游標移動到水滴頂端的錨點 ❶，接著往右拖曳 ❷。

\ 完成！/ 取消選取之後，即可完成蛋形。

更多
\ 進階知識！/

● 增加錨點工具與刪除錨點工具

這個單元使用了「鋼筆工具」增加、刪除錨點，其實有專用的增加、刪除錨點工具可以使用。

用法和「鋼筆工具」一樣，增加錨點時，選取「增加錨點工具」❶，按一下想增加錨點的地方。若要刪除錨點，選取「刪除錨點工具」❷，按一下要刪除的錨點即可。

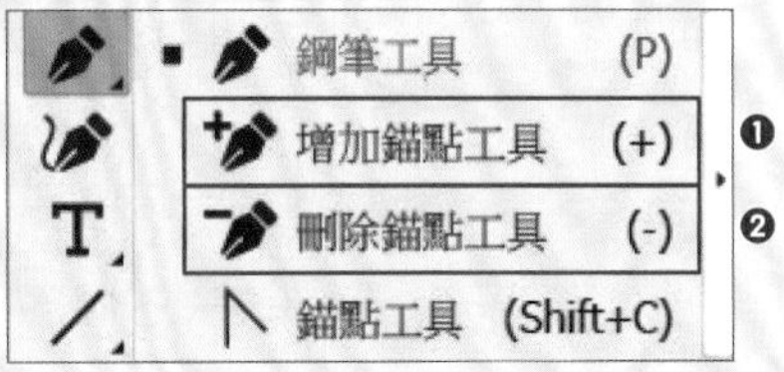
鋼筆工具 (P)
增加錨點工具 (+)
刪除錨點工具 (-)
錨點工具 (Shift+C)
❶
❷

長按「鋼筆工具」就會顯示其他工具（如果沒有顯示，請參考 23 頁的說明）

CHAPTER 5
LESSON 5

筆畫面版 # 筆畫描述檔 # 寬度工具 # 虛線

使用各種筆畫

練習檔案
5-5.ai

筆畫可以改變粗細及前端的形狀，善用各種筆畫，能大幅提高插圖與設計的表現力。

這次要使用「筆畫」面板的功能，改變插圖的印象。

「筆畫」面板

與筆畫有關的功能都整合在「筆畫」面板中。請先檢視該面板，確認有何功用。

這裡使用了「筆畫」面板，不論工作區域為何種狀態，都可以編輯筆畫。此外，Lesson 2 介紹的「內容」面板也可以編輯筆畫。

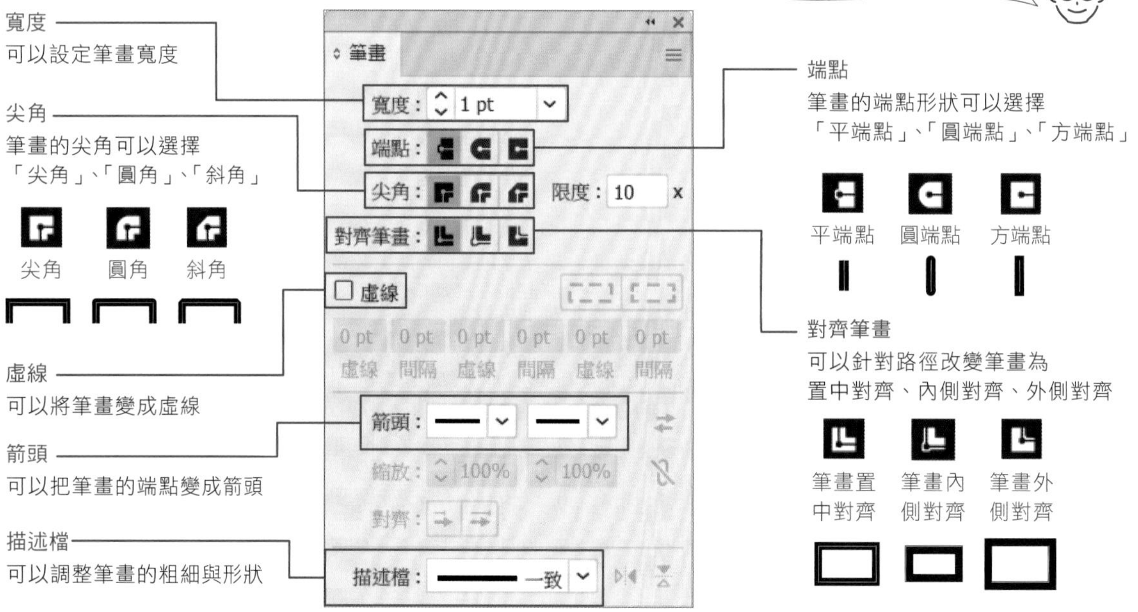

寬度
可以設定筆畫寬度
尖角
筆畫的尖角可以選擇「尖角」、「圓角」、「斜角」
尖角 圓角 斜角
虛線
可以將筆畫變成虛線
箭頭
可以把筆畫的端點變成箭頭
描述檔
可以調整筆畫的粗細與形狀
筆畫
寬度：1 pt
端點：
尖角：
限度：10
對齊筆畫：
虛線
0 pt 0 pt 0 pt 0 pt 0 pt 0 pt
虛線 間隔 虛線 間隔 虛線 間隔
箭頭：
縮放：100% 100%
對齊：
描述檔：一致
端點
筆畫的端點形狀可以選擇「平端點」、「圓端點」、「方端點」
平端點 圓端點 方端點
對齊筆畫
可以針對路徑改變筆畫為置中對齊、內側對齊、外側對齊
筆畫置中對齊 筆畫內側對齊 筆畫外側對齊

開啟「筆畫」面板

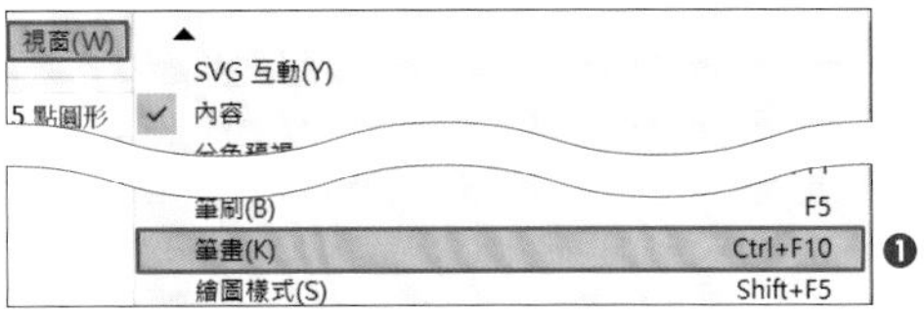
視窗(W)
SVG 互動(Y)
5 點圖形
內容
筆刷(B) F5
筆畫(K) Ctrl+F10
繪圖樣式(S) Shift+F5
❶

① 開啟練習檔案「5-5.ai」，執行「視窗→筆畫」命令 ❶。

② 開啟「筆畫」面板。

筆畫
寬度：1 pt
端點：
尖角：
限度：10 x
對齊筆畫：
虛線
0 pt 0 pt 0 pt 0 pt 0 pt 0 pt
虛線 間隔 虛線 間隔 虛線 間隔
箭頭：
縮放：100% 100%
對齊：
描述檔：一致

選取相同種類的筆畫

使用「相同」功能，選取插圖中的筆畫部分。「相同」可以選取多個物件中相同筆畫寬度的物件，或相同顏色的物件。

❶

① 使用「選取工具」 ▶ 選取「筆畫」物件 ❶，執行「選取→相同→筆畫寬度」命令 ❷。

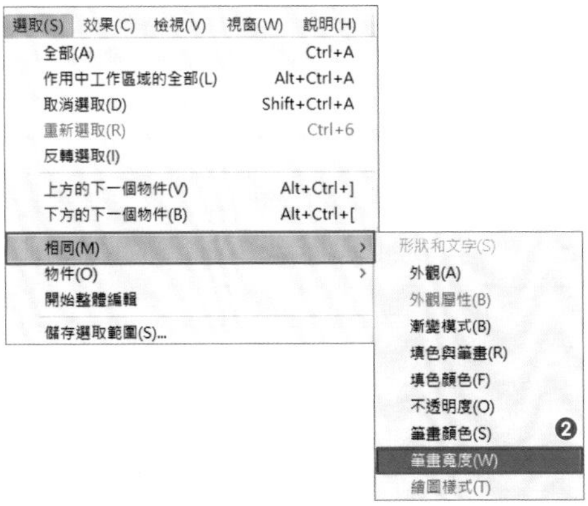
選取(S) 效果(C) 檢視(V) 視窗(W) 說明(H)
全部(A) Ctrl+A
作用中工作區域的全部(L) Alt+Ctrl+A
取消選取(D) Shift+Ctrl+A
重新選取(R) Ctrl+6
反轉選取(I)
上方的下一個物件(V) Alt+Ctrl+]
下方的下一個物件(B) Alt+Ctrl+[
相同(M)
物件(O)
開始整體編輯
儲存選取範圍(S)...
形狀和文字(S)
外觀(A)
外觀屬性(B)
漸變模式(B)
填色與筆畫(R)
填色顏色(F)
不透明度(O)
筆畫顏色(S)
❷
筆畫寬度(W)
繪圖樣式(T)

② 只選取相同寬度的筆畫 ❸。

如果選取整個插圖，會連眼睛一起選取。眼睛只有填色，沒有設定筆畫，無法使用「筆畫」面板處理。利用「相同」功能，可以一次選取相同種類的筆畫，比較方便。

❸
選取了眼睛以外的筆畫

使用「描述檔」調整筆畫

在選取的筆畫套用強弱效果。

1. 按一下「筆畫」面板的「描述檔」❶，選取由上往下的第二個「寬度描述檔 1」❷。

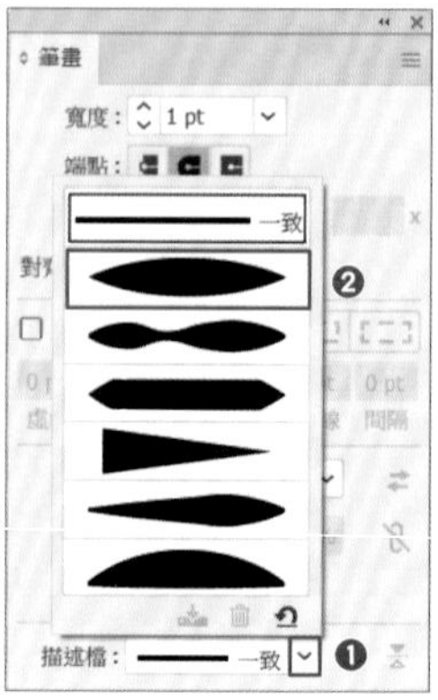

筆畫
寬度：1 pt
端點：
一致
❷
描述檔：
一致
❶

2. 改變了插圖的筆畫 ❸。

❸

在粗細一致的筆畫寬度加上強弱效果

3. 接著要調整筆畫寬度。將「筆畫」面板的「寬度」設定為「2.5pt」❹，筆畫變粗，改變了插圖的印象 ❺。

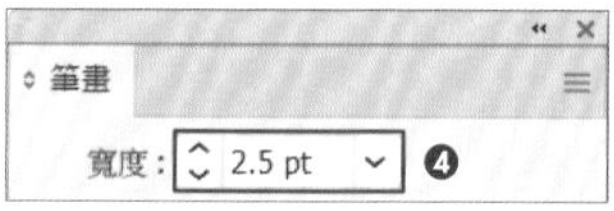

筆畫
寬度：2.5 pt
❹

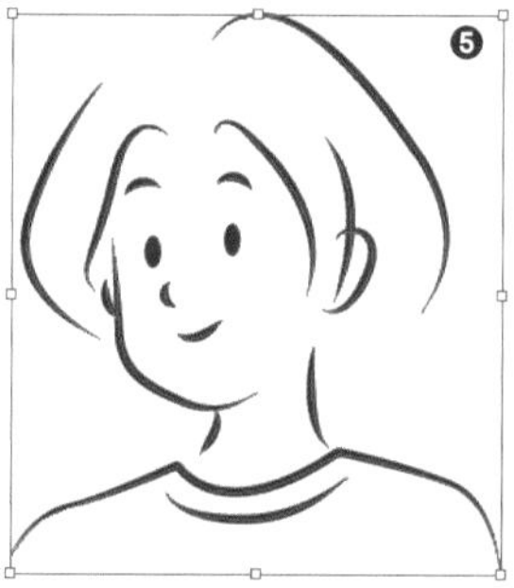

❺

製作虛線

把 T 恤的衣領線條變成虛線。

1. 使用「選取工具」 選取衣領線條 ❶。

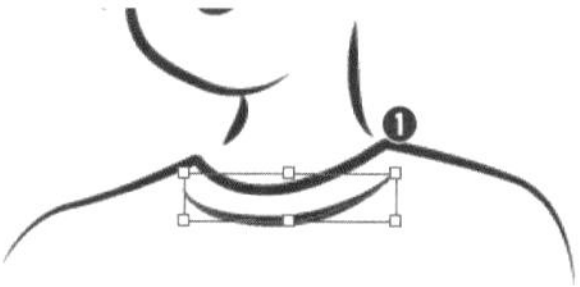

❶

2. 將「筆畫」面板的「寬度」設定為「2pt」❷，勾選「虛線」❸，「虛線」設定為「1pt」，「間隔」設定為「3pt」❹。

筆畫
寬度：2 pt
❷
端點：
尖角：
限度：
對齊筆畫：
虛線
❸
1 pt
3 pt
❹
0 pt
0 pt
0 pt
0 pt
虛線
間隔
虛線
間隔
虛線
間隔
箭頭：

完成！ 利用不同筆畫改變了插圖的印象。

重點提示

何謂虛線與間隔？

「虛線」下面的「虛線」可以設定筆畫的長度，「間隔」能設定筆畫之間的長度，最多可以設定三組「虛線」與「間隔」。

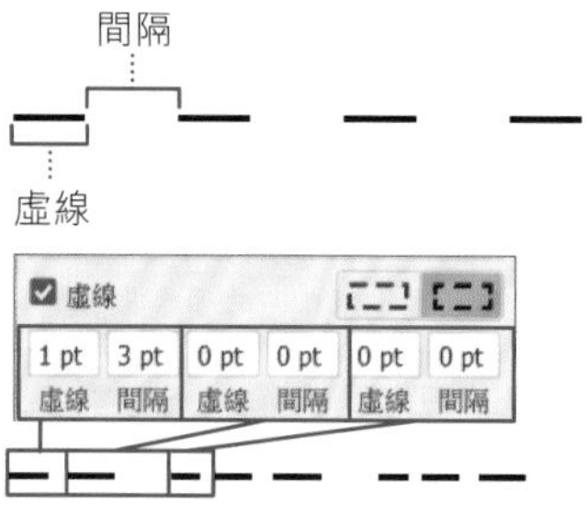

間隔
虛線
虛線
1 pt
3 pt
0 pt
0 pt
0 pt
0 pt
虛線
間隔
虛線
間隔
虛線
間隔

更多
進階知識！

● 使用「寬度工具」自訂筆畫

請用「寬度工具」自訂筆畫，將線條變細。自訂的筆畫可以新增至「描述檔」內再使用。

請把細直線的兩端變粗，建立自訂筆畫。

1. 選取工具列中的「鋼筆工具」，繪製直線 ❶。

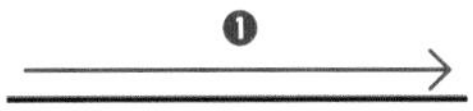

2. 選取工具列中的「寬度工具」❷，從筆畫的前端略微往右下方拖曳 ❸，稍微加粗筆畫。

   另一邊也同樣將末端略微往左下方拖曳 ❹，加粗筆畫。

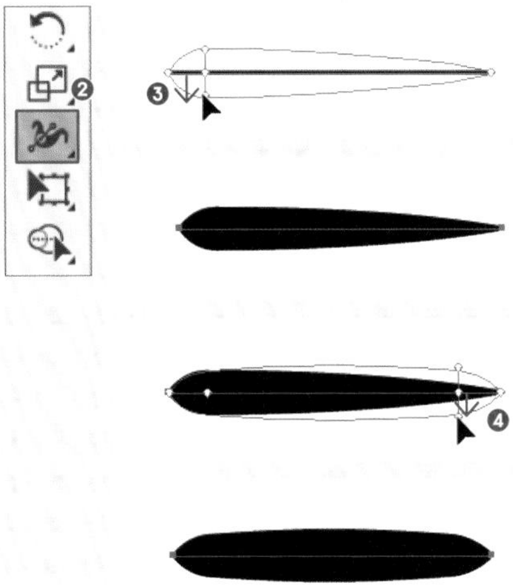

3. 選取剛自訂的筆畫，按一下「筆畫」面板的「描述檔」❺，再按一下「加入描述檔」❻。

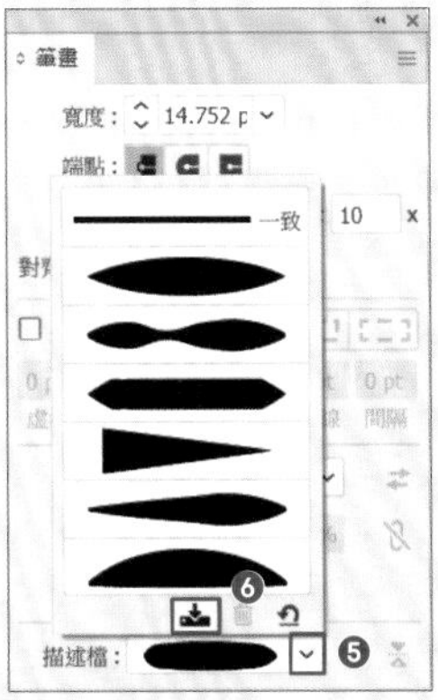
筆畫
寬度：14.752 p
端點：
一致
10
描述檔：

4. 開啟「變數寬度描述檔」對話視窗，輸入名稱，按下「確定」鈕 ❼，就能儲存自訂的「變數寬度描述檔」。

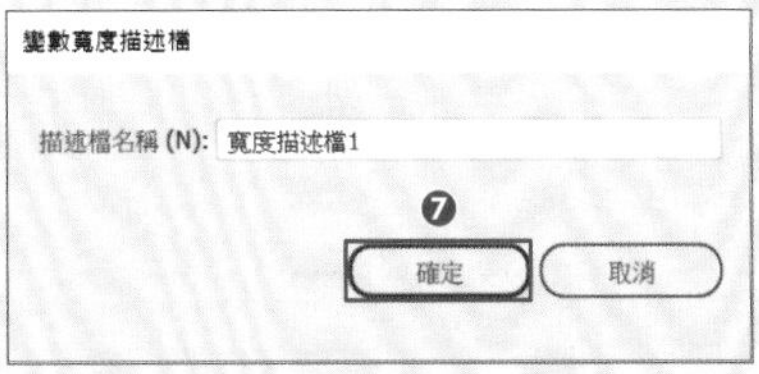
變數寬度描述檔
描述檔名稱 (N): 寬度描述檔1
確定
取消

請練習建立各種筆畫寬度，改變筆畫的狀態。

CHAPTER 5

LESSON 6

筆刷工具

使用筆刷

完成檔案
5-6_after.ai

筆刷就是畫筆，Illustrator 準備了非常多種的筆刷。「筆刷工具」和「鋼筆工具」不一樣，只要拖曳滑鼠，就能隨意繪圖。

用筆刷繪製線條

1. 執行「視窗→筆刷」命令 ❶，開啟「筆刷」面板。

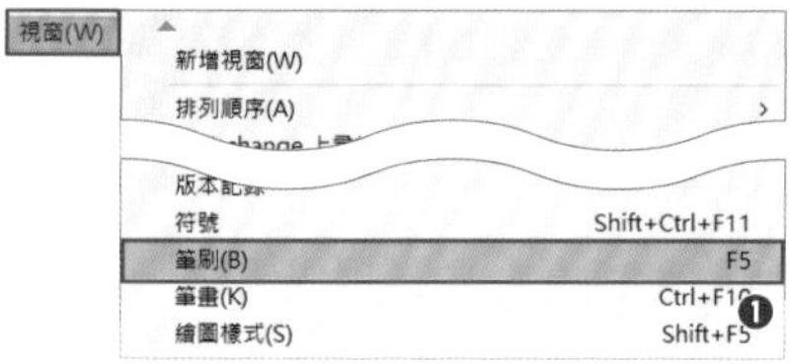

視窗(W)
新增視窗(W)
排列順序(A)
符號 Shift+Ctrl+F11
筆刷(B) F5
筆畫(K) Ctrl+F10
繪圖樣式(S) Shift+F5
❶

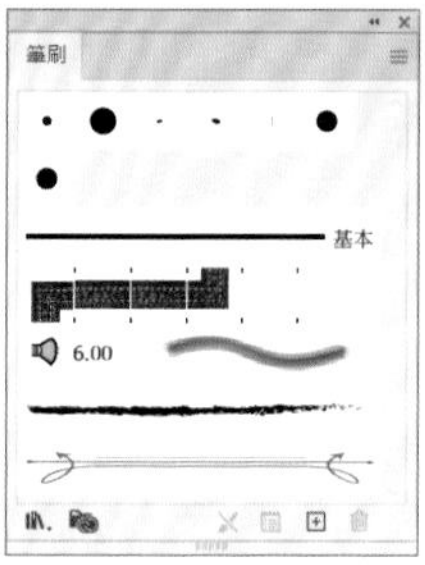

筆刷
基本
6.00

「筆刷」面板

2. 選取工具列中的「筆刷工具」❷，在「筆刷」面板選取想套用的筆刷形狀 ❸。

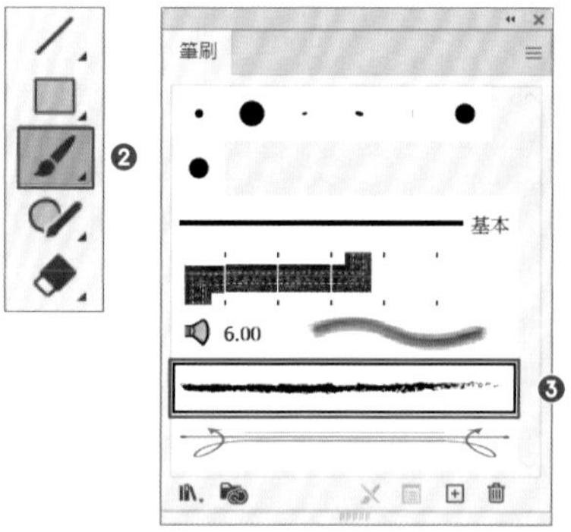

❷
筆刷
基本
6.00
❸

3. 在工作區域上拖曳 ❹，以剛才選取的筆刷形狀繪製路徑。

❹

在路徑套用筆刷

我們也可以在已經建立的路徑套用筆刷。

1. 選取已經建立的路徑 ❶，再按一下想套用的筆刷 ❷。

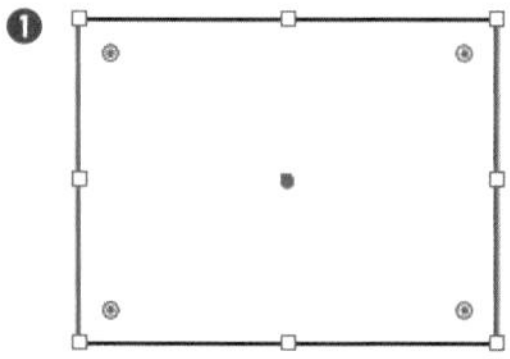

❶

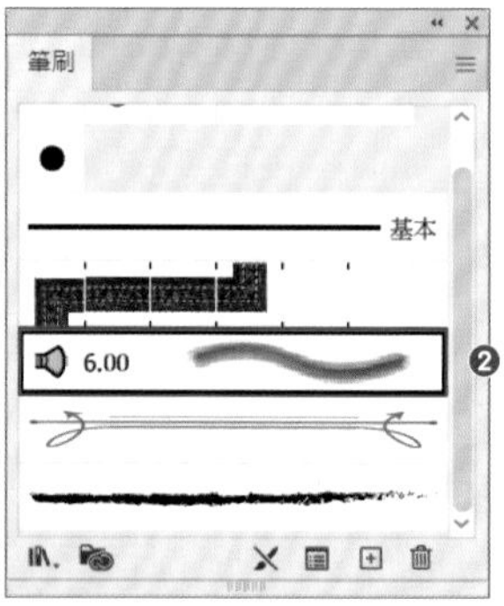

筆刷
基本
6.00
❷

2. 在路徑套用該筆刷。

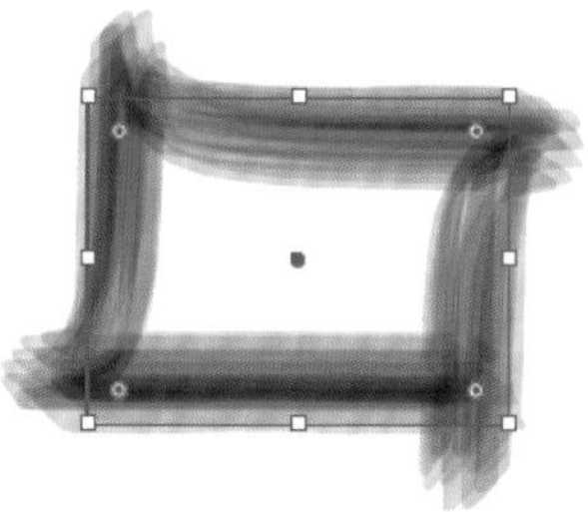

更多
進階知識！

● 筆刷種類

「筆刷」面板中有五種用途不同的筆刷，請先瞭解每種筆刷的特色，再依照目的選擇適合的筆刷。以下將以預設集準備的筆刷為例來說明。

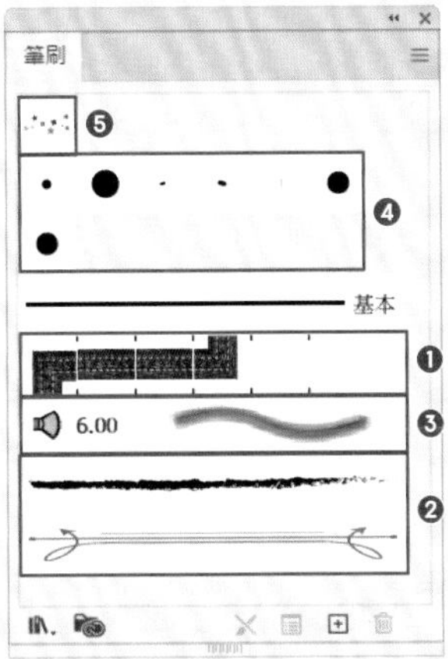
筆刷
❺
❹
基本
❶
6.00
❸
❷

❶ 圖樣筆刷

這是把構成筆刷的物件儲存起來所製作而成的筆刷。可以儲存筆畫起點、起點到中間、轉角、中間到終點、終點的部分，適合製作外框。右圖把丹寧布物件儲存成筆刷。

❷ 線條圖筆刷

這是延伸物件並反映在路徑上的筆刷，可以儲存的物件只有一個，通常用來儲存毛筆或鉛筆的線條等。

❸ 毛刷筆刷

這是重疊多層水彩風格的淺線條製作而成的筆刷，最適合繪製有透明感的水彩畫風格作品。

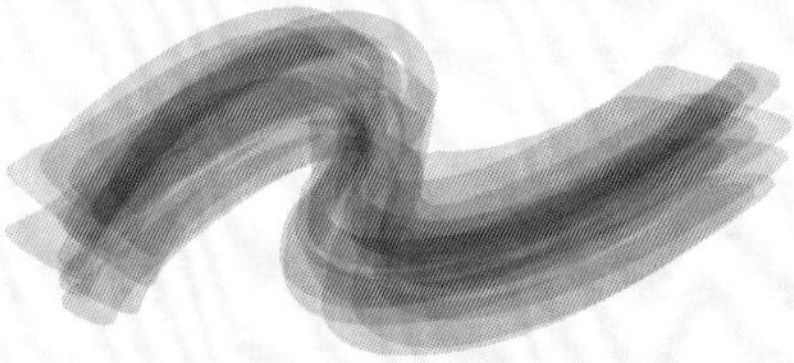

❹ 沾水筆筆刷

這是隨著筆畫角度改變粗細的筆刷。使用手寫板時，可以設定筆壓、傾斜狀態。

❺ 散落筆刷

這種筆刷可以規律置入或隨機排列已經儲存的物件，能儲存的物件只有一種，可以製作背景或標題周圍的裝飾。在「筆刷」面板的選單，執行「開啟筆刷資料庫→裝飾→裝飾 _ 散佈」命令，可以開啟預設集。

Illustrator 儲存了各式各樣的筆刷，你也可以自訂筆刷，下個單元將練習製作圖樣筆刷。

CHAPTER 5 LESSON 7

建立圖樣筆刷

\# 圖樣筆刷

練習檔案
5-7.ai

在筆畫套用圖樣筆刷，可以製作出連續性物件。學會圖樣筆刷的做法，即可製作標題裝飾或外框。

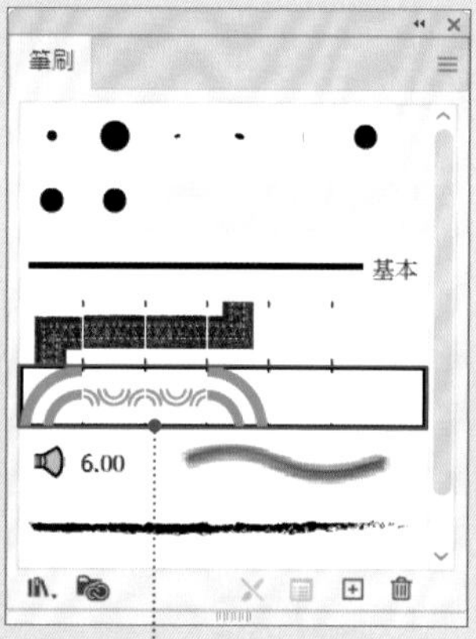

筆刷
基本
6.00

在「筆刷」面板儲存物件，建立圖樣筆刷

→

よみがえる黄金の宝石
古代の秘宝展
Ancient treasure
3.13
5.11
国立博物館
一般
平日:2000円
土・日・祝:2500円
小・中学生
平日:1000円
土・日・祝:1500円

使用已經儲存的圖樣筆刷製作外框

圖樣筆刷是把構成筆刷的物件儲存之後所產生的筆刷，這個單元要把充滿東方氛圍的半圓形儲存成圖樣筆刷，建立套用該筆刷的裝飾框。首先在色票儲存轉角物件，接著在「筆刷」面板儲存圖樣筆刷。

將物件儲存成色票

建立圖樣筆刷時，可以分別設計外角與內角物件，把這些物件儲存成色票，建立圖樣筆刷。

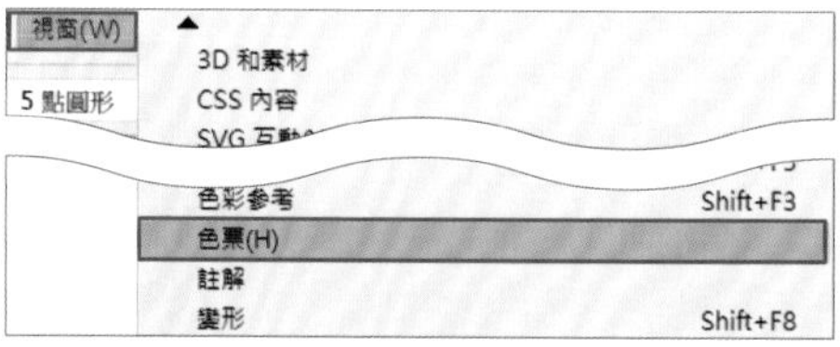

視窗(W)
3D 和素材
CSS 內容
5 點圖形
色彩參考 Shift+F3
色票(H)
❶
註解
變形 Shift+F8

1. 開啟練習檔案「5-7.ai」，執行「視窗→色票」命令 ❶，開啟「色票」面板。接著使用「選取工具」 選取右邊的物件 ❷，拖曳到「色票」面板中放開 ❸。

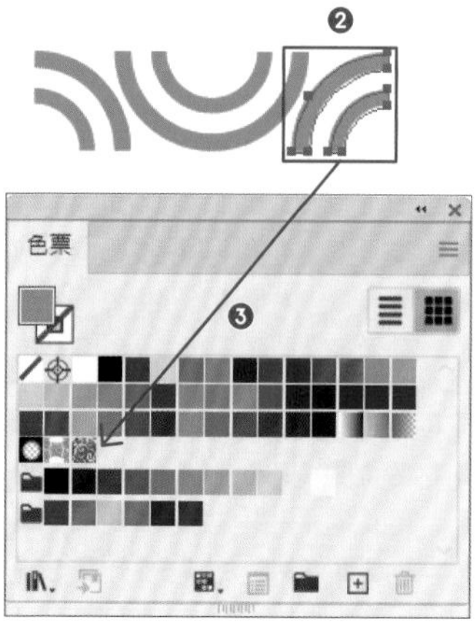

❷
色票
❸

② 同樣選取左邊的物件 ❹，拖曳到「色票」面板中放開 ❺。

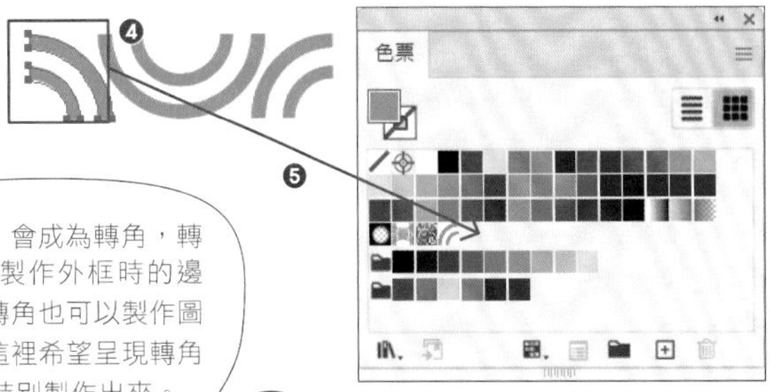
❹
❺
色票

物件 ❶ 與 ❷ 會成為轉角，轉角是指以圖樣製作外框時的邊角部分。沒有轉角也可以製作圖樣筆刷，但是這裡希望呈現轉角的形狀，因此特別製作出來。

③ 儲存了兩個物件 ❻。

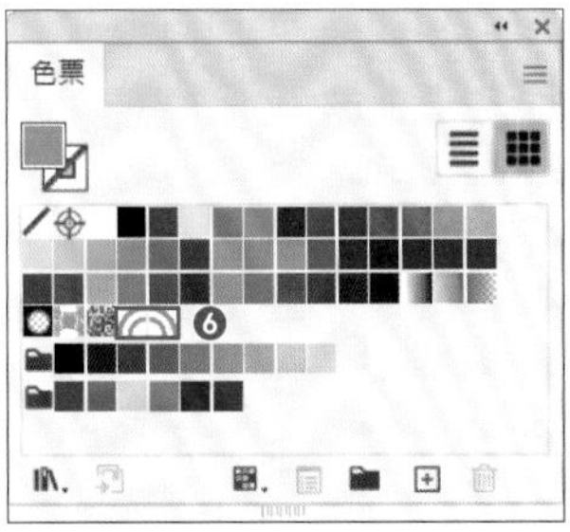
色票
❻

建立圖樣筆刷

把物件拖曳至「筆刷」面板，建立圖樣筆刷，接著在「圖樣筆刷選項」對話視窗中，設定筆刷物件的細節。

① 選取所有物件 ❶，拖曳至「筆刷」面板中放開 ❷。

② 開啟「新增筆刷」對話視窗，選取「圖樣筆刷」❸，按下「確定」鈕 ❹。

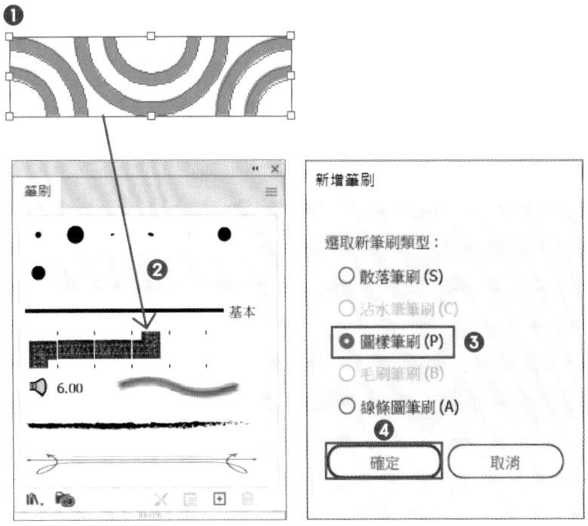
❶
筆刷
❷
基本
6.00
新增筆刷
選取新筆刷類型：
散落筆刷 (S)
沾水筆筆刷 (C)
圖樣筆刷 (P)
❸
毛刷筆刷 (B)
線條圖筆刷 (A)
❹
確定
取消

牢牢記住！

③ 開啟「圖樣筆刷選項」對話視窗，按一下「外部轉角拼貼」的縮圖❺，選取剛才儲存成色票的左側弧形物件❻，接著按一下「內部轉角拼貼」的縮圖❼，選取右側弧形物件❽，按下「確定」鈕❾。

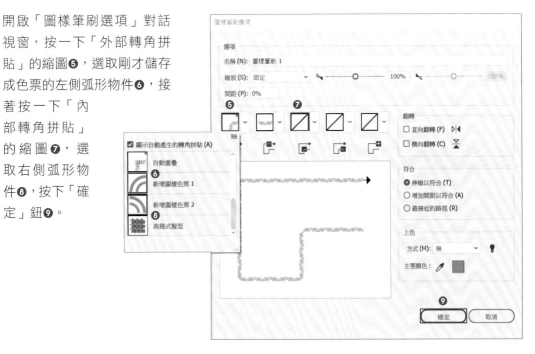

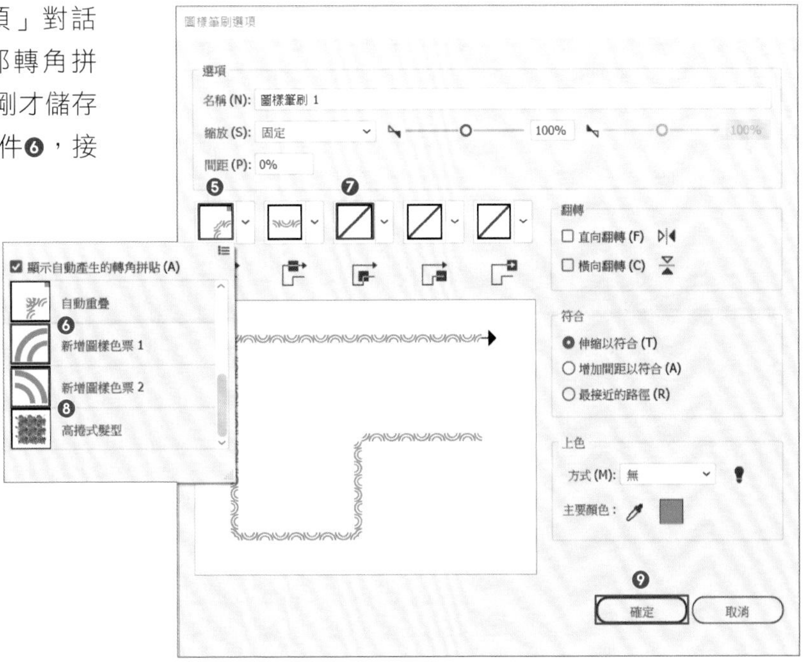
圖樣筆刷選項
選項
名稱 (N): 圖樣筆刷 1
縮放 (S): 固定
100%
間距 (P): 0%
❺
❼
翻轉
直向翻轉 (F)
橫向翻轉 (C)
顯示自動產生的轉角拼貼 (A)
自動重疊
❻
新增圖樣色票 1
新增圖樣色票 2
❽
高捲式髮型
符合
伸縮以符合 (T)
增加間距以符合 (A)
最接近的路徑 (R)
上色
方式 (M): 無
主要顏色：
❾
確定
取消

重點提示

拼貼的套用位置？

「圖樣筆刷選項」對話視窗包括構成圖樣的「外部轉角拼貼」、「外緣拼貼」、「內部轉角拼貼」、「起點拼貼」、「終點拼貼」等設定項目，以及可以確認拼貼結果的預視畫面，各個拼貼的套用位置如右圖所示。

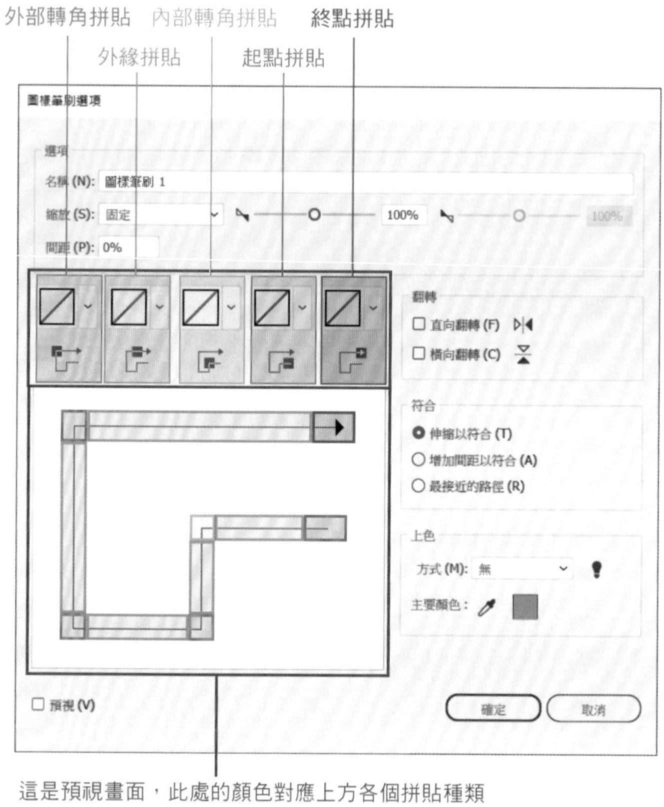
外部轉角拼貼
內部轉角拼貼
終點拼貼
外緣拼貼
起點拼貼
圖樣筆刷選項
選項
名稱 (N): 圖樣筆刷 1
縮放 (S): 固定
100%
間距 (P): 0%
翻轉
直向翻轉 (F)
橫向翻轉 (C)
符合
伸縮以符合 (T)
增加間距以符合 (A)
最接近的路徑 (R)
上色
方式 (M): 無
主要顏色：
預視 (V)
確定
取消
這是預視畫面，此處的顏色對應上方各個拼貼種類

這個單元沒有設定「起點拼貼」與「終點拼貼」，假如你希望在路徑的端點套用不同形狀再分別設定。

4 在「筆刷」面板儲存了剛才的物件 ❿。

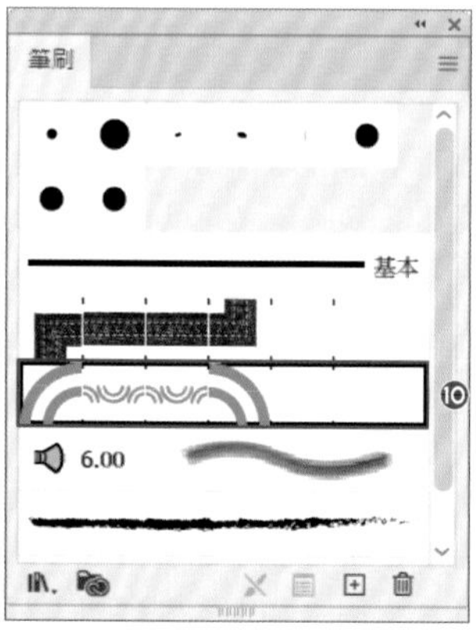
筆刷
基本
6.00
❿

在筆畫套用剛才儲存的圖樣筆刷

在矩形框套用剛才儲存的圖樣筆刷。

1 使用「選取工具」▶ 選取範例中的矩形 ❶，接著選取「筆刷」面板中儲存的筆刷 ❷。

❶
3.13
5.11
博物館
国立
古代の秘宝展
よみがえる黄金の宝石
Ancient treasure

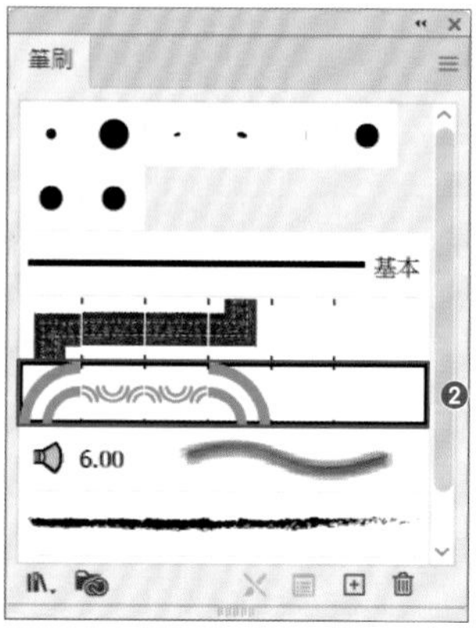
筆刷
基本
6.00
❷

\ 完成！/ 套用自訂的圖樣筆刷，製作出充滿東方氛圍的框線。

圖樣筆刷除了可以套用在事先製作好的物件，也能使用「筆刷工具」隨意繪圖。

よみがえる黄金の宝石
Ancient treasure
古代の秘宝展
○○○○
3.13
○○○○
5.11
国立○○博物館
一般
平日:2000円
土・日・祝:2500円
小・中学生
平日:1000円
土・日・祝:1500円

更多

\ 進階知識！/

● 製作各種圖樣筆刷

利用形成圖樣的物件形狀及「圖樣筆刷選項」對話視窗的設定，可以製作出各式各樣的圖樣筆刷。

櫻花筆刷

如果只有一個物件，不需要先儲存成色票，把物件拖曳到「筆刷」面板中，開啟「圖樣筆刷選項」對話視窗，按下「確定」鈕即可。

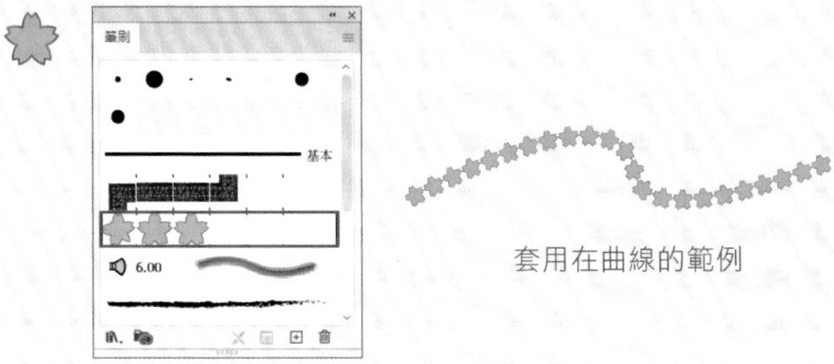

套用在曲線的範例

街道筆刷

選取整個街道插圖，拖曳到「筆刷」面板中，開啟「圖樣筆刷選項」對話視窗，按下「確定」鈕。

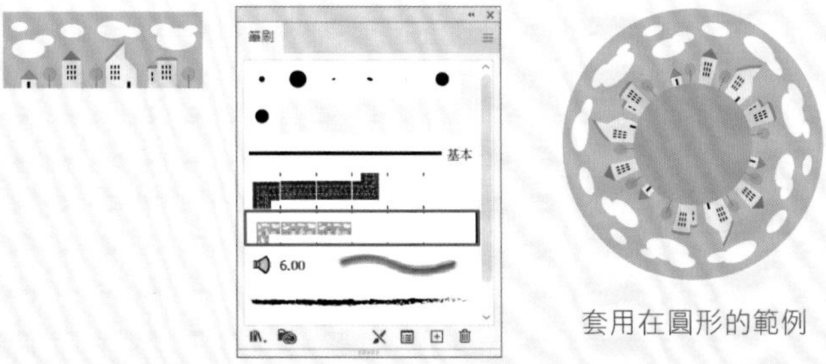

套用在圓形的範例

蕾絲筆刷

將外部轉角拼貼與外緣拼貼使用的物件儲存在「色票」面板中，依照 101 頁的步驟，建立圖樣筆刷。

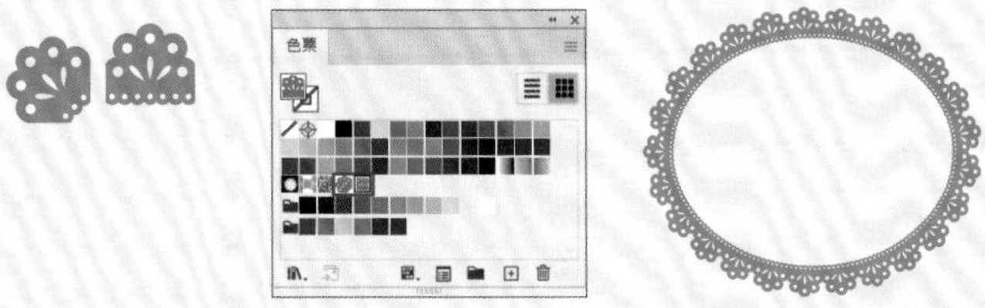

套用在橢圓形的範例

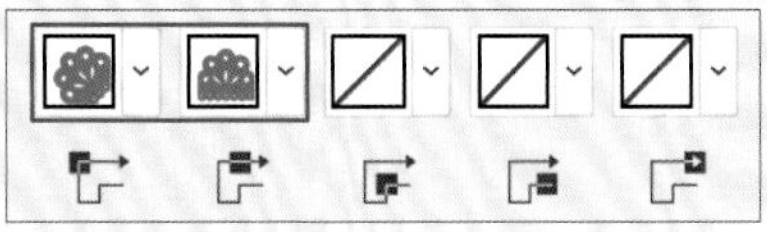

CHAPTER 5 LESSON 8

鉛筆工具 # 平滑工具

使用「鉛筆工具」繪製平滑的手寫文字

練習檔案
5-8.ai

使用「鉛筆工具」可以繪製出像用鉛筆隨手描繪的平滑線條。

Happy
BIRTH
DAY

以手寫方式描繪文字時，可以呈現一般字體無法表現的味道。

這次是以手寫體書寫英文單字「Happy」，完成插圖。

設定「鉛筆工具」

開始繪製之前，先設定筆畫顏色、粗細、「鉛筆工具」的平滑度等。

1 開啟練習檔案「5-8.ai」，選取工具列中的「鉛筆工具」❶。

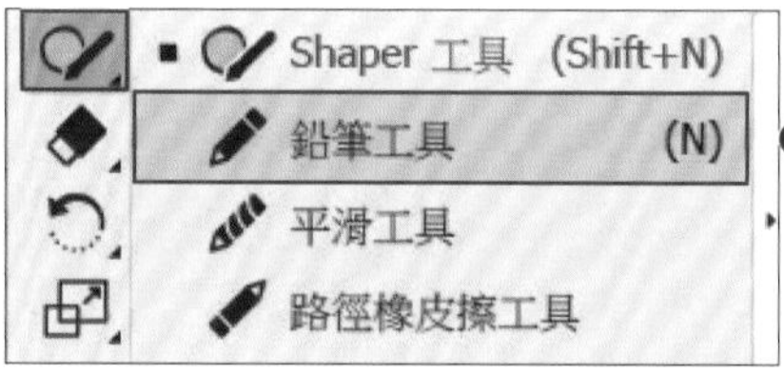
Shaper 工具 (Shift+N)
鉛筆工具 (N)
平滑工具
路徑橡皮擦工具

2 在工具列或「筆畫」面板設定筆畫的顏色、寬度、形狀，這次是按照以下方式完成設定。

填色：無
筆畫顏色：C=0 M=50 Y=100 K=0 ❷
寬度：2.5pt ❸
端點：圓端點 ❹
尖角：圓角 ❺

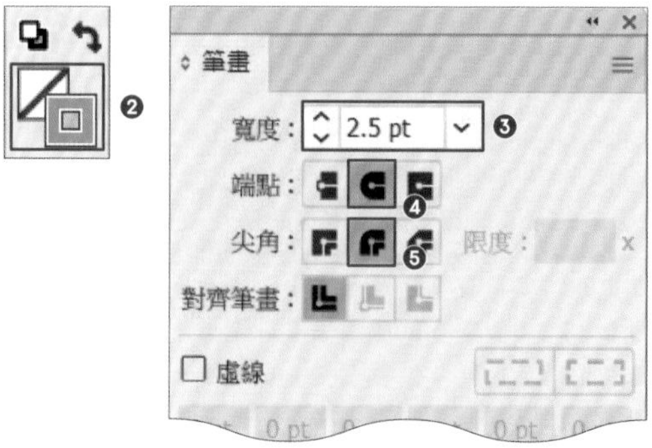
筆畫
寬度：2.5 pt
端點：
尖角：
限度：
對齊筆畫：
虛線

端點、尖角的詳細說明 ➡ 94 頁

3 在「鉛筆工具」按兩下 ❻，開啟「鉛筆工具選項」對話視窗，將「精確度」調整為「平滑」❼，取消「編輯選定路徑」❽，按下「確定」鈕 ❾。

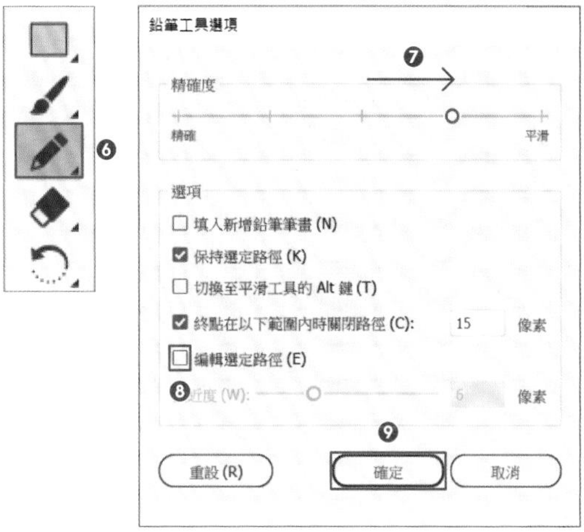
鉛筆工具選項
❼
精確度
精確
平滑
❻
選項
填入新增鉛筆筆畫 (N)
保持選定路徑 (K)
切換至平滑工具的 Alt 鍵 (T)
終點在以下範圍內時關閉路徑 (C):
15
像素
編輯選定路徑 (E)
❽
像素
❾
重設 (R)
確定
取消

重點提示

為什麼要取消「編輯選定路徑」?

「編輯選定路徑」是用「鉛筆工具」拖曳描摹選取路徑，就能進行編輯的功能。這個單元是由左依序寫出「Happy」，如果開啟這個功能，可能在書寫下一個字時，編輯了已經完成的文字，因此先關閉此功能。

使用「鉛筆工具」繪製手寫文字「手寫體」

請使用「鉛筆工具」描繪文字。

1 首先要繪製「Happy」中的「H」。按一下開始描繪文字的位置，然後拖曳，寫出第一個字 ❶，寫完第一個字之後，繼續書寫第二個字、第三個字。

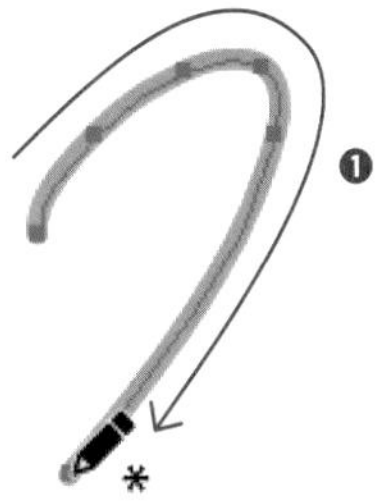
❶

練習檔案中，準備了描摹用的草稿。

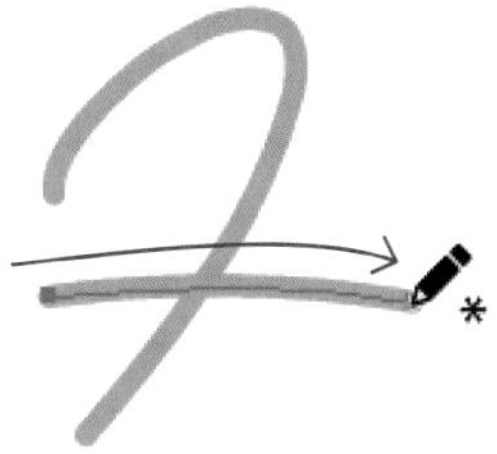

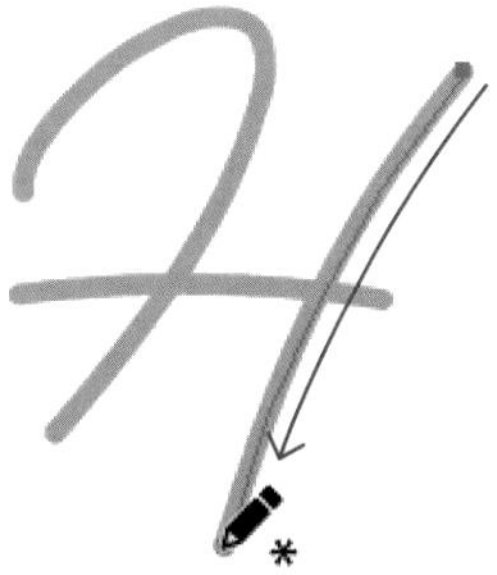

重點提示

利用選項設定描繪更平滑的線條

在「鉛筆工具選項」對話視窗中，將「精確度」設定為「平滑」，可以繪製出比實際更平滑的結果。

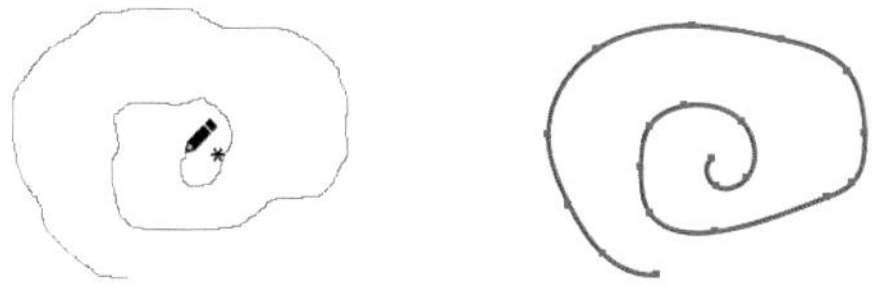

實際繪製的線條　　調整了平滑度的線條

2 參考右圖，寫出「appy」。

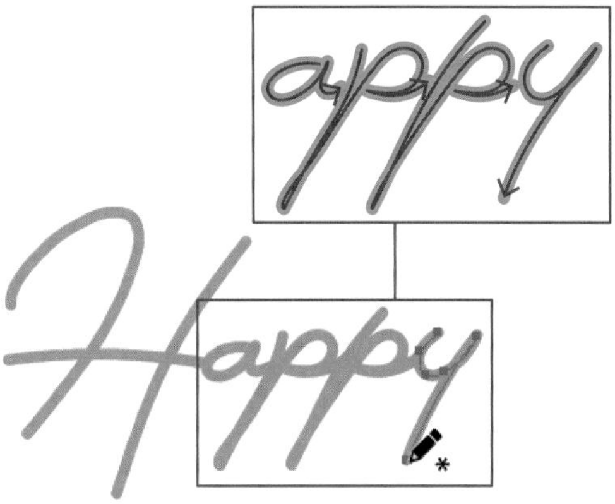

因為是手寫體，即使有點偏差也沒有問題。如果想重寫，請按下 Ctrl + Z 鍵取消操作，請反覆練習，直到滿意為止。

將文字置於範例資料上

把以「鉛筆工具」繪製的手寫體放在範例的正中央。

❶
Happy
❷

1 選取所有線條，按下 Ctrl ＋ G 鍵，組成群組 ❶，接著拖曳到範例的正中央 ❷。

完成！ 製作出含有手寫風格文字，令人印象深刻的插圖。

Happy
BIRTH
DAY

不需要使用相同筆畫描繪。請調整「鉛筆工具選項」對話視窗的設定，或更改筆畫寬度，藉此瞭解「鉛筆工具」的特性！

更多

進階知識！

● 使用「平滑工具」修改筆畫

使用「平滑工具」能調整「鉛筆工具」產生的筆畫縫隙。「平滑工具」可以減少描摹位置的錨點，讓筆畫變平滑。

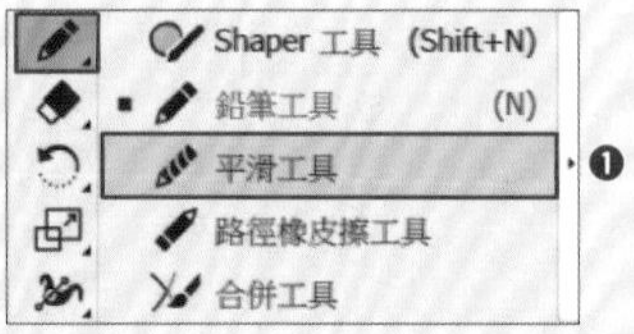
Shaper 工具 (Shift+N)
鉛筆工具 (N)
平滑工具
路徑橡皮擦工具
合併工具
❶

1 選取工具列中的「平滑工具」❶，在想調整的筆畫上描摹 ❷，可以減少錨點的數量，讓筆畫的形狀變平滑。

如果沒有顯示「平滑工具」，請參考 23 頁的說明，調整工具列的顯示方法。

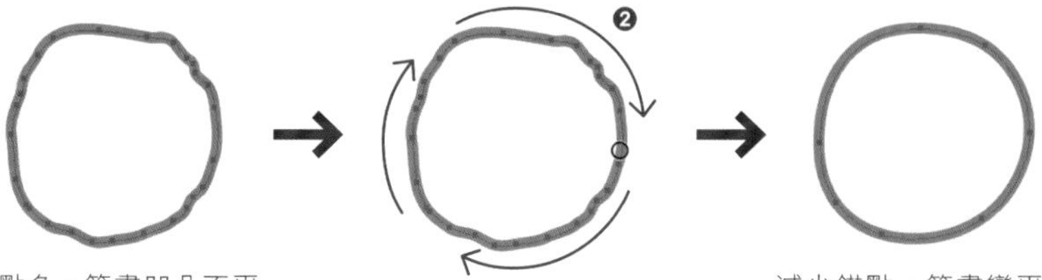
❷

錨點多，筆畫凹凸不平

使用「平滑工具」描摹

減少錨點，筆畫變平滑

CHAPTER 5

CHALLENGE 建立緞帶圖樣筆刷

練習檔案
5-c.ai

只要建立了緞帶圖樣筆刷，就能當作裝飾，使用在各式各樣的物件上。

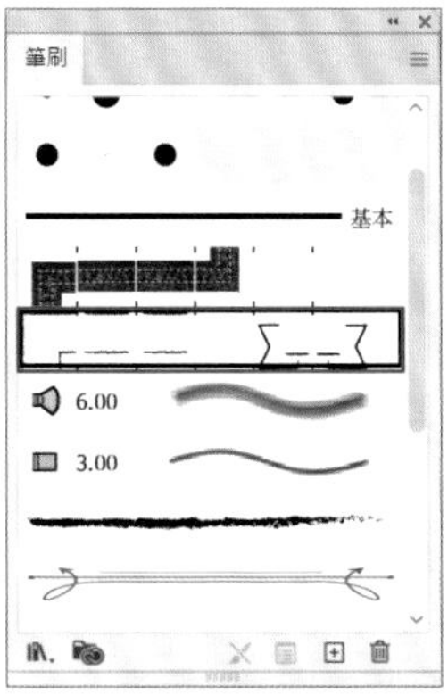
筆刷
基本
6.00
3.00

Coffee

將緞帶分成三個部分，建立圖樣筆刷，套用在曲線上，可以讓緞帶產生動態感，也能當作 LOGO 或文字的裝飾。

1. 參考第 86 頁，使用「鋼筆工具」繪製緞帶素材，在所有線條套用「筆刷」面板中的「炭筆色 - 鉛筆」。

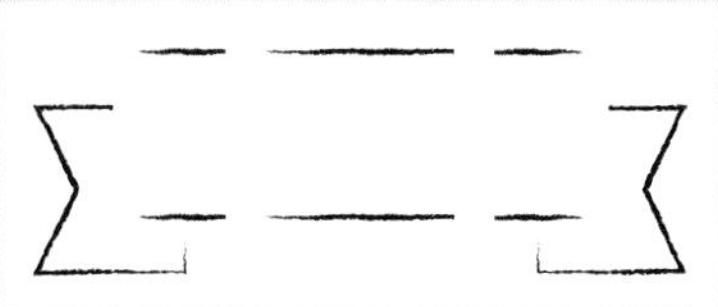

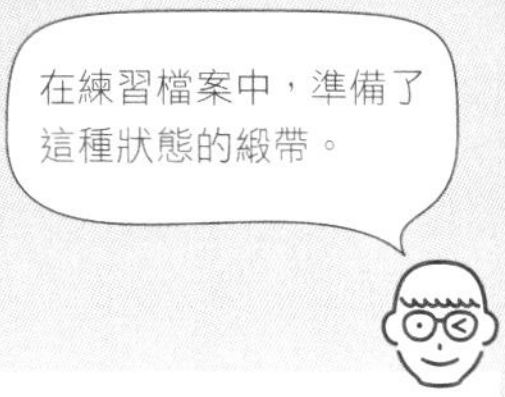
在練習檔案中，準備了這種狀態的緞帶。

2. 建立沒有填色與筆畫的外框❶，包圍 ABC 各個部分，分別組成群組。

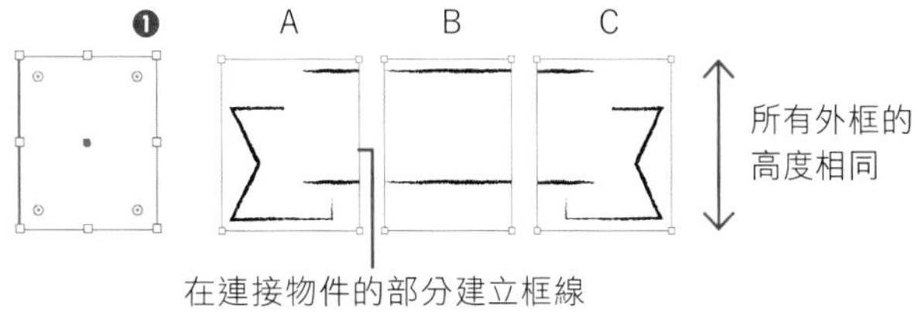
❶
A
B
C
所有外框的高度相同
在連接物件的部分建立框線

3. 參考第 100 頁，分別將兩端的物件 A、C 拖曳到「色票」面板，把物件 B 拖曳到「筆刷」面板，儲存成圖樣筆刷。在「圖樣筆刷選項」對話視窗中，把「起點拼貼」與「終點拼貼」設定緞帶的兩端。

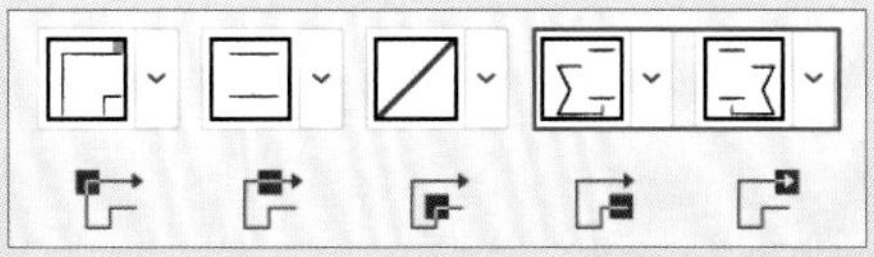

4. 套用由直線、曲線製作而成的圖樣筆刷。

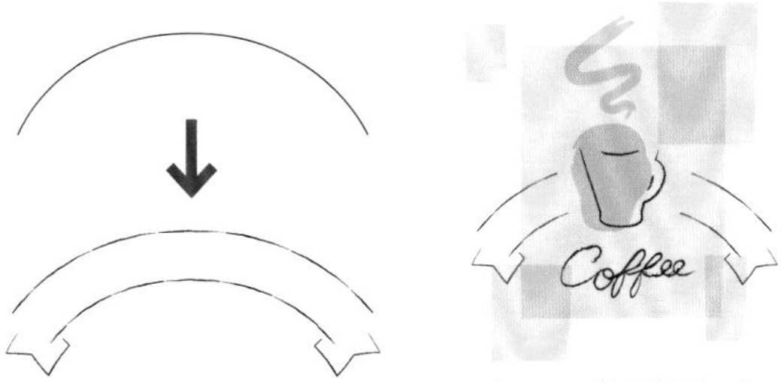
Coffee
運用緞帶圖樣筆刷製作 LOGO

COLUMN

「鋼筆工具」是 Illustrator 最大的難關

筆者認為 Illustrator 最大的難關是本章介紹的「鋼筆工具」，許多人因此受挫放棄。其實只要練習描摹各種物件，就能逐漸掌握訣竅，大約練習一年，應該可以達到「算是知道怎麼用」的程度，不過這不代表此段期間都畫不出插圖，也有不用「鋼筆工具」，就能畫出高品質插圖的方法，只是無法描繪過於複雜的作品。

「即使不會繪圖，也不是設計師，仍能輕鬆作畫！？」筆者（石川洋平）經營的網路媒體「DESIGN TREKKER」也介紹過利用圖形繪製插圖的方法。

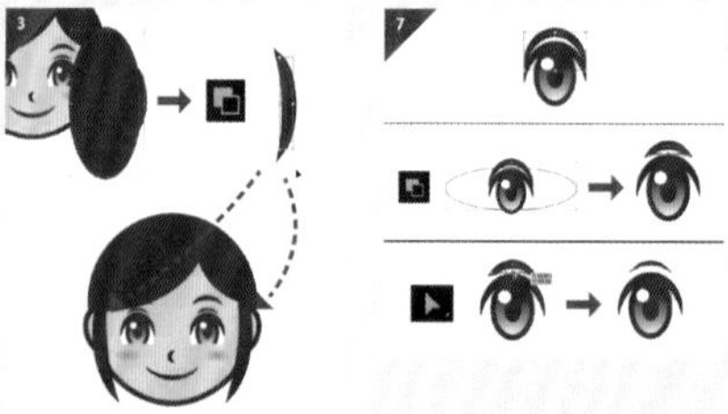

組合基本工具製作插圖

左邊提到的貼文有影片可以瀏覽

上述貼文説明了使用「橢圓形工具」、「路徑管理員」面板、「鏡射工具」繪製插圖的方法。這種手法與其説是繪圖，倒不如説是在堆積木或拼圖，由上開始堆疊橢圓形或正圓形、裁切拼貼。此時，必須注意圖形配置與比例，但是不需要很會畫畫。

當然，「鋼筆工具」比較能創造不同變化，畫出複雜的插圖。先掌握不用「鋼筆工具」的畫法，之後就會想進一步繪製複雜一點的插圖。如果這種體驗可以成為你學習「鋼筆工具」的動機，將是一件令人欣慰的事情。

CHAPTER 6

操作物件與瞭解圖層結構

這一章要學習物件的基本操作，包括將物件組成群組、
對齊、旋轉、反轉、調整排列順序等。
同時還要說明 Illustrator 的圖層結構，
介紹整理眾多物件，提高工作效率的技巧。

CHAPTER 6

LESSON 1

將物件組成群組

\# 組成群組 # 編輯模式

練習檔案

6-1.ai

把多個物件組成群組，就能當成一個物件來處理，提高工作效率，請善用這項技巧。

● 組成群組後，可以把多個物件當成一個物件處理

移動組成群組的物件

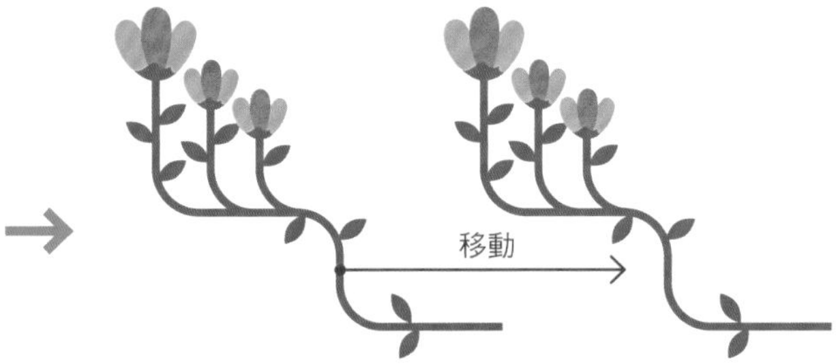
移動

使用「選取工具」拖曳已經組成群組的部分物件，就能移動所有的物件。

移動沒有組成群組的物件

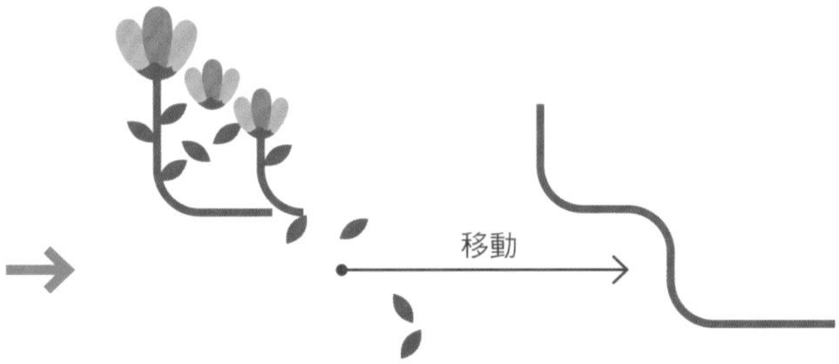
移動

使用「選取工具」拖曳沒有組成群組的部分物件，只會移動該部分。

以下將學習如何把複雜的物件當成一個物件處理的組成群組技巧。

將物件組成群組

這裡要把花朵物件組成群組，變成一個物件。

(1) 開啟練習檔案「6-1.ai」，使用「選取工具」▶ 選取所有物件 ❶。

❶

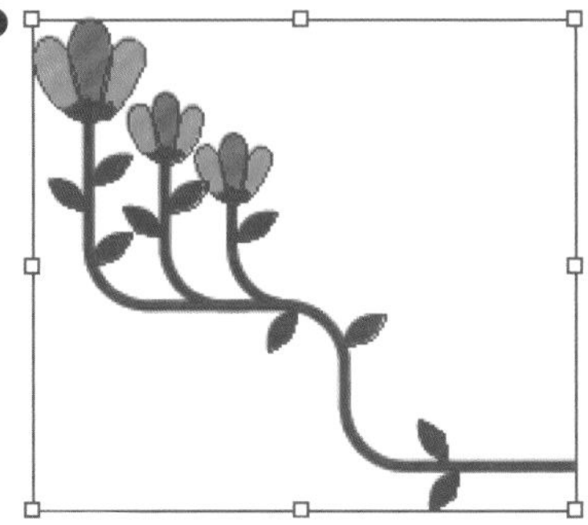

② 執行「物件→群組物件」命令 ❷。

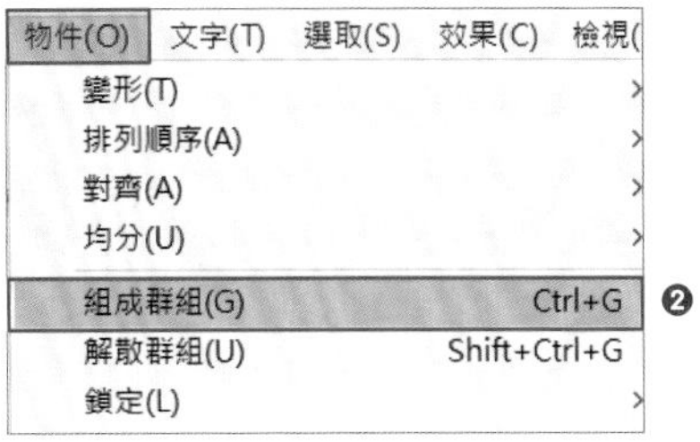
物件(O)
文字(T)
選取(S)
效果(C)
檢視(
變形(T)
排列順序(A)
對齊(A)
均分(U)
組成群組(G) Ctrl+G
❷
解散群組(U) Shift+Ctrl+G
鎖定(L)

> 重點提示
>
> **組成群組的快速鍵**
>
> 按下 Ctrl（⌘）+ G 鍵可以組成群組。

完成！ 組成群組之後，使用「選取工具」拖曳，就可以移動花朵物件 ❸。

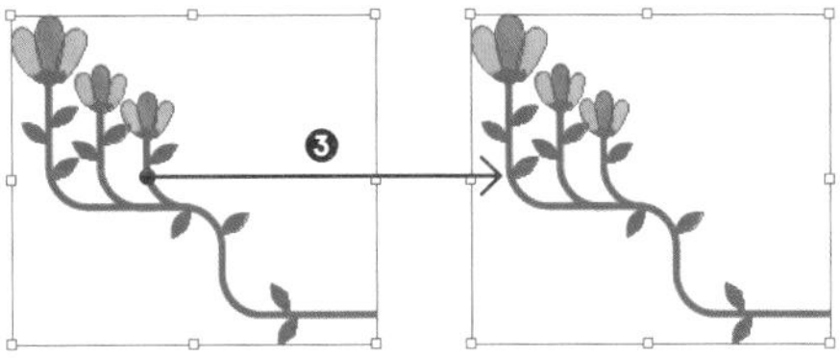
❸

取消群組

接下來要取消物件的群組狀態。

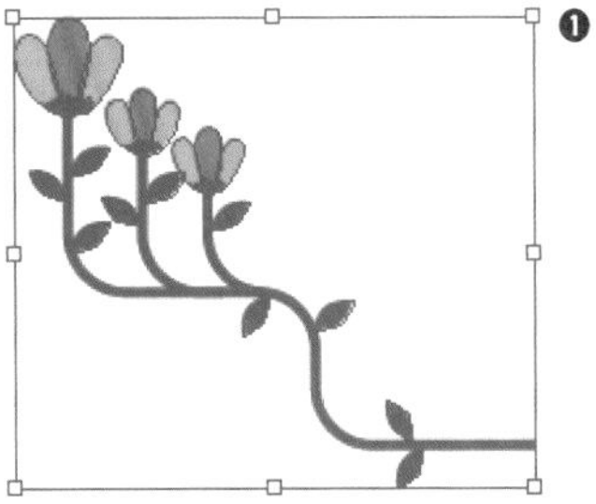
❶

① 選取已經組成群組的物件 ❶，執行「物件→解散群組」命令 ❷。

> 重點提示
>
> **解散群組的快速鍵**
>
> 按下 Ctrl（⌘）+ Shift + G 鍵可以取消群組。

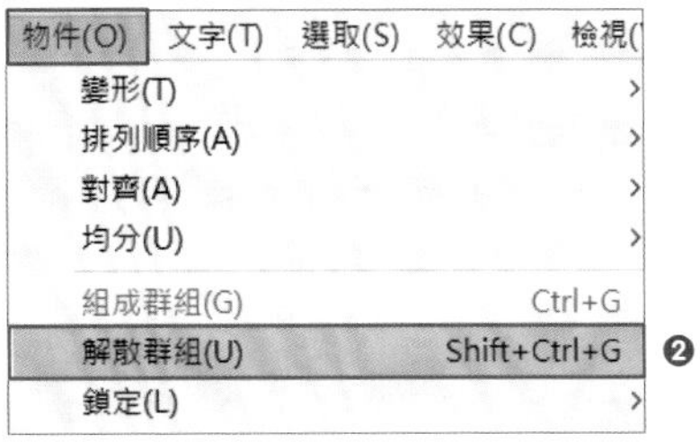
物件(O)
文字(T)
選取(S)
效果(C)
檢視(
變形(T)
排列順序(A)
對齊(A)
均分(U)
組成群組(G) Ctrl+G
解散群組(U) Shift+Ctrl+G
❷
鎖定(L)

② 取消群組。試著拖曳花朵部分，結果只移動了該部分 ❸。

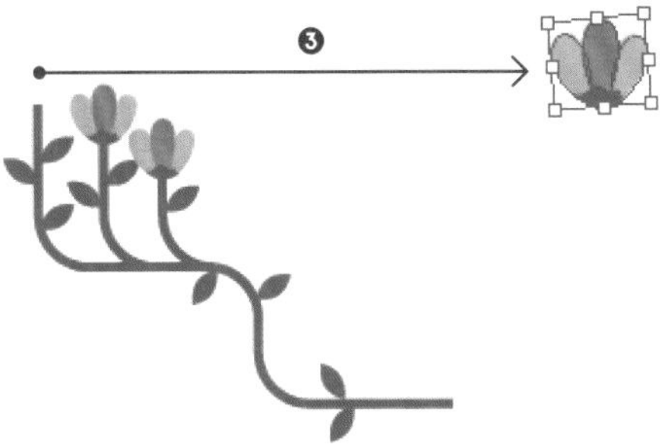
❸

> 重點提示
>
> **群組可以形成巢狀結構**
>
> 這朵花把已經組成群組的物件再次組成群組，形成巢狀結構。取消花朵群組，就能移動每一片花瓣。

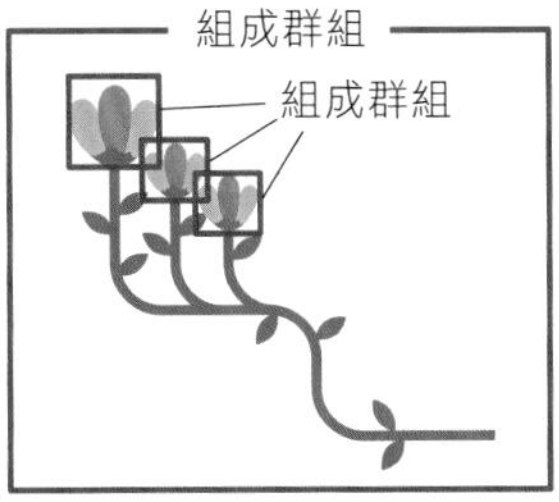
組成群組
組成群組

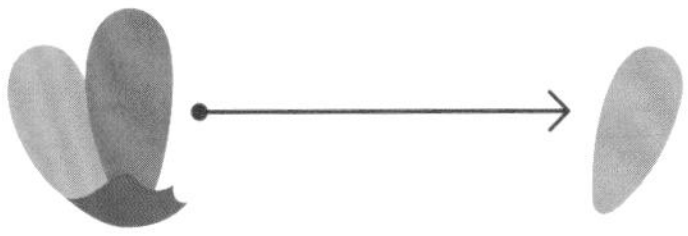

執行兩次取消群組，即可移動花瓣。

更多

進階知識！

● 在組成群組狀態仍能個別編輯物件

如果你想個別編輯已經組成群組的物件，不用取消群組，也能編輯該物件。

1. 選取組成群組的物件，使用「選取工具」 在物件上按兩下 ❶。

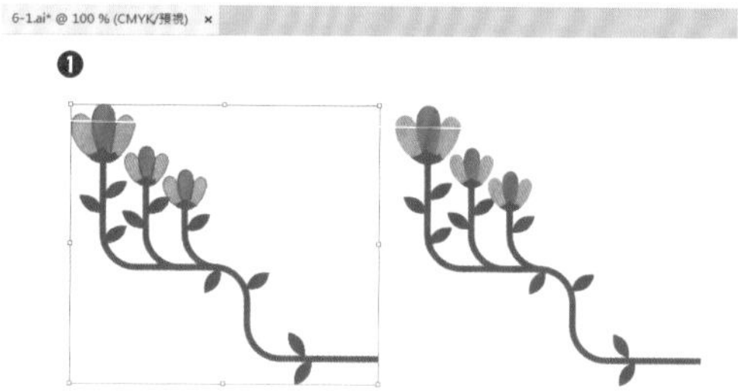
6-1.ai* @ 100 % (CMYK/預覽)

2. 文件視窗上方出現說明列，顯示編輯中的群組名稱及該群組的圖層名稱 ❷。工作區域中可以編輯的群組顯示為深色，無法編輯的群組顯示為淺色 ❸。

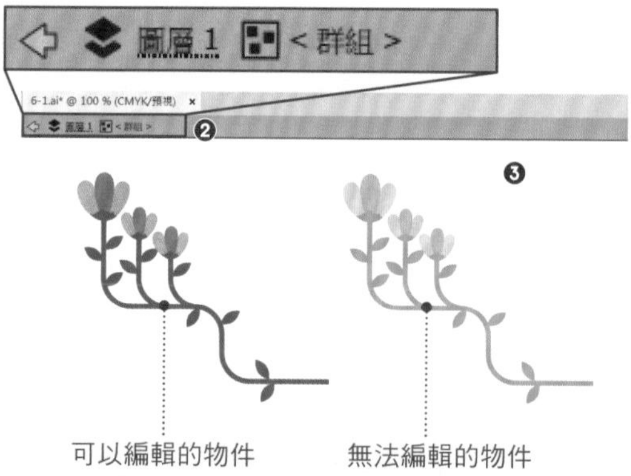
圖層 1
< 群組 >
6-1.ai* @ 100 % (CMYK/預覽)
可以編輯的物件
無法編輯的物件

3. 在想編輯的群組按兩下 ❹，文件視窗上的說明列就會更新 ❺，以深色顯示可以編輯的群組 ❻。

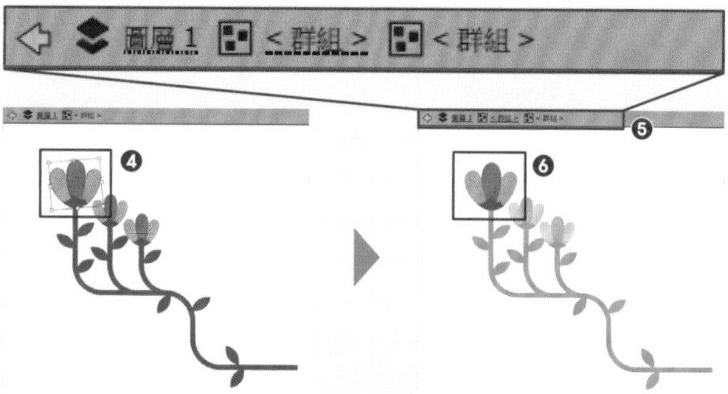
圖層 1
< 群組 >
< 群組 >

可以編輯下一個
階層的群組。

4. 花瓣呈可選取狀態 ❼。這裡利用色票更改了中間花瓣的顏色。如果想取消編輯模式，只要在工作區域的空白處按兩下，或是按一下 ◁ ❽。

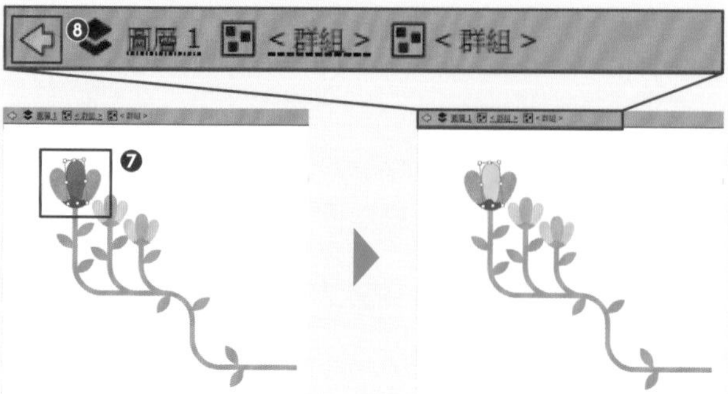
圖層 1
< 群組 >
< 群組 >

CHAPTER 6
LESSON 2

翻轉物件

鏡射工具

練習檔案
6-2.ai

物件可以像照鏡子般，往水平、垂直或任何角度翻轉。

● **翻轉物件**

使用「鏡射工具」可以翻轉物件，當然也可以改變方向，輕鬆製作出左右對稱的設計。

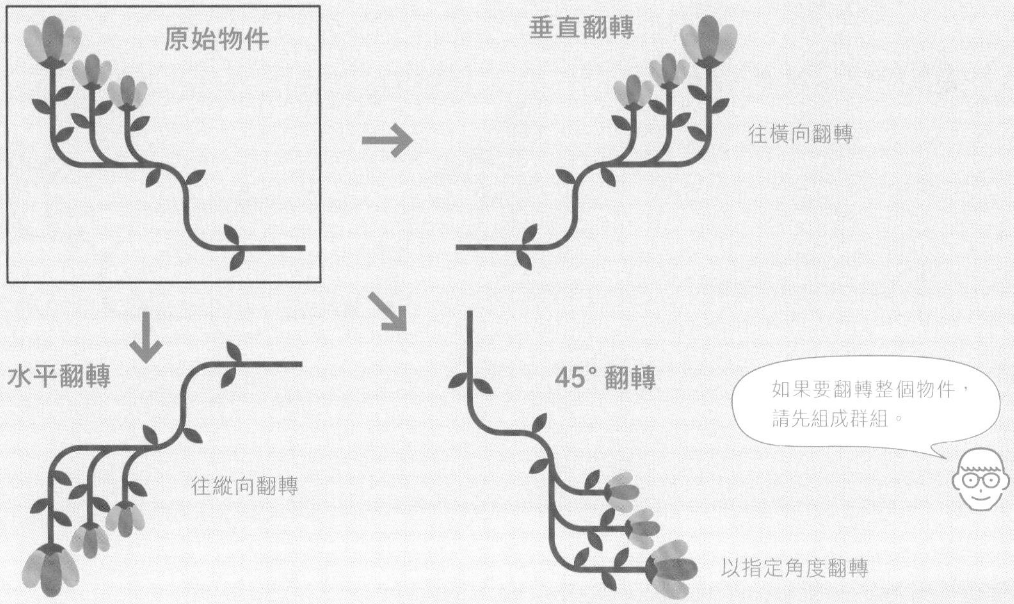

原始物件
垂直翻轉
往橫向翻轉
水平翻轉
往縱向翻轉
45° 翻轉
以指定角度翻轉
如果要翻轉整個物件，請先組成群組。

顯示「鏡射」對話視窗

① 開啟練習檔案「6-2.ai」，選取物件❶，長按工具列中的「旋轉工具」，選取「鏡射工具」❷。

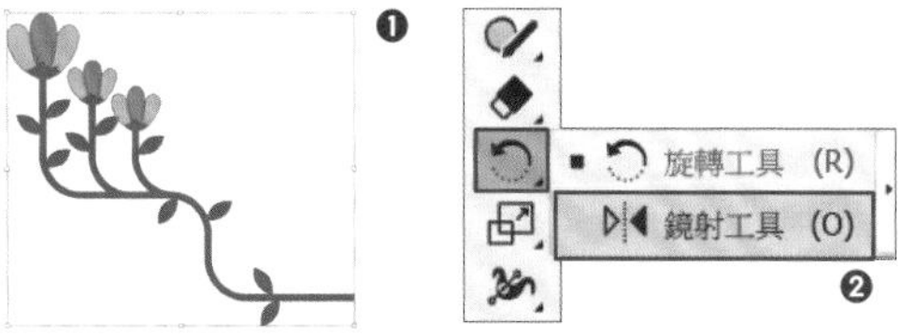

旋轉工具 (R)
鏡射工具 (O)

② 在工具列中的「鏡射工具」按兩下❸，開啟「鏡射」對話視窗❹。

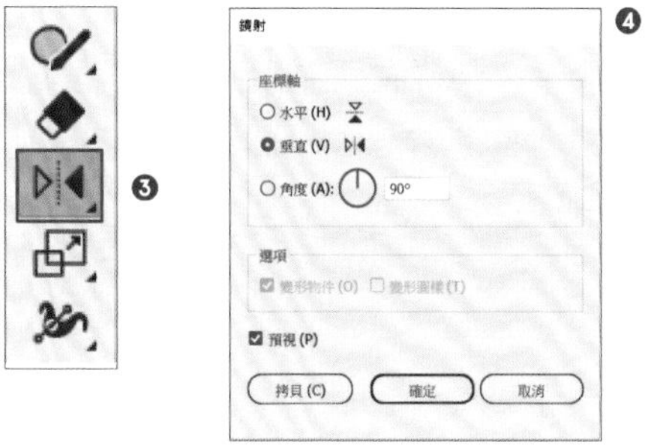

鏡射
座標軸
水平 (H)
垂直 (V)
角度 (A):
90°
選項
預視 (P)
拷貝 (C)
確定
取消

預視翻轉結果

這次要垂直翻轉物件。首先確認是否按照預期翻轉物件。

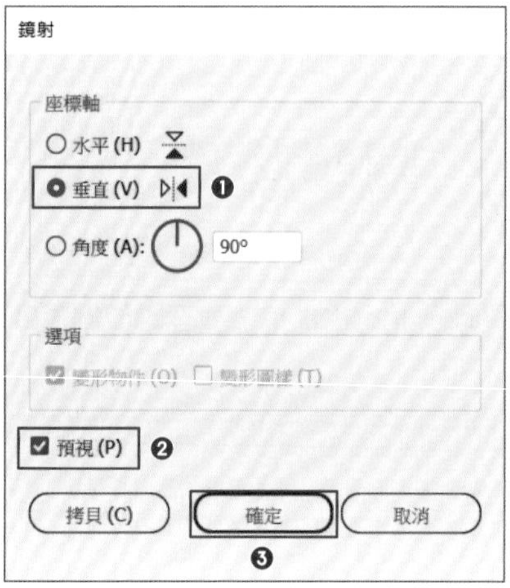
鏡射
座標軸
水平 (H)
垂直 (V)
❶
角度 (A):
90°
選項
變形物件 (O)
變形圖樣 (T)
預視 (P)
❷
拷貝 (C)
確定
取消
❸

1. 選取「鏡射」對話視窗的「垂直」❶。

2. 勾選「預視」❷，確認是否以基準點（ ）為基準翻轉物件。

3. 按下「確定」鈕 ❸。

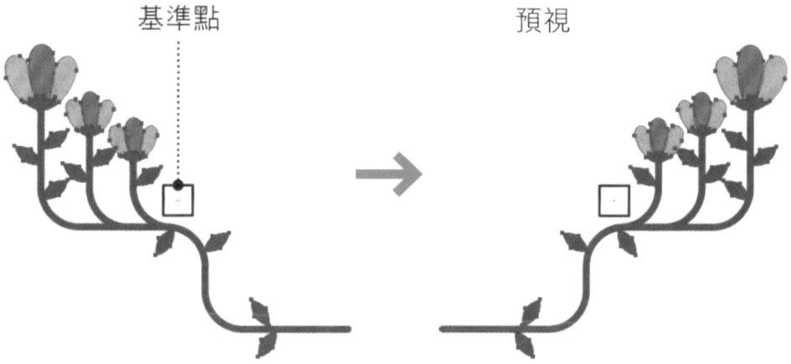
基準點
預視

按下「確定」鈕後，垂直翻轉物件

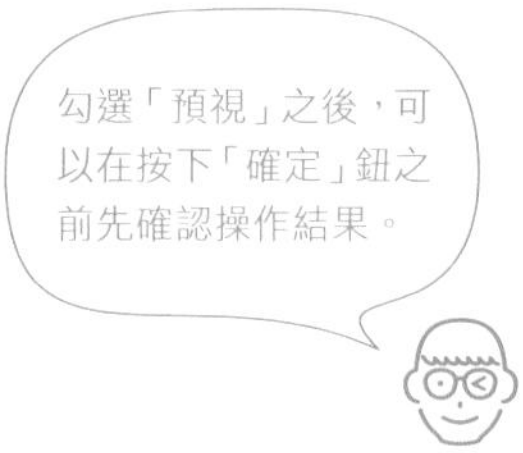
勾選「預視」之後，可以在按下「確定」鈕之前先確認操作結果。

拷貝翻轉原始物件

翻轉有兩種模式，包括「翻轉選取的物件」與「拷貝並翻轉該物件」。以下將拷貝原始花朵物件再翻轉，透過拷貝操作，可以保留原始花朵，建立新的翻轉物件。

鏡射
座標軸
水平 (H)
垂直 (V)
角度 (A):
90°
選項
變形物件 (O)
變形圖樣 (T)
預視 (P)
拷貝 (C)
確定
取消
❶

1. 按下「拷貝」鈕 ❶，拷貝出垂直翻轉後的物件 ❷。

完成！ 保留原始花朵，製作出翻轉後的花朵。

> 重點提示
>
> **利用 Alt 鍵設定基準點**
>
> 按住 Alt 鍵不放並按一下 ❶，該處就會變成基準點，顯示對話視窗。
>
> 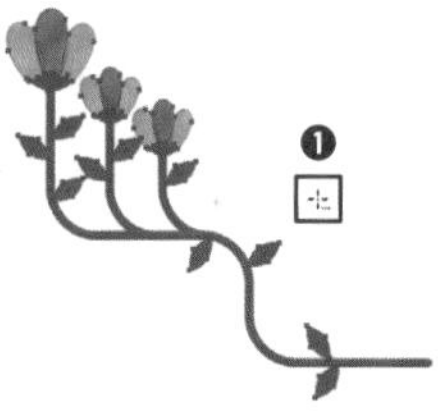
> ❶

選取「鏡射工具」再拖曳物件，也可以翻轉該物件。

❷

翻轉拷貝選取的物件

CHAPTER 6
LESSON 3

旋轉物件

旋轉工具

練習檔案
6-3.ai

物件可以傾斜成任何角度。

● 旋轉物件

使用「旋轉工具」可以改變物件的傾斜角度。除了設定角度之外，也能透過拖曳方式隨意旋轉物件。

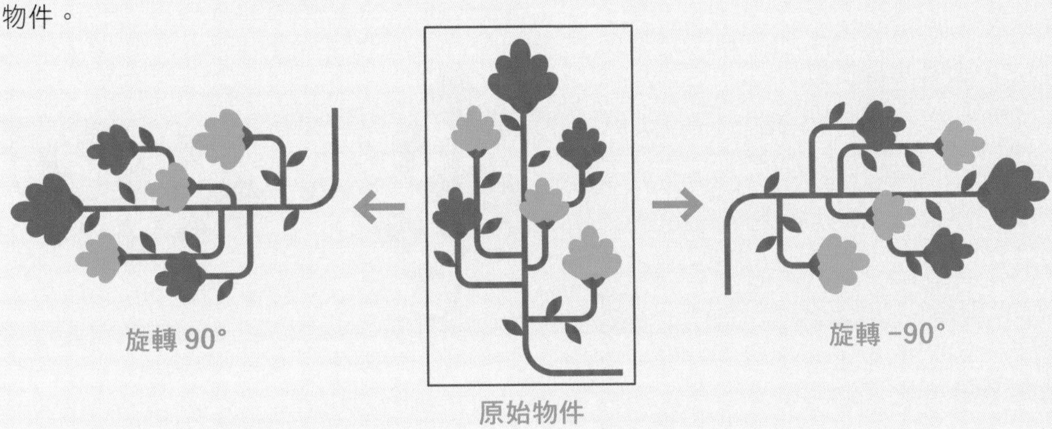
旋轉 90°
原始物件
旋轉 -90°

開啟「旋轉」對話視窗

① 開啟練習檔案「6-3.ai」，選取物件 ❶。

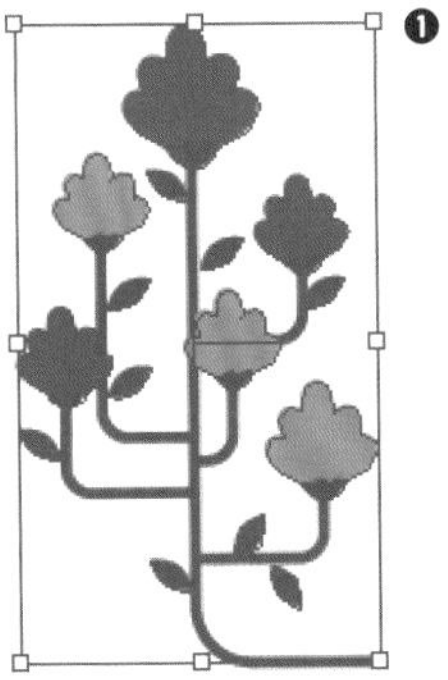

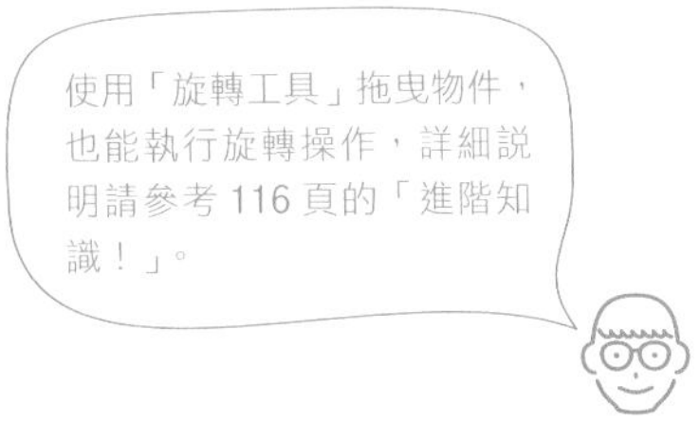
使用「旋轉工具」拖曳物件，也能執行旋轉操作，詳細說明請參考 116 頁的「進階知識！」。

② 在工具列中的「旋轉工具」按兩下 ❷，開啟「旋轉」對話視窗 ❸。

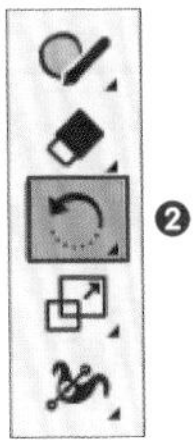

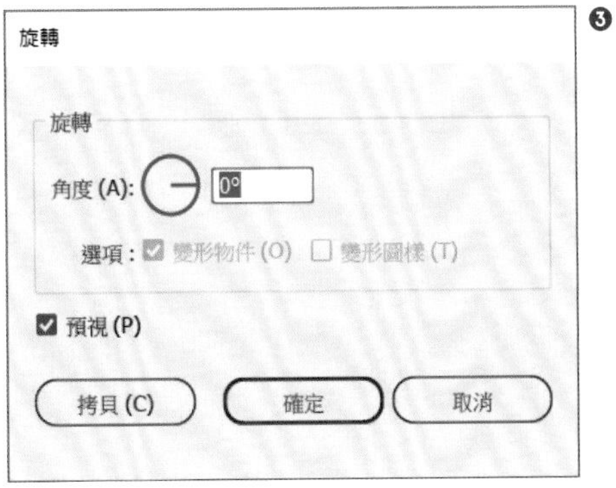
旋轉
旋轉
角度 (A): 0°
選項：☑ 變形物件 (O) ☐ 變形圖樣 (T)
☑ 預視 (P)
拷貝 (C)
確定
取消

如果沒有顯示「旋轉工具」，可以長按「鏡射工具」。

旋轉物件

以下將設定角度，旋轉物件。

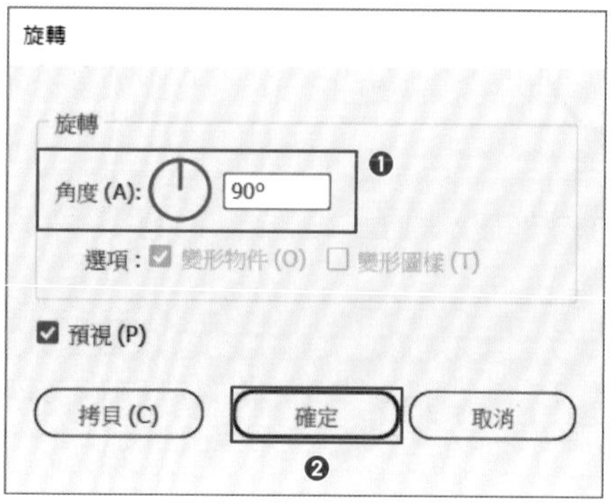
旋轉
旋轉
角度 (A):
90°
選項：變形物件 (O) 變形圖樣 (T)
預視 (P)
拷貝 (C)
確定
取消

1. 在「旋轉」對話視窗的「角度」輸入「90°」❶。
2. 按下「確定」鈕 ❷。

完成！物件旋轉了 90°。

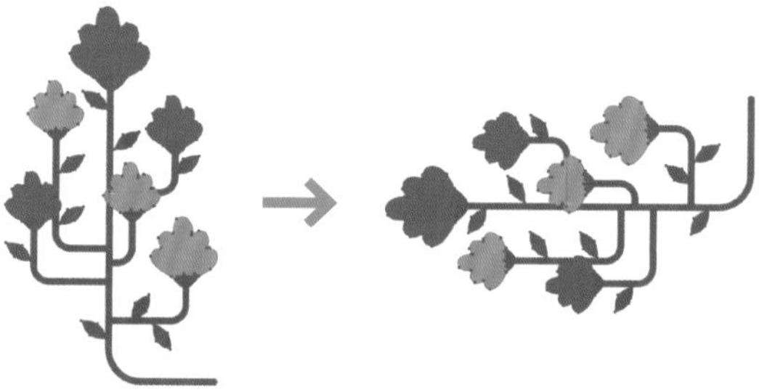

旋轉與翻轉（鏡射）一樣，都可以拷貝物件。

更多 進階知識！

● **使用「旋轉工具」直覺旋轉物件**

選取「旋轉工具」再拖曳物件，可以透過滑鼠操作直覺旋轉物件。

1. 選取物件 ❶。
2. 按一下工具列中的「旋轉工具」❷，物件中心會顯示 ⌖（基準點）❸。

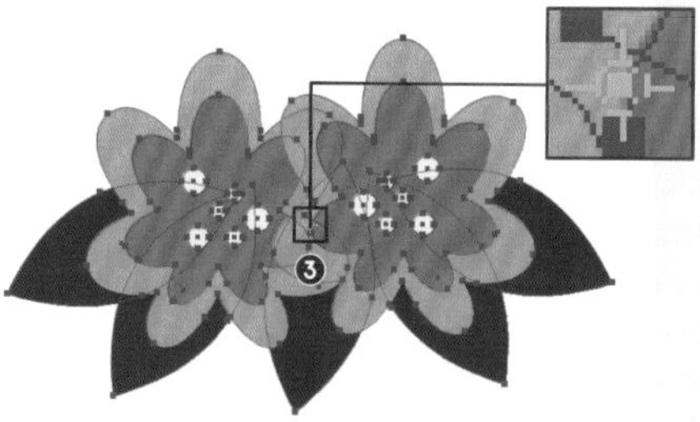

3. 以畫圓方式拖曳，即可以基準點為中心旋轉物件。

拖曳基準點可以移動基準點的位置。

CHAPTER 6
LESSON 4

物件的排列順序

調整物件的順序

練習檔案
6-4.ai

新繪製的物件會疊在原本的物件上，這樣的排列順序也可以重新調整。

● 何謂「排列順序」?

「排列順序」是指多個物件的重疊順序。
以下將介紹調整排列順序的方法。

下層
上層

先畫太陽再畫白雲，太陽就會隱藏在白雲的背後，此時可以調整排列順序。

● 排列順序示意圖

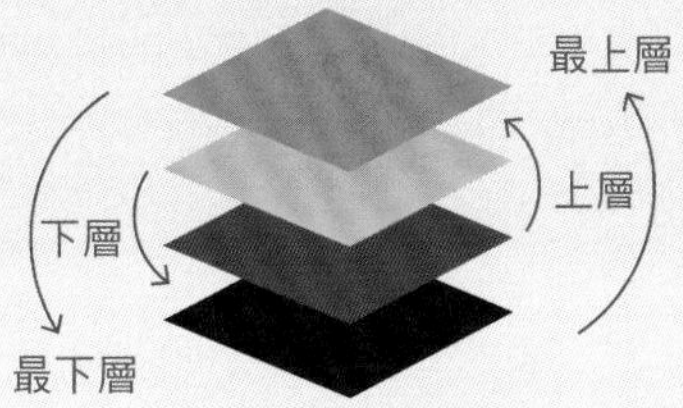

最上層
上層
下層
最下層

● 排列順序示意圖

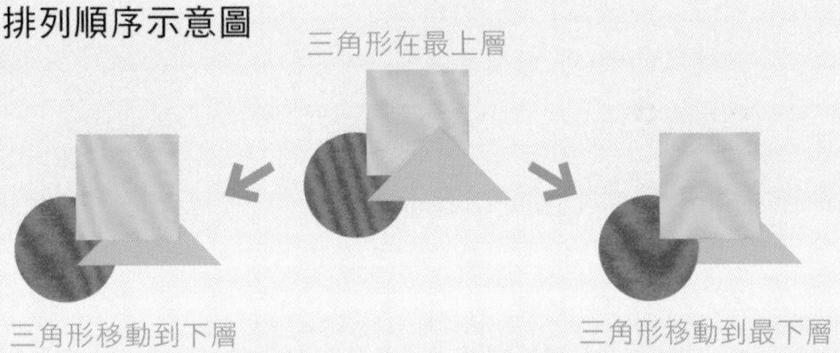

三角形在最上層
三角形移動到下層
三角形移動到最下層

把白雲移動到下層

由上往下的排列順序為白雲、太陽、灰雲，首先要將白雲移動到太陽下方。

① 開啟練習檔案「6-4.ai」，選取白雲 ❶。

❶

② 在白雲按下右鍵，執行「排列順序→置後」命令 ❷。

剪下(T)
拷貝(C)
貼上(P)
變形
排列順序
選取
新增至資料庫
收集以供轉存
置前(O) Ctrl+]
置後(B) Ctrl+[
移至最後(A) Shift+Ctrl+[
❷

3 白雲移動到太陽底下。

此時的排列順序由上往下依序為太陽、白雲、灰雲。

將灰雲移動到最上層

接著要把灰雲移動到太陽前面。

1 選取灰雲 ❶。

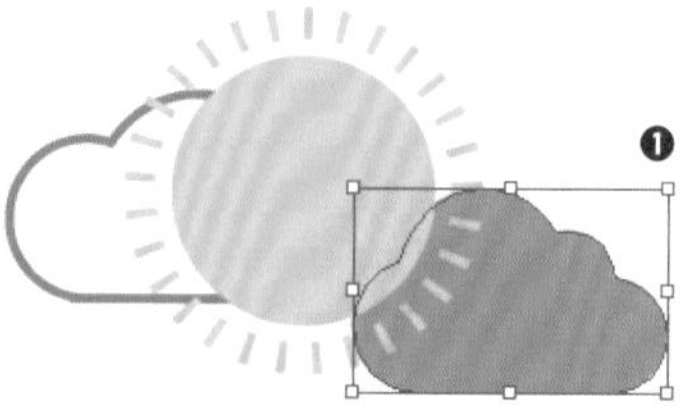
❶

2 在灰雲按下右鍵，執行「排列順序→移置最前」命令 ❷。

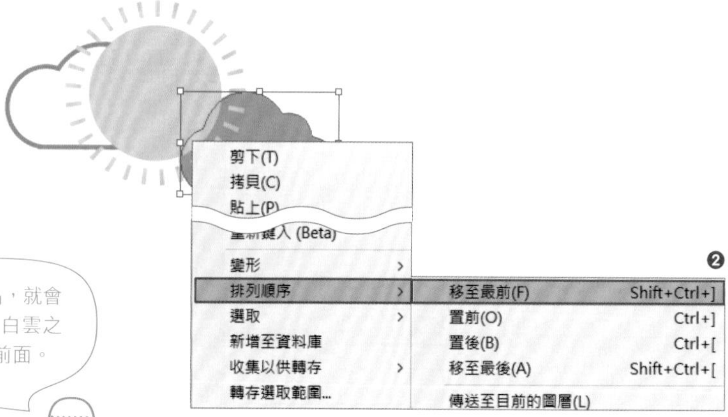
剪下(T)
拷貝(C)
貼上(P)
變形
排列順序
選取
新增至資料庫
收集以供轉存
轉存選取範圍...
❷
移至最前(F) Shift+Ctrl+]
置前(O) Ctrl+]
置後(B) Ctrl+[
移至最後(A) Shift+Ctrl+[
傳送至目前的圖層(L)

此時，如果選取「置前」，就會移動到位於太陽下方的白雲之前，無法出現在太陽的前面。

完成！ 灰雲移動到最上層，顯示在太陽的前面。

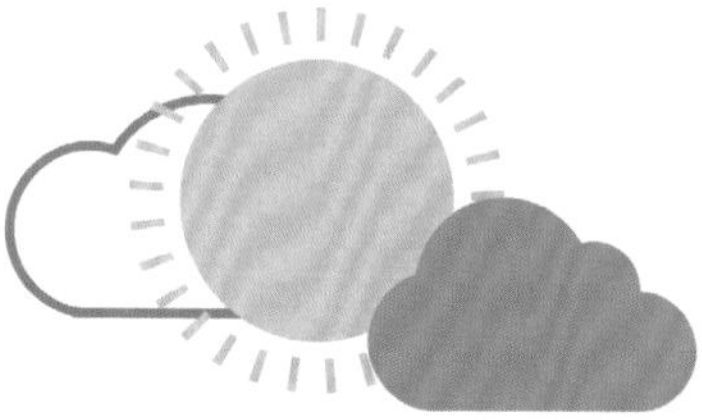

執行「物件→排列順序」命令也可以調整排列順序。

CHAPTER 6 LESSON 5

對齊面板

對齊物件

練習檔案
6-5.ai

如果想整齊排列多個物件，可以使用對齊功能，運用對齊功能可以得到各式各樣的對齊效果。

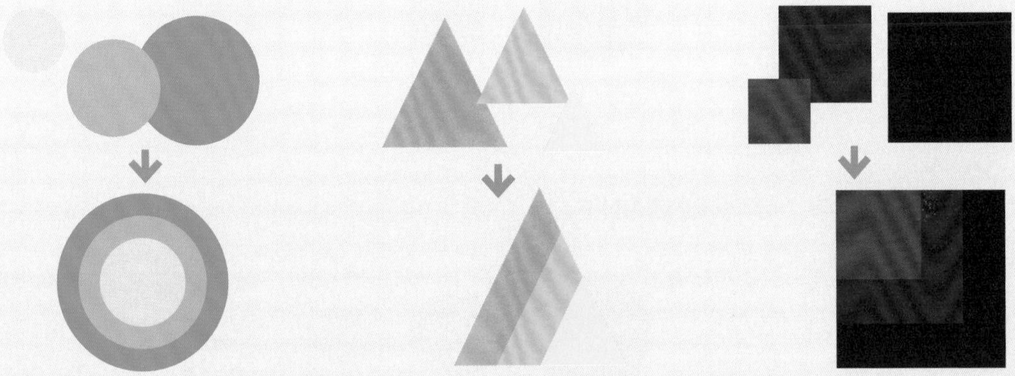

這次要使用「對齊」功能，把物件製作成一個圖示。

必備知識！

● 何謂「對齊」？

對齊是讓多個物件整齊排列或等距分布的功能。在「對齊」面板中，可以選取對齊與均分的按鈕。

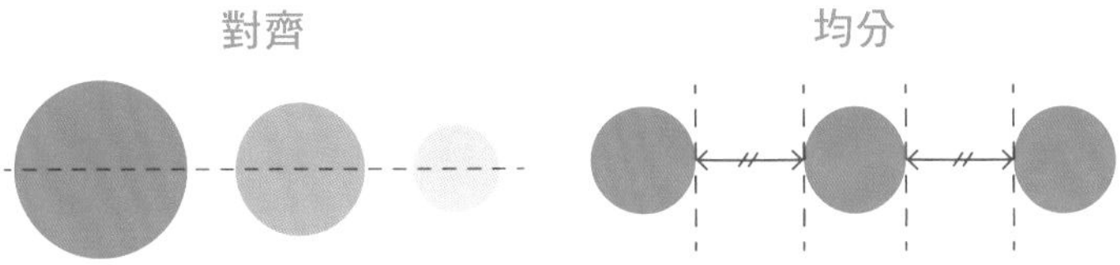
對齊
均分

開啟「對齊」面板

1 開啟練習檔案「6-5.ai」，執行「視窗→對齊」命令 ❶。

開啟「對齊」面板 ❷。

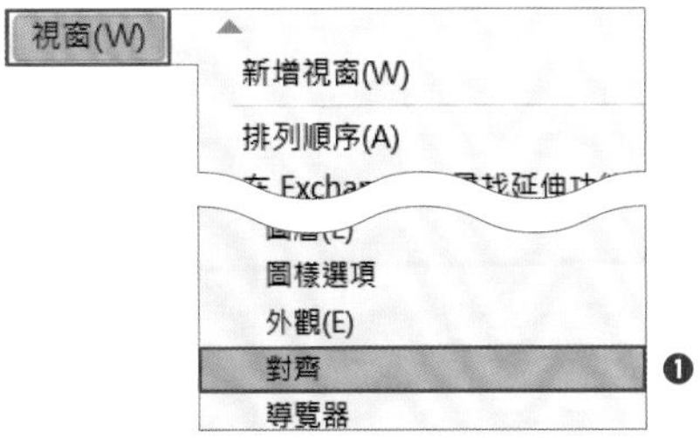
視窗(W)
新增視窗(W)
排列順序(A)
圖樣選項
外觀(E)
對齊
導覽器
❶

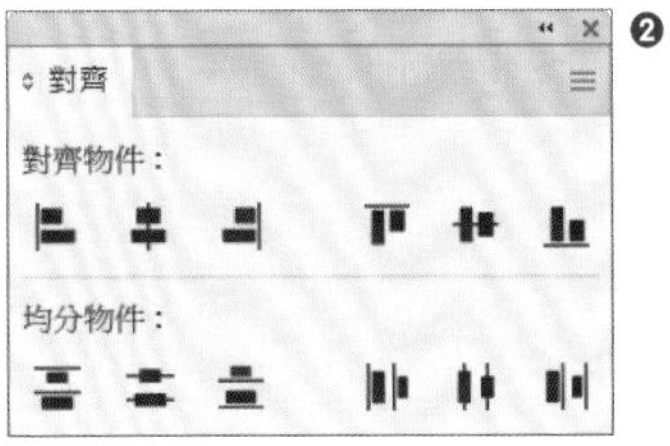
❷
對齊
對齊物件：
均分物件：

重點提示

顯示選項

按一下 ☰ ❸，就會顯示選項 ❹，選項包括「對齊工作區域」與「垂直（水平）均分間距」等選單。

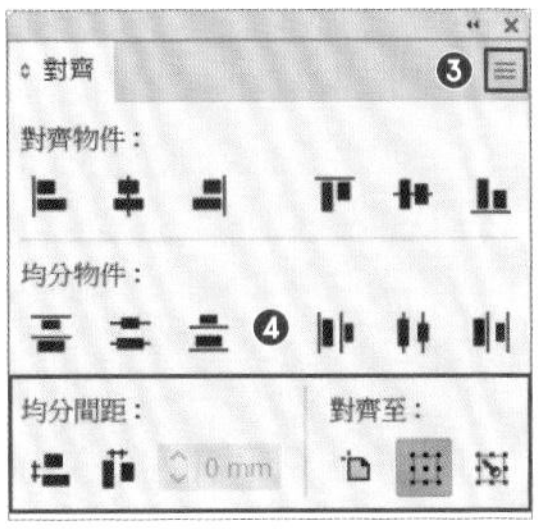
對齊
❸
對齊物件：
均分物件：
❹
均分間距：
對齊至：

以中央為基準，垂直對齊物件

選取三個正圓形物件 ❶，按下「對齊」面板中的「垂直居中」❷，就會以中央為基準，垂直對齊物件 ❸。

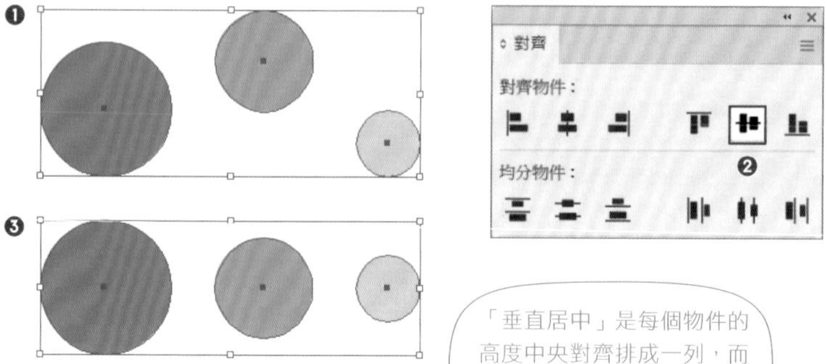
❶
對齊
對齊物件：
均分物件：
❷
❸

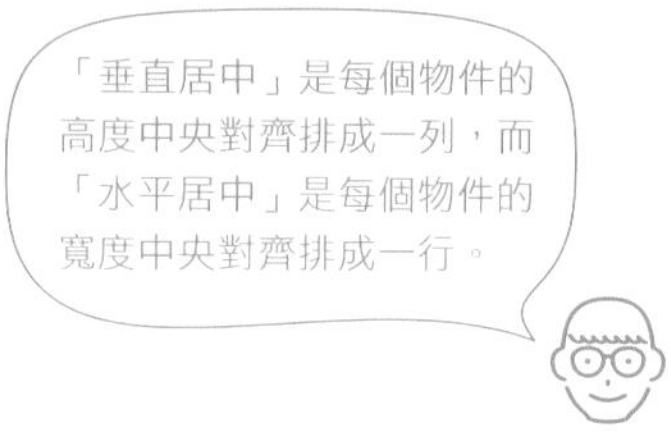
「垂直居中」是每個物件的高度中央對齊排成一列，而「水平居中」是每個物件的寬度中央對齊排成一行。

以中央為基準，水平對齊物件

選取三個物件 ❶，按一下「對齊」面板中的「水平居中」❷，就會以中央為基準，水平對齊物件 ❸。

完成中央對齊的物件。

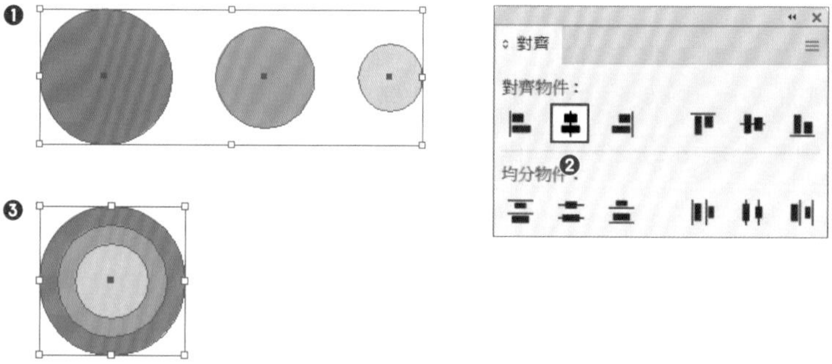
❶
對齊
對齊物件：
均分物件：
❷
❸

以右邊為基準，水平對齊物件

選取三個三角形物件 ❶，按一下「對齊」面板中的「水平齊右」❷，就會以右邊為基準，水平對齊物件 ❸。

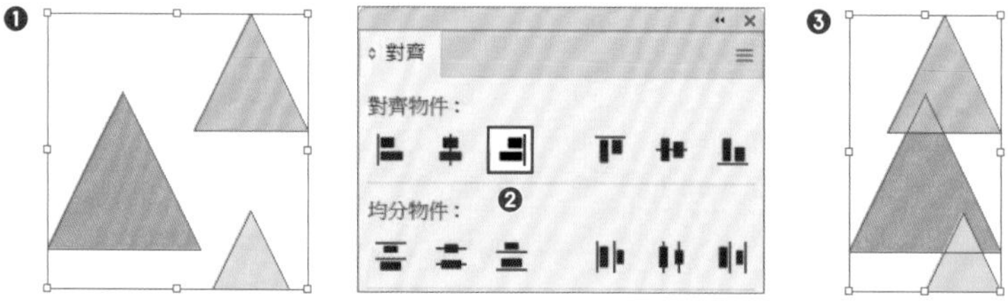
❶
對齊
對齊物件：
均分物件：
❷
❸

以下方為基準，垂直對齊物件

選取三個物件 ❶，按一下「對齊」面板中的「垂直齊下」❷，就會以下方為基準，垂直對齊物件。

完成對齊右下方的物件。

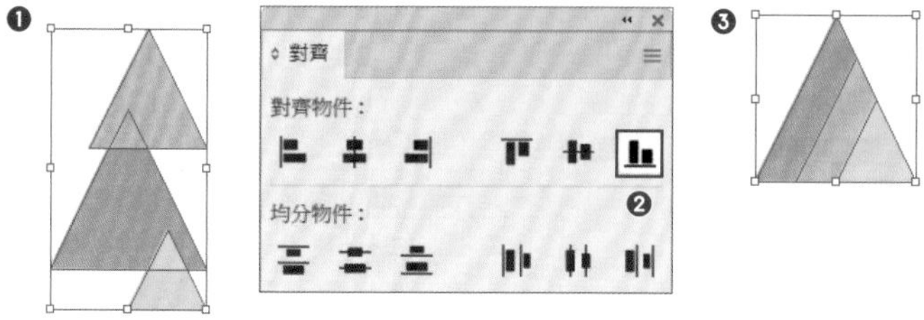
❶
對齊
對齊物件：
均分物件：
❷
❸

對齊工作區域

接下來要以工作區域為基準對齊物件。這種方法的優點是，可以檢視整個工作區域，輕鬆將物件放在正確位置。

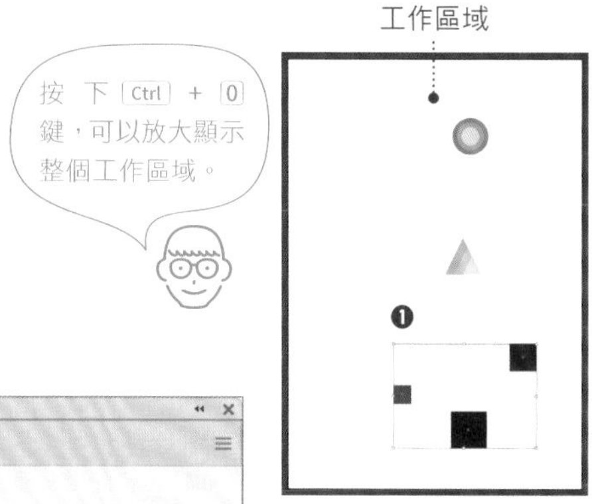
工作區域
按 下 Ctrl + 0 鍵，可以放大顯示整個工作區域。
❶

關鍵重點！

1 選取三個正方形物件 ❶，按一下「對齊」面板的「對齊工作區域」❷。

如果沒有顯示 ❷ 的按鈕，請透過面板右上方的 ☰ ，執行「顯示選項」命令。

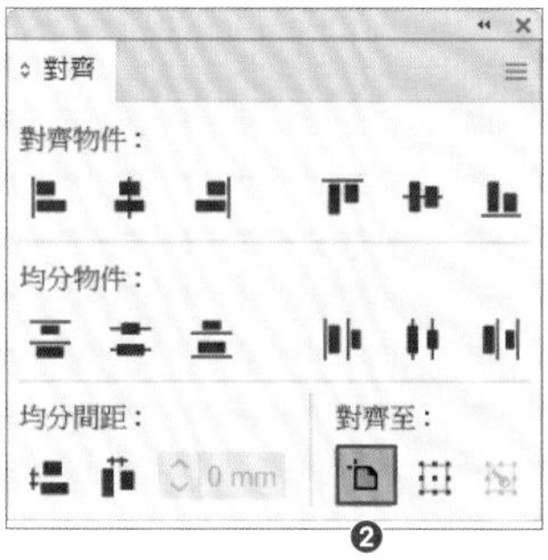
對齊
對齊物件：
均分物件：
均分間距：
對齊至：
0 mm
❷

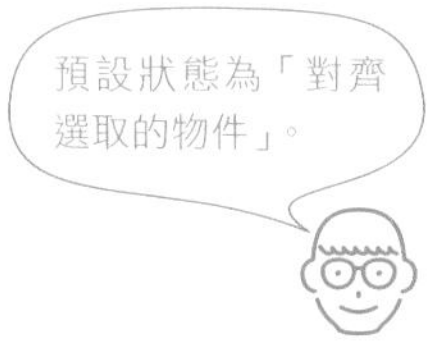
預設狀態為「對齊選取的物件」。

2 按下「對齊」面板中的「水平齊左」❸，就會對齊工作區域的左側 ❹。

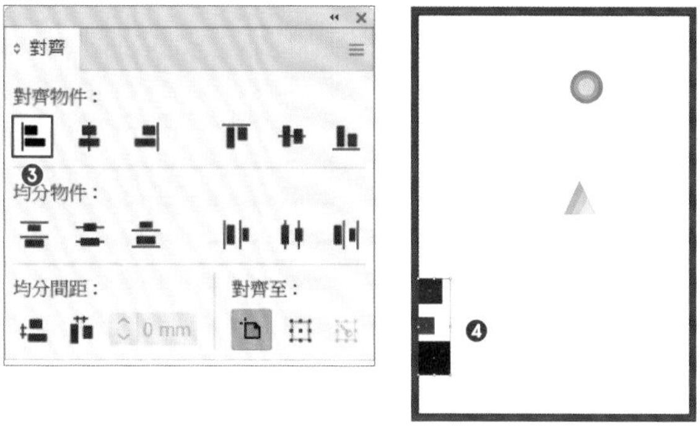
對齊
對齊物件：
❸
均分物件：
均分間距：
對齊至：
0 mm
❹

3 按下「對齊」面板中的「垂直齊上」❺，可以對齊工作區域的上方 ❻。

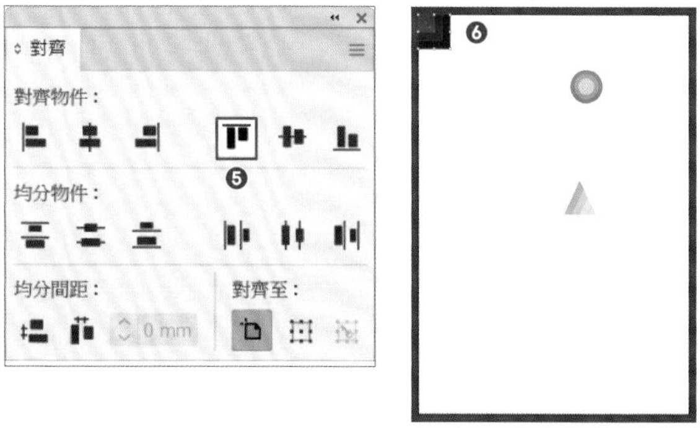
對齊
對齊物件：
❺
均分物件：
均分間距：
對齊至：
0 mm
❻

完成！ 建立對齊工作區域左上方的物件。

CHAPTER 6
LESSON 6

\# 對齊面板 # 等距均分

平均排列物件

練習檔案
6-6.ai

排列形狀不同的物件時，也要以正確的間距排列物件。

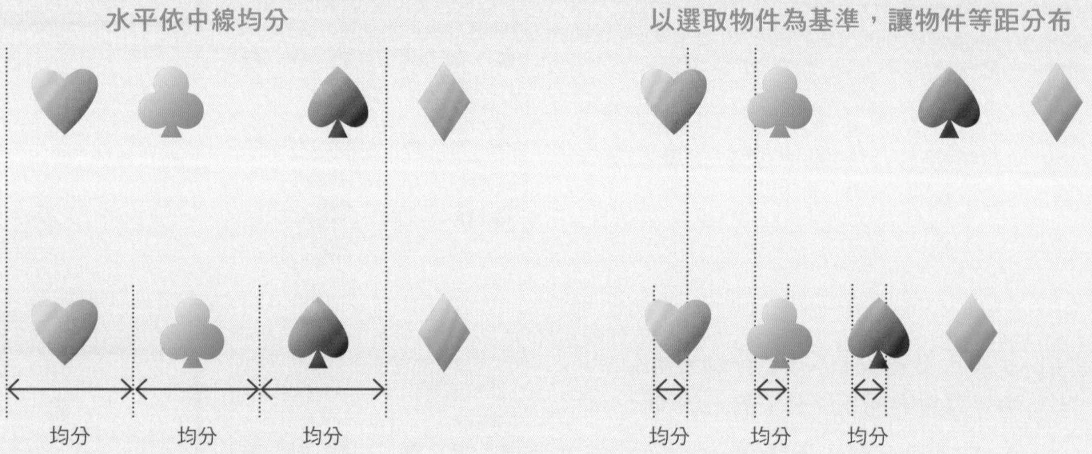

水平依中線均分
以選取物件為基準，讓物件等距分布
均分
均分
均分
均分
均分
均分

這次要說明平均排列物件的方法，包括以物件的中央為基準，讓物件平均分布，或以一個物件為基準，平均排列物件。

水平依中線均分

讓每個物件的中央距離平均分布。

❶

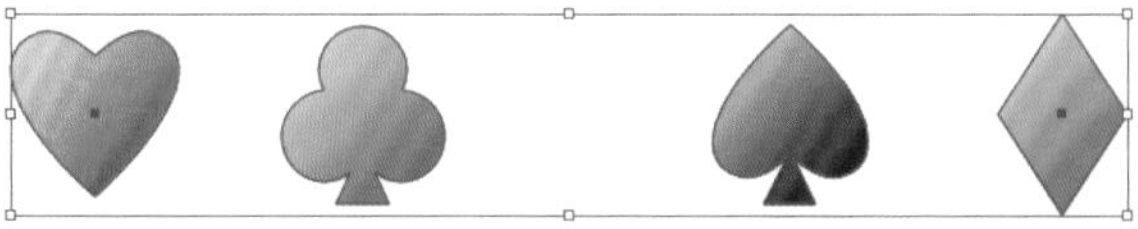

1 開啟練習檔案「6-6.ai」，選取所有物件 ❶，按下「對齊」面板中的「水平依中線均分」❷。

對齊
對齊物件：
均分物件：
❷
均分間距：
0 mm
對齊至：

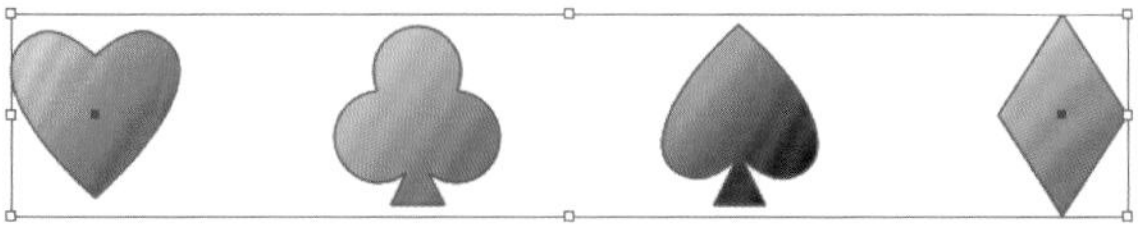

完成！ 以物件的中央為基準，等距排列物件。

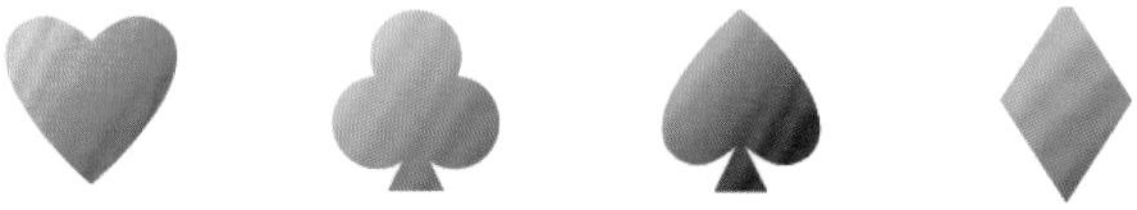

決定基準均分間距

我們可以讓多個物件以特定物件為基準等距排列。當你不想改變特定物件的位置，只調整其他物件的間距時，可以使用這個技巧。

關鍵重點！

1 選取所有物件 ❶，按一下想當作基準的物件 ❷，這個範例是以梅花為基準。

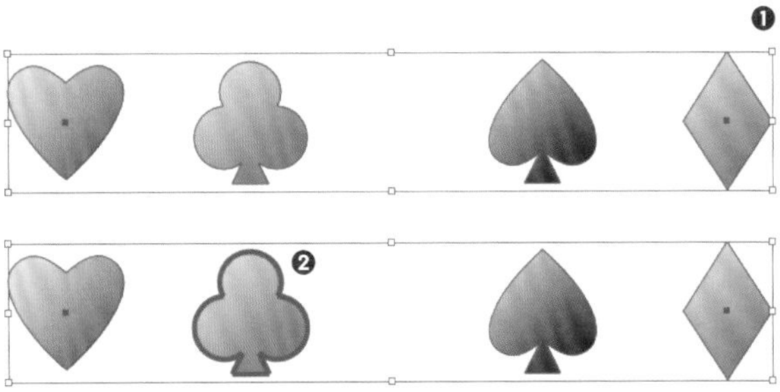
❶
❷

2 在「對齊」面板的「均分間距」輸入「3mm」❸，按一下「水平均分間距」❹。

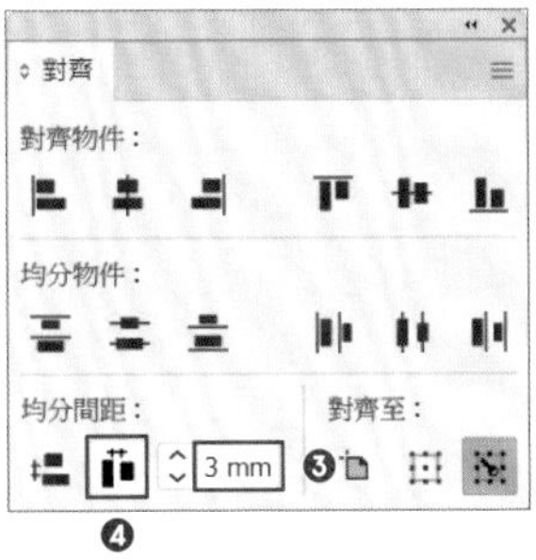
對齊
對齊物件：
均分物件：
均分間距：
對齊至：
3 mm
❸
❹

3 以梅花為基準，依照 3mm 的間距排列形狀。

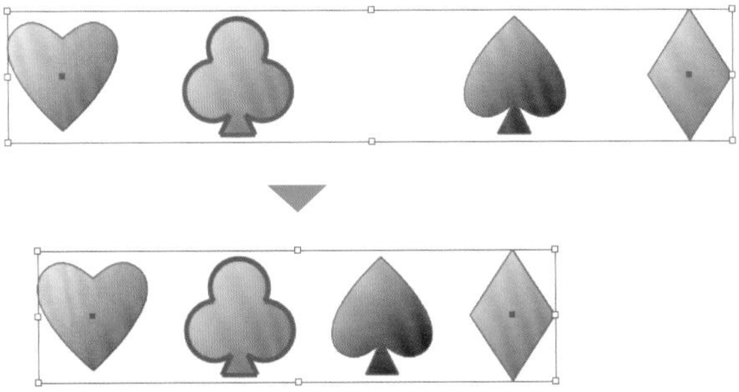

均分間距的數值可以反覆輸入，因此先輸入概略數值再微調即可。

完成！ 完成了以梅花為基準，按照正確數值均分對齊的物件。

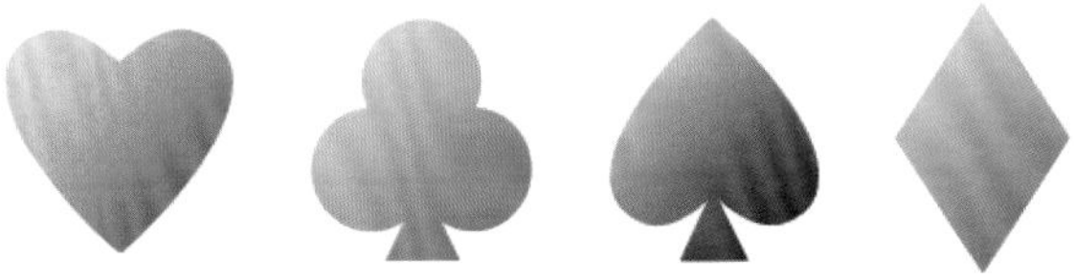

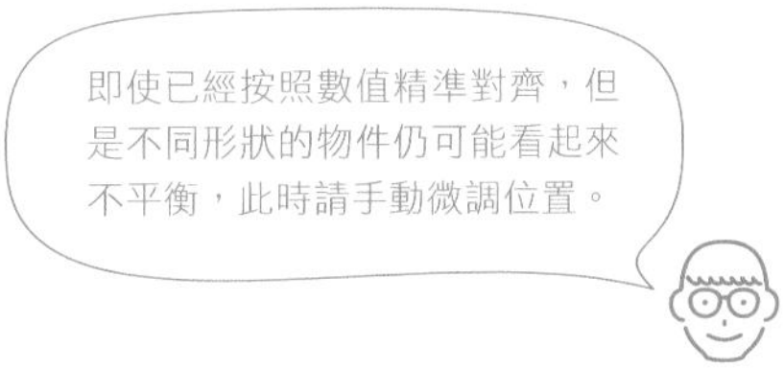
即使已經按照數值精準對齊，但是不同形狀的物件仍可能看起來不平衡，此時請手動微調位置。

更多
進階知識！

● 對齊的種類

這個單元使用了部分對齊與均分功能，不過對齊還有其他許多功能。

● 「對齊」面板

以下將介紹「對齊」面板內的所有項目，包含選項！

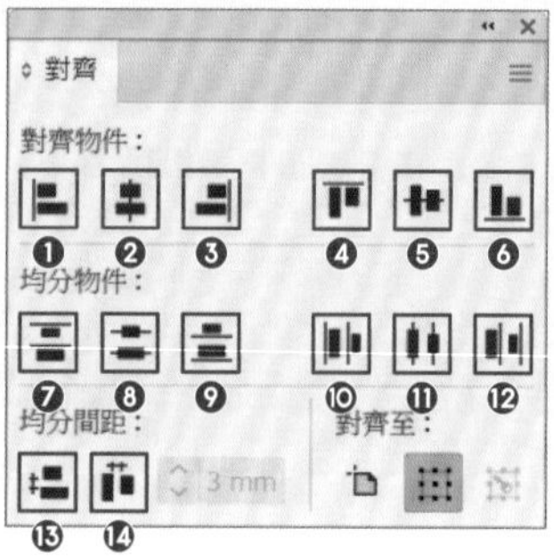
對齊
對齊物件：
均分物件：
均分間距：
對齊至：
3 mm

❶ 水平齊左

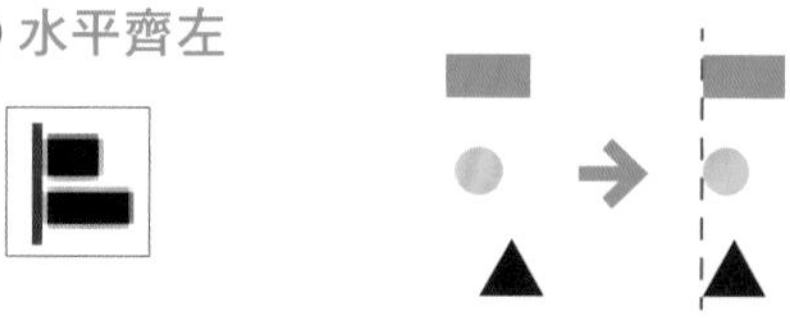

❷ 水平居中

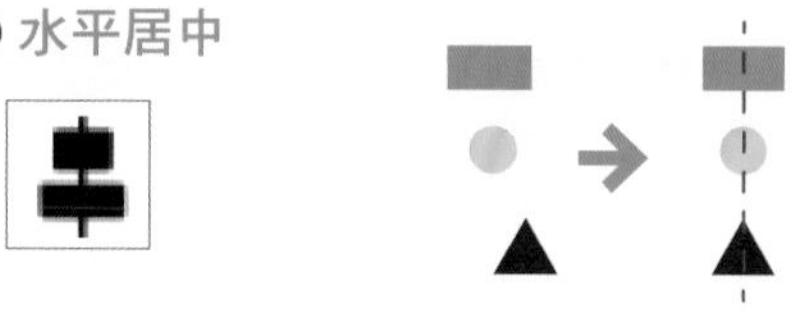

❸ 水平齊右

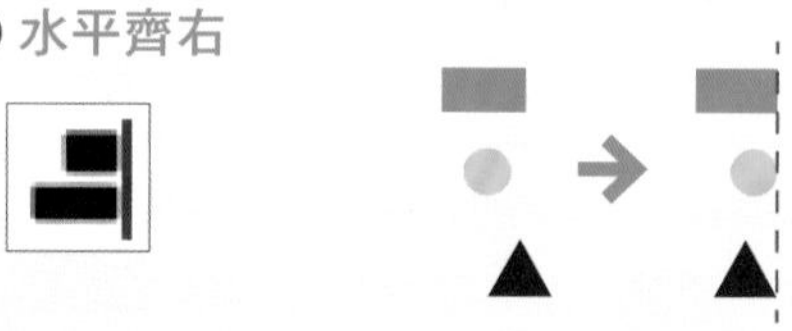

❹ 垂直齊上

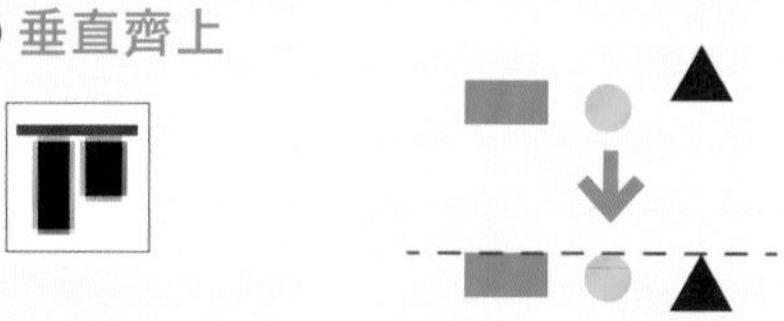

❺ 垂直居中

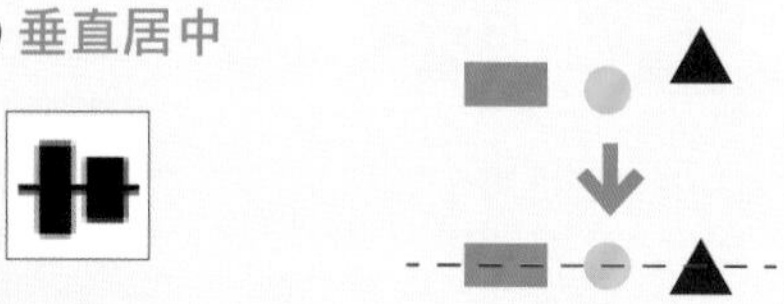

❻ 垂直齊下

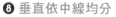

❼ 垂直依上緣均分

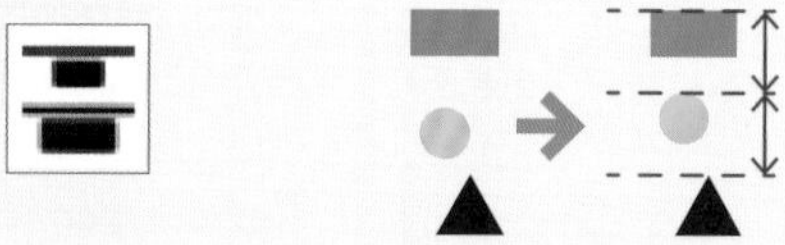

❽ 垂直依中線均分

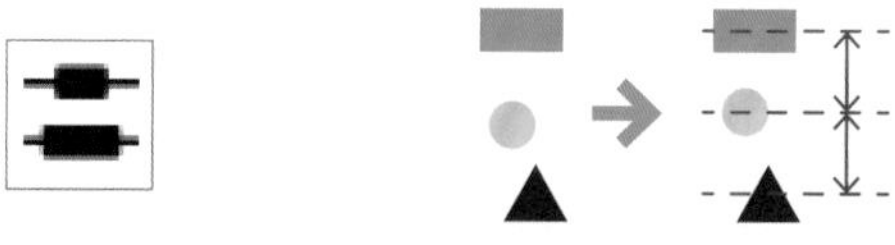

❾ 垂直依下緣均分

❿ 水平依左緣均分

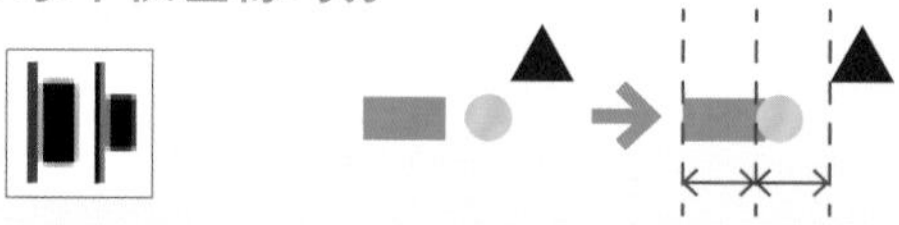

⓫ 水平依中線均分

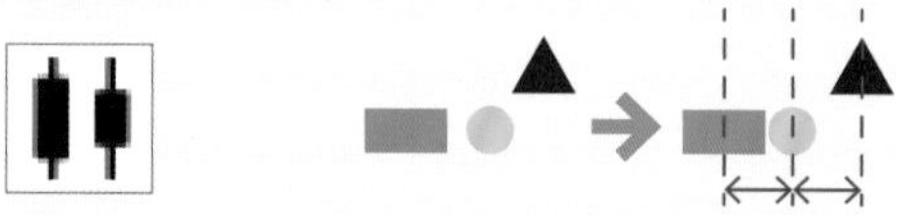

⓬ 水平依右緣均分

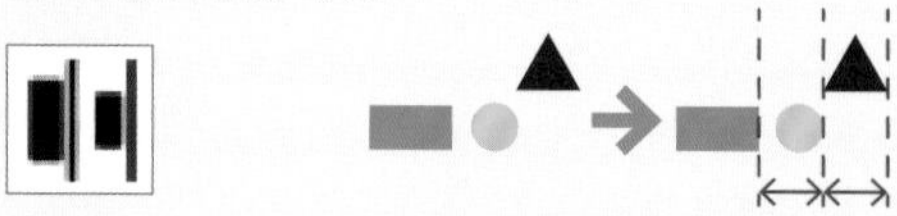

⓭ 垂直均分間距

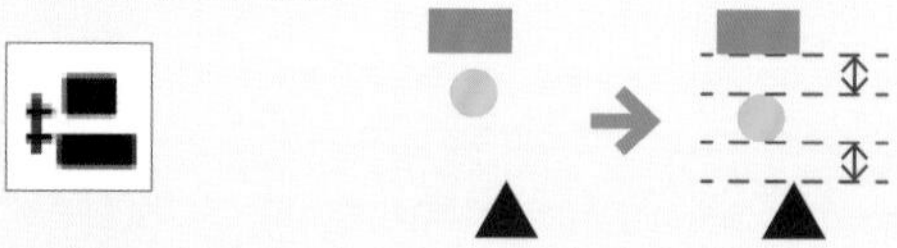

⓮ 水平均分間距

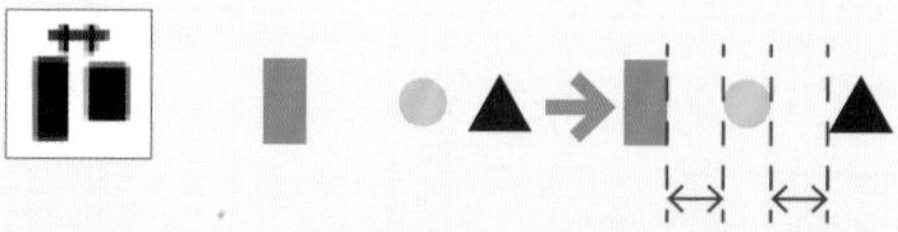

CHAPTER 6 LESSON 7

圖層

圖層結構

圖層是一層一層重疊在一起的結構，就像動畫使用的透明影格，以下將介紹圖層的基本知識。

● 實際的外觀

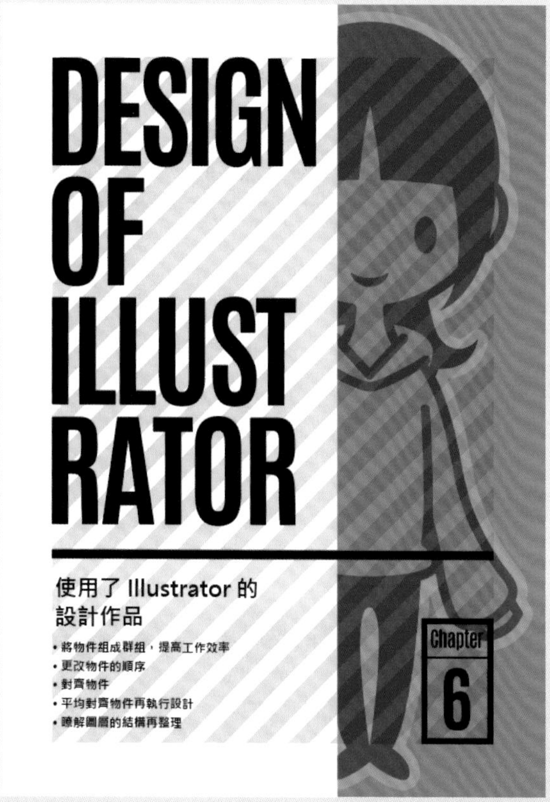
DESIGN OF ILLUST RATOR
使用了 Illustrator 的
設計作品
• 將物件組成群組，提高工作效率
• 更改物件的順序
• 對齊物件
• 平均對齊物件再執行設計
• 瞭解圖層的結構再整理
Chapter
6

● 圖層的重疊順序

DESIGN OF ILLUST RATOR
❶
❷
❸
❹
❺
❻

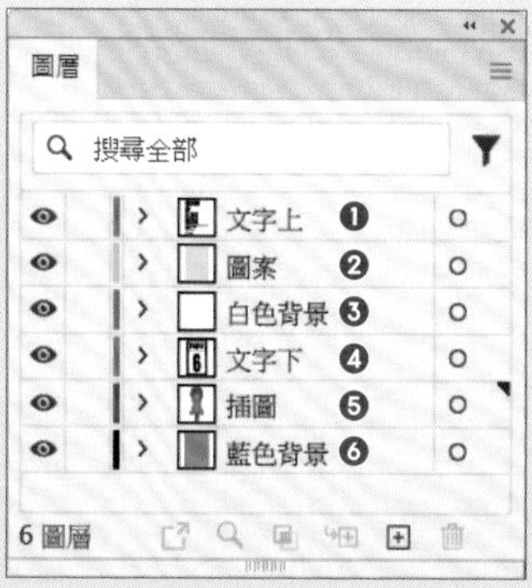
圖層
搜尋全部
文字上 ❶
圖案 ❷
白色背景 ❸
文字下 ❹
插圖 ❺
藍色背景 ❻
6 圖層

檢視「圖層」面板，可以看到由上往下依序為「文字上」、「圖案」、「白色背景」、「文字下」、「插圖」、「藍色背景」等六個圖層構成

「圖層」面板位於面板停駐區，為了方便操作，這裡將面板從面板停駐區拖曳分離出來。

必備知識！

● 何謂圖層？

使用 Illustrator 製作的插圖都是描繪在圖層上，一個工作區域可以重疊多個圖層，因此可以在不影響其他圖層物件的狀態下一層一層疊上去。我們可以改變圖層的重疊順序，或調整物件的外觀。

CHAPTER 6

LESSON 8

圖層的基本操作

圖層

練習檔案

6-8.ai

圖層是在「圖層」面板中執行操作。這個單元將確認圖層的內容，學習切換顯示、隱藏圖層的基本操作。

展開圖層，確認物件

開啟練習檔案「6-8.ai」，按一下圖層的「>」，展開圖層 ❶，可以瀏覽該圖層內的物件。瀏覽順序是依照物件重疊順序排序（最前面的物件在最上層）。

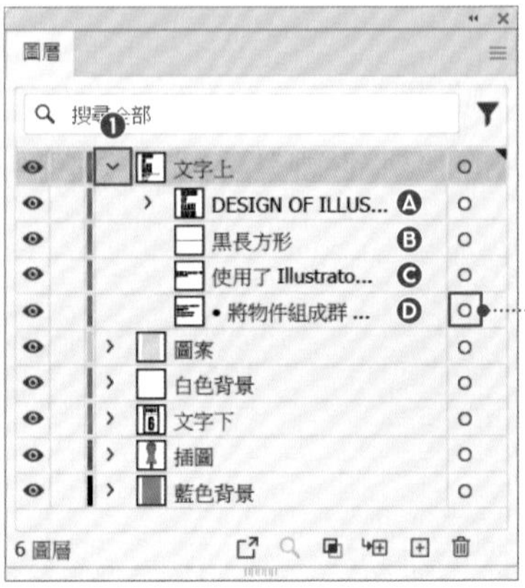

圖層
搜尋全部
❶
文字上
DESIGN OF ILLUS... Ⓐ
黑長方形 Ⓑ
使用了 Illustrato... Ⓒ
• 將物件組成群 ... Ⓓ
圖案
白色背景
文字下
插圖
藍色背景
6 圖層

DESIGN OF ILLUSTRATOR Ⓐ
Ⓑ
使用了 Illustrator 的設計作品 Ⓒ
Ⓓ

按下 ○ ，可以透過「圖層」面板選取物件

切換顯示或隱藏圖層

每個圖層都能切換顯示或隱藏，如果要顯示或隱藏圖層，只要按一下「切換可見度」👁 即可 ❶。

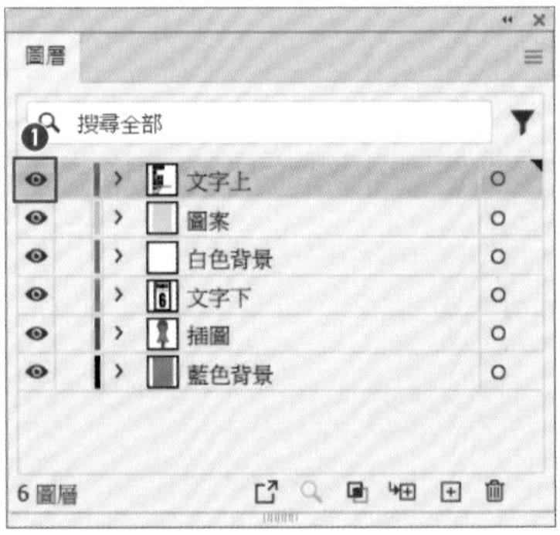

圖層
搜尋全部
❶
文字上
圖案
白色背景
文字下
插圖
藍色背景
6 圖層

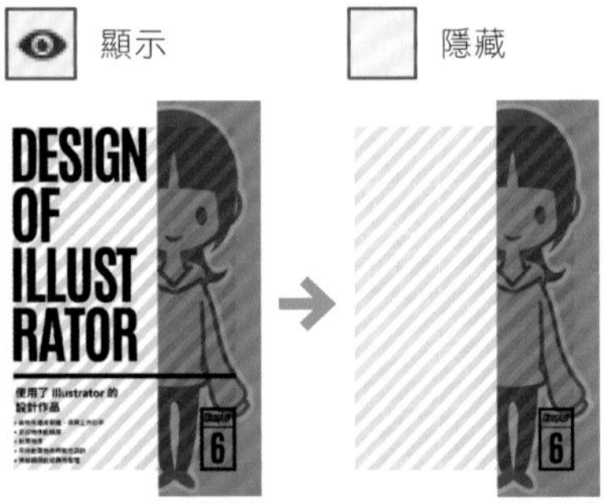

顯示
隱藏
DESIGN OF ILLUST RATOR

鎖定圖層

請將不需要編輯的圖層鎖起來。鎖定之後，就無法選取或編輯該圖層上的物件。按一下「切換鎖定狀態」(「切換可見度」圖示右邊的空欄)，就會顯示 🔒 ❶，代表圖層被鎖定。

圖層
搜尋全部
文字上
❶
圖案
白色背景
文字下
插圖
藍色背景
6 圖層

重點提示

編輯圖層的重點

所有顯示中的圖層物件都是可編輯狀態，如果只想編輯特定圖層，請隱藏或鎖定其他圖層。

更改圖層名稱

請將圖層命名為容易分辨的名稱。在圖層右邊的空白部分按兩下 ❶，開啟「圖層選項」對話視窗，可以更改圖層名稱 ❷ 或圖層顏色 ❸。

圖層
搜尋全部
文字上
❶
圖案
白色背景
文字下
插圖
藍色背景
6 圖層

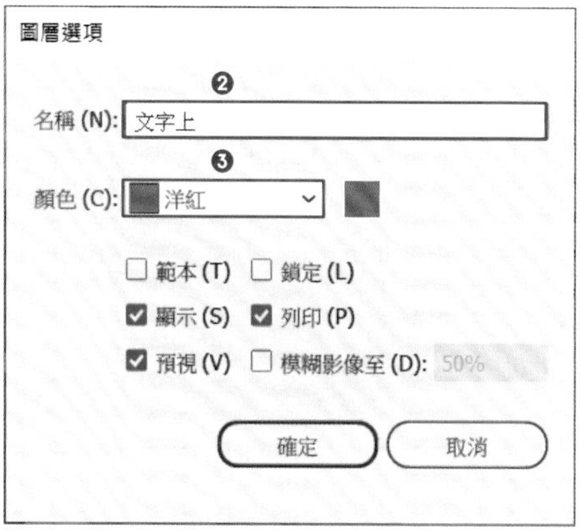
圖層選項
❷
名稱 (N): 文字上
❸
顏色 (C): 洋紅
範本 (T)
鎖定 (L)
顯示 (S)
列印 (P)
預視 (V)
模糊影像至 (D): 50%
確定
取消

> 重點提示
>
> **圖層顏色**
>
> 圖層可以設定顏色。選取圖層上的物件時，這個顏色會成為邊框的顏色。

新增圖層

按一下「製作新圖層」鈕 ❶，會在目前選取的圖層上方插入新圖層 ❷。

DESIGN OF ILLUST RATOR
新增的圖層

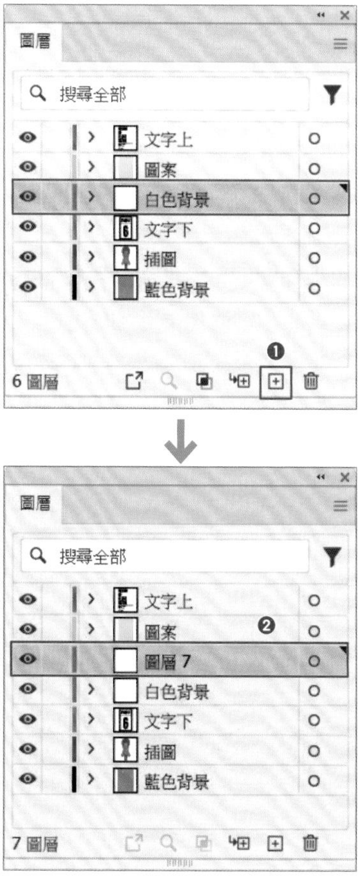
圖層
搜尋全部
文字上
圖案
白色背景
文字下
插圖
藍色背景
❶
6 圖層
圖層
搜尋全部
文字上
圖案
❷
圖層 7
白色背景
文字下
插圖
藍色背景
7 圖層

拷貝圖層

圖層也可以拷貝。把要拷貝的圖層拖曳至「製作新圖層」鈕 ❶，滑鼠游標的形狀變成 ![] 再放開，原始圖層上方就會插入以「～拷貝」命名的拷貝圖層 ❷。

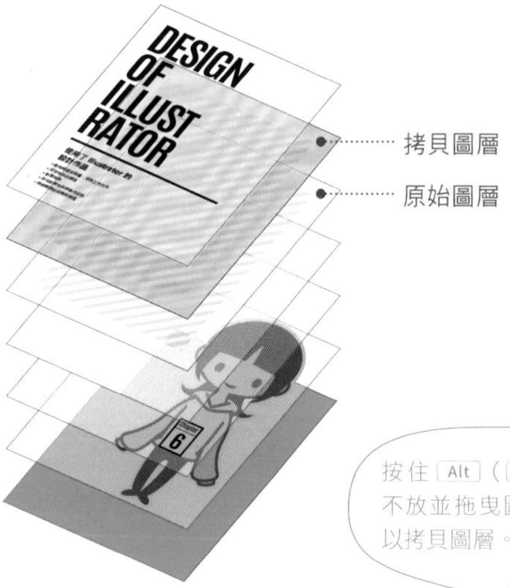

DESIGN OF ILLUST RATOR
拷貝圖層
原始圖層

圖層
搜尋全部
文字上
圖案
白色背景
文字下
插圖
藍色背景
❶
6 圖層

圖層
搜尋全部
文字上
❷
圖案 拷貝
圖案
白色背景
文字下
插圖
藍色背景
7 圖層

按住 Alt （option ）鍵不放並拖曳圖層，也可以拷貝圖層。

刪除圖層

把要刪除的圖層拖曳至 🗑 ❶。

> 重點提示
>
> **按一下垃圾桶圖示也可以刪除圖層**
>
> 選取圖層，按一下 🗑 也可以刪除圖層。此時，會出現確認是否刪除該圖層的訊息。

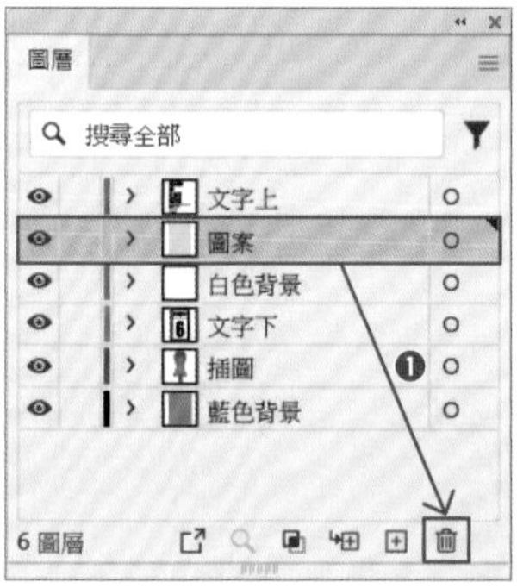

圖層
搜尋全部
文字上
圖案
白色背景
文字下
插圖
藍色背景
❶
6 圖層

DESIGN
OF
ILLUST
RATOR
使用了 Illustrator 的
設計作品
6

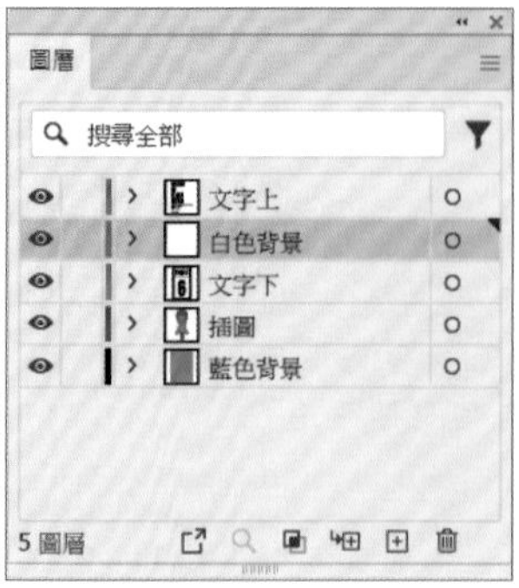

圖層
搜尋全部
文字上
白色背景
文字下
插圖
藍色背景
5 圖層

DESIGN
OF
ILLUST
RATOR
使用了 Illustrator 的
設計作品
6

被鎖定的圖層也可以刪除。假如誤刪了正確的圖層時，可以執行還原操作或不儲存就關閉檔案。

調整圖層的排列順序

圖層的排列順序也可以調整。拖曳圖層 ❶，插入你想放置的位置。

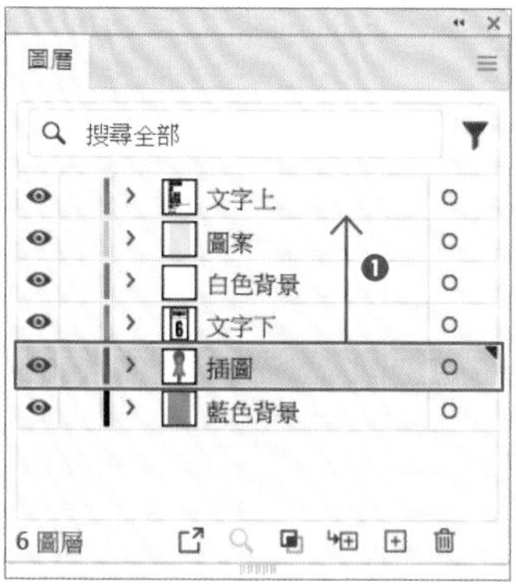
圖層
搜尋全部
文字上
圖案
白色背景
文字下
插圖
藍色背景
❶
6 圖層

DESIGN
OF
ILLUST
RATOR
使用了 Illustrator 的
設計作品

圖層
搜尋全部
文字上
插圖
圖案
白色背景
文字下
藍色背景
6 圖層

DESIGN
OF
ILLUST
RATOR
使用了 Illustrator 的
設計作品

這個範例將「插圖」圖層移動到第二個，就像插圖隱藏了圖案。

把物件移動到其他圖層

物件也可以移動到其他圖層。選取工作區域上的物件 ❶，圖層名稱的右邊會顯示方形圖示 ❷，將其拖曳到其他圖層，選取的物件就會移動到該圖層 ❸。

❶
DESIGN
OF
ILLUST
RATOR
使用了 Illustrator 的
設計作品

圖層
搜尋全部
❷
文字上
插圖
圖案
白色背景
文字下
藍色背景
6 圖層

DESIGN
OF
ILLUST
RATOR
使用了 Illustrator 的
設計作品

圖層
搜尋全部
文字上
插圖
❸
圖案
白色背景
文字下
藍色背景
6 圖層

這個範例將「文字上」圖層內的文字「DESIGN OF ILLUSTRATOR」移動到「圖案」圖層，形成文字被隱藏在插圖底下的狀態。

更多

進階知識！

● 分別隱藏、鎖定物件的方法

這個單元介紹了隱藏、鎖定整個圖層的方法，請一併記住只隱藏或鎖定同一圖層上特定物件的方法。

隱藏特定物件

1. 選取你想隱藏的物件 ❶，檢視「圖層」面板，可以看到選取物件的右邊出現雙圈圖示並顯示 ■ ❷。

❶

圖層
搜尋全部
圖層 1
<...
<...
❷
圖層 2
圖層 3
3 圖層

2. 按一下該圖示的「切換可見度」(眼睛圖示)，切換為隱藏 ❸，就能把物件隱藏起來 ❹。

圖層
搜尋全部
圖層 1
❸
<...
<...
圖層 2
圖層 3
3 圖層

❹

重點提示

隱藏、顯示的快速鍵

隱藏：Ctrl（⌘）+ 3 鍵

顯示：Ctrl（⌘）+ Alt（option）+ 3 鍵

鎖定特定物件

1. 選取你想鎖定的物件 ❶，在「圖層」面板按一下該物件的「切換鎖定狀態」，顯示為 🔒 ❷。

❶

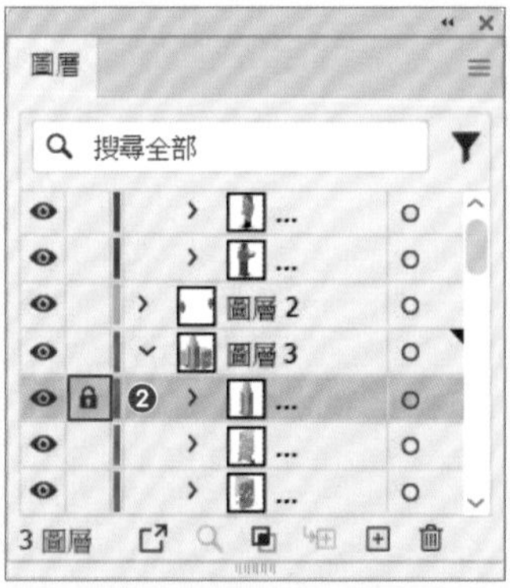

圖層
搜尋全部
圖層 2
圖層 3
❷
3 圖層

2. 該圖層就會被鎖定 ❸。

❸

重點提示

鎖定、解除鎖定的快速鍵

鎖定：Ctrl（⌘）+ 2 鍵

解除鎖定：Ctrl（⌘）+ Alt（option）+ 2 鍵

CHAPTER 6

CHALLENGE 利用對齊功能與圖層呈現有遠近感的插圖結構

練習檔案
6-c.ai

使用對齊與圖層功能，可以製作出具有遠近感的插圖。

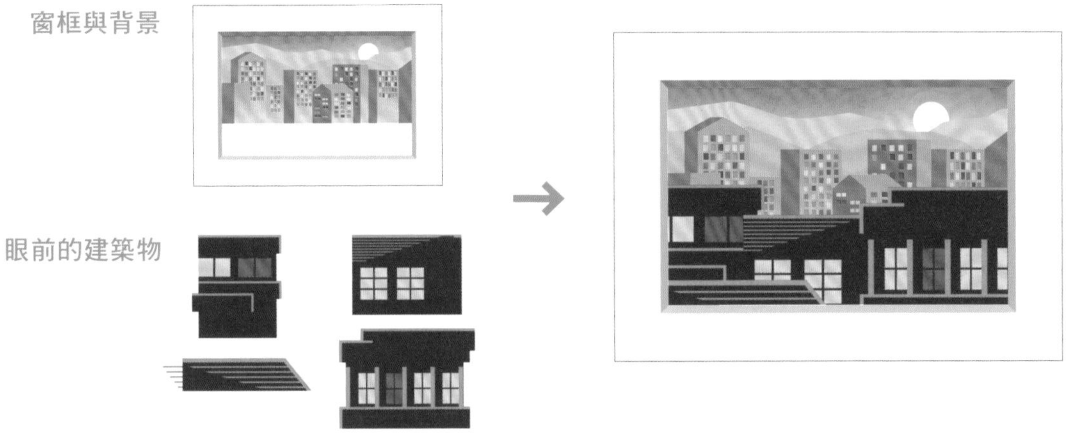
窗框與背景
眼前的建築物

調整排列順序，使用對齊功能，完成透過窗戶看見的景色插圖。
景色中最前面的建築物是由四個物件構成，請調整物件的對齊與排列順序，完成眼前的建築物。
接著調整圖層本身的排列順序，把窗框放在最上層。

① 參考 120 頁，讓四個物件垂直齊下。

② 開啟「眼前街道」圖層，把四個物件依照 ABCD 排序。改變排列順序後，再參考下圖調整位置。

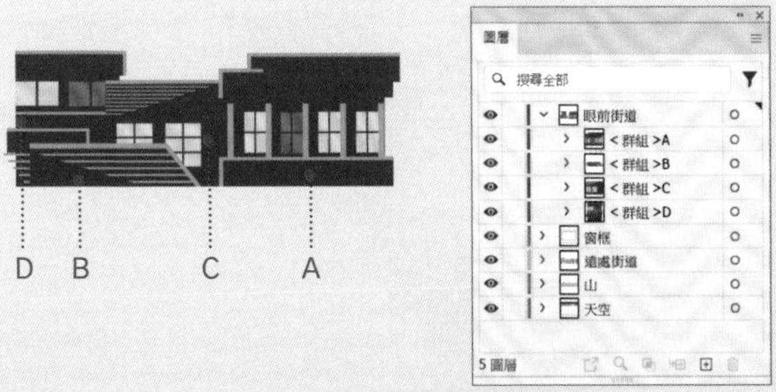
D B C A
圖層
搜尋全部
眼前街道
<群組>A
<群組>B
<群組>C
<群組>D
窗框
遠處街道
山
天空
5 圖層

③ 拖曳四個物件，參考下圖安排位置。如果不好拖曳，請先組成群組。

完成！ 把「眼前街道」圖層拖曳到「窗框」圖層下方就完成了。

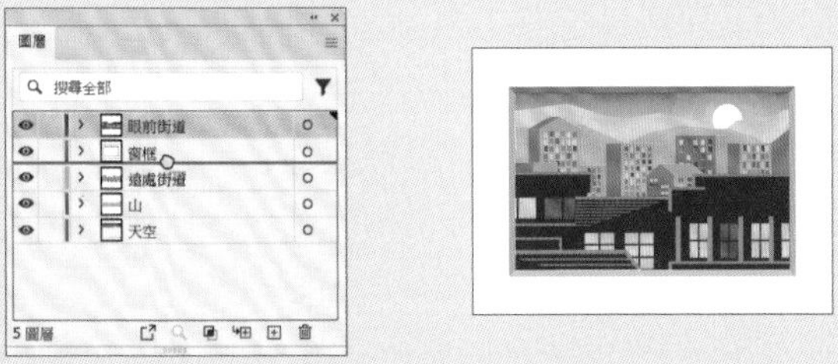
圖層
搜尋全部
眼前街道
窗框
遠處街道
山
天空
5 圖層

COLUMN

讓效果顯得專業的訣竅

還不熟悉設計工作之前，最容易犯的錯就是加上太多效果。重點過多，看起來就像是新手的作品。以下將用陰影效果為例來說明，預設的陰影效果過於強烈，不適合直接套用。

最大
50%
OFF

以預設值套用陰影效果

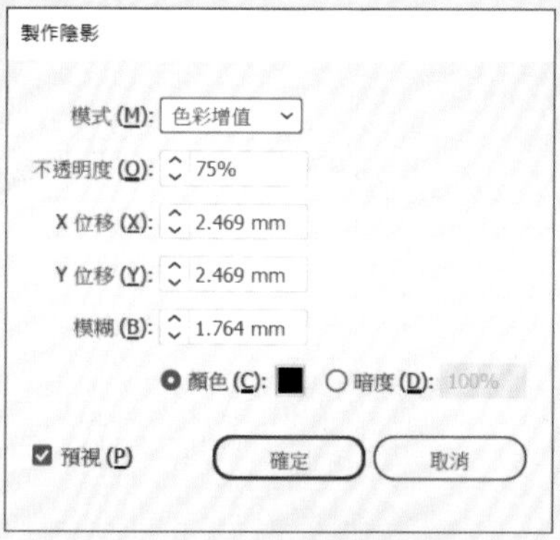
製作陰影
模式 (M): 色彩增值
不透明度 (O): 75%
X 位移 (X): 2.469 mm
Y 位移 (Y): 2.469 mm
模糊 (B): 1.764 mm
顏色 (C):
暗度 (D): 100%
預視 (P)
確定
取消

這是許多應用程式共通的功能，預設值通常會設定的比較較強烈，好讓你瞭解這是什麼效果，不過這些效果最好降低一點比較適合。請檢視以下插圖，這是調整數值後的結果，不但有效運用了陰影效果，也顯得乾淨俐落。當然，設定值必須視狀況而定，這並非是標準答案，但是沒有誇張效果的設計通常看起來比較專業，因此設計作品時，請務必注意這一點。

最大
50%
OFF

調整陰影數值

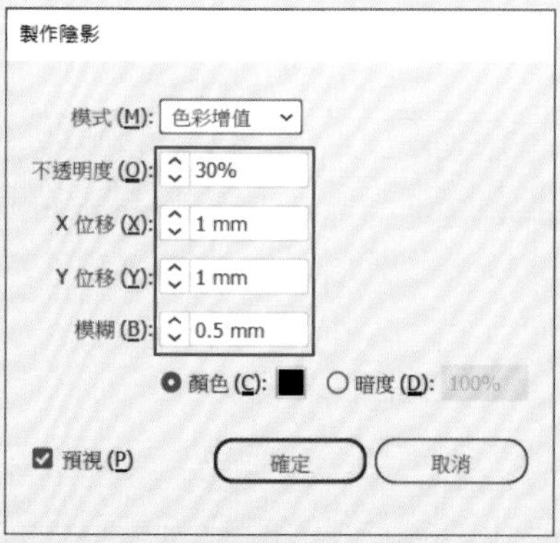
製作陰影
模式 (M): 色彩增值
不透明度 (O): 30%
X 位移 (X): 1 mm
Y 位移 (Y): 1 mm
模糊 (B): 0.5 mm
顏色 (C):
暗度 (D): 100%
預視 (P)
確定
取消

Illustrator 有各式各樣的效果，必須適當地拿捏分寸。

CHAPTER 7

運用文字
製作平面設計

這一章將說明基本的文字輸入法以及調整文字大小、
改變字體、間距的方法。後半部分將介紹裝飾文字的技巧，
包括空心字與讓文字變立體的方法。

CHAPTER 7

LESSON 1

文字工具 # 區域文字 # 文字緒 # 路徑文字工具

輸入文字

練習檔案
7-1.ai

文字是設計作品時的重要元素，請先學會基本的文字輸入法。

學習輸入文字的方法
這是水平文字
這是
區域文字，可以
在已經設定好的區
域內，輸入文字內
容
這是垂直文字
這是沿路徑輸入的文字

使用「文字工具」可以在 Illustrator 輸入文字，但是必須根據橫書、直書等輸入方向與位置，選擇適合的工具。請利用練習檔案學習「文字工具」的用法。

請在練習檔案的框內輸入文字，練習「文字工具」的用法。

自動增加 Adobe Fonts

本書使用 Adobe Fonts 設計作品。開啟練習檔案時，會自動增加檔案內的字體（啟動）功能。

1. 執行「編輯→偏好設定→檔案處理」命令 ❶。

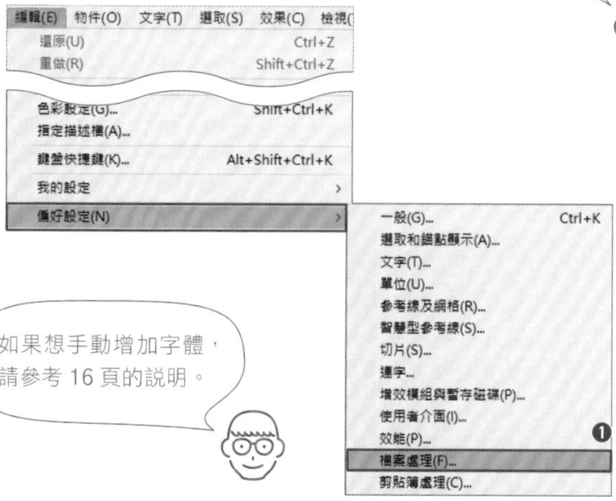

編輯(E) 物件(O) 文字(T) 選取(S) 效果(C) 檢視(
還原(U) Ctrl+Z
重做(R) Shift+Ctrl+Z
色彩設定(G)... Shift+Ctrl+K
指定描述檔(A)...
鍵盤快捷鍵(K)... Alt+Shift+Ctrl+K
我的設定
偏好設定(N)
一般(G)... Ctrl+K
選取和錨點顯示(A)...
文字(T)...
單位(U)...
參考線及網格(R)...
智慧型參考線(S)...
切片(S)...
連字...
增效模組與暫存磁碟(P)...
使用者介面(I)...
效能(P)...
檔案處理(F)...
剪貼簿處理(C)...
❶

如果想手動增加字體，請參考 16 頁的說明。

2 在「偏好設定」對話視窗中，勾選「自動啟動 Adobe Fonts」❷，按下「確定」鈕 ❸。

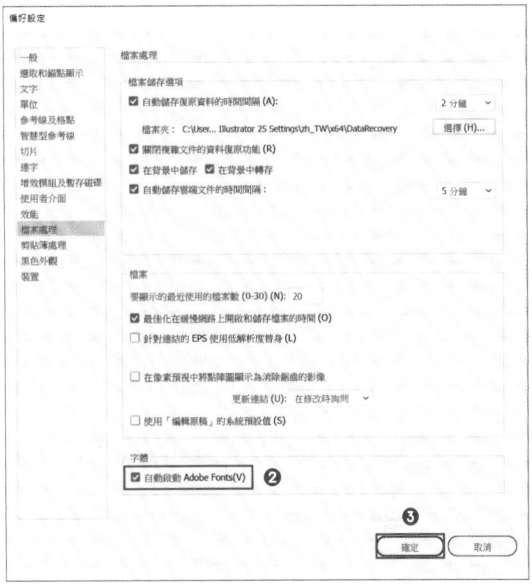
偏好設定
一般
選取和錨點顯示
文字
單位
參考線及格點
智慧型參考線
切片
連字
增效模組及暫存磁碟
使用者介面
效能
檔案處理
剪貼簿處理
黑色外觀
裝置
檔案處理
檔案儲存選項
自動儲存復原資料的時間間隔 (A):
2 分鐘
檔案夾： C:\User... Illustrator 25 Settings\zh_TW\x64\DataRecovery
選擇 (H)...
關閉複雜文件的資料復原功能 (R)
在背景中儲存
在背景中轉存
自動儲存雲端文件的時間間隔：
5 分鐘
檔案
要顯示的最近使用的檔案數 (0-30) (N): 20
最佳化在緩慢網路上開啟和儲存檔案的時間 (O)
針對連結的 EPS 使用低解析度替身 (L)
在像素預視中將點陣圖顯示為消除鋸齒的影像
更新連結 (U): 在修改時詢問
使用「編輯原稿」的系統預設值 (S)
字體
自動啟動 Adobe Fonts(V)
❷
❸
確定
取消

「自動啟動 Adobe Fonts」是 Adobe Illustrator 2022 開始內建的功能，如果沒有顯示，請執行「說明→更新」命令，更新版本。

輸入水平文字

請使用「文字工具」輸入最基本的水平文字。

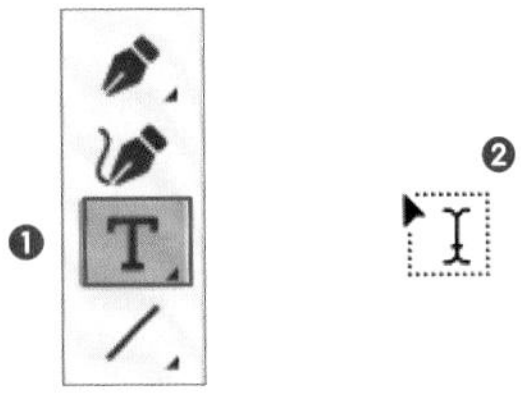
❶
❷

1 開啟練習檔案「7-1.ai」，選取工具列中的「文字工具」❶，確認滑鼠游標的形狀 ❷。

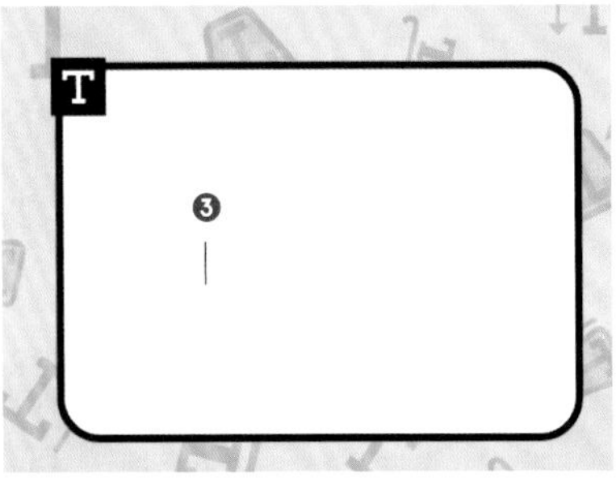
❸

2 在練習檔案左上方的框內按一下，游標會呈現閃爍狀態 ❸。

牢牢記住！

3 這次試著輸入「這是水平文字」❹，輸入完畢，使用「選取工具」 按一下工作區域的空白處，取消輸入文字狀態。

❹
這是水平文字

只有在按下 Ctrl（⌘）鍵的期間會切換成「選取工具」。

輸入垂直文字

接著用「垂直文字工具」輸入垂直文字。

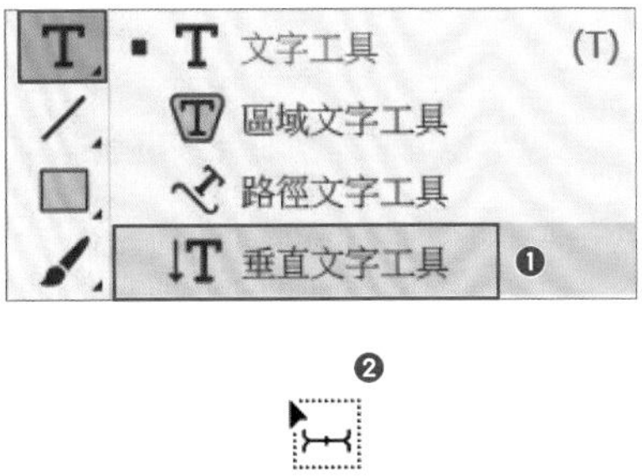
文字工具
(T)
區域文字工具
路徑文字工具
垂直文字工具
❶
❷

1 長按工具列中的「文字工具」，選取「垂直工具」❶，確認滑鼠游標的形狀 ❷。

② 按一下左框內的空白處，輸入「這是垂直文字」❸，操作方式和「文字工具」一樣。

這是垂直文字

按一下的位置就是輸入文字的起點，請根據你想輸入的文字長短決定起點。

依照物件形狀輸入文字

使用「區域文字工具」可以依照物件形狀輸入文字。如果沒有顯示「區域文字工具」，請執行「視窗→工具列→進階」命令，切換工具列的顯示內容。

① 長按工具列的「文字工具」，選取「區域文字工具」❶，確認滑鼠游標的形狀 ❷。

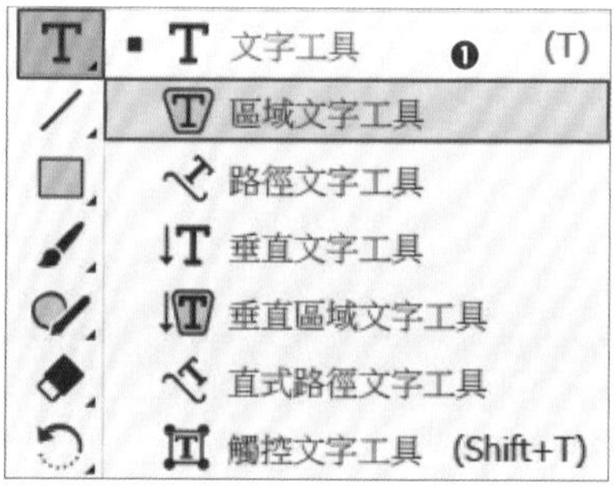
文字工具 (T)
區域文字工具
路徑文字工具
垂直文字工具
垂直區域文字工具
直式路徑文字工具
觸控文字工具 (Shift+T)

重點提示

在區域內輸入垂直文字

使用「垂直區域文字工具」可以在區域內輸入垂直文字。

② 將滑鼠游標移動到右上框內的圓形路徑並按一下 ❸。

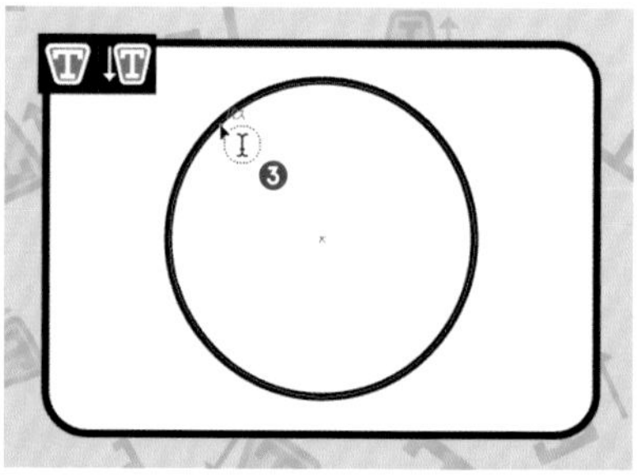

在路徑上按一下

③ 圓形線條消失 ❹，在物件內顯示游標。

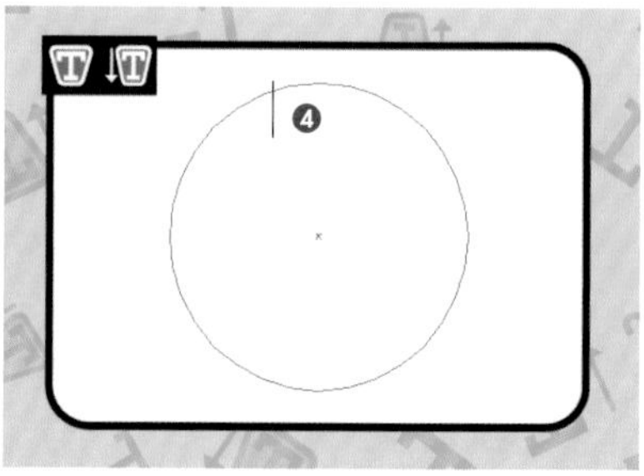

重點提示

分別運用「文字工具」與「區域文字工具」

如果想在矩形範圍內輸入文字，使用「文字工具」拖曳建立範圍再輸入比較有效率。若想在矩形以外的圖形內輸入文字，請使用「區域文字工具」。

4 在此狀態，輸入「這是區域文字，可以在已經設定好的區域內，輸入文字內容」❺，就能在圓形範圍內輸入文字。

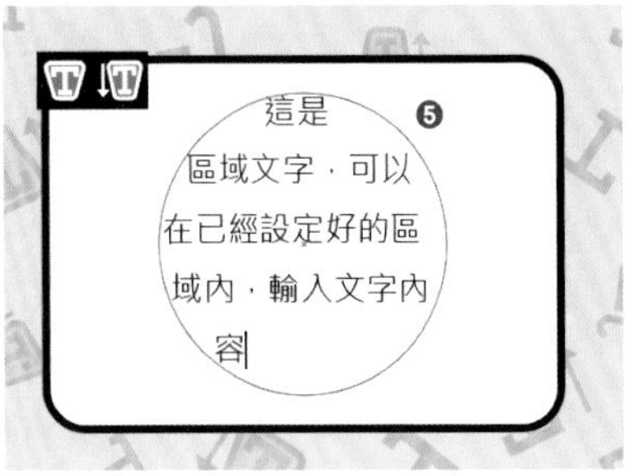
這是區域文字，可以在已經設定好的區域內，輸入文字內容
❺

「區域文字工具」可以運用在多邊形、圓形等各種形狀上。

重點提示

變形區域

區域和物件一樣，可以拖曳邊框調整大小與形狀。 ➡ 138 頁

重點提示

使用「文字工具」在區域內輸入文字

不使用「區域文字工具」，以「文字工具」在物件的路徑上按一下，也能在該物件的區域內輸入文字，但是這種方法只能用於路徑的起點與終點相連的封閉路徑。

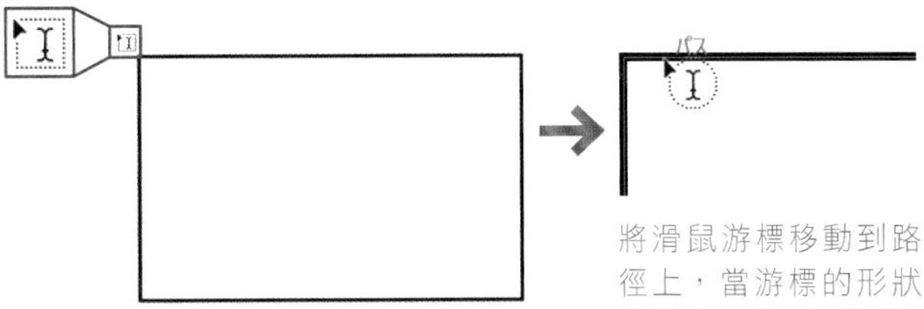

將滑鼠游標移動到路徑上，當游標的形狀改變時，按一下路徑

沿著路徑輸入文字

我們還可以沿著路徑輸入文字。當你想沿著曲線輸入文字時，可以使用這種方法。

1 長按工具列的「文字工具」，選取「路徑文字工具」❶，確認滑鼠游標的形狀 ❷。

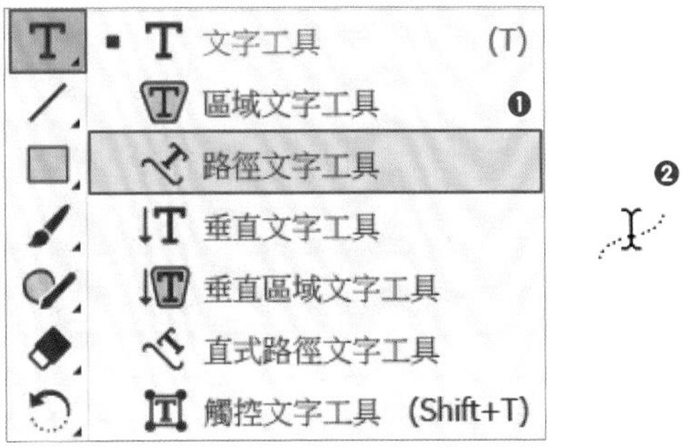
文字工具 (T)
區域文字工具 ❶
路徑文字工具
垂直文字工具
垂直區域文字工具
直式路徑文字工具
觸控文字工具 (Shift+T)
❷

2 將滑鼠游標移動到練習檔案右下方的波浪線路徑上 ❸。

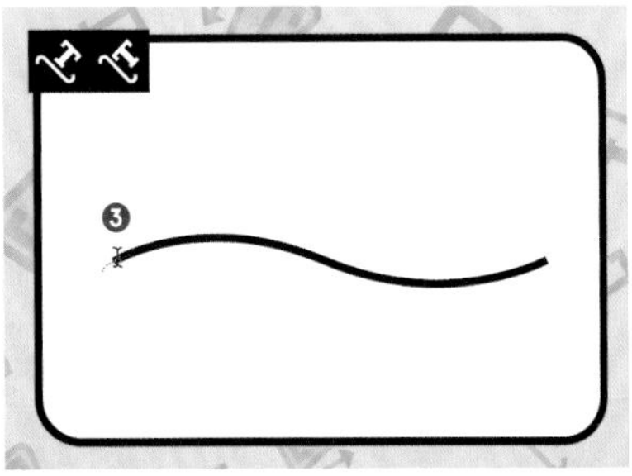
❸

還差一步！

3 在波浪線路徑上按一下，路徑上的游標會呈閃爍狀態 ❹。

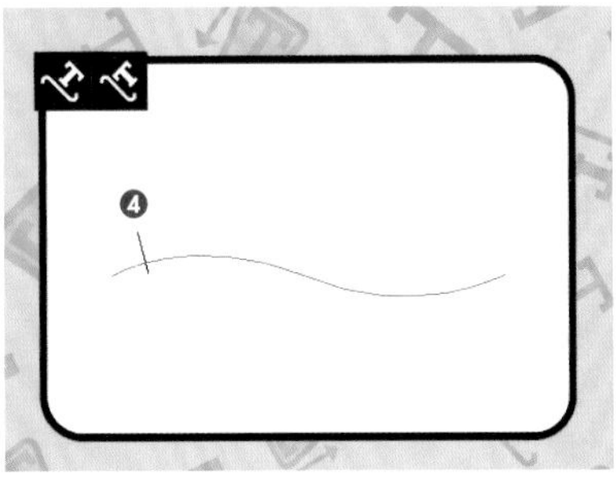
❹

按一下的位置會成為輸入文字的起點，超過路徑的部分會被隱藏，請縮小字體，進行調整。

4 在此狀態下，就能沿著路徑輸入文字，請試著輸入「這是沿路徑輸入的文字」❺。

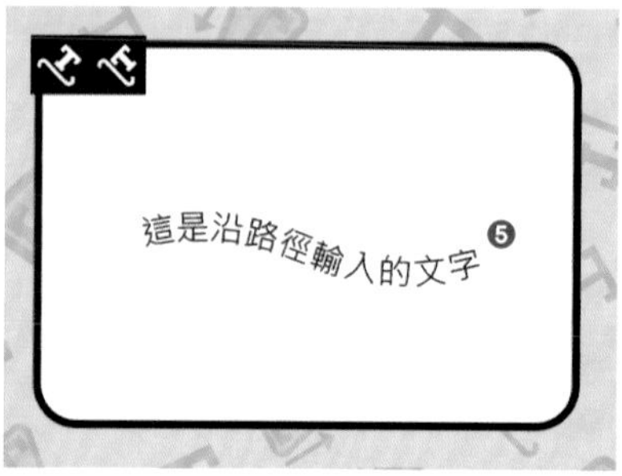
這是沿路徑輸入的文字 ❺

重點提示

在路徑上輸入垂直文字

如果想在路徑上輸入垂直文字，請選取「直式路徑文字工具」。

重點提示

拖曳編輯文字

使用「選取工具」選取路徑上的文字時，會在文字開頭、末尾、中間點分別顯示「中括號（bracket）」❶。

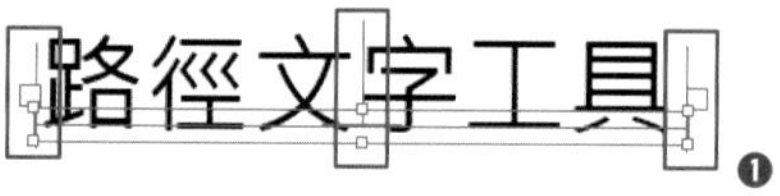
路徑文字工具
❶

這是使用「選取工具」選取路徑文字時，顯示中括號的狀態

使用「選取工具」拖曳開頭與末尾的中括號 ❷，可以調整文字範圍。

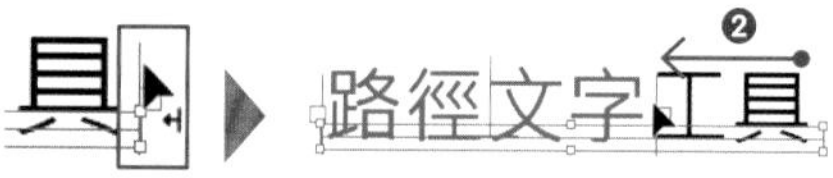
具
路徑文字工具
❷

將滑鼠游標移動到文末的中括號，顯示 ⊣ 時，開始拖曳

左右拖曳中間的中括號，可以沿著路徑移動整個文字。此外，往路徑下方拖曳 ❸，能以路徑為軸心翻轉文字。

文字
路徑文字工具
❸

將滑鼠游標移動到中央上方，在顯示 ⊥ 時，開始拖曳

完成！ 分別在四個框內輸入對應的文字。

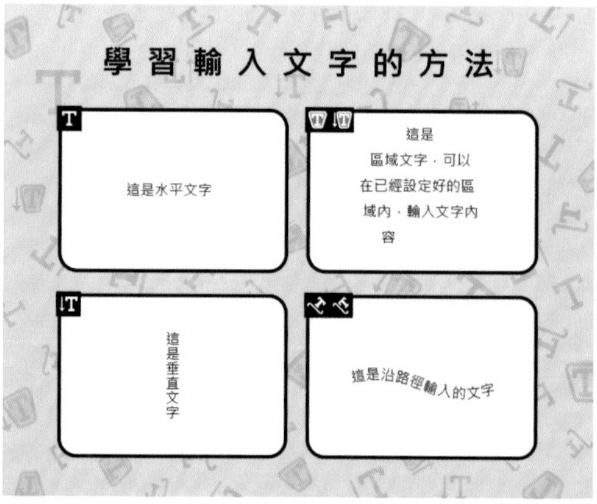
學習輸入文字的方法
這是水平文字
這是區域文字，可以在已經設定好的區域內，輸入文字內容
這是垂直文字
這是沿路徑輸入的文字

重點提示

更改成水平文字或垂直文字

如果想將已經輸入的文字改成水平或垂直狀態時，請執行「文字→文字方向→水平或垂直」命令。

重點提示

調整文字區域大小！

拖曳區域四周的邊框（□），可以調整區域文字的區域大小。

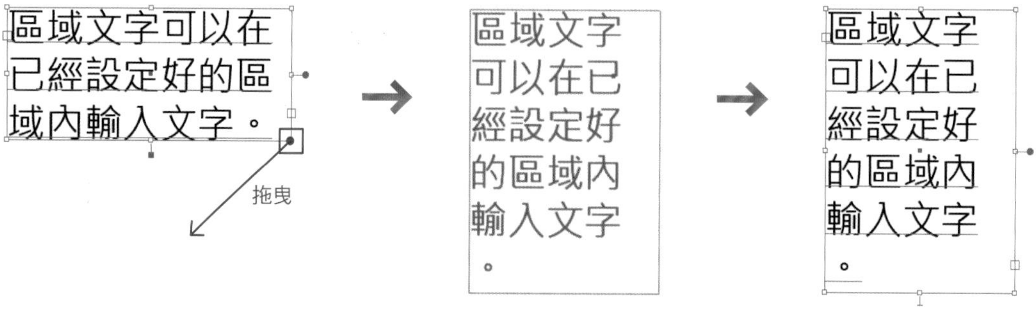
區域文字可以在已經設定好的區域內輸入文字。
拖曳
區域文字可以在已經設定好的區域內輸入文字。
區域文字可以在已經設定好的區域內輸入文字。

更多

進階知識！

● 使用文字緒

把多個物件當作文字區域連結在一起，可以讓文字區域內的內容延續。

1. 選取文字區域時，左上方會出現「文字緒的輸入點」❶，右下方會顯示「文字緒的輸出點」❷，按一下「文字緒的輸出點」，滑鼠游標會變成載入文字圖示 ❸。

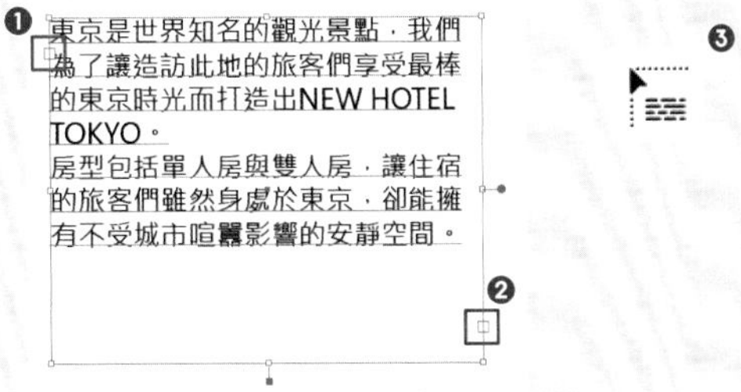
❶
東京是世界知名的觀光景點，我們為了讓造訪此地的旅客們享受最棒的東京時光而打造出NEW HOTEL TOKYO。
房型包括單人房與雙人房，讓住宿的旅客們雖然身處於東京，卻能擁有不受城市喧囂影響的安靜空間。
❷
❸

重點提示

文字溢出

如果區域內出現溢出文字，「文字緒的輸出點」會變成紅色十字符號 ⊞。

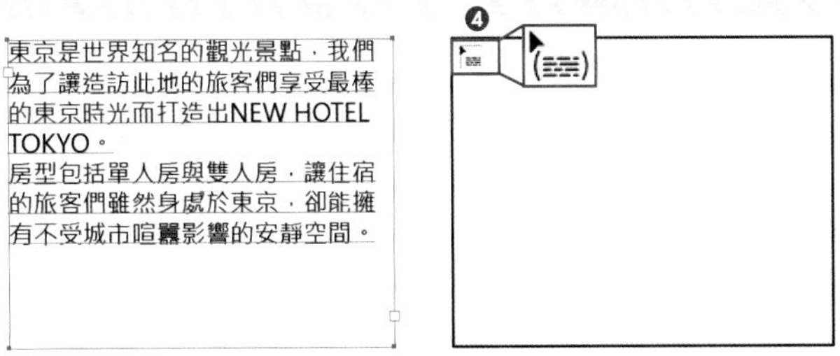
東京是世界知名的觀光景點，我們為了讓造訪此地的旅客們享受最棒的東京時光而打造出NEW HOTEL TOKYO。
房型包括單人房與雙人房，讓住宿的旅客們雖然身處於東京，卻能擁有不受城市喧囂影響的安靜空間。
❹

想連結的物件

2. 在此狀態下，將滑鼠游標移動到想連結的物件路徑上，游標的形狀會出現變化 ❹，在此狀態按一下。

3. 這樣就會連結兩個文字區域 ❺。在連結區域輸入文字，可以輸入橫跨兩個區域的文字內容 ❻。

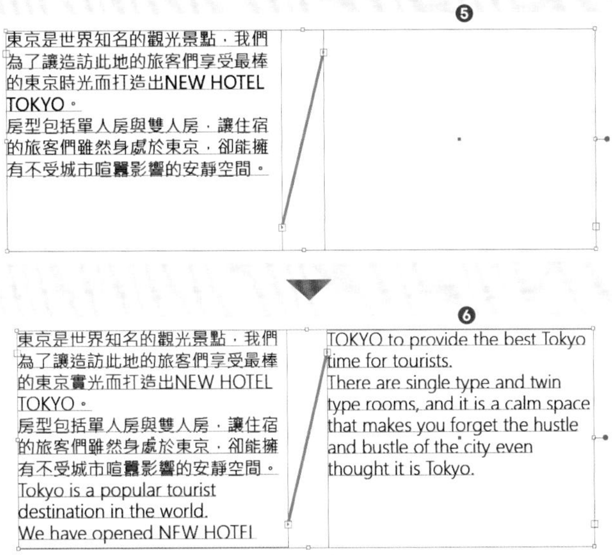
❺
東京是世界知名的觀光景點，我們為了讓造訪此地的旅客們享受最棒的東京時光而打造出NEW HOTEL TOKYO。
房型包括單人房與雙人房，讓住宿的旅客們雖然身處於東京，卻能擁有不受城市喧囂影響的安靜空間。
❻
東京是世界知名的觀光景點，我們為了讓造訪此地的旅客們享受最棒的東京實光而打造出NEW HOTEL TOKYO。
房型包括單人房與雙人房，讓住宿的旅客們雖然身處於東京，卻能擁有不受城市喧囂影響的安靜空間。
Tokyo is a popular tourist destination in the world.
We have opened NEW HOTEL
TOKYO to provide the best Tokyo time for tourists.
There are single type and twin type rooms, and it is a calm space that makes you forget the hustle and bustle of the city even thought it is Tokyo.

即使想連結的物件數量超過三個或物件形狀不一樣，仍可以建立文字緒。

重點提示

取消連結

如果想取消連結，可以使用「選取工具」在「文字緒的輸入點」或「文字緒的輸出點」按兩下。

或者選取想取消連結的物件，執行「文字→文字緒→釋放選取的文字物件」命令，就可以取消該物件的連結。假如想取消所有連結，請執行「文字→文字緒→移除文字緒」命令。

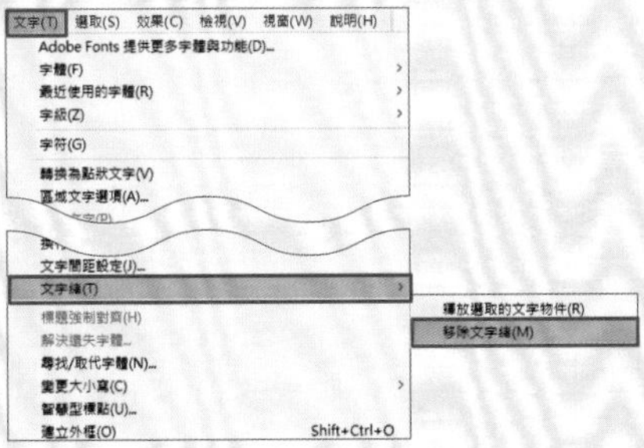
文字(T)
選取(S)
效果(C)
檢視(V)
視窗(W)
說明(H)
Adobe Fonts 提供更多字體與功能(D)...
字體(F)
最近使用的字體(R)
字級(Z)
字符(G)
轉換為點狀文字(V)
區域文字選項(A)...
文字間距設定(J)...
文字緒(T)
標題強制對齊(H)
解決遺失字體...
尋找/取代字體(N)...
變更大小寫(C)
智慧型標點(U)...
建立外框(O)
Shift+Ctrl+O
釋放選取的文字物件(R)
移除文字緒(M)

CHAPTER 7 LESSON 2

文字工具

編輯文字

練習檔案
7-2.ai

想在已經輸入完畢的文字插入其他文字或修改內容時，也可以使用「文字工具」。

插入文字

1. 開啟練習檔案「7-2.ai」，使用「文字工具」在想插入文字的地方按一下，該處會出現閃爍的游標 ❶。
2. 在此狀態輸入文字，就能在該處插入文字 ❷。

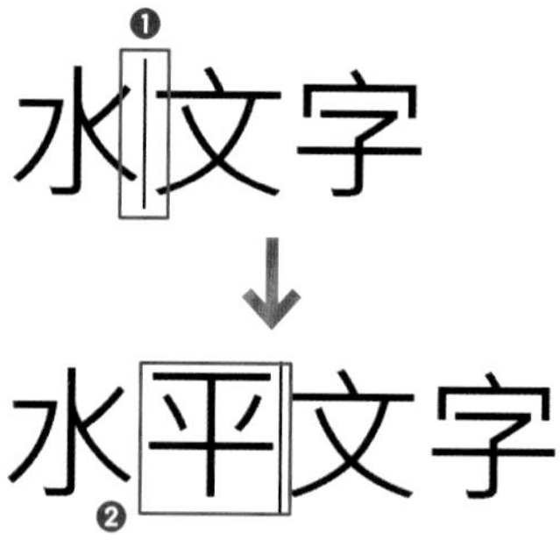

❶
水文字
水平文字
❷

修改文字

1. 使用「文字工具」拖曳選取想修改的文字 ❶。
2. 選取內容會呈現反白狀態，請在此狀態輸入文字 ❷。

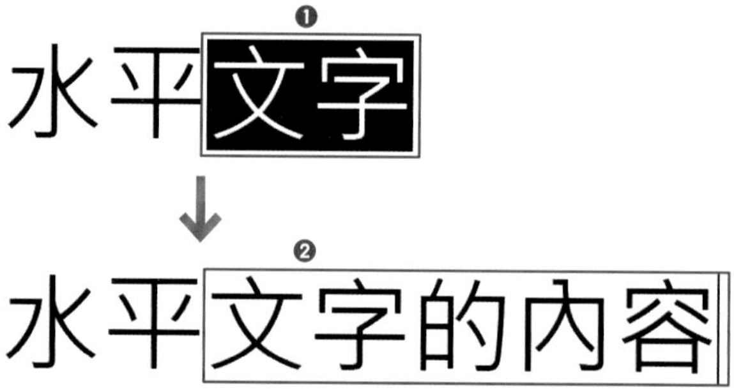

❶
水平文字
❷
水平文字的內容

刪除文字

1. 使用「文字工具」拖曳選取想刪除的文字 ❶。
2. 在此狀態按下 Delete 鍵 ❷。

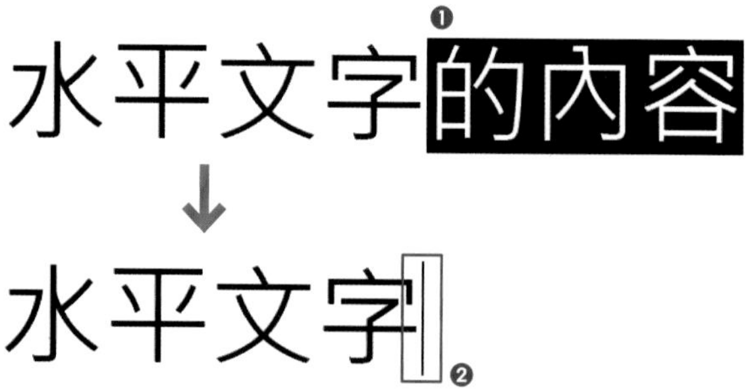

❶
水平文字的內容
水平文字
❷

重點提示

快速編輯文字

使用「選取工具」、「直接選取工具」、「群組選取工具」在文字按兩下，該處會出現閃爍的游標，呈現可編輯狀態。使用常用的「選取工具」、「直接選取工具」就能編輯文字，可以提高工作效率。

使用「文字工具」在文字之間按一下，當游標閃爍時，按下 Delete 鍵，可以刪除游標後面的文字，按下 Back space 鍵，能刪除游標之前的文字。

CHAPTER 7 LESSON 3

字元面板

認識「字元」面板

使用「字元」面板可以設定字體大小、字距、行距等。以下先介紹「字元」面板的功能與顯示方法。

●「字元」面板

字元
段落
OpenType
❶ 微軟正黑體
❷ Regular
❸ 12 pt
❹ (14.4 pt
❺ 100%
❻ 100%
❼ 自動
❽ 0
靠齊字符

❶ 字體系列
可以更改字體的種類。

❷ 字體樣式
可以更改字體粗細。

❸ 字體大小
可以設定字體大小。

❹ 行距
可以設定行距。

❺ 垂直縮放
可以往垂直方向變形文字。

❻ 水平縮放
可以往水平方向變形文字。

❼ 特殊字距
可以調整特定文字或游標所在位置的字距。

❽ 字距微調
可以調整選取文字的整體間距。

●使用「字元」面板調整文字外觀的範例

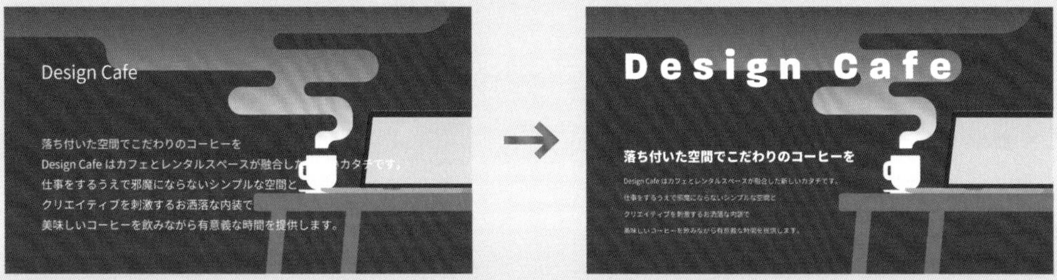

Design Cafe
落ち付いた空間でこだわりのコーヒーを
Design Cafe
落ち付いた空間でこだわりのコーヒーを

左邊的設計純粹輸入文字內容，右邊的設計調整了文字的字體種類、大小、行距等。我們可以看到，經過調整之後，產生了強弱對比，大幅改變了設計印象。設計作品時，調整文字的功能是非常重要的元素，請徹底掌握「字元」面板，學會設定文字的方法。

顯示「字元」面板

1 執行「視窗→文字→字元」命令 ❶，開啟「字元」面板 ❷。

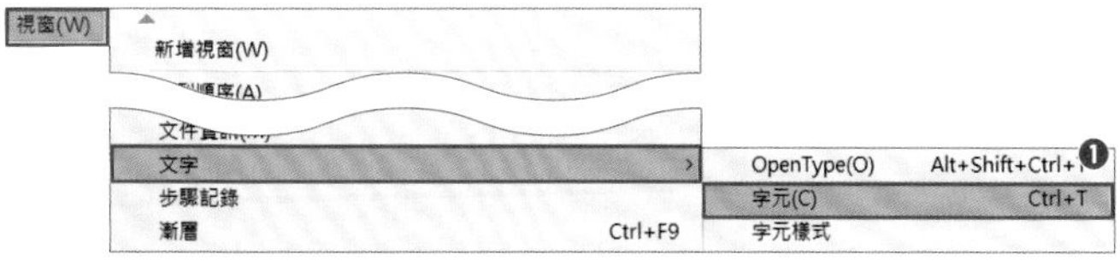

視窗(W)
新增視窗(W)
文字
步驟記錄
漸層
Ctrl+F9
OpenType(O)
字元(C)
Ctrl+T
字元樣式
❶

字元
段落
OpenType
Adobe 明體 Std L
12 pt
(14.4 pt
100%
100%
自動
0
靠齊字符

❷

CHAPTER 7 LESSON 4

字元面板

更改字體

練習檔案
7-4.ai

文字有各式各樣的字體（字型）種類，字體是決定設計印象的重要元素之一，這個單元將介紹更改字體的方法。

決定字體

輸入文字後，仍能更改字體的種類，以下將調整現有文字的字體。

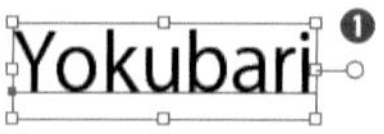

Yokubari
❶

字元
段落
OpenType
Adobe 明體 Std L
❷
12 pt
(14.4 p
100%
100%
自動
0
靠齊字符

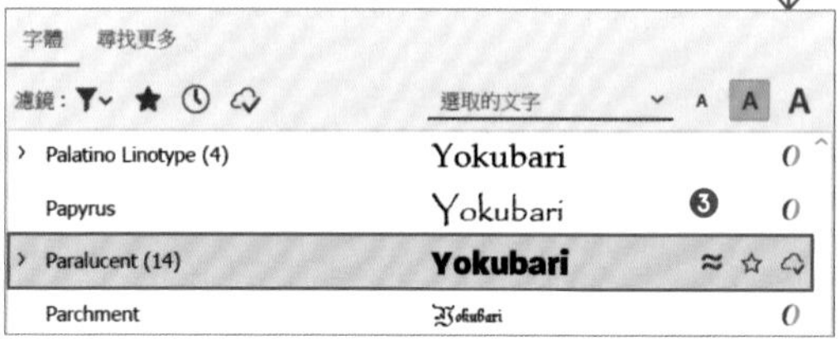

字體
尋找更多
濾鏡：
選取的文字
Palatino Linotype (4)
Yokubari
Papyrus
Yokubari
❸
Paralucent (14)
Yokubari
Parchment

1. 開啟練習檔案「7-4.ai」，選取文字 ❶，在「字元」面板中，按一下「設定字體系列」的 ⌄ ❷，顯示字體清單，這次選擇了「Paralucent」❸。

每台電腦已經安裝的字體種類都不一樣，請從你擁有的字體中，選擇風格接近的字體。這個單元使用的「Paralucent」字體請參考16 頁的說明，在 Adobe Font 搜尋、安裝。

重點提示

開啟「字元」面板

執行「視窗→文字→字元」命令，可以開啟「字元」面板。

2. 按一下 ⌄ ❹，選取字體粗細，這個範例選擇了「Heavy」❺。

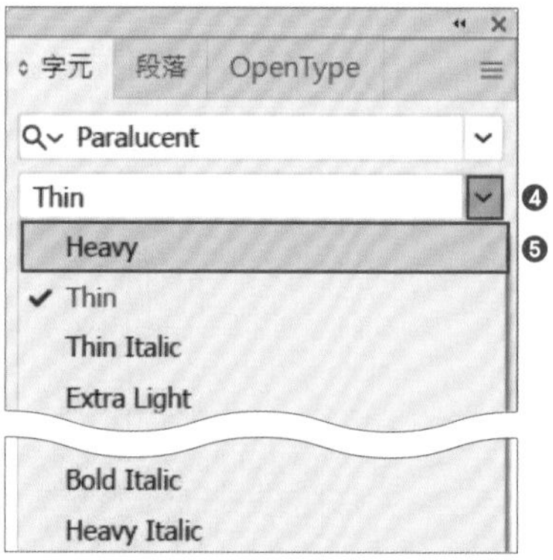

字元
段落
OpenType
Paralucent
Thin
❹
Heavy
❺
Thin
Thin Italic
Extra Light
Bold Italic
Heavy Italic

重點提示

何謂字體粗細？

部分字體有不同的粗細，調整字體粗細也能改變給人的印象，因此設計時，也要注意字體粗細。「Paralucent」字體的粗細種類豐富，包括較纖細的「Thin」、標準粗細的「Medium」、略粗的「Bold」等。

這裡選擇了比 Bold 更粗的「Heavy」。

＼完成！／ 更改了字體。

Yokubari

下個單元將調整字體大小。

CHAPTER 7
LESSON 5

字元面板

調整文字大小與顏色

練習檔案
7-5.ai

請試著調整文字大小（字體大小）。

調整字體大小

選取想調整大小的文字，在「字元」面板輸入數值。

1. 開啟練習檔案「7-5.ai」，選取文字 ❶。

2. 在「字元」面板的「設定字體大小」輸入「40pt」❷。

   這樣就能放大文字。

Yokubari
❶

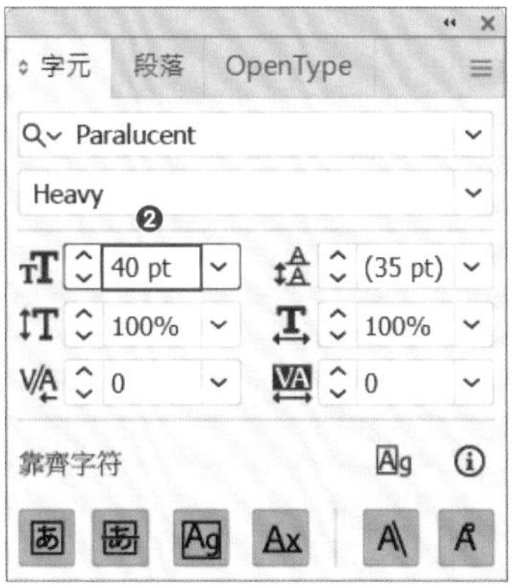
字元
段落
OpenType
Paralucent
Heavy
❷
40 pt
(35 pt)
100%
100%
0
0
靠齊字符

Yokubari

重點提示

微調字體大小

按一下「設定字體大小」的 ⌃⌄ 鈕，可以一個 pt 一個 pt 調整數值。

調整文字的顏色

利用「色票」面板可以調整文字的顏色。

1. 選取文字 ❶，在「色票」面板選取顏色 ❷。這個範例選擇了紅色。

   改變了文字的顏色 ❸。

Yokubari
❶

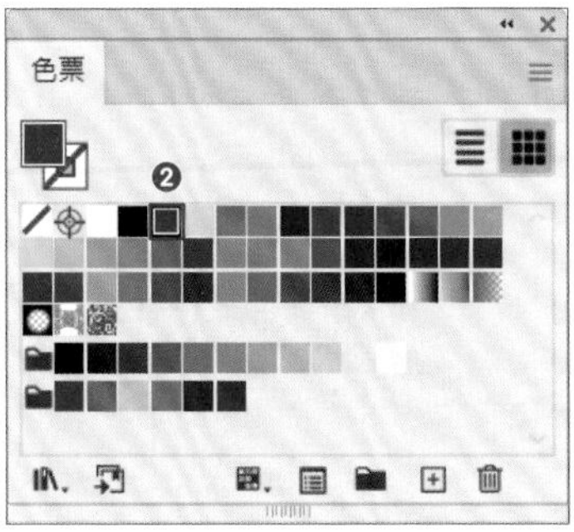
色票
❷

「顏色」面板及工具
列的「填色」也可以更
改文字的顏色。

Yokubari
❸

CHAPTER 7

LESSON 6

字元面板

在一個文字物件內使用多種字體

練習檔案

7-6.ai

一個文字物件可以設定多種字體或不同文字大小。第一行文字設定標題風格，第二行之後設定成較小的字體，讓文字具有強弱對比。

將第一行變成標題

關鍵重點！

1. 開啟練習檔案「7-6.ai」，使用「文字工具」 T 拖曳選取第一行 ❶。

雖然是新手卻什麼都想嘗試！ ❶

可以滿足各種需求的 Illustrator 教科書

2. 在「字元」面板的字體系列選取「思源黑體」，字體樣式選擇「Heavy」❷，字體大小設定為「14pt」❸。

字元
段落
OpenType
❷
思源黑體
Heavy
14 pt
❸
(24.5 pt
100%
100%
0
0
靠齊字符

完成！ 只將第一行設定成標題風格。

雖然是新手卻什麼都想嘗試！

可以滿足各種需求的 Illustrator 教科書

和這個單元一樣，在一個文字物件使用不同字體或大小時，「字元」面板會顯示為空白欄。

更多

進階知識！

● 只調整行內的部分文字

我們也可以只調整同一行的部分文字。

選取你想調整的文字，在「字元」面板選取字體，進行調整。

可以滿足各種需求的 Illustrator 教科書

↓

可以滿足各種需求的 **Illustrator** 教科書

除了調整字體，也可以選取部分文字，單獨更改該文字的顏色。

CHAPTER 7 LESSON 7

字元面板

調整字距

練習檔案
7-7.ai

調整文字的字距也能提升設計的品質。以下將使用字距微調功能，更改文字的間距。

設定字距微調

1 開啟練習檔案「7-7.ai」，使用「選取工具」選取要調整字距的文字 ❶。

❶
雖然是新手卻什麼都想嘗試！

2 在選取文字的狀態，於「字元」面板的「設定選取字元的字距微調」輸入數值 ❷，這個範例輸入了「280」。

字元
段落
OpenType
微軟正黑體
Regular
14 pt
(24.5 pt
100%
100%
❷
0
280
靠齊字符

字距微調的數值愈大，文字的間距愈寬，請根據文字大小適度調整。

重點提示

字距微調的快速鍵

使用快速鍵也能設定字距微調。

在選取文字的狀態

- Alt（option）+ → 鍵為「+20」
- Alt（option）+ ← 鍵為「-20」
- Alt（option）+ Ctrl（⌘）+ → 鍵為「+100」
- Alt（option）+ Ctrl（⌘）+ ← 鍵為「-100」

完成！ 增加了文字的間距。

雖 然 是 新 手 卻 什 麼 都 想 嘗 試 ！

更多
進階知識！

● 何謂字距微調？

字距微調可以統一調整所有文字或選取範圍內的文字間距。類似的功能還有特殊字距，這是調整游標前後的字距或特定文字間距的功能。

CHAPTER 7 LESSON 8

字元面板

調整行距

練習檔案
7-8.ai

行距會根據文字大小自動調整，不過也可以自行設定成任意數值。選取文字的方法也會影響行距，請徹底學會調整行距的方法。

● 選取文字方塊

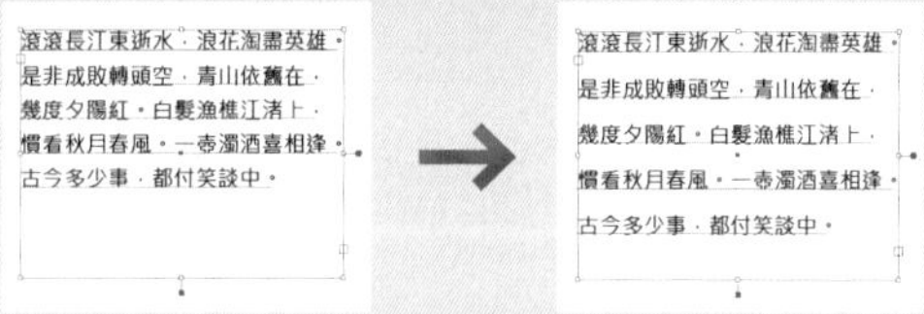

滾滾長江東逝水，浪花淘盡英雄，
是非成敗轉頭空，青山依舊在，
幾度夕陽紅。白髮漁樵江渚上，
慣看秋月春風。一壺濁酒喜相逢，
古今多少事，都付笑談中。

選取文字方塊，可以讓整體的行距變得平均一致。

● 選取單行

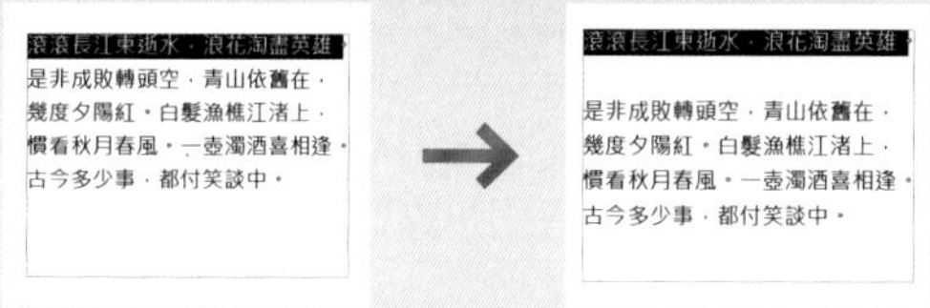

滾滾長江東逝水，浪花淘盡英雄，
是非成敗轉頭空，青山依舊在，
幾度夕陽紅。白髮漁樵江渚上，
慣看秋月春風。一壺濁酒喜相逢，
古今多少事，都付笑談中。

只選取一行時，只會改變與下一行的間距。

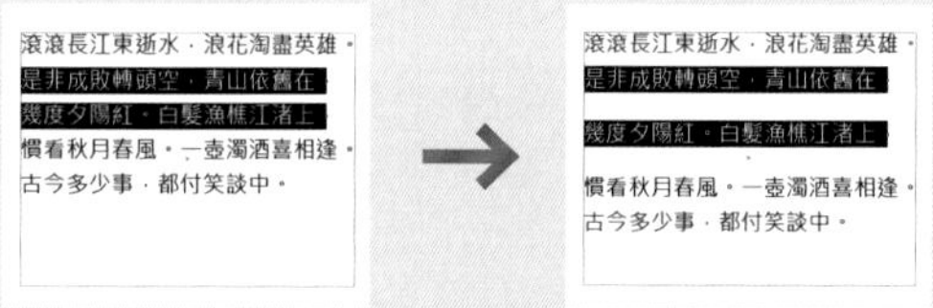

滾滾長江東逝水，浪花淘盡英雄，
是非成敗轉頭空，青山依舊在，
幾度夕陽紅。白髮漁樵江渚上，
慣看秋月春風。一壺濁酒喜相逢，
古今多少事，都付笑談中。

選取多行時，會改變選取行內的間距。

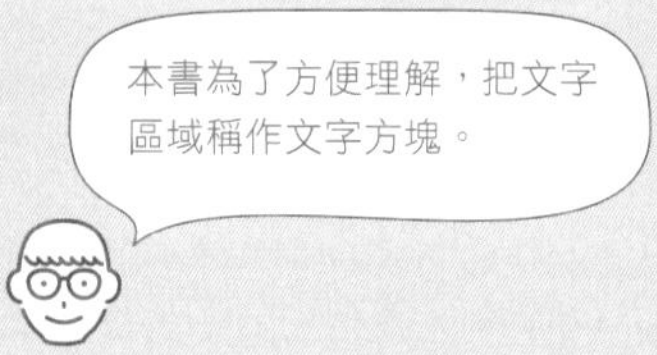

本書為了方便理解，把文字區域稱作文字方塊。

增加第一行與其他行的行距

一個文字方塊內設定了多種字體與文字大小時，可以依照每一行設定行距。

關於「超迷人入門美學」系列
雖然是新手卻什麼都想嘗試！希望設計出好作品！
「超迷人入門美學」系列可以滿足這種需求，
同時兼具操作容易性與滿意度。
這是一本適合想挑戰新事物或希望重新學習者的教科書。

1. 開啟練習檔案「7-8.ai」。
先增加標題文字與其他文字的間距。使用「文字工具」 T 拖曳選取第一行 ❶。

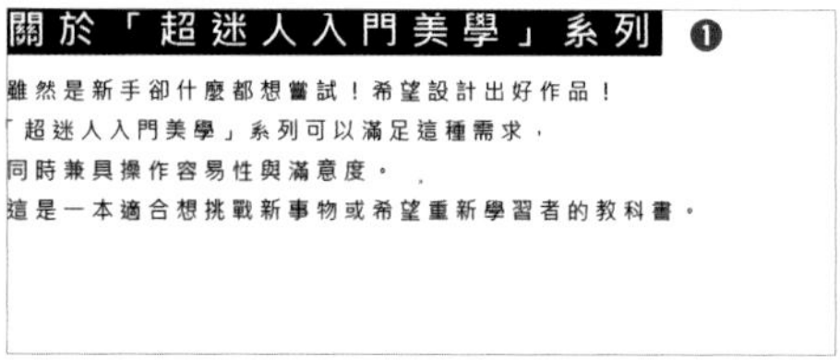

關於「超迷人入門美學」系列
❶
雖然是新手卻什麼都想嘗試！希望設計出好作品！
「超迷人入門美學」系列可以滿足這種需求，
同時兼具操作容易性與滿意度。
這是一本適合想挑戰新事物或希望重新學習者的教科書。

2. 在「字元」面板的「設定行距」輸入「45pt」❷。

字元
微軟正黑體
Bold
18 pt
45 pt
❷
100%
100%
0
280
靠齊字符

\ 完成！/ 增加了第一行與第二行的間距。

關於「超迷人入門美學」系列

雖然是新手卻什麼都想嘗試！希望設計出好作品！
「超迷人入門美學」系列可以滿足這種需求，
同時兼具操作容易性與滿意度。
這是一本適合想挑戰新事物或希望重新學習者的教科書。

設定多種行距

① 在其他文字設定與第一、第二行不同的行距。使用「文字工具」T 拖曳選取第二～五行的內容 ❶。

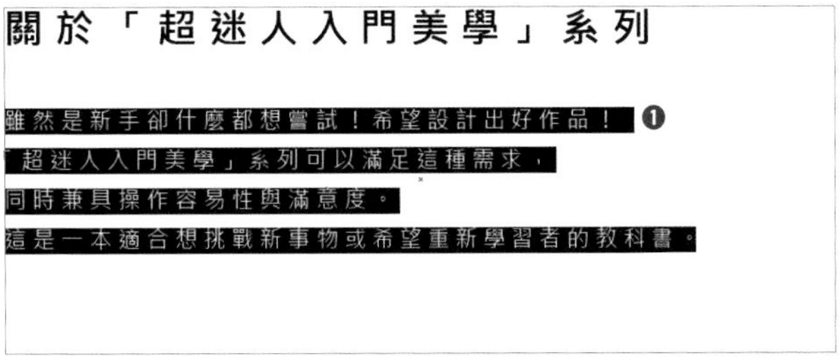
關於「超迷人入門美學」系列
雖然是新手卻什麼都想嘗試！希望設計出好作品！
「超迷人入門美學」系列可以滿足這種需求，
同時兼具操作容易性與滿意度。
這是一本適合想挑戰新事物或希望重新學習者的教科書。
❶

② 在「字元」面板的「設定行距」按一下，輸入數值 ❷。這個範例輸入「20pt」。

字元
段落
OpenType
微軟正黑體
Regular
10 pt
20 pt
100%
100%
0
280
靠齊字符
❷

\ 完成！/ 在一個文字方塊內設定了多種行距。

關於「超迷人入門美學」系列

雖然是新手卻什麼都想嘗試！希望設計出好作品！
「超迷人入門美學」系列可以滿足這種需求，
同時兼具操作容易性與滿意度。
這是一本適合想挑戰新事物或希望重新學習者的教科書。

\ 必備知識！/

● 行間與行距的關係

一般而言，行間是指一行文字下緣到第二行文字上緣的距離，而行距是指第一行文字的上緣到第二行文字上緣的距離（以全形字框頂端為基準的行距），或第一行文字的基線（選取文字時顯示為文字基準的線條）到第二行的文字基線的距離（以羅馬字基線為基準的行距）。Illustrator 是透過行距設定而不是一般的行間來調整行與行的間距。

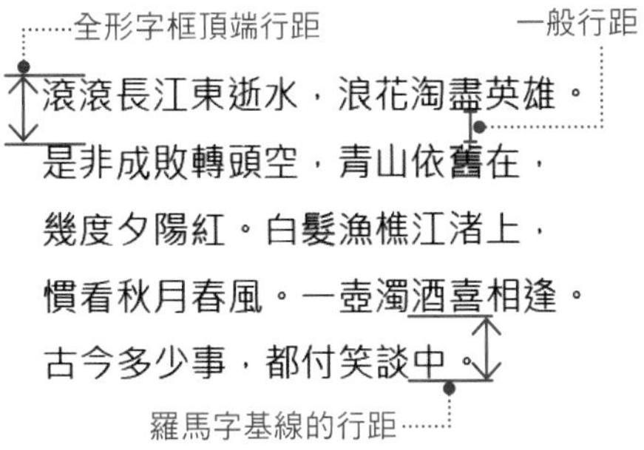
全形字框頂端行距
一般行距
滾滾長江東逝水，浪花淘盡英雄。
是非成敗轉頭空，青山依舊在，
幾度夕陽紅。白髮漁樵江渚上，
慣看秋月春風。一壺濁酒喜相逢。
古今多少事，都付笑談中。
羅馬字基線的行距

全形字框是指設計字體時，當作基準的正方形框。設計時，字體不能超出框線。

更多

進階知識！

一次調整所有使用中的字體

1 執行「文字→尋找／取代字體」命令 ❶。

開啟「尋找／取代字體」對話視窗。

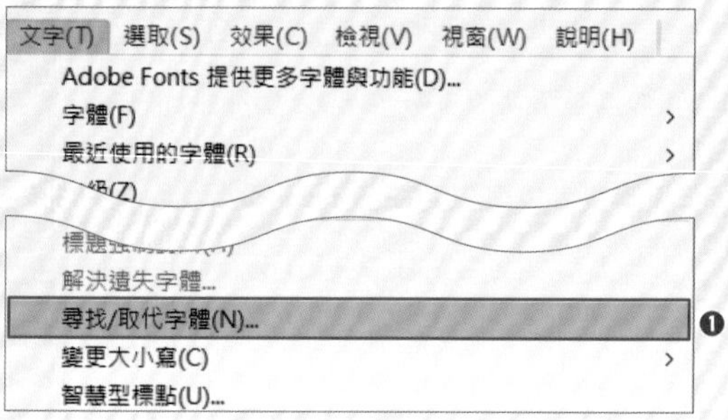

文字(T) 選取(S) 效果(C) 檢視(V) 視窗(W) 說明(H)
Adobe Fonts 提供更多字體與功能(D)...
字體(F)
最近使用的字體(R)
解決遺失字體...
尋找/取代字體(N)...
變更大小寫(C)
智慧型標點(U)...
❶

2 「尋找／取代字體」對話視窗的左上方會顯示目前文件內使用的字體。

選擇你想更改的字體 ❷。

3 按一下「取代字體來源」欄右側的 ⌄ 鈕 ❸，選取「系統」❹。

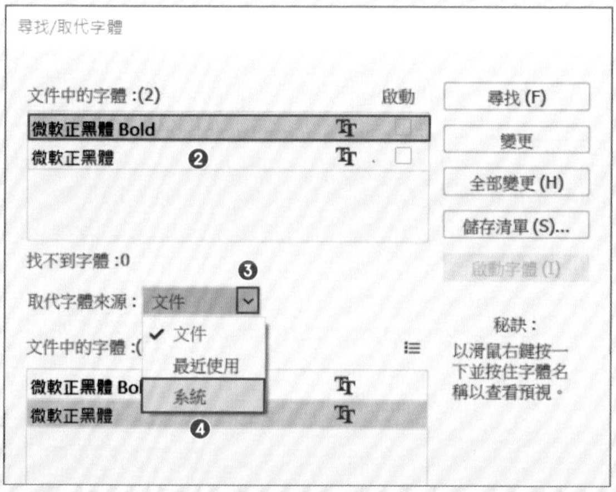

尋找/取代字體
文件中的字體 :(2)
啟動
微軟正黑體 Bold
微軟正黑體
❷
尋找 (F)
變更
全部變更 (H)
儲存清單 (S)...
啟動字體 (I)
找不到字體 :0
❸
取代字體來源：文件
文件
最近使用
系統
❹
秘訣：
以滑鼠右鍵按一下並按住字體名稱以查看預視。

4 「尋找／取代字體」對話視窗左下方會顯示電腦中已經安裝的字體清單，請從中選取你想使用的字體 ❺。

5 選取了你想更改、使用的字體後，按下「全部變更」鈕 ❻，就能一次改掉文件內所有要取代的字體。

更改後，按下「完成」鈕 ❼。

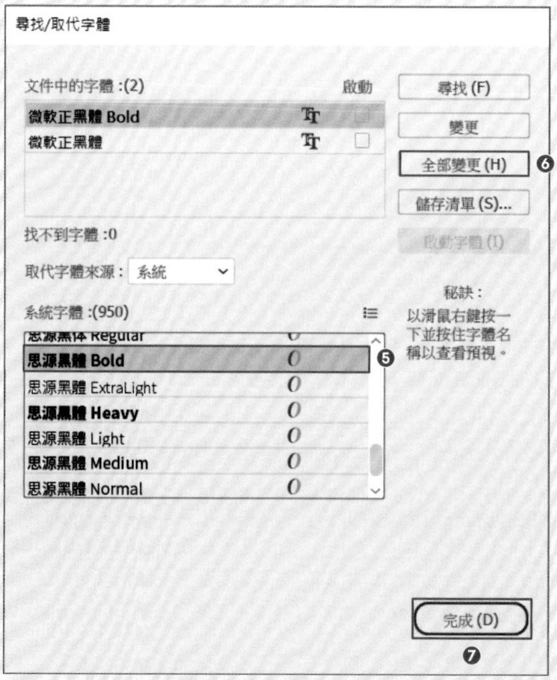

尋找/取代字體
文件中的字體 :(2)
啟動
微軟正黑體 Bold
微軟正黑體
尋找 (F)
變更
全部變更 (H)
❻
儲存清單 (S)...
啟動字體 (I)
找不到字體 :0
取代字體來源：系統
系統字體 :(950)
思源黑體 Bold
❺
思源黑體 ExtraLight
思源黑體 Heavy
思源黑體 Light
思源黑體 Medium
思源黑體 Normal
秘訣：
以滑鼠右鍵按一下並按住字體名稱以查看預視。
完成 (D)
❼

CHAPTER 7 LESSON 9

段落面板

「段落」面板的功能

段落的設定是讓文字一看就懂的重要元素，這個單元將介紹「段落」面板的功能。

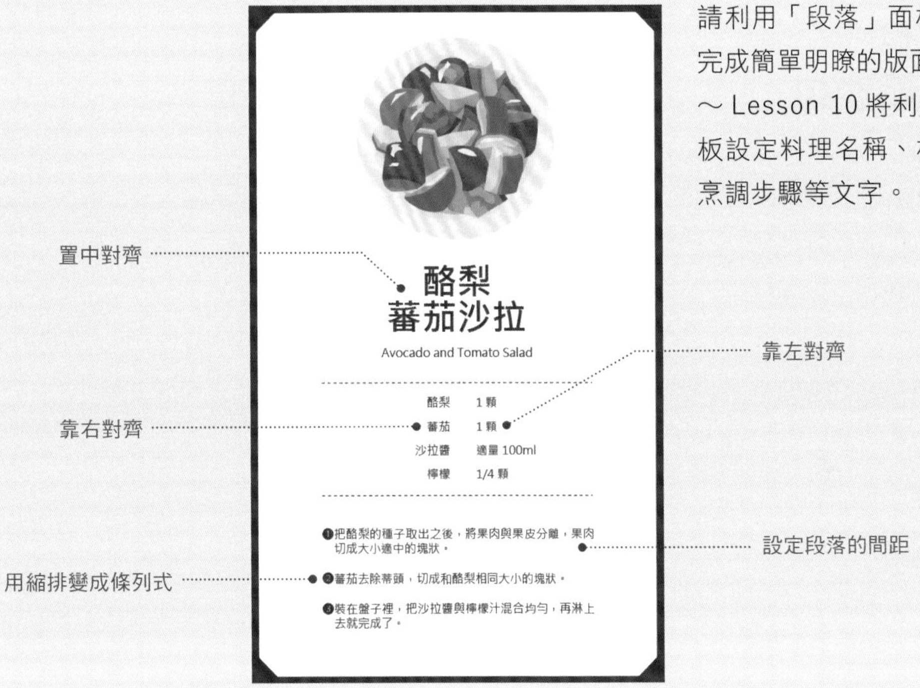
置中對齊
靠右對齊
用縮排變成條列式
靠左對齊
設定段落的間距
酪梨
蕃茄沙拉
Avocado and Tomato Salad
酪梨 1 顆
蕃茄 1 顆
沙拉醬 適量 100ml
檸檬 1/4 顆
❶把酪梨的種子取出之後，將果肉與果皮分離，果肉切成大小適中的塊狀。
❷蕃茄去除蒂頭，切成和酪梨相同大小的塊狀。
❸裝在盤子裡，把沙拉醬與檸檬汁混合均勻，再淋上去就完成了。

請利用「段落」面板編排文字，完成簡單明瞭的版面。Lesson 8～Lesson 10 將利用「段落」面板設定料理名稱、材料、分量、烹調步驟等文字。

開啟「段落」面板

「段落」面板可以調整段落與對齊。執行「視窗→文字→段落」命令 ❶，開啟「段落」面板 ❷。

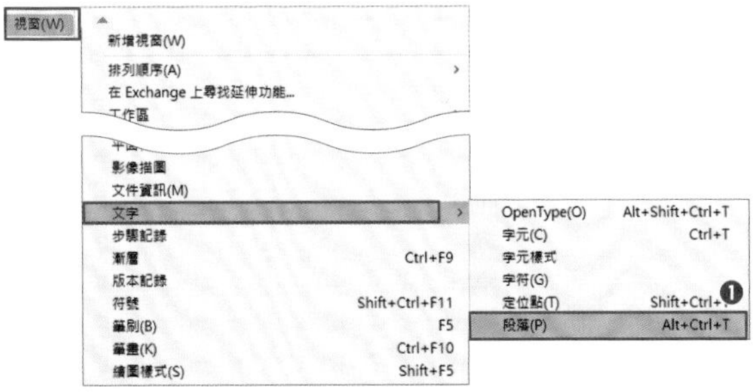
視窗(W)
新增視窗(W)
排列順序(A)
在 Exchange 上尋找延伸功能...
工作區
影像描圖
文件資訊(M)
文字
步驟記錄
漸層 Ctrl+F9
版本記錄
符號 Shift+Ctrl+F11
筆刷(B) F5
筆畫(K) Ctrl+F10
繪圖樣式(S) Shift+F5
OpenType(O) Alt+Shift+Ctrl+T
字元(C) Ctrl+T
字元樣式
字符(G)
定位點(T) Shift+Ctrl+T
段落(P) Alt+Ctrl+T
❶

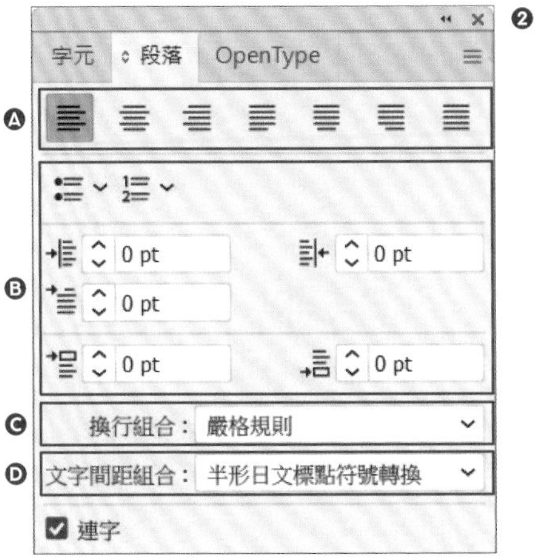
❷
字元
段落
OpenType
Ⓐ
Ⓑ
0 pt
0 pt
0 pt
0 pt
0 pt
Ⓒ
換行組合：嚴格規則
Ⓓ
文字間距組合：半形日文標點符號轉換
連字

Ⓐ 對齊文字或文字齊行……可以設定「靠左對齊」、「置中對齊」、「靠右對齊」等對齊文字的方式。

Ⓑ 縮排設定……………………可以在每個段落插入任意間距。

Ⓒ 換行組合……………………當一行的開頭與最後出現換行文字時，可以調整換行設定。

Ⓓ 文字間距組合……………可以設定中文的括弧、標點符號、特殊字元、數字等的間距。

CHAPTER 7 LESSON 10

段落面板 # 對齊

對齊文字的位置

練習檔案
7-10.ai

依照文字元素設定置中對齊、靠右對齊、靠左對齊等對齊設定。

酪梨
蕃茄沙拉
Avocado and Tomato Salad
酪梨 1顆
蕃茄 1顆
沙拉醬 適量100ml
檸檬 1/4顆
置中對齊
靠右對齊
靠左對齊

上半部分的標題設定成置中對齊，下半部分設定成左邊的材料與右邊的分量對齊內側的線條。

置中對齊

使用「段落」面板將料理名稱設定成「置中對齊」。

❶
酪梨
蕃茄沙拉
Avocado and Tomato Salad
酪梨 1顆

1. 開啟練習檔案「7-10.ai」，使用「選取工具」 選取料理名稱的文字方塊 ❶。

2. 在「段落」面板選取「置中對齊」❷。文字就會變成「置中對齊」❸。

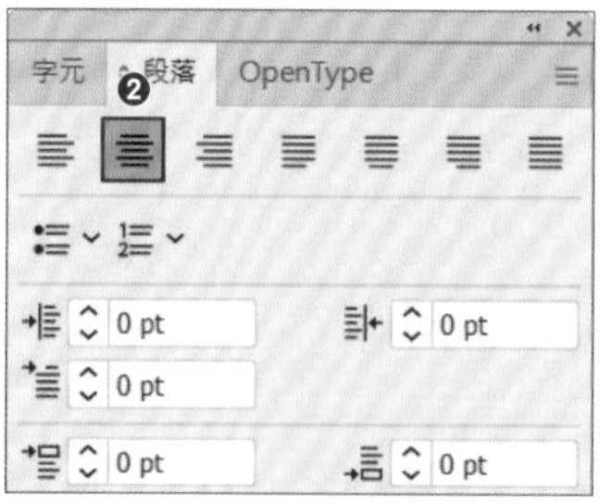

字元
段落
OpenType
❷
0 pt
0 pt
0 pt
0 pt
0 pt

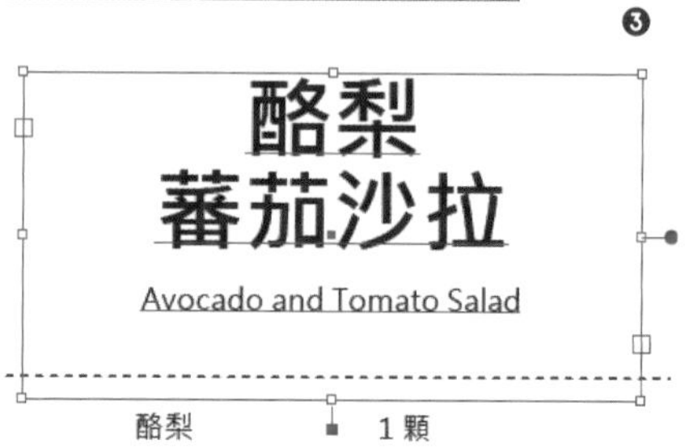

❸
酪梨
蕃茄沙拉
Avocado and Tomato Salad
酪梨 1顆

對齊文字是以輸入文字的文字方塊為基準。

靠右對齊

將材料名稱改成「靠右對齊」。

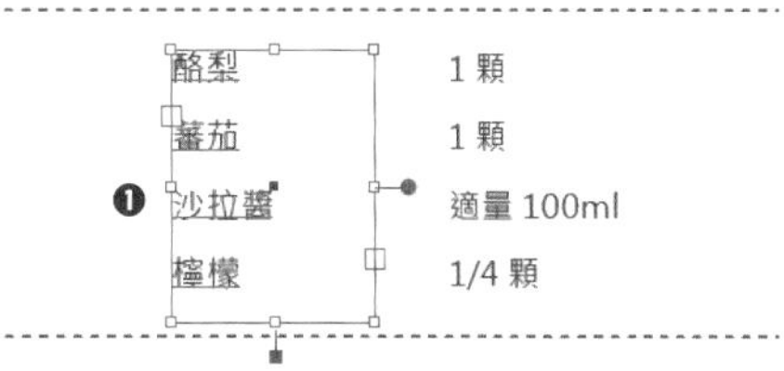
酪梨 1 顆
蕃茄 1 顆
❶ 沙拉醬 適量 100ml
檸檬 1/4 顆

(1) 使用「選取工具」 選取材料名稱的文字方塊 ❶。

(2) 在「段落」面板選取「靠右對齊」❷。文字就會變成「靠右對齊」❸。

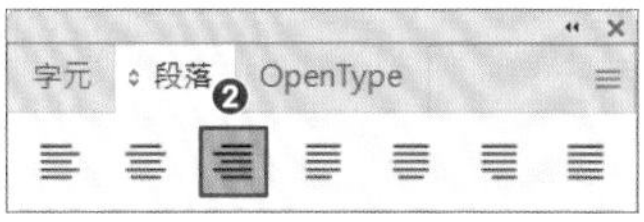
字元
段落 ❷
OpenType

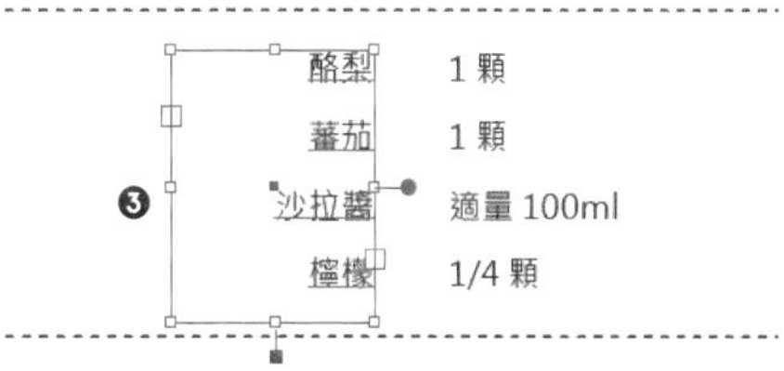
酪梨 1 顆
蕃茄 1 顆
❸ 沙拉醬 適量 100ml
檸檬 1/4 顆

\ 完成！/ 利用「段落」面板完成「對齊文字」的設定。

版面改成以中央線為基準。

酪梨
蕃茄沙拉
Avocado and Tomato Salad
酪梨 1 顆
蕃茄 1 顆
沙拉醬 適量 100ml
檸檬 1/4 顆

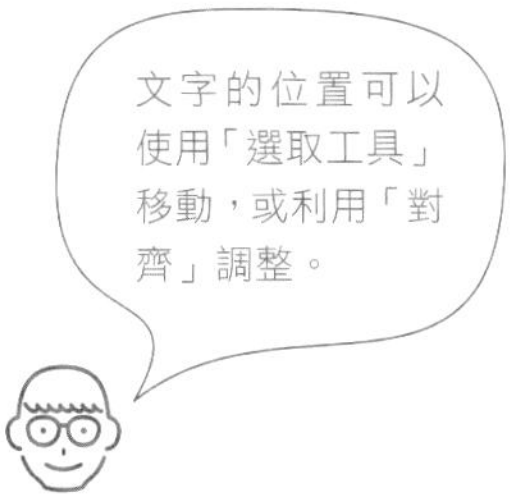
文字的位置可以使用「選取工具」移動，或利用「對齊」調整。

更多

進階知識！

●瞭解對齊文字的種類

以下將介紹「段落」面板中，「對齊文字」與「文字齊行」的種類。

「段落」面板

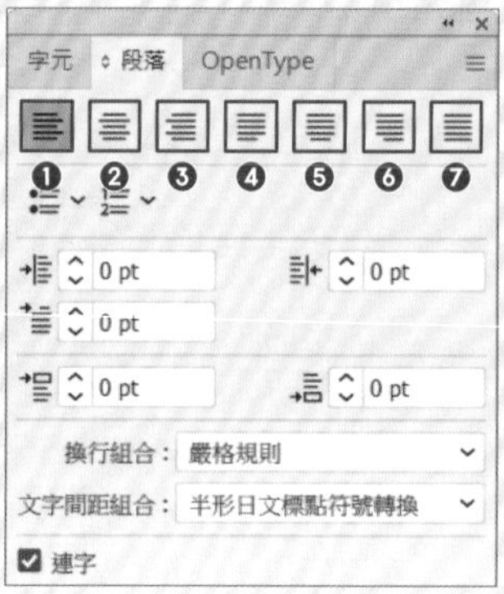

字元
段落
OpenType
0 pt
換行組合：
嚴格規則
文字間距組合：
半形日文標點符號轉換
連字

垂直文字的左右對齊會變成上下對齊。

❶ 靠左對齊

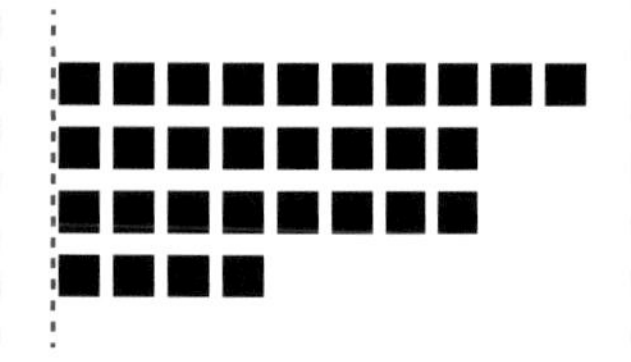

每行的行頭靠左對齊

❷ 置中對齊

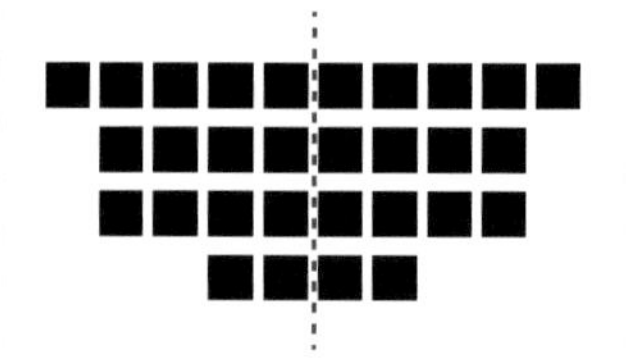

每行對齊中央

❸ 靠右對齊

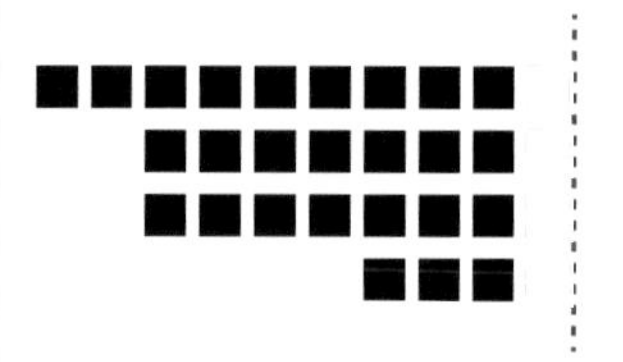

每行靠右對齊

❹ 以行末齊左的方式對齊

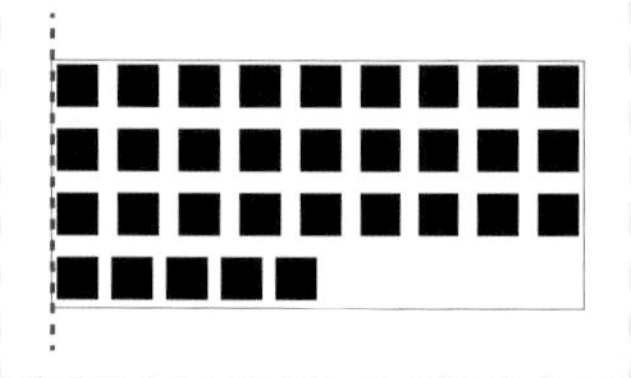

區域文字在區域內齊行，最後一行靠左對齊

❺ 以末行齊中的方式對齊

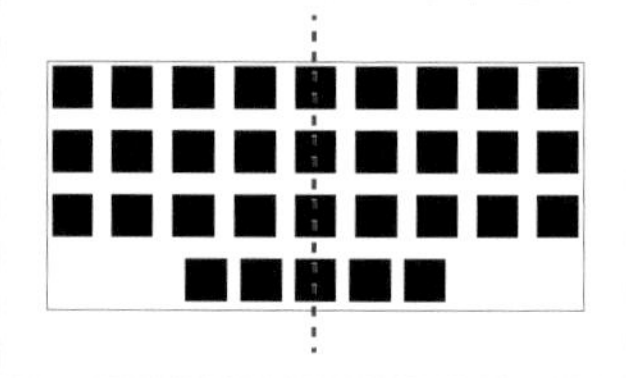

區域文字在區域內齊行，最後一行置中對齊

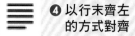

❻ 以末行齊右的方式對齊

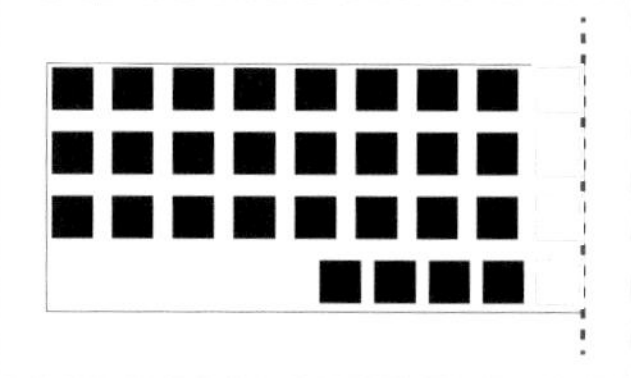

區域文字在區域內齊行，最後一行靠右對齊

❼ 強制齊行

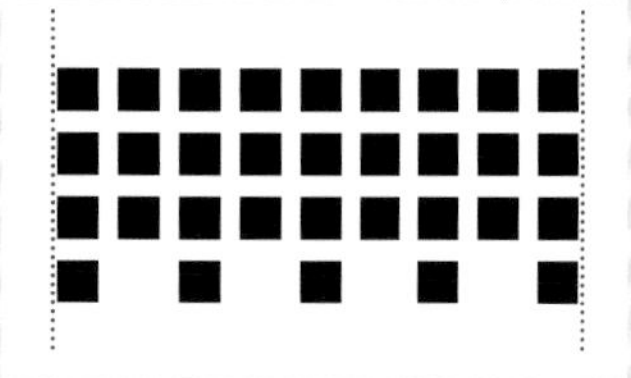

區域文字對齊區域兩端

CHAPTER 7
LESSON 11

設定縮排

段落面板 # 文字齊行 # 縮排

練習檔案
7-11.ai

突顯行頭的數字或符號，可以讓條列式內容變得更容易閱讀。以下將設定縮排，強調行頭的數字。

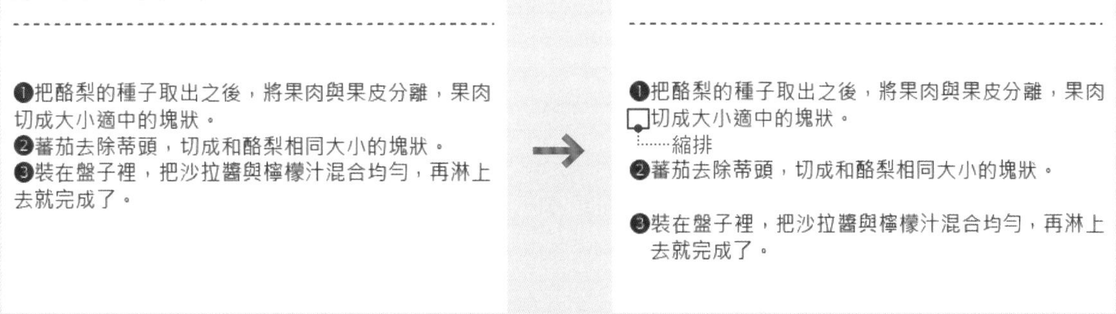
❶把酪梨的種子取出之後，將果肉與果皮分離，果肉切成大小適中的塊狀。
❷蕃茄去除蒂頭，切成和酪梨相同大小的塊狀。
❸裝在盤子裡，把沙拉醬與檸檬汁混合均勻，再淋上去就完成了。
❶把酪梨的種子取出之後，將果肉與果皮分離，果肉
切成大小適中的塊狀。
縮排
❷蕃茄去除蒂頭，切成和酪梨相同大小的塊狀。
❸裝在盤子裡，把沙拉醬與檸檬汁混合均勻，再淋上
去就完成了。

在段落設定縮排，從第二行的開始位置縮排一個字。另外，增加段落的間距，讓文字變得比較容易閱讀。

文字齊行

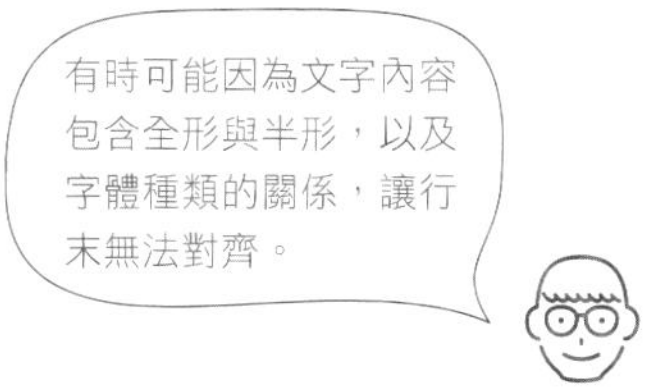
有時可能因為文字內容包含全形與半形，以及字體種類的關係，讓行末無法對齊。

預設狀態是靠左對齊，仔細觀察，每一行的末尾都有縫隙，因此設定文字齊行，讓文字變整齊。

1 開啟練習檔案「7-11.ai」，使用「選取工具」▶選取食譜的文字方塊 ❶。

❶

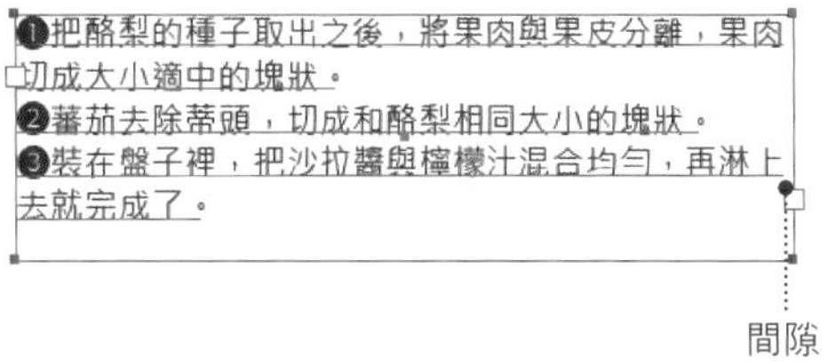
❶把酪梨的種子取出之後，將果肉與果皮分離，果肉切成大小適中的塊狀。
❷蕃茄去除蒂頭，切成和酪梨相同大小的塊狀。
❸裝在盤子裡，把沙拉醬與檸檬汁混合均勻，再淋上去就完成了。
間隙

關鍵重點！

2 選取「段落」面板中的「以末行齊左的方式對齊」❷。

區域文字會對齊文字方塊的寬度 ❸。

字元
段落
OpenType
❷

❸

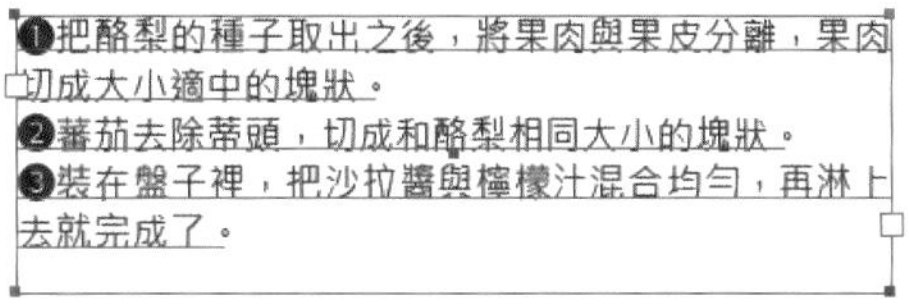
❶把酪梨的種子取出之後，將果肉與果皮分離，果肉切成大小適中的塊狀。
❷蕃茄去除蒂頭，切成和酪梨相同大小的塊狀。
❸裝在盤子裡，把沙拉醬與檸檬汁混合均勻，再淋上去就完成了。

整段縮排

首先要設定讓整個段落縮排一個字。錯開數字與內容，讓文字變得比較容易閱讀。

1 使用「選取工具」 ▶ 選取食譜內容 ❶。

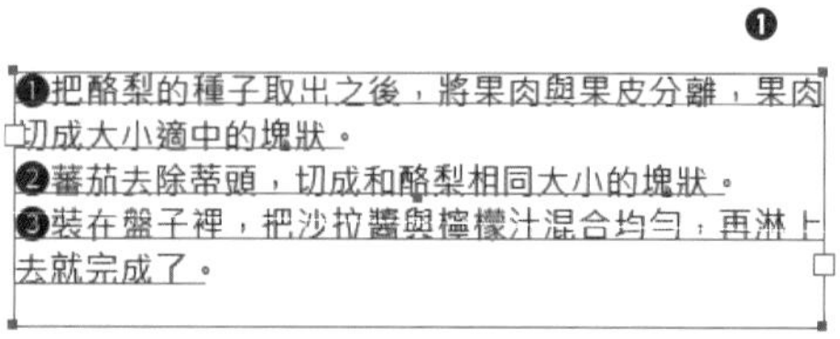
❶
❶把酪梨的種子取出之後，將果肉與果皮分離，果肉
切成大小適中的塊狀。
❷蕃茄去除蒂頭，切成和酪梨相同大小的塊狀。
❸裝在盤子裡，把沙拉醬與檸檬汁混合均勻，再淋上
去就完成了。

2 在「段落」面板的「左邊縮排」輸入「8pt」❷。

區域左邊與文字之間就會產生 8pt 的間距 ❸。

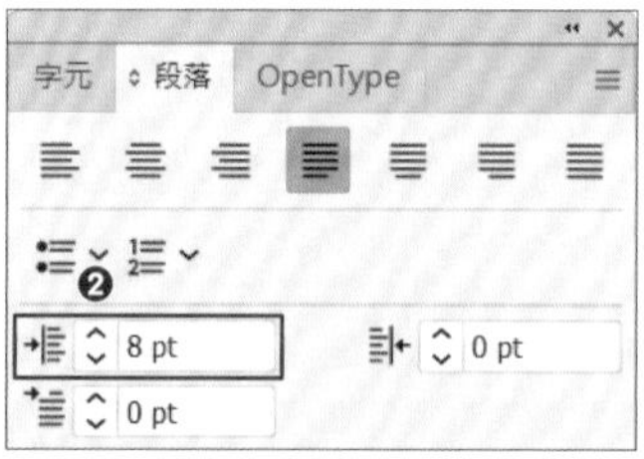
字元
段落
OpenType
❷
8 pt
0 pt
0 pt

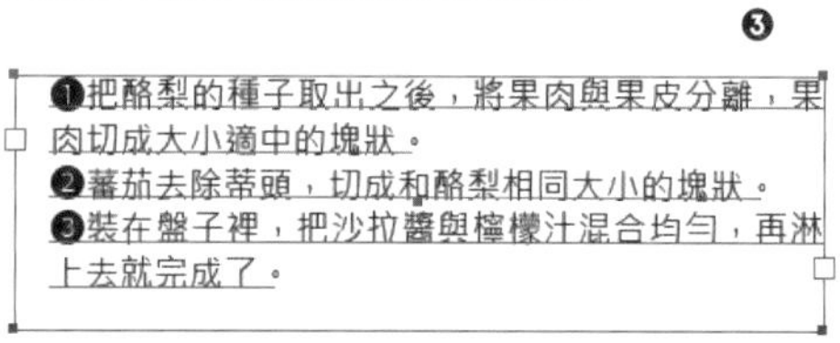
❸
❶把酪梨的種子取出之後，將果肉與果皮分離，果
肉切成大小適中的塊狀。
❷蕃茄去除蒂頭，切成和酪梨相同大小的塊狀。
❸裝在盤子裡，把沙拉醬與檸檬汁混合均勻，再淋
上去就完成了。

段落開頭往左緊密排列

接著設定縮排，讓段落開頭的數字往左緊密排列。

1 使用「選取工具」 ▶ 選取食譜的文字 ❶。

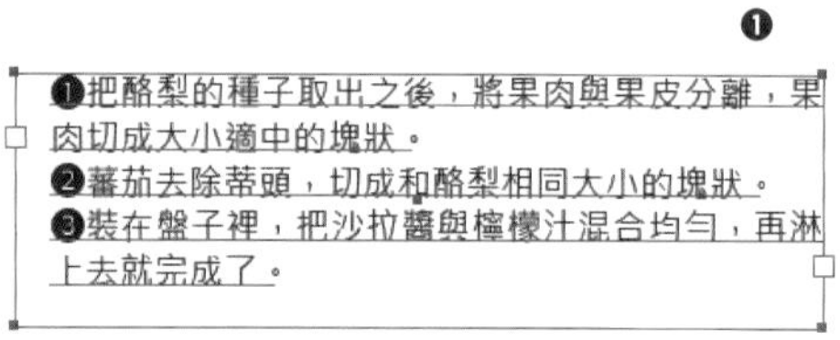
❶
❶把酪梨的種子取出之後，將果肉與果皮分離，果
肉切成大小適中的塊狀。
❷蕃茄去除蒂頭，切成和酪梨相同大小的塊狀。
❸裝在盤子裡，把沙拉醬與檸檬汁混合均勻，再淋
上去就完成了。

2 在「首行左邊縮排」輸入「-8pt」❷。

如此一來，只有段落第一行會往左移動 ❸。

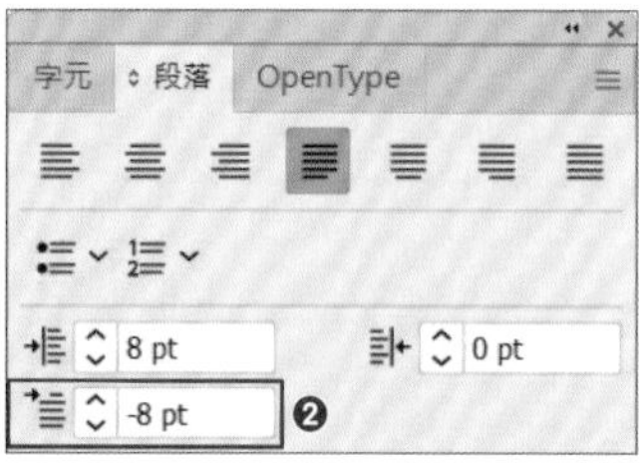
字元
段落
OpenType
8 pt
0 pt
-8 pt
❷

請依照字體大小調整
設定的數值。

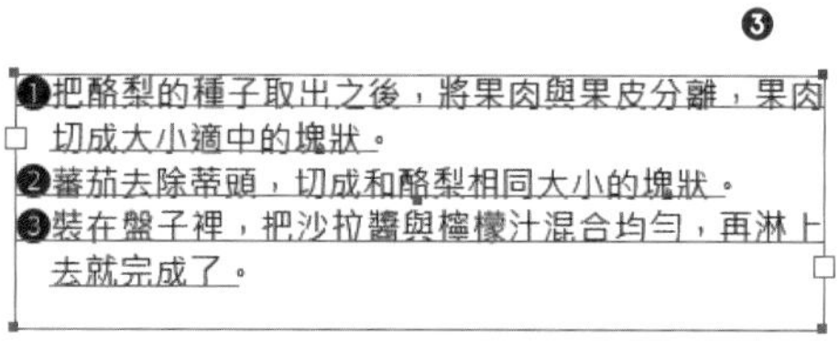
❸
❶把酪梨的種子取出之後，將果肉與果皮分離，果肉
切成大小適中的塊狀。
❷蕃茄去除蒂頭，切成和酪梨相同大小的塊狀。
❸裝在盤子裡，把沙拉醬與檸檬汁混合均勻，再淋上
去就完成了。

擴大段落之間的間距

最後設定段落之間的間距。與行距分開設定，可以維持整個文字的外觀，讓每個段落的排版有一致性。

❶

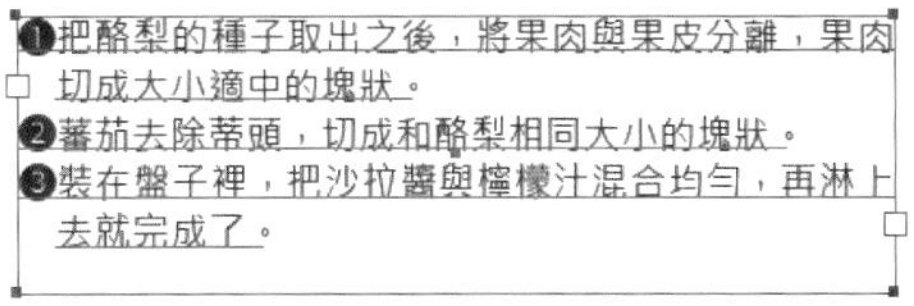
❶把酪梨的種子取出之後，將果肉與果皮分離，果肉切成大小適中的塊狀。
❷蕃茄去除蒂頭，切成和酪梨相同大小的塊狀。
❸裝在盤子裡，把沙拉醬與檸檬汁混合均勻，再淋上去就完成了。

(1) 使用「選取工具」▶ 選取食譜的文字方塊 ❶。

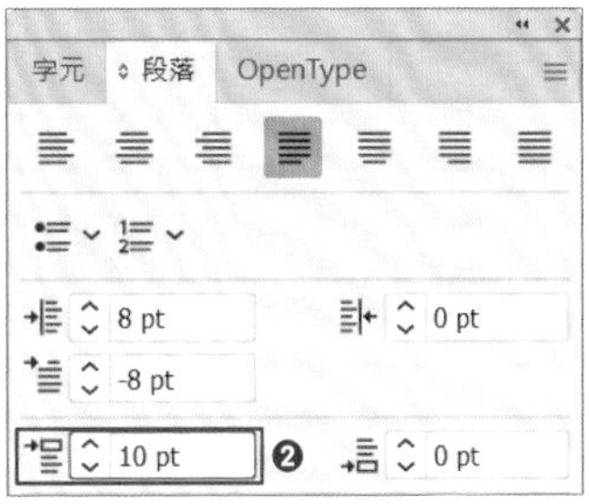
字元
段落
OpenType
8 pt
0 pt
-8 pt
10 pt
❷
0 pt

(2) 將「段落」面板的「段前間距」設定為「10pt」❷。

段落之間就會產生 10pt 的間距 ❸。

❸

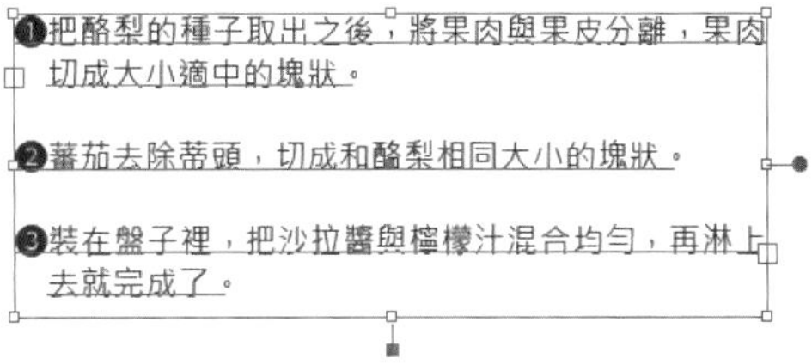
❶把酪梨的種子取出之後，將果肉與果皮分離，果肉切成大小適中的塊狀。
❷蕃茄去除蒂頭，切成和酪梨相同大小的塊狀。
❸裝在盤子裡，把沙拉醬與檸檬汁混合均勻，再淋上去就完成了。

如果文字溢出，請擴大文字方塊。

完成！設定縮排之後，條列式內容看起來一目瞭然。

酪梨
蕃茄沙拉
Avocado and Tomato Salad
酪梨 1 顆
蕃茄 1 顆
沙拉醬 適量 100ml
檸檬 1/4 顆
❶把酪梨的種子取出之後，將果肉與果皮分離，果肉切成大小適中的塊狀。
❷蕃茄去除蒂頭，切成和酪梨相同大小的塊狀。
❸裝在盤子裡，把沙拉醬與檸檬汁混合均勻，再淋上去就完成了。

使用 Enter（return）鍵換行會產生一個段落，設定縮排時，要注意換行的位置。

更多

進階知識！

● 設定「換行組合」

跟在文字後面的標點符號或封閉括弧不要放在行頭或行尾，這種規則稱作「換行組合」。Illustrator 具有調整文字的換行位置，處理換行組合的功能。「段落」面板中的「換行組合」項目可以設定換行組合，包括「嚴格規定」與「彈性規定」。「彈性規定」可能會有半形出現在行頭的問題，所以請先設定為「嚴格規定」。

「よくばり入門」で、[禁則処理
] を理解する。 → 「よくばり入門」で、[禁則処理]
を理解する。

● 設定文字間距組合

日文字元的逗號、句號及括弧等「標點符號」通常會設定為「50% 間距」，這種調整「標點符號」的「間距」功能稱作「文字間距組合」。設定文字間距組合，可以調整標點符號、英文、數字前後的間距，讓內容變得簡單易讀。「段落」面板的「文字組合間距」可以執行以下設定。

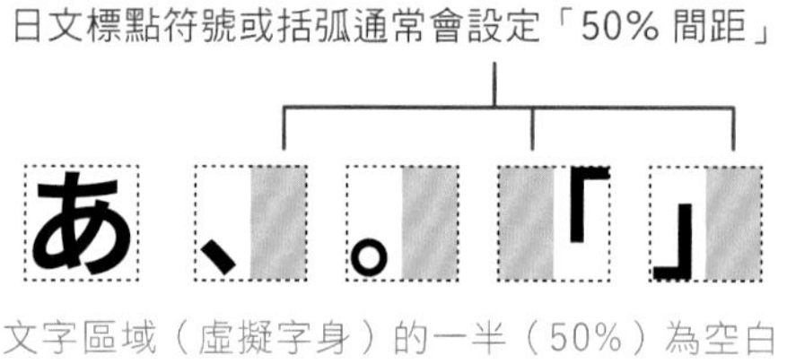
日文標點符號或括弧通常會設定「50% 間距」
あ 、 。 「 」
文字區域（虛擬字身）的一半（50%）為空白

■無

「無」是不調整標點符號的「間距」。
日文字元會直接套用「50% 間距」。

「よくばり入門」で、[文字組み]を理解しよう。

■半形日文標點符號轉換

「半形日文標點符號轉換」是把日文標點符號的「50% 間距」都變成「0%」，成為半形，消除間距。

「よくばり入門」で、[文字組み]を理解しよう。

■全形間距行尾除外

把行頭與行尾的日文標點符號「50% 間距」變成「0%」。

文內的「50% 間距」維持不變，但是當標點符號連續出現，間距重複時，後面的標點符號間距會變成「0%」。

「よくばり入門」で、[文字組み]を理解しよう。

■全形間距包括行尾

將行頭的日文標點符號「50% 間距」變成「0%」。

文內的「50% 間距」維持不變，當標點符號連續出現時，後面的日文標點符號間距會變成「0%」。

「よくばり入門」で、[文字組み]を理解しよう。

■全形日文標點符號轉換

日文標點符號的「50% 間距」維持不變，當標點符號連續出現時，後面的標點符號間距會變成「0%」。

「よくばり入門」で、[文字組み]を理解しよう。

CHAPTER 7 LESSON 12

繞圖排文

繞圖排文功能

練習檔案 7-12.ai

如果想沿著物件的輪廓排列文字，可以使用「繞圖排文」功能。Illustrator 會自動偵測輪廓，能輕鬆設定繞圖排文。

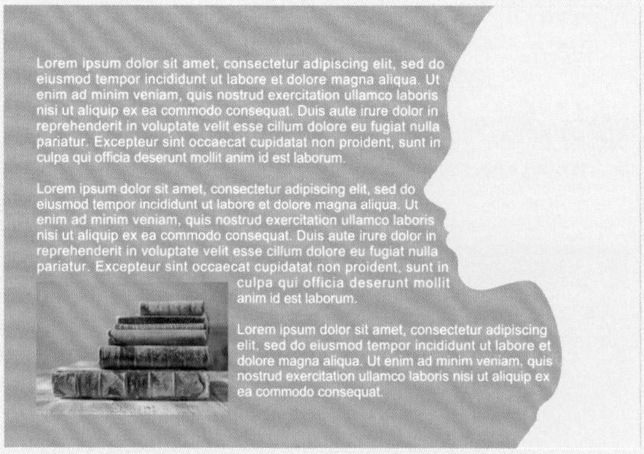
Lorem ipsum dolor sit amet, consectetur adipiscing elit, sed do eiusmod tempor incididunt ut labore et dolore magna aliqua. Ut enim ad minim veniam, quis nostrud exercitation ullamco laboris nisi ut aliquip ex ea commodo consequat. Duis aute irure dolor in reprehenderit in voluptate velit esse cillum dolore eu fugiat nulla pariatur. Excepteur sint occaecat cupidatat non proident, sunt in culpa qui officia deserunt mollit anim id est laborum.

繞圖排文是可以用在廣告、雜誌設計等各種場合的手法。搭配人物去背照片，就能完成吸引目光的作品。以下將使用象徵人物輪廓的物件，練習繞圖排文的技巧。

就連搭配照片的複雜排版也能輕易完成。

沿著物件輪廓排列文字

開啟練習檔案「7-12.ai」，可以看到文字方塊上方重疊了人物剪影，選取要圍繞的物件，設定繞圖排文。

1. 選取黃色物件 ❶，執行「物件→繞圖排文→製作」命令 ❷。

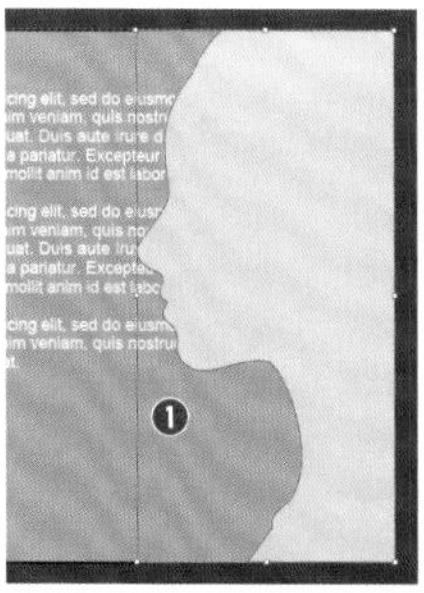

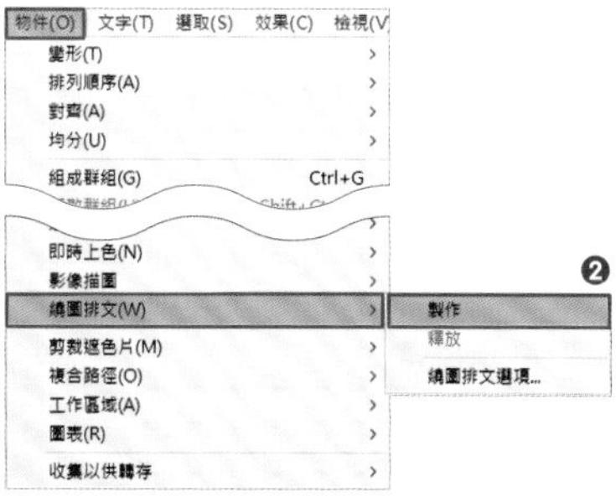
物件(O) 文字(T) 選取(S) 效果(C) 檢視(V
變形(T)
排列順序(A)
對齊(A)
均分(U)
組成群組(G) Ctrl+G
即時上色(N)
影像描圖
繞圖排文(W)
製作
釋放
繞圖排文選項...
剪裁遮色片(M)
複合路徑(O)
工作區域(A)
圖表(R)
收集以供轉存

2. 文字環繞物件排版。

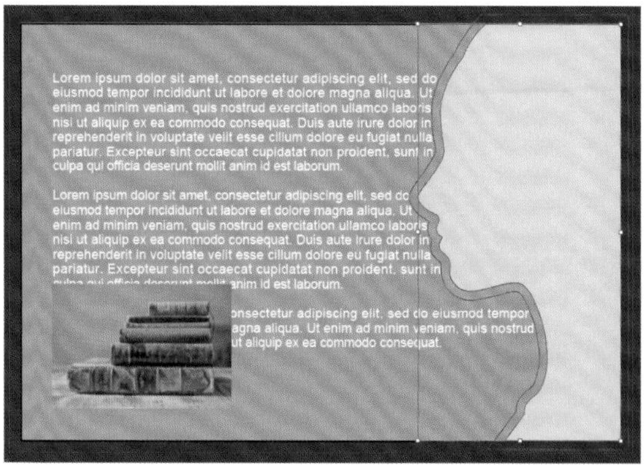

重點提示

繞圖排文要注意物件的排列順序

「繞圖排文」的物件若在文字的下層，將無法套用該功能，因此如果沒有成功顯示為繞圖排文，請確認物件的「排列順序」。

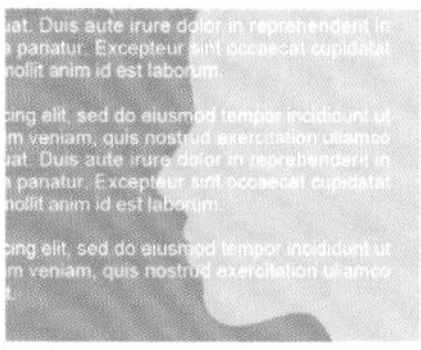

物件的排列順序 ➜ 117 頁

在影像設定繞圖排文

① 部分文字被影像遮住，所以也在影像設定繞圖排文。請先選取影像 ❶。

❶

② 執行「物件→繞圖排文→製作」命令 ❷。

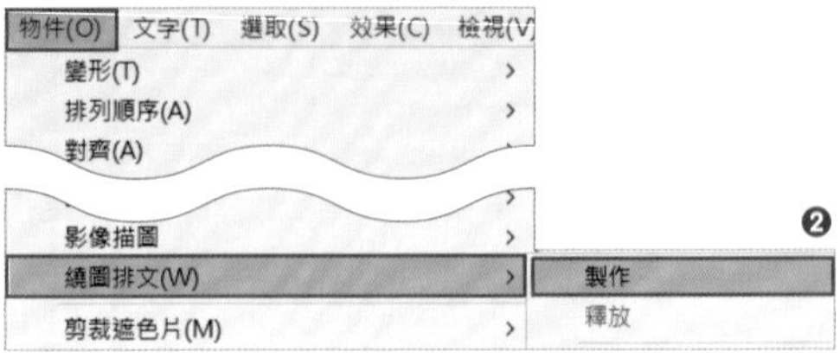
物件(O)
文字(T)
選取(S)
效果(C)
檢視(V)
變形(T)
排列順序(A)
對齊(A)
影像描圖
繞圖排文(W)
剪裁遮色片(M)
製作
釋放
❷

完成！ 文字繞著人物剪影與影像物件排版。

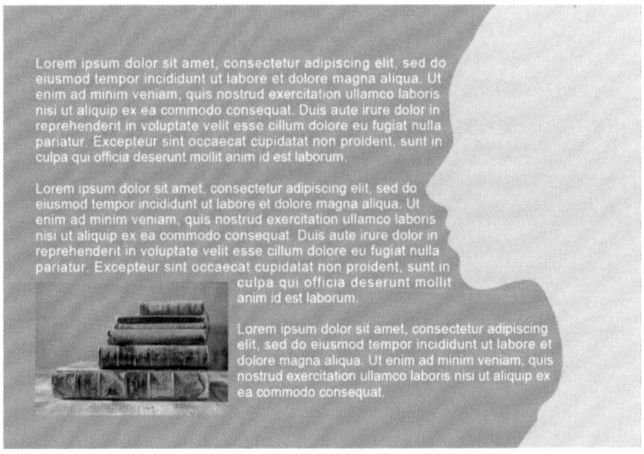

更多

進階知識！

● 執行更詳細的設定

在「繞圖排文選項」對話視窗中，可以執行「繞圖排文」的詳細設定。

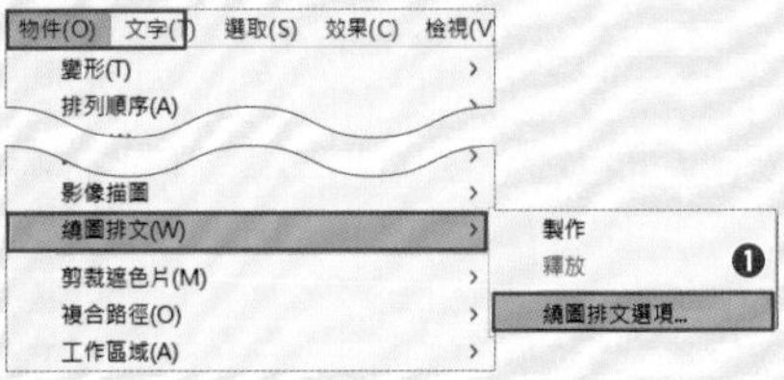
物件(O)
文字(T)
選取(S)
效果(C)
檢視(V)
變形(T)
排列順序(A)
影像描圖
繞圖排文(W)
剪裁遮色片(M)
複合路徑(O)
工作區域(A)
製作
釋放
繞圖排文選項...
❶

在選取配置物件的狀態，執行「物件→繞圖排文→繞圖排文選項」命令 ❶，開啟「繞圖排文選項」對話視窗 ❷。

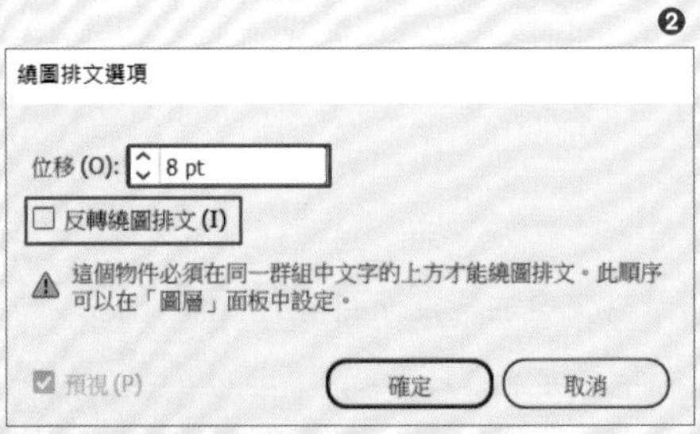
❷
繞圖排文選項
位移 (O): 8 pt
反轉繞圖排文 (I)
這個物件必須在同一群組中文字的上方才能繞圖排文。此順序可以在「圖層」面板中設定。
預視 (P)
確定
取消

「位移」是設定物件與文字的間距，數字愈大，間距愈大。

勾選「反轉繞圖排文」，會在物件內側繞圖排文。

位移

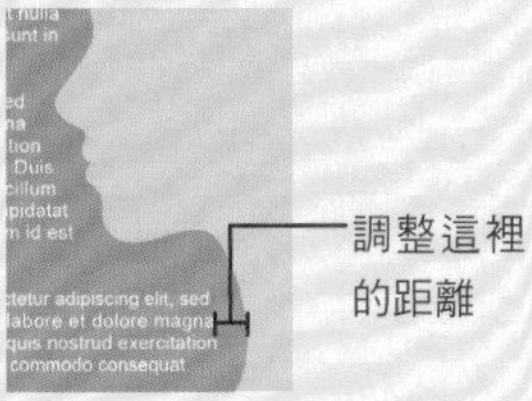
調整這裡的距離

反轉繞圖排文

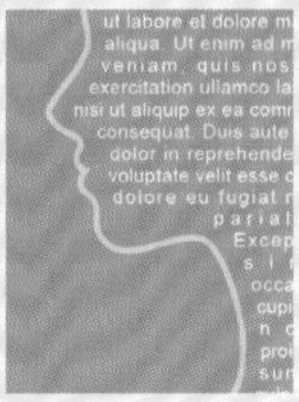

請注意！套用「反轉繞圖排文」時，如果物件設定了「填色」，文字會被遮住。

CHAPTER 7 LESSON 13

觸控文字工具

為文字增添動態感

練習檔案 7-13.ai

試著用「觸控文字工具」改變文字大小與角度，讓文字產生動態感。

POP
DESIGN
POP
DESIGN

「觸控文字工具」可以把文字內的每個字元當作個別物件任意變形。以下將變形「POP DESIGN」中的每個字母，製作出令人印象深刻的 LOGO。

使用「觸控文字工具」

1. 開啟練習檔案「7-13.ai」，選取工具列中的「觸控文字工具」❶，確認游標的形狀 ❷。

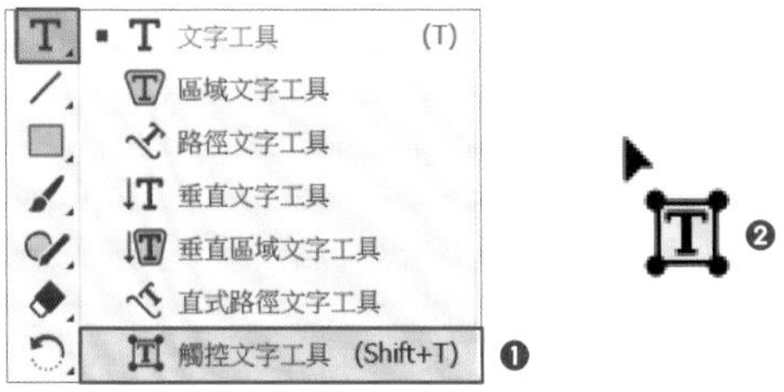
文字工具 (T)
區域文字工具
路徑文字工具
垂直文字工具
垂直區域文字工具
直式路徑文字工具
觸控文字工具 (Shift+T)
❶
❷

2. 按一下開頭字母「P」❸，選取該字母。

❸
POP
DESIGN

變形、移動文字

放大選取中的文字，加上傾斜角度，使其變形。利用拖曳方式也能輕鬆調整文字的間距。

1. 首先放大文字。把右上方的錨點往右斜上方拖曳 ❶，放大文字 ❷。

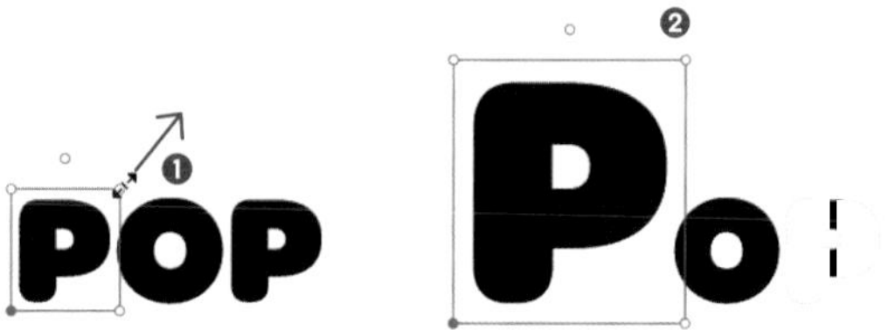

2. 接著旋轉文字。往左拖曳文字方塊上方的錨點 ❸，旋轉文字 ❹。

3. 縮小文字的間距。使用「觸控文字工具」選取字母「O」❺，往左拖曳左下方的錨點 ❻，縮小間距 ❼。

\ 完成！/ 請參考「重點提示」的說明，分別變形、移動文字。

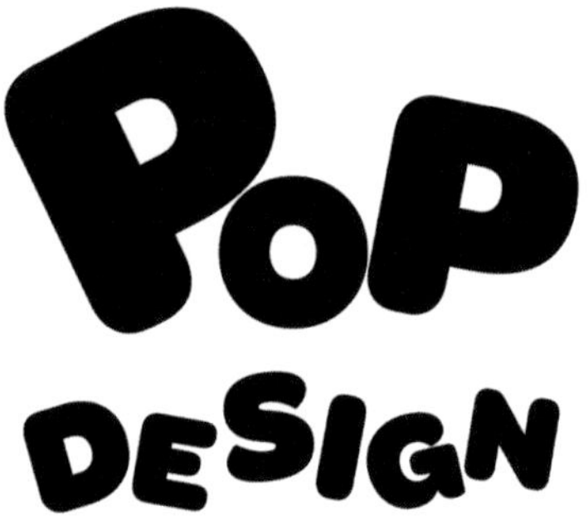
POP
DESIGN

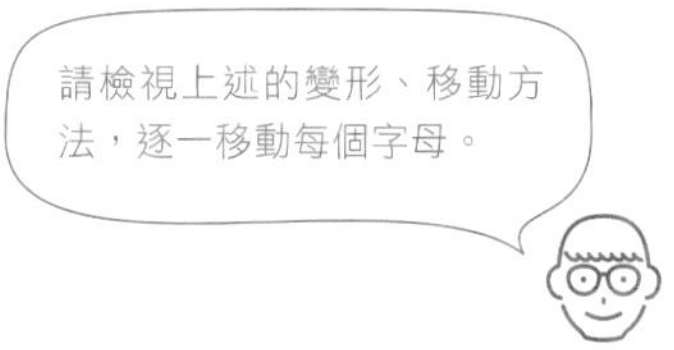
請檢視上述的變形、移動方法，逐一移動每個字母。

重點提示

變形、移動文字的方法

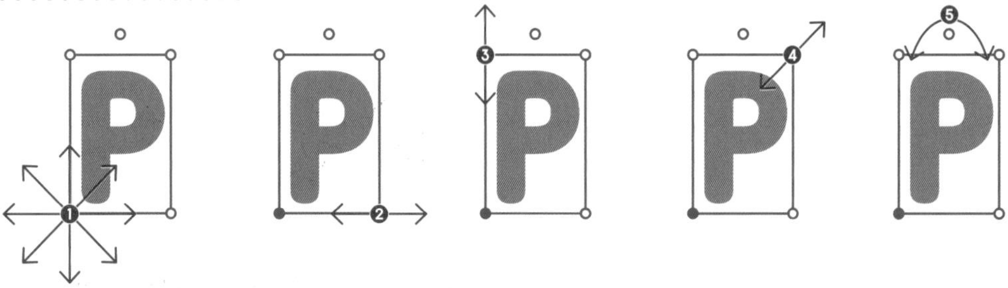

❶ 按一下左下方的錨點再拖曳，可以往你希望的方向移動文字。
❷ 按一下右下方的錨點，往左或右拖曳，可以改變「水平比例」。
❸ 按一下左上方的錨點，往上或下拖曳，可以改變「垂直比例」。
❹ 按一下右上方的錨點再拖曳，能以固定的「水平比例」、「垂直比例」縮放文字。
❺ 按一下文字方塊上的錨點再拖曳，可以旋轉文字。

CHAPTER 7 LESSON 14

外觀 # 新增填色

製作空心字

練習檔案 7-14.ai

使用外觀功能，可以在文字新增填色或筆畫，調整填色與筆畫的排列順序。

LUCKY
LUCKY

利用「外觀」面板新增「填色」，調整「填色」與「筆畫」的排列順序，加粗「筆畫」，製作出空心字。

何謂外觀？

appearance 的中文是「外觀」。使用 Illustrator 的「外觀」面板，可以調整物件的填色、筆畫、透明度、套用效果，藉此改變外觀。

使用 可以切換顯示／隱藏狀態，改變排列順序，用法和「圖層」面板一樣。

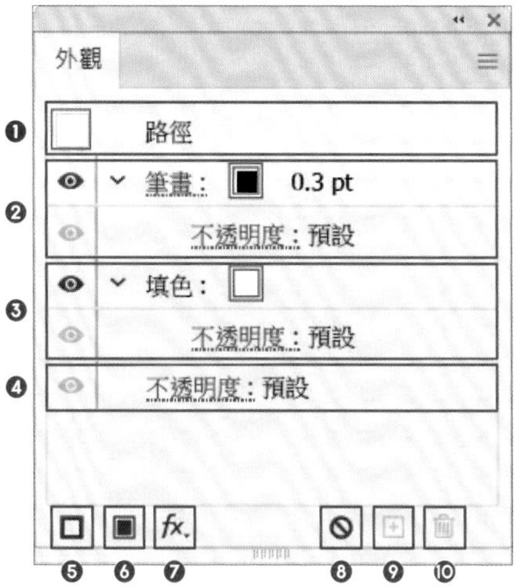
外觀
❶ 路徑
❷ 筆畫： 0.3 pt
不透明度：預設
❸ 填色：
不透明度：預設
❹ 不透明度：預設
❺ ❻ ❼ ❽ ❾ ❿

❶ 選取中的物件

可以確認工作區域上選取的物件種類。

❷ 筆畫

可以設定選取物件的「筆畫」。

❸ 填色

可以設定選取物件的「填色」。

❹ 不透明度

可以調整選取物件的整體不透明度。

❺ 新增筆畫

可以增加新的「筆畫」。

❻ 新增填色

可以增加新的「填色」。

❼ 新增效果

可以在整個物件或「填色」、「筆畫」加上效果。

❽ 清除外觀

可以刪除所有已經設定的外觀。

❾ 複製選取項目

可以複製選取的「填色」、「筆畫」或效果。

❿ 刪除選取項目

可以刪除選取的「填色」、「筆畫」或效果。

開啟「外觀」面板

1 開啟練習檔案「7-14.ai」，執行「視窗→外觀」命令 ❶，開啟「外觀」面板 ❷。

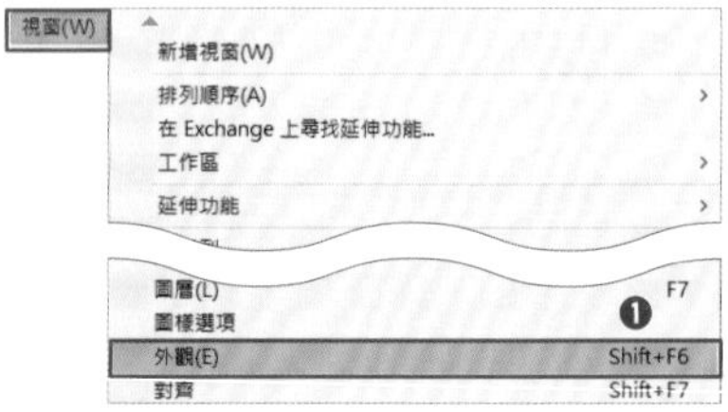
視窗(W)
新增視窗(W)
排列順序(A)
在 Exchange 上尋找延伸功能...
工作區
延伸功能
圖層(L) F7
圖樣選項
外觀(E) Shift+F6
對齊 Shift+F7
❶

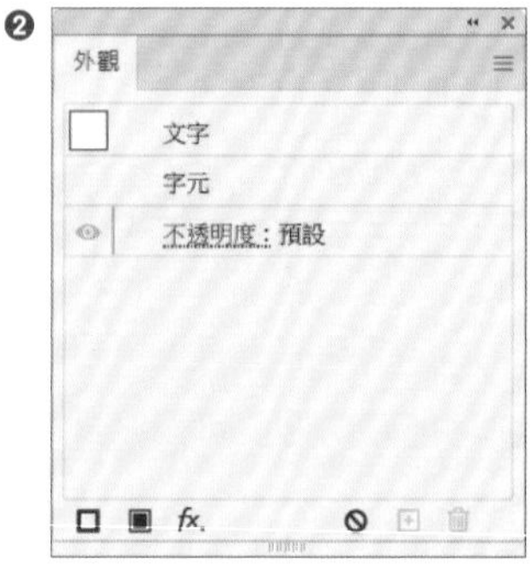
❷
外觀
文字
字元
不透明度：預設

增加文字的填色

這個單元將依序新增「填色」與「筆畫」，製作出空心字。由於原始文字的「填色」與「筆畫」無法更改，所以增加新的「填色」與「筆畫」。

1 選取文字 ❶，將「填色」設定為無 ❷，文字就不會顯示在畫面上 ❸。

❶
LUCKY

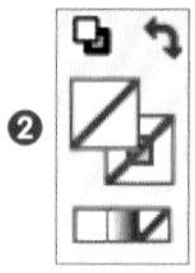
❷

❸

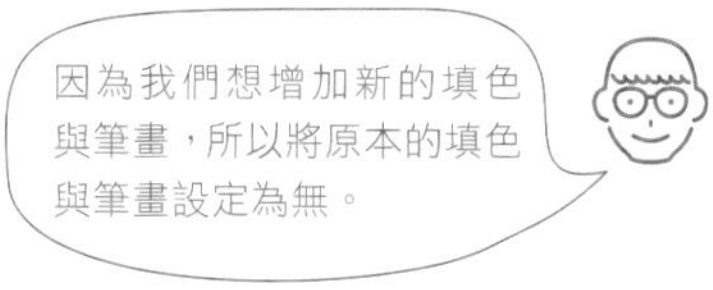
因為我們想增加新的填色與筆畫，所以將原本的填色與筆畫設定為無。

2 按一下「外觀」面板的「新增填色」❹。

確認增加了「填色」而「筆畫」為無 ❺。

外觀
文字
❺
筆畫：
填色：
字元
不透明度：預設
❹

LUCKY

調整排列順序與顏色

如果要製作空心字，「筆畫」必須在「填色」下方，因此調整排列順序之後，再改變「填色」的顏色。

1 把「填色」拖曳到「筆畫」上方 ❶。

外觀
文字
筆畫：
❶
填色：
字元
不透明度：預設

重點提示

瞭解空心字的結構

加粗「填色」下方的「筆畫」，可以製作出空心字。不論「筆畫」變得多粗，都不會影響「填色」，可以裝飾文字卻不會改變文字的形狀。

空心字的結構

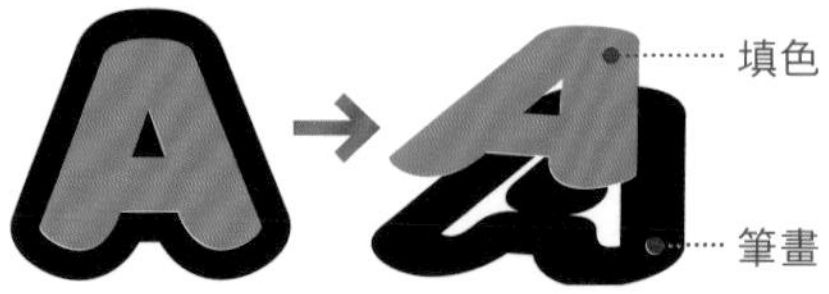
填色
筆畫

2 選取「填色」，參考「重點提示」的說明，調整顏色 ❷。這個範例將顏色設定為 C=0 M=15 Y=100 K=0。

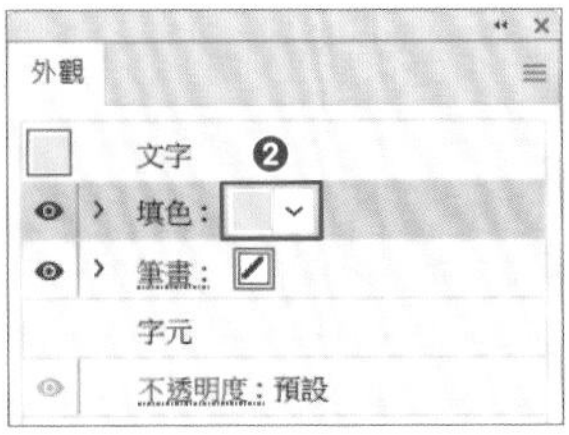
外觀
文字 ❷
填色：
筆畫：
字元
不透明度：預設

重點提示

設定外觀的顏色

在「外觀」面板按一下「顏色」或「筆畫」的顏色部分，開啟「色面」面板 ❶，即可調整顏色。如果想進一步詳細設定顏色，請按住 Shift 鍵並按一下顏色，就能利用「顏色」面板進行設定 ❷。

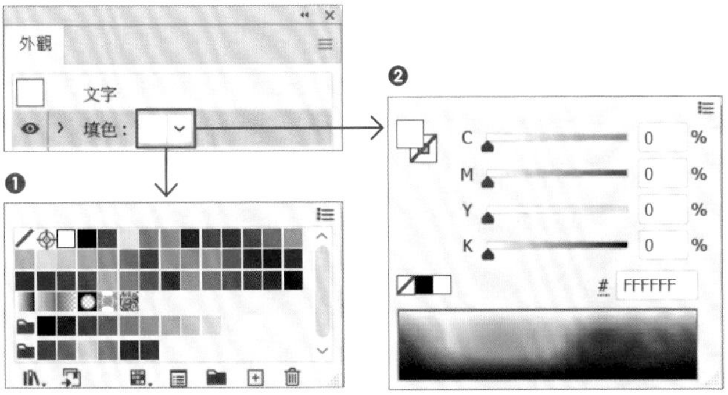
外觀
文字
填色：
❶
❷
C 0 %
M 0 %
Y 0 %
K 0 %
FFFFFF

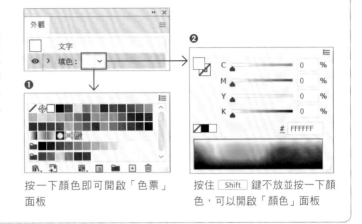

按一下顏色即可開啟「色票」面板

按住 Shift 鍵不放並按一下顏色，可以開啟「顏色」面板

設定筆畫顏色與寬度

把筆畫顏色設定為綠色，同時增加寬度，讓文字筆畫連在一起。

1 選取「筆畫」，顏色設定為 C=68 M=16 Y=59 K=0，寬度設定為「18pt」❶。

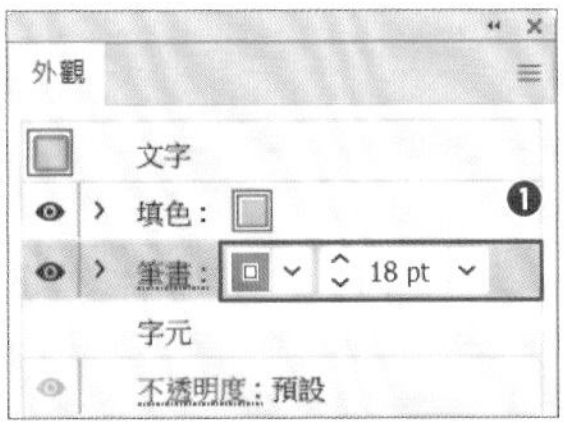
外觀
文字
填色：
❶
筆畫：
18 pt
字元
不透明度：預設

「填色」的排列順序在上面，即使「筆畫」加粗也不會影響「填色」。

\ 完成！/ 製作出空心字。

重點提示

將尖角變成圓角

按一下「外觀」面板的「筆畫」❶，可以開啟「筆畫」面板。如果在銳角套用粗線，相反側會出現突起，所以請先將「尖角」設定為「圓角」❷。

不透明度：預設
筆畫：
40 pt
❶
寬度：
40 pt
端點：
尖角：
對齊筆畫：
❷

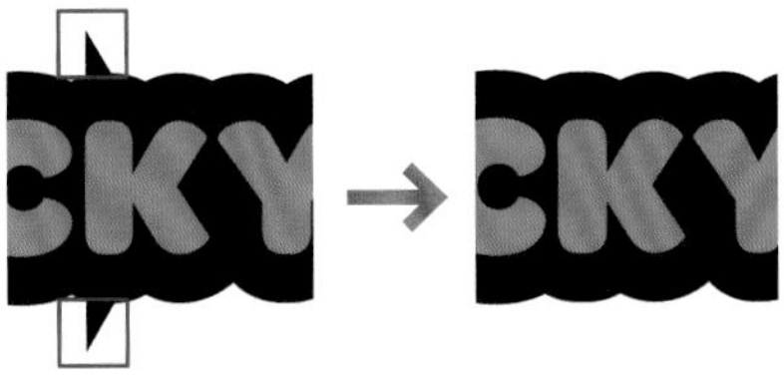

CHAPTER 7

LESSON 15

外觀 # 新增「筆畫」

增加輪廓線製造繽紛效果

練習檔案
7-15.ai

請利用「外觀」面板增加多個「筆畫」，製作出色彩繽紛的文字。

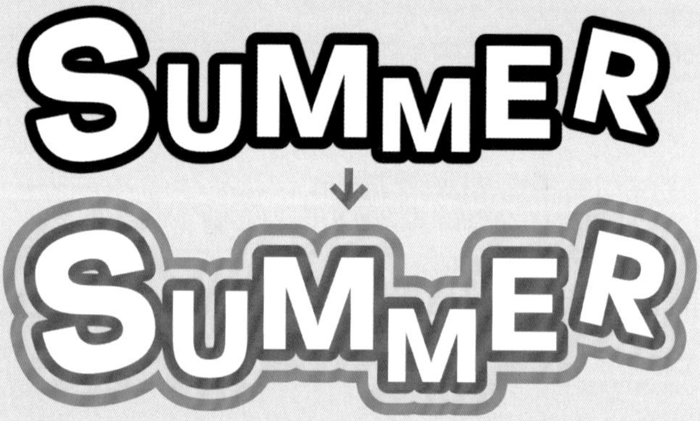

SUMMER
SUMMER

在「填色」下方重疊三個「筆畫」，製作出繽紛的輪廓線。愈下層的筆畫愈粗，讓所有筆畫都顯示出來。

新增筆畫

❶
SUMMER

1. 開啟練習檔案「7-15.ai」，選取文字 ❶。

2. 選取「外觀」面板的「筆畫」❷，按兩次「新增筆畫」❸，增加兩個「筆畫」❹。

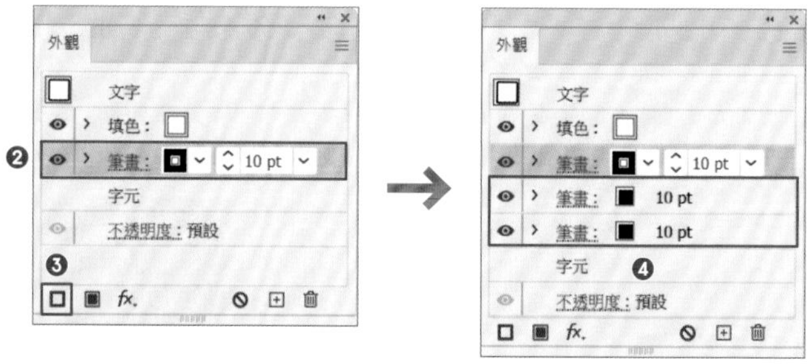

外觀
文字
填色：
❷
筆畫：
10 pt
字元
不透明度：預設
❸
外觀
文字
填色：
筆畫：
10 pt
筆畫：
10 pt
筆畫：
10 pt
字元
❹
不透明度：預設

3. 分別在「外觀」面板設定筆畫的顏色與寬度 ❺。

外觀
文字
填色：
❺
筆畫：
10 pt
筆畫：
18 pt
筆畫：
28 pt
字元

寬度：10pt
顏色：C=0 M=80 Y=60 K=0

寬度：18pt
顏色：C=0 M=0 Y=100 K=0

寬度：28pt
顏色：C=70 M=15 Y=0 K=0

SUMMER
SUMMER
SUMMER

三個筆畫的排列順序由上往下依序是紅→黃→藍。愈下面的筆畫寬度愈粗，超出上面的筆畫。

完成！ 製作出空心字。

SUMMER

CHAPTER 7 LESSON 16

外觀 # 效果

讓文字變立體

練習檔案 7-16.ai

「外觀」面板可以在物件套用各種效果，以下將使用其中的「變形」效果製作立體文字。

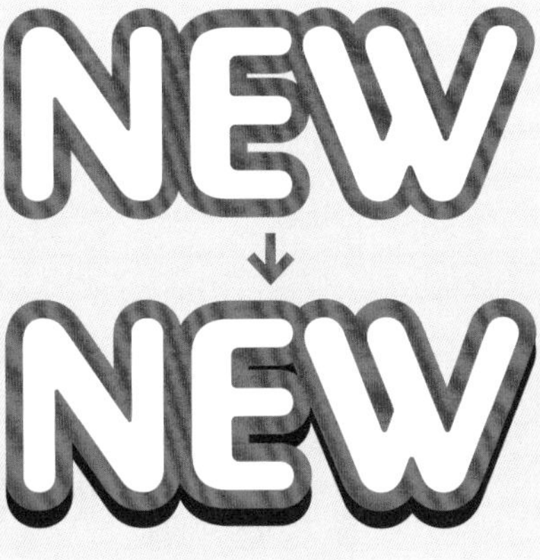
NEW
NEW

這次是拷貝外側的紅色筆畫，使用「變形」效果略微往下位移，營造出厚度。

拷貝筆畫

首先要拷貝紅色筆畫。

1. 開啟練習檔案「7-16.ai」，選取文字 ❶。

2. 選取「外觀」面板中的「筆畫」❷，按一下「複製選取項目」❸。

❶
NEW

外觀
文字
填色：
筆畫：
12 pt
字元
不透明度：預設
❷
❸

在拷貝的筆畫套用效果

將拷貝後的筆畫顏色設定成深色，並套用變形效果，營造厚度感。

1. 拷貝出來的筆畫顏色設定為 C=50 M=100 Y=100 K=0 ❶。

2. 選取拷貝後的筆畫，執行「新增效果→扭曲與變形→變形」命令 ❸。

外觀
文字
填色：
筆畫：
12 pt
筆畫：
12 pt
不透明度：預設
字元
不透明度：預設
❶
❷

外觀
文字
填色：
筆畫：
12 pt
筆畫：
12 pt
不透明度：預設
字元
不透明度：預設
Illustrator 效果
3D 和素材(3)
SVG 濾鏡(G)
彎曲(W)
扭曲與變形(D)
裁切標記(O)
路徑(P)
路徑管理員(F)
轉換為以下形狀(V)
風格化(S)
點陣化(R)...
Photoshop 效果
效果收藏館...
像素
粗糙效果(R)...
縮攏與膨脹(P)...
螺旋(W)...
變形(T)...
鋸齒化(Z)...
隨意扭曲(F)...
隨意筆觸(K)...
❸

3 開啟「變形效果」對話視窗，將「移動」的「垂直」設定為「2mm」❹，按下「確定」鈕❺。

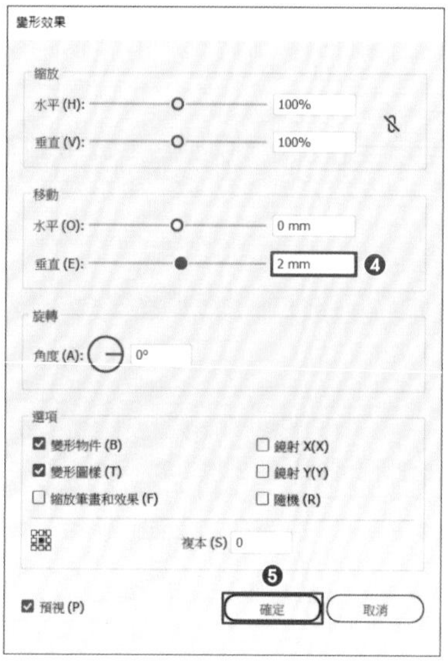
變形效果
縮放
水平 (H): 100%
垂直 (V): 100%
移動
水平 (O): 0 mm
垂直 (E): 2 mm
❹
旋轉
角度 (A): 0°
選項
變形物件 (B)
變形圖樣 (T)
縮放筆畫和效果 (F)
鏡射 X(X)
鏡射 Y(Y)
隨機 (R)
複本 (S) 0
❺
預視 (P)
確定
取消

除了「移動」之外，還可以設定「縮放」或「旋轉」，請勾選左下方的「預視」，邊確認效果邊調整。

完成！文字變立體了！

NEW

更多
進階知識！

● 常用的效果

以下將介紹在「外觀」面板的「新增效果」中，比較常用的效果。這些效果和在「效果」選單中，可以套用的項目一樣。

彎曲

「彎曲→弧形」

可以彎曲物件。

塗抹

「風格化→塗抹」

物件會呈現猶如畫筆塗抹後的效果。

鋸齒化

「扭曲與變形→鋸齒化」

套用在直線上，可以製作出波浪線或鋸齒線

路徑會變成鋸齒狀。

羽化

「風格化→羽化」

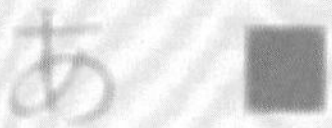

模糊物件。

圓角

「風格化→圓角」

讓物件的邊角變成圓角。

縮攏與膨脹

「扭曲與變形→縮攏與膨脹」

縮攏　膨脹

讓路徑收縮、膨脹。

製作陰影

「風格化→製作陰影」

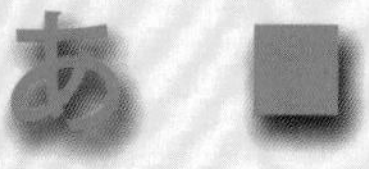

在物件加上陰影。

位移複製

「路徑→位移複製」

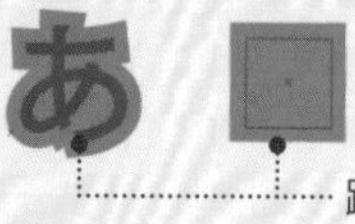

路徑的寬度

可以移動路徑的位置。

CHAPTER 7 LESSON 17

#3D 和素材

使用 3D 效果讓文字變立體

練習檔案
7-17.ai

與之前的版本相比，Illustrator 2023 進一步強化了 3D 效果。請使用新的 3D 效果讓文字變立體。

舊版的 Illustrator 很難呈現出逼真的 3D 效果，不過 2023 版本卻能輕易完成。

這個單元將在文字套用 3D 效果，製作出立體文字。首先在文字套用深度與音量效果，再套用木紋，最後加上光源效果，製造陰影，完成更逼真的物件。

在文字套用 3D 效果

使用「3D 和素材」讓文字變立體。

1. 開啟練習檔案「7-17.ai」，執行「視窗→ 3D 和素材」命令 ❶，開啟「3D 和素材」面板。

2. 先將文字變立體。選取文字 ❷，再選取「3D 和立體」面板中的「物件」❸，「3D 類型」選擇「膨脹」❹，「深度」與「音量」分別設定為「30px」、「45%」❺，「旋轉」的 X 軸、Y 軸、Z 軸分別設定為「150°」、「150°」、「-165°」❻。

視窗(W)
新增視窗(W)
排列順序(A)
在 Exchange 上尋找延伸功能...
工作區
延伸功能
工具列
控制(C)
3D 和素材
❶

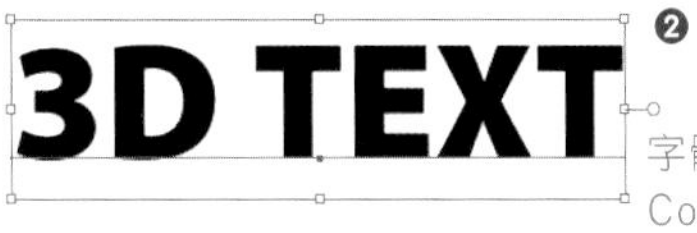

❷
3D TEXT

字體：Myriad Variable Concept
字體樣式：Black
字體大小：100pt

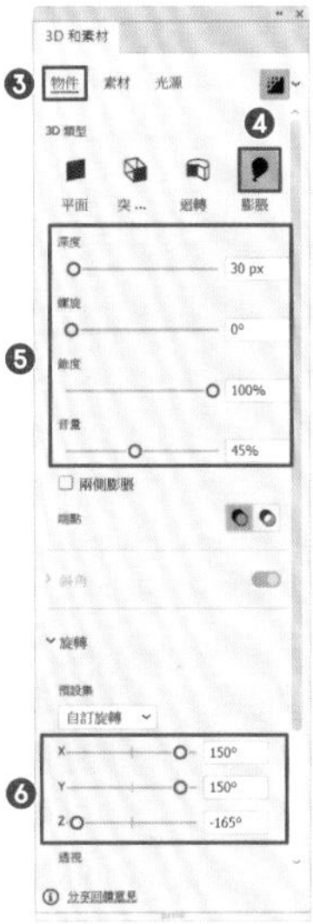

3D 和素材
❸
物件
素材
光源
❹
3D 類型
平面
迴轉
膨脹
❺
30 px
0°
100%
45%
旋轉
❻
150°
150°
-165°

加上旋轉可以讓前面設定的深度與音量顯示出來。

重點提示

以三軸呈現 3D 空間

3D 是由水平軸、垂直軸、深度軸等三軸呈現的空間。Illustrator 以 X 代表水平軸，Y 代表垂直軸，Z 代表深度軸。

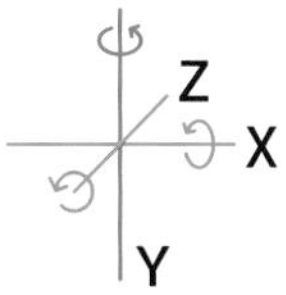

Z
X
Y

③ 文字呈現出立體感 ❼。

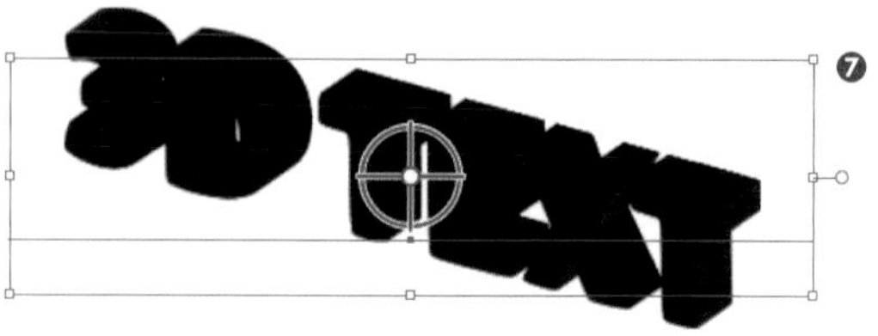
❼

重點提示

直覺旋轉物件

選取套用了 3D 效果的物件時，中心會顯示錨點。拖曳錨點，能隨意旋轉物件。十字線可以隨意旋轉 XY 軸，外圓形可以旋轉 Z 軸，中心的圓形可以旋轉 XYZ 軸。

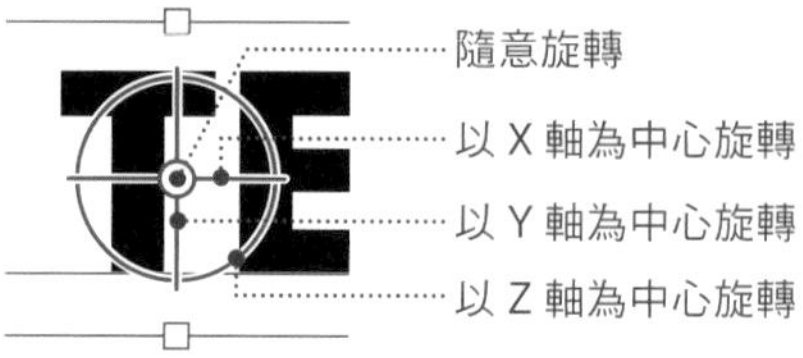
隨意旋轉
以 X 軸為中心旋轉
以 Y 軸為中心旋轉
以 Z 軸為中心旋轉

④ 套用素材。這次要套用木紋素材，選取「素材」❽，從提供的素材中，選取「落葉松木漆」❾。

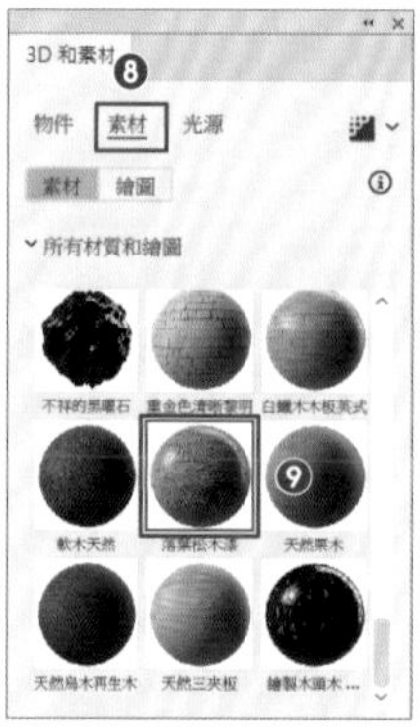
3D 和素材 ❽
物件 素材 光源
素材 繪圖
所有材質和繪圖
❾

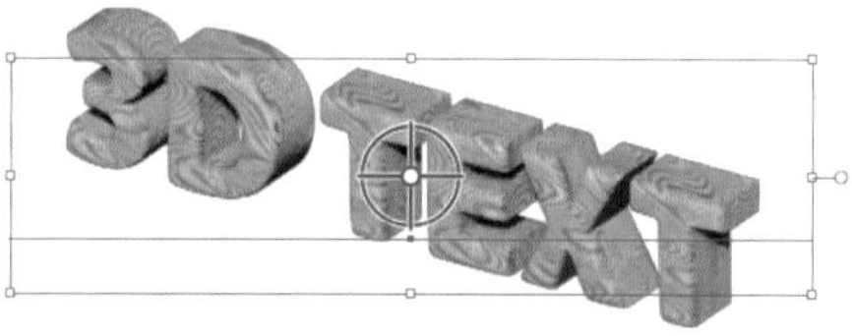

還有其他各種材質，也能設定顏色與紋理。

⑤ 設定光影。按一下「光源」❿，依照右圖設定光線強度及旋轉角度 ⓫。開啟「陰影」⓬，「位置」設定為「以下物件」，輸入與物件的距離、陰影邊框 ⓭。

⑥ 完成調整後，按下「以『光線追蹤』算繪」鈕 ⓮。

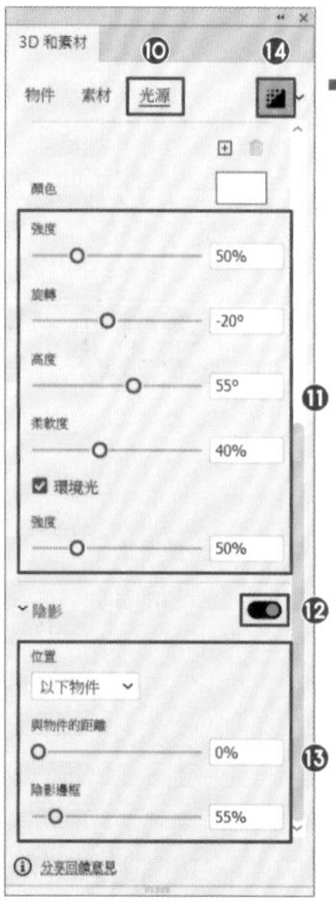
3D 和素材 ❿ ⓮
物件 素材 光源
顏色
強度 50%
旋轉 -20°
高度 55°
柔軟度 40%
環境光
強度 50%
⓫
陰影 ⓬
位置
以下物件
與物件的距離 0%
陰影邊框 55%
⓭

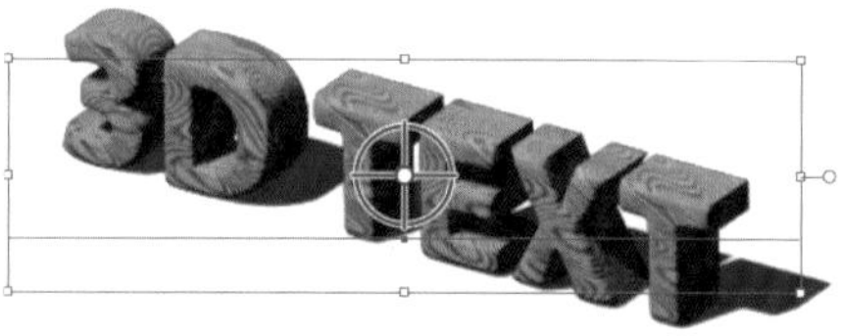

重點提示

即時預視與演算

按一下「3D 和素材」面板右上方的圖示，可以切換即時預視與演算。即時預視是模擬套用效果後的狀態，並未實際套用，負擔較輕，方便操作。如果要實際確認套用後的狀態，必須像步驟⑤一樣進行演算。

3D 和素材
物件 素材 光源

按下圖示右邊的向下箭頭，可以進行演算設定。

＼完成！／ 製作出套用 3D 效果的立體文字。

加上光影看起來更逼真了。

CHAPTER 7

CHALLENGE 文字強制齊行，製作出令人印象深刻的標題

練習檔案
7-c.ai

運用這一章學過的技巧，輸入適合海報風格的標題文字。

T H E
S T O R Y O F
T H E I R L O V E
HERO NAME
HEROINE NAME
FRIEND NAME

即使是簡單的文字，也能調整組合，發揮創意。

繪製稍微大於主影像的矩形，在此範圍內輸入文字。參考第 7 章的各個單元，調整字體大小、行距、對齊，製作出猶如電影海報的獨特標題文字。

① 參考 44 頁，繪製比主影像大一點的矩形，參考下圖，使用「區域文字工具」輸入文字 ❶。

❶
THE
STORY OF
THEIR LOVE

② 字體顏色設定為白色，參考 144 ～ 146 頁，設定字體種類 ❷、字體大小 ❸、行距 ❹。

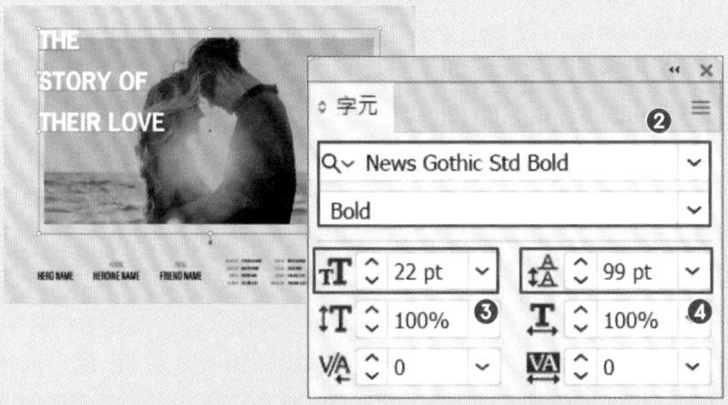

THE
STORY OF
THEIR LOVE
字元
❷
News Gothic Std Bold
Bold
22 pt
99 pt
100%
100%
❸
❹
0
0

③ 參考 150 頁，按一下「段落」面板中的「強制齊行」❺。

段落
❺

＼完成！／ 在最初建立的矩形範圍內，讓文字強制齊行，完成令人印象深刻的標題。

T H E
S T O R Y O F
T H E I R L O V E
HERO NAME
HEROINE NAME
FRIEND NAME

字體能提升整體設計印象

版面平衡與 Illustrator 的技巧是提升設計品質的重要元素，不過如果字體選擇不適當，設計品質也會隨之大幅下降。不論多用心設計，就連專業的設計師也幾乎不可能只靠 OS 標準內建的字體做出各種變化。相對而言，只要字體符合設計風格，即可讓作品看起來有一定的水準。

過去，初學者曾煩惱「字體價格昂貴而且網路搜尋到字體以英文居多」。在此背景下，Adobe 推出了 Adobe Fonts。Adobe Fonts 包含許多中文字體，有超過 18,000 種以上的高品質字體可以運用在商業用途，這意味著只要學會 Illustrator 的基本技巧，任何人都可以製作出一定品質的作品，本書的範例也使用了 Adobe Fonts，請務必善加運用。

Design cafe
落ち着いた空間でこだわりのコーヒーを
Design Cafe はカフェとレンタルスペースが融合した新しいカタチです。
仕事をするうえで邪魔にならないシンプルな空間と
クリエイティブを刺激するお洒落な内装で
美味しいコーヒーを飲みながら有意義な時間を提供します。

字體：Bradley Hand Bold B、０２うつくし明朝体
文字顏色：C=100 M=50 Y=40 K=0

DESIGN CAFE
落ち着いた空間でこだわりのコーヒーを

字體：Copperplate B、A-OTF リュウミン Pr5 L
文字顏色：C=0 M=0 Y=100 K=0

Design Cafe
落ち着いた空間でこだわりのコーヒーを

字體：NIS R10-83pv-RKSJ-H、UDShinMGoPro L
文字顏色：C=0 M=100 Y=0 K=0

Design Cafe
落ち着いた空間でこだわりのコーヒーを
Design Cafe はカフェとレンタルスペースが融合した新しいカタチです。
仕事をするうえで邪魔にならないシンプルな空間と
クリエイティブを刺激するお洒落な内装で
美味しいコーヒーを飲みながら有意義な時間を提供します。

字體：Snell Roundhand B、DFP 中楷書体 B L
文字顏色：C=0 M=80 Y=95 K=0

請試著使用各種字體
來改變設計氛圍。

CHAPTER

8

置入、編輯影像

這一章要介紹在 Illustrator 置入影像的基本方法以及編修影像的技巧。
使用 Illustrator 製作廣告、海報或平面設計時，
也常需要處理照片，因此請先徹底瞭解其結構。

CHAPTER 8 LESSON 1

置入影像

置入影像 # 封裝功能

練習檔案
8-1.ai

Illustrator 除了插圖之外，也可以處理數位相機拍攝的照片，這個單元將介紹置入影像及調整影像大小的方法。

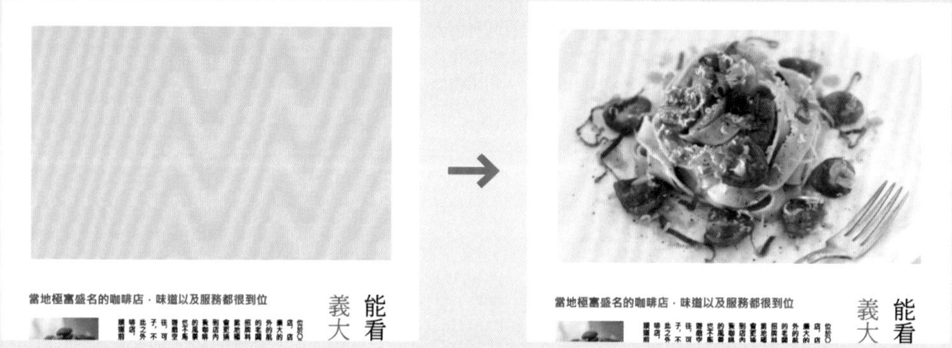

當地極富盛名的咖啡店．味道以及服務都很到位
義大
能看

以下將製作雜誌風格的平面設計作品，在事先準備好的灰色方框內置入影像。

在文件內置入影像

置入影像的方法有幾種，以下將介紹連結原始影像，顯示在文件上的方法。

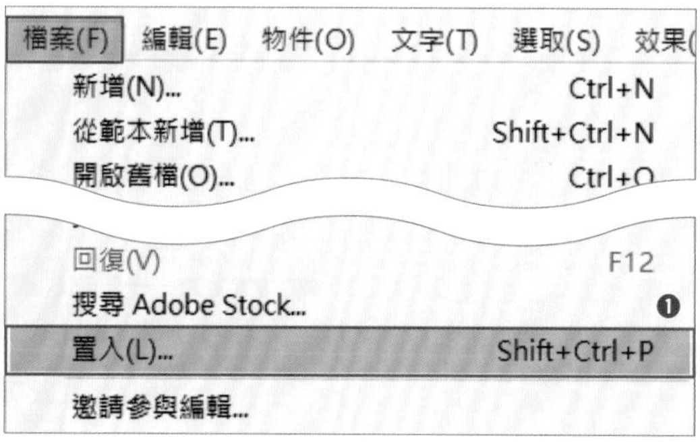

檔案(F)
編輯(E)
物件(O)
文字(T)
選取(S)
新增(N)... Ctrl+N
從範本新增(T)... Shift+Ctrl+N
開啟舊檔(O)... Ctrl+O
回復(V) F12
搜尋 Adobe Stock...
❶
置入(L)... Shift+Ctrl+P
邀請參與編輯...

1. 開啟練習檔案「8-1.ai」，執行「檔案→置入」命令 ❶。

2. 開啟對話視窗，選取此單元檔案夾內的「pasta.psd」❷，確認已經勾選了「連結」❸，按下「置入」鈕 ❹。

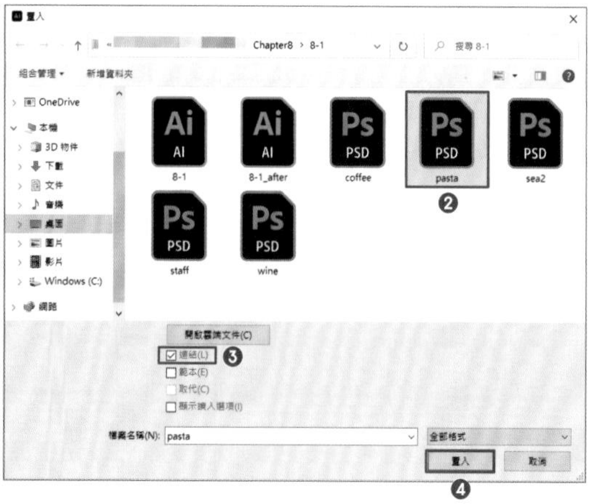

Chapter8 › 8-1
8-1
8-1_after
coffee
pasta
sea2
staff
wine
❷
❸
❹

重點提示

影像管理的基本知識！

以 Illustrator 製作的資料有時也需要傳給外部人員，此時如果沒有妥善管理影像，就可能發生切斷連結的問題，開啟檔案後，也無法顯示影像。請將連結影像放在 Illustrator 資料（副檔名為 .ai 的資料）的同一層，或在相同階層內，建立名為「Links」的檔案夾，把影像放在裡面進行管理。

建立 Links 檔案夾的詳細說明 ➡ 175 頁

3 確認滑鼠游標的形狀以及是否顯示影像縮圖 ❺。

❺
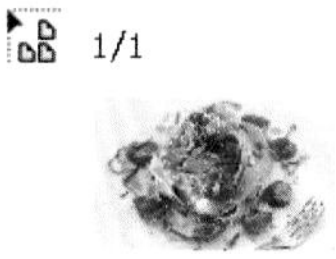
1/1

如果在步驟②的畫面選取多個影像，會以分數顯示全部的影像張數，以縮圖顯示接下來要置入的影像。

關鍵重點！

4 在你想置入影像的地方按一下。這個範例將滑鼠游標移動到灰色矩形左上方的錨點，在顯示「錨」的狀態按一下 ❻。

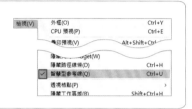

❻
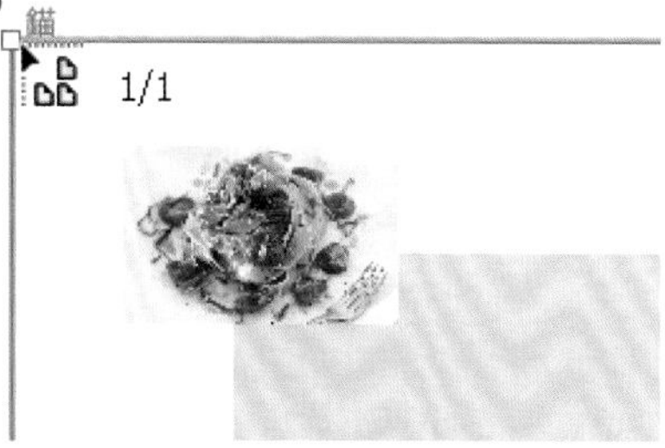
錨
1/1

5 以剛才按一下的位置為起點置入影像。

重點提示

沒有顯示「錨」？

請執行「檢視 → 智慧型參考線」命令。

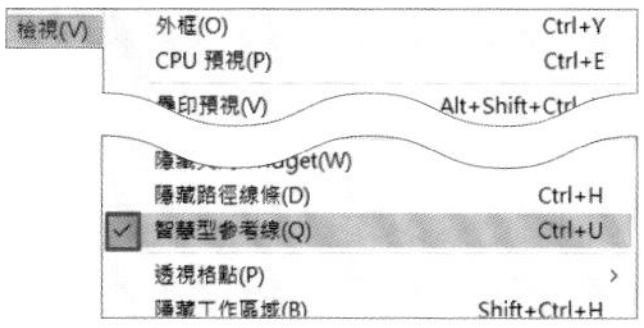
檢視(V)
外框(O) Ctrl+Y
CPU 預視(P) Ctrl+E
疊印預視(V) Alt+Shift+Ctrl
隱藏路徑線條(D) Ctrl+H
智慧型參考線(Q) Ctrl+U
透視格點(P)
隱藏工作區域(B) Shift+Ctrl+H

6 在工作區域的空白處按一下 ❼，取消選取。

❼

重點提示

置入連結與嵌入影像的差異

在 Illustrator 置入影像的方法包括連結與嵌入兩種，預設狀態為置入連結。

● 置入連結

連結是指參照與 Illustrator 文件不同位置的其他影像的置入方法。編輯參照對象時，結果會同時反映在文件上。與嵌入影像相比，優點是文件的檔案容量小，存檔時間短，但是一旦移動了參照的檔案，或改變檔案名稱時，就會切斷連結，無法顯示。

● 嵌入影像

嵌入是指在 Illustrator 的文件中，直接置入影像檔案的方法，文件的檔案容量較大，即使編輯原始影像，也不會對文件上的影像產生影響。優點是可以維持文件上的影像，不用擔心切斷連結的問題。

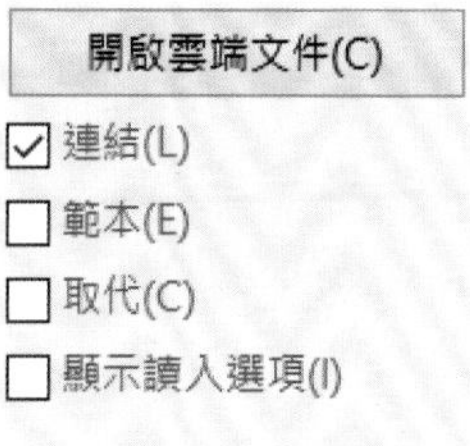
開啟雲端文件(C)
連結(L)
範本(E)
取代(C)
顯示讀入選項(I)

在「置入」對話視窗中，勾選「連結」，就會以連結方式置入影像，如果取消勾選，會以嵌入方式置入影像。

調整影像大小

使用邊框可以調整影像大小。請將影像尺寸調整成符合灰色方框的大小。

① 按住 Shift 鍵不放並將影像右下方的錨點拖曳到灰色方框的右下方 ❶。

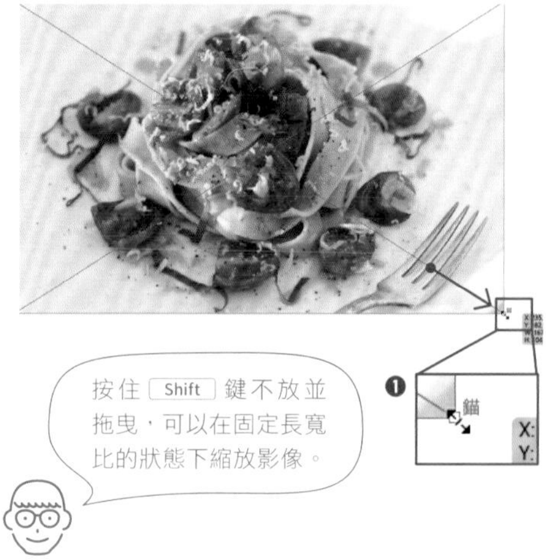

❶
錨
X:
Y:
按住 Shift 鍵不放並拖曳，可以在固定長寬比的狀態下縮放影像。

\ 完成！/ 放大影像，完美置入灰色方框內。

能看見大海的咖啡店
義大利麵也很美味
當地極富盛名的咖啡店，味道以及服務都很到位

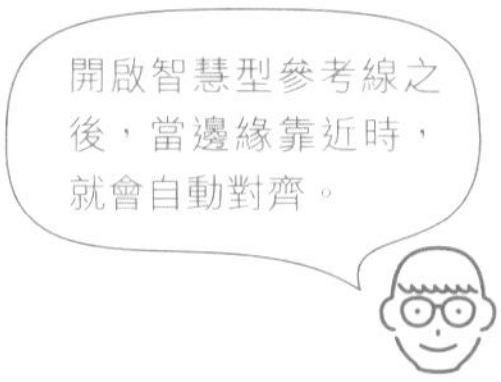

開啟智慧型參考線之後，當邊緣靠近時，就會自動對齊。

重點提示

置入的同時放大影像！

這個單元是置入影像後再放大，但是置入與放大也可以同時進行。置入影像時 ❶，將影像拖曳成適當大小 ❷，就能按照拖曳尺寸置入影像 ❸。此時，不用按住 Shift 鍵也可以固定長寬比。

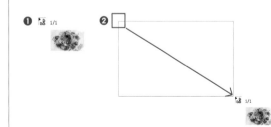

❶
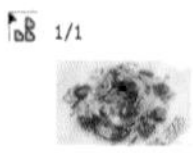

1/1

❷
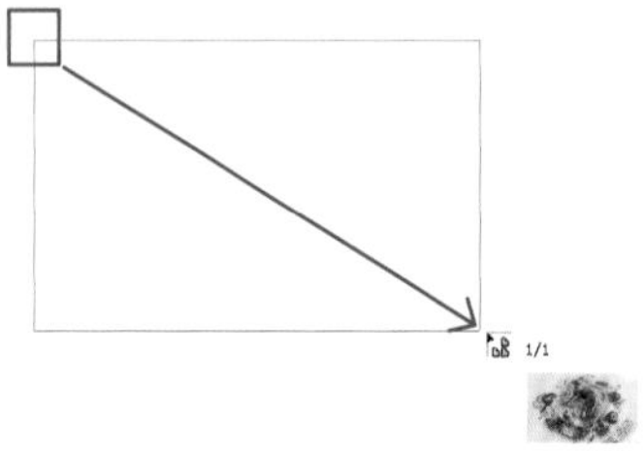

1/1

❸
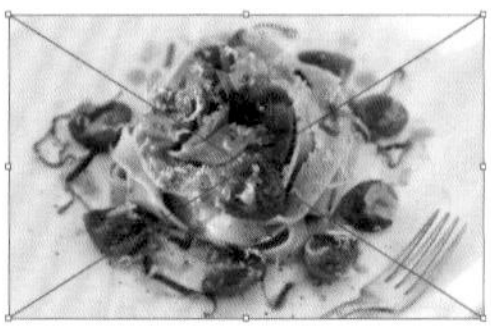

如果想縮小影像，只要往相反側（朝著影像內側）拖曳，就可以縮小影像。

更多
進階知識！

● 使用封裝功能統一儲存連結影像

把置入的影像檔案統一儲存在一個檔案夾內比較容易管理。如果連結影像儲存在不同地方，請使用封裝功能整合在一個檔案夾內。

1 執行「檔案→封裝」命令 ❶。

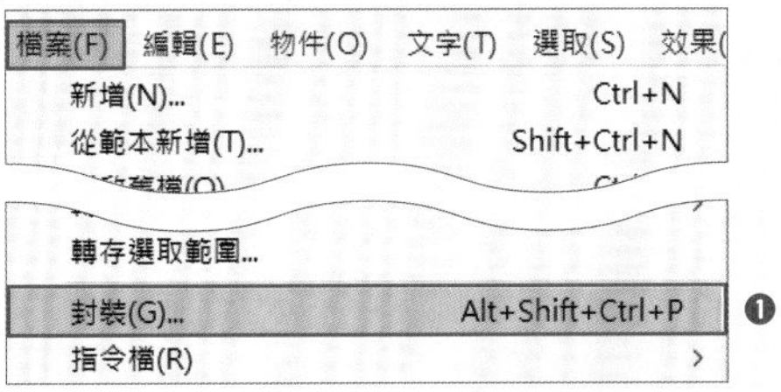
檔案(F)
編輯(E)
物件(O)
文字(T)
選取(S)
效果(
新增(N)...
Ctrl+N
從範本新增(T)...
Shift+Ctrl+N
轉存選取範圍...
封裝(G)...
Alt+Shift+Ctrl+P
指令檔(R)
❶

2 開啟「封裝」對話視窗，按一下「選擇封裝檔案夾位置」（檔案夾圖示）❷，選擇存檔位置。

3 輸入要儲存影像檔案的新檔案夾名稱 ❸，設定「選項」❹，按下「封裝」鈕 ❺。

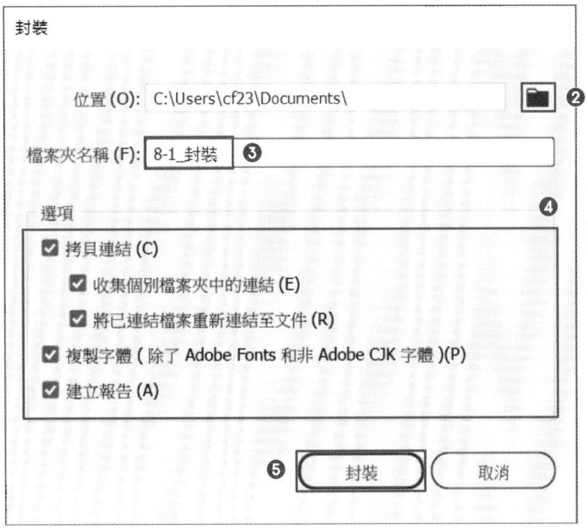
封裝
位置 (O): C:\Users\cf23\Documents\
❷
檔案夾名稱 (F): 8-1_封裝
❸
選項
❹
拷貝連結 (C)
收集個別檔案夾中的連結 (E)
將已連結檔案重新連結至文件 (R)
複製字體 (除了 Adobe Fonts 和非 Adobe CJK 字體)(P)
建立報告 (A)
❺
封裝
取消

4 確認已經建立檔案夾。我們可以看到已經建立了「Links」檔案夾，並且儲存記載資料的報告以及 Illustrator 檔案等 ❻。

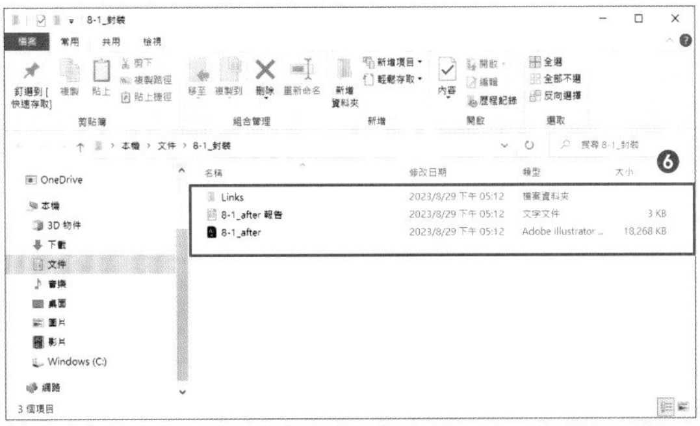
8-1_封裝
OneDrive
Links
8-1_after 報告
8-1_after
❻

重點提示

使用「Links」檔案夾管理影像可以避免切斷連結！

在封裝功能中，勾選「收集個別檔案夾中的連結」，會自動建立名為「Links」的檔案夾，當你自行建立管理影像的檔案夾時，先命名為「Links」比較方便。在 Illustrator 檔案同一階層建立「Links」檔案夾，儲存使用的影像，開啟 Illustrator 檔案時，就會在 Links 檔案夾內搜尋影像並顯示。172 頁說明過，請將 Illustrator 檔案（ai 檔案）與影像檔案儲存在同一階層，或建立「Links」檔案夾，妥善管理影像。

CHAPTER 8 LESSON 2

取代影像

取代影像 # 連結 # 連結面板

練習檔案
8-2.ai

以連結方式置入的影像可以更改連結檔案，取代成其他影像。以下將介紹取代連結影像的方法。

當地極富盛名的咖啡店，味道以及服務都很到位
能看見大海
義大利麵也
當地極富盛名的咖啡店，味道以及服務都很到位
能看見大海
義大利麵也

以下將義大利麵影像取代成其他種類。這種方法可以只改變內容，不調整方塊位置與大小，所以比重新置入影像更方便。

開啟「連結」面板

在「連結」面板確認連結影像並執行取代操作。

1. 開啟練習檔案「8-2.ai」，執行「視窗→連結」命令 ❶，開啟「連結」面板 ❷。

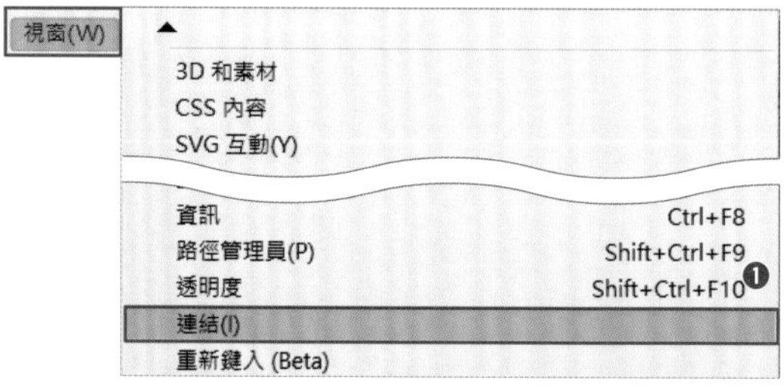

視窗(W)
3D 和素材
CSS 內容
SVG 互動(Y)
資訊 Ctrl+F8
路徑管理員(P) Shift+Ctrl+F9
透明度 Shift+Ctrl+F10
❶
連結(I)
重新鍵入 (Beta)

❷
動作
連結
pasta.psd
coffee.psd
sea2.psd
staff.psd
wine.psd

你可以沿用上一個單元的範例繼續操作，如果想從這個單元開始練習，請開啟「8-2.ai」。

重新設定連結

已經置入連結的影像可以重新設定連結，取代成其他影像。

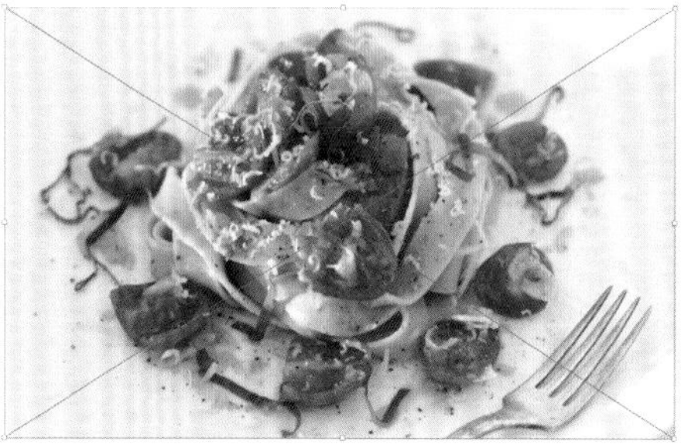

1. 使用「選取工具」 ▶ 按一下影像 ❶，確認在「連結」面板中，已經選取了該影像 ❷，再按下「重新連結」鈕 ❸。

動作
連結
pasta.psd
coffee.psd
sea2.psd
staff.psd
wine.psd

重點提示

置入長寬比不一樣的影像？

取代影像時，如果長寬比和原始影像一致，就會在相同的位置重新置入影像。然而，若是長寬比不同的影像，新影像的對角線長度會變成與原始影像一致。

當地極富盛名的咖啡店，味道以及服務都很到位
能看見大海的
義大利麵也很

對角線的長度與原始影像一致

2. 開啟「置入」對話視窗 ❹，選取「pasta_change.psd」❺，按下「置入」鈕 ❻。

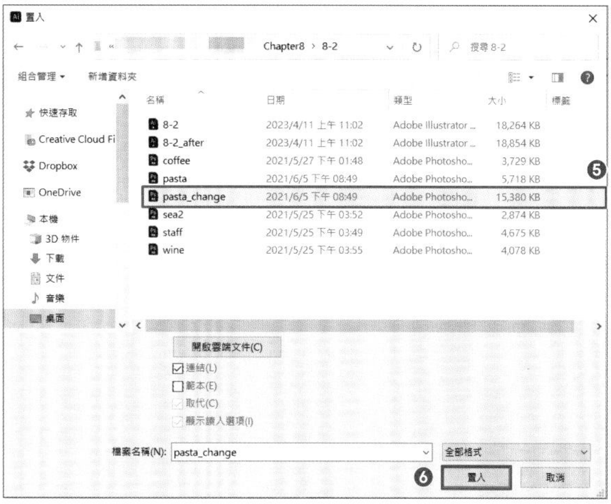

置入
Chapter8 > 8-2
搜尋 8-2
組合管理
新增資料夾
快速存取
Creative Cloud Fi
Dropbox
OneDrive
本機
3D 物件
下載
文件
音樂
桌面
名稱
日期
類型
大小
標籤
8-2
8-2_after
coffee
pasta
pasta_change
sea2
staff
wine
開啟雲端文件(C)
連結(L)
範本(E)
取代(C)
顯示讀入選項(I)
檔案名稱(N): pasta_change
全部格式
置入
取消

完成！取代成新影像。

當地極富盛名的咖啡店，味道以及服務都很到位
義大
能看

當地極富盛名的咖啡店，味道以及服務都很到位
義大
能看

重點提示

不使用「連結」面板取代影像

選取文件上想取代的影像，和置入一般影像一樣，執行「檔案→置入」命令，開啟「置入」對話視窗，選取想取代的影像，勾選「取代」，按下「置入」鈕，即可取代影像。

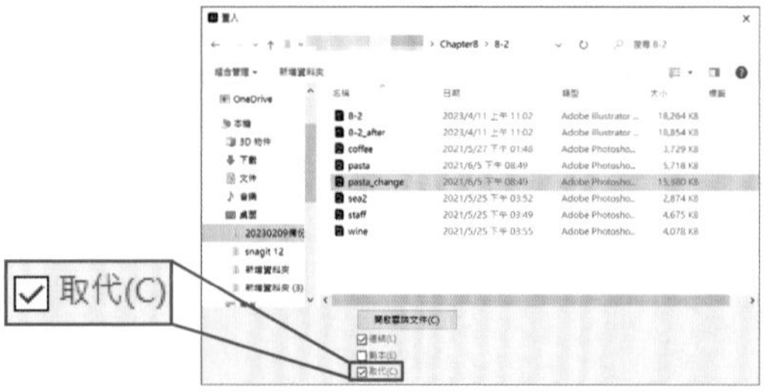

置入
Chapter8 > 8-2
8-2
8-2_after
coffee
pasta
pasta_change
sea2
staff
wine
取代(C)

更多

進階知識！

● 取代多個影像

「重新連結」功能可以取代多個影像。

❶
能看見大海的咖啡店
義大利麵也很美味

動作
連結
pasta.psd
coffee.psd
sea2.psd
staff.psd
wine.psd
❷

1. 選取多個影像 ❶，按下「重新連結」鈕 ❷。

按一下「連結」面板的縮圖（Ctrl + 按一下選取多個影像）也能選取影像。

2. 開啟「置入」對話視窗，選取新影像 ❸，按下「置入」鈕 ❹。

依照選取數量重複執行步驟 ❸ 和 ❹。

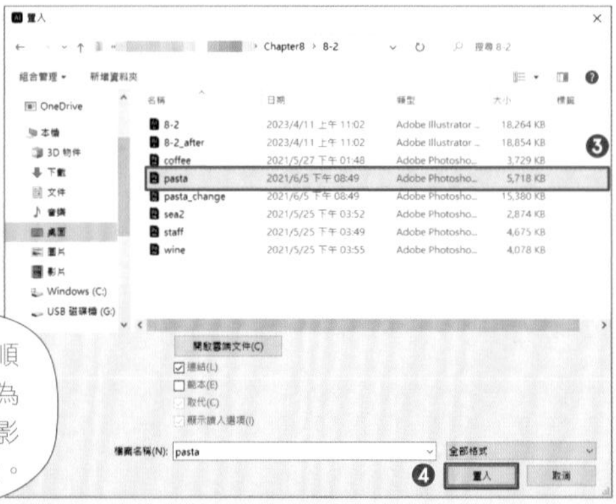

置入
Chapter8 > 8-2
8-2
8-2_after
coffee
pasta
pasta_change
sea2
staff
wine
❸
❹

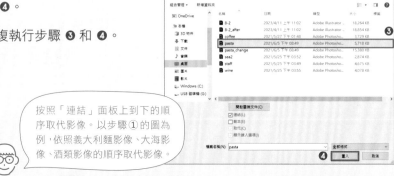

按照「連結」面板上到下的順序取代影像。以步驟①的圖為例，依照義大利麵影像、大海影像、酒類影像的順序取代影像。

3. 設定完成後，關閉「置入」對話視窗，統一取代影像。

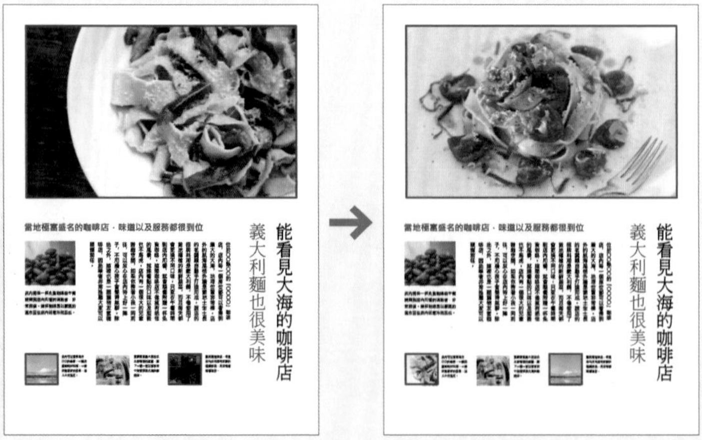

能看見大海的咖啡店
義大利麵也很美味
能看見大海的咖啡店
義大利麵也很美味

取代了三個影像

CHAPTER 8 LESSON 3

剪裁遮色片

將影像裁切成圓形

練習檔案 8-3.ai

以下將裁切置入的影像，這次要使用剪裁遮色片功能，把影像裁剪成圓形。

● 製作剪裁遮色片

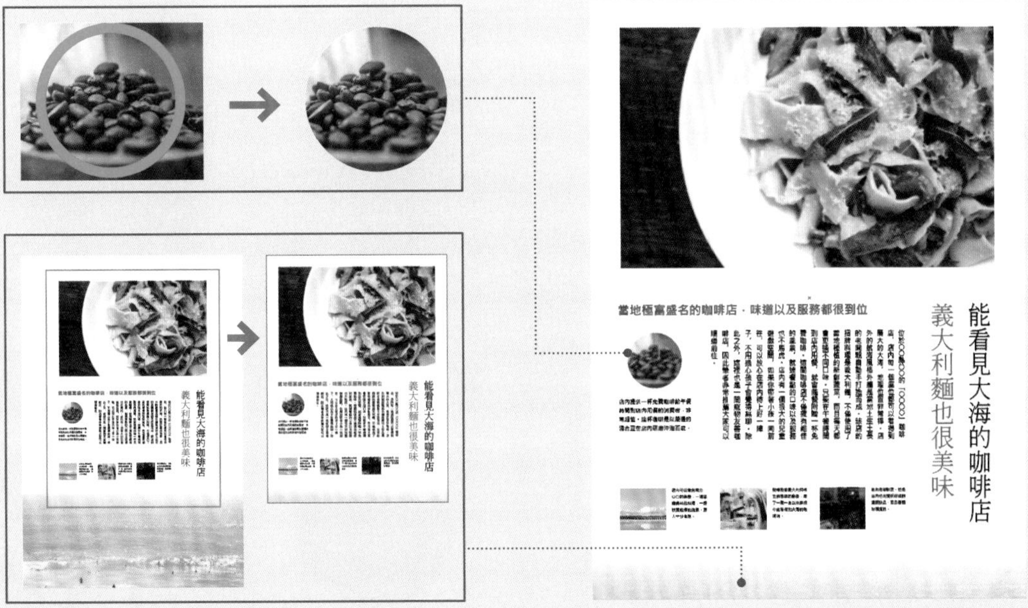
當地極富盛名的咖啡店，味道以及服務都很到位
能看見大海的咖啡店
義大利麵也很美味

剪裁遮色片是指以上層物件的形狀裁剪下層物件的功能。遮色片有覆蓋隱藏的意思，你只要想成把物件沒有重疊的部分隱藏起來即可。這個單元先在上層繪製圓形，裁切咖啡豆影像，接著以矩形裁切大海影像，為版面增添變化。

建立裁切形狀

剪裁遮色片就像用形狀裁切影像，因此要先建立裁切形狀。這次想把影像裁切成圓形，所以用「橢圓形工具」建立正圓形。

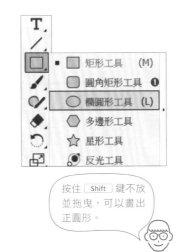

1. 開啟練習檔案「8-3.ai」，選取「橢圓形工具」❶，繪製可以容納咖啡豆影像的正圓形 ❷。

「橢圓形工具」➡ 46 頁

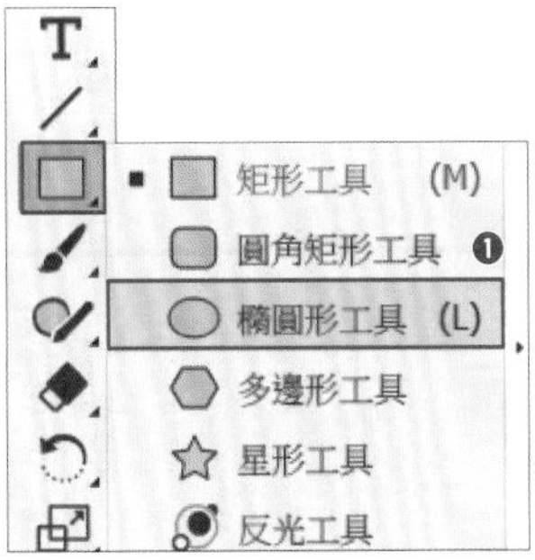
矩形工具 (M)
圓角矩形工具
❶
橢圓形工具 (L)
多邊形工具
星形工具
反光工具

按住 Shift 鍵不放並拖曳，可以畫出正圓形。

當地極富盛名的
❷
店內提供一杯免費咖啡給午餐時間到店內用餐的消費者，非常超值。這杯咖啡是以嚴選的混合豆在店內研磨沖泡而成。

這個範例為了方便辨識，在筆畫加上了顏色。

選取影像與圓形

選取要裁切的影像與圖形，製作剪裁遮色片。

1. 選取影像與正圓形 ❶。

2. 執行「物件→剪裁遮色片→製作」命令 ❷。

當地極富盛名的咖啡店，味道以及
❶
的風景，就連餐點的口味也不馬虎。店內有一個很遊戲空間，如果你帶著小往，可以放心在店內待上子，不用擔心孩子會覺得此之外，這裡也是一間寵啡店，因此筆者非常推薦順道前往。
店內提供一杯免費咖啡給午餐

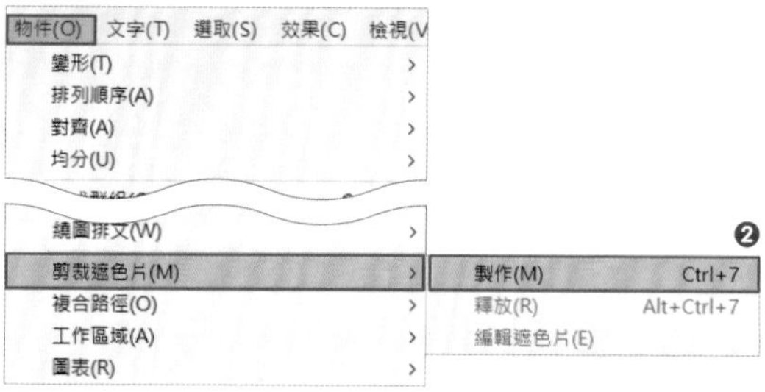

物件(O)
文字(T)
選取(S)
效果(C)
檢視(V
變形(T)
排列順序(A)
對齊(A)
均分(U)
繞圖排文(W)
剪裁遮色片(M)
複合路徑(O)
工作區域(A)
圖表(R)
❷
製作(M) Ctrl+7
釋放(R) Alt+Ctrl+7
編輯遮色片(E)

重點提示

按右鍵製作剪裁遮色片

在選取影像與圖形的狀態，按下滑鼠右鍵，執行「製作剪裁遮色片」命令，也可以製作剪裁遮色片。

3. 將影像裁剪成圓形。

當地極富盛名的咖啡店，味道以
遊戲空間，如果你帶著小孩一同前往，可以放心在店內待上好一陣子，不用擔心孩子會覺得無聊。除此之外，這裡也是一間寵物友善咖啡店，因此筆者非常推薦大家可以順道前往。
店內提供一杯免費咖啡給午餐時間到店內用餐的消費者，非常超值。這杯咖啡是以嚴選的混合豆在店內研磨沖泡而成。

製作剪裁遮色片之後，上層物件（這個範例是指圓形）的填色與筆畫都會消失。

重點提示

釋放剪裁遮色片

如果要釋放剪裁遮色片，請選取目標物件，執行「物件→剪裁遮色片→釋放」命令。釋放剪裁遮色片之後，下層物件會恢復成原本的狀態，但是上層物件的填色與筆畫都會消失。

以矩形裁切影像

按照相同方式也能裁切當作背景的大海影像。以下將使用已經建立的頁面框線製作剪裁遮色片。

1. 選取頁面框線與大海影像 ❶。

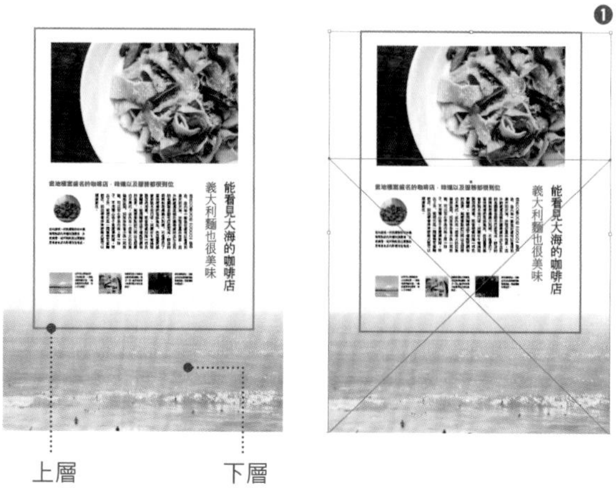

❶
能看見大海的咖啡店
義大利麵也很美味
上層
下層

製作剪裁遮色片時，一定要將剪裁遮色片物件放在上層，被遮住的物件放在下層。

② 按右鍵，執行「製作剪裁遮色片」命令 ❷。

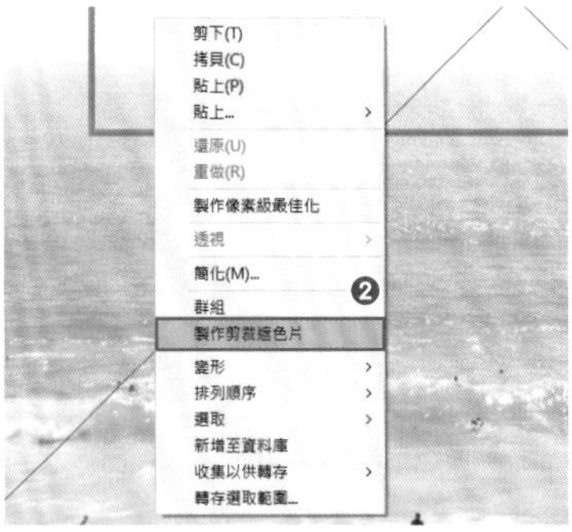
剪下(T)
拷貝(C)
貼上(P)
貼上...
還原(U)
重做(R)
製作像素級最佳化
透視
簡化(M)...
群組
製作剪裁遮色片
變形
排列順序
選取
新增至資料庫
收集以供轉存
轉存選取範圍...
❷

按右鍵的操作方法比執行「物件」選單簡單。

完成！以矩形路徑物件剪裁大海影像。

能看見大海的咖啡店
義大利麵也很美味

重點提示

「剪裁遮色片」的快速鍵

剪裁遮色片是使用頻率很高的功能，建議利用快速鍵執行操作。

● 製作剪裁遮色片

Ctrl（⌘）+ 7 鍵

● 釋放剪裁遮色片

Ctrl（⌘）+ Shift + 7 鍵

重點提示

組合多個路徑裁切影像？

如果要組合兩個以上的路徑裁切一個影像時，必須將路徑轉換成複合路徑再裁切。

● 何謂複合路徑？

複合路徑會把多個路徑當作一個路徑處理，轉換成複合路徑之後，會在複合路徑內的所有物件套用最下層路徑的填色。

● 沒有建立複合路徑，以多個路徑製作剪裁遮色片會如何？

如果沒有建立複合路徑，就製作剪裁遮色片，會以最上層的路徑形狀進行裁切。但是建立複合路徑之後，將以複合路徑內的所有路徑形狀裁切。

● 複合路徑的製作方法

選取多個路徑 ❶，執行「物件→複合路徑→製作」命令 ❷，就能建立複合路徑 ❸。執行「物件→複合路徑→釋放」命令，可以取消複合路徑。

STAR
STAR

複合路徑

沒有建立複合路徑的三個路徑

建立了複合路徑的路徑

最下層路徑　最上層路徑

以沒有建立複合路徑的路徑製作剪裁遮色片

以最上層的路徑進行裁切

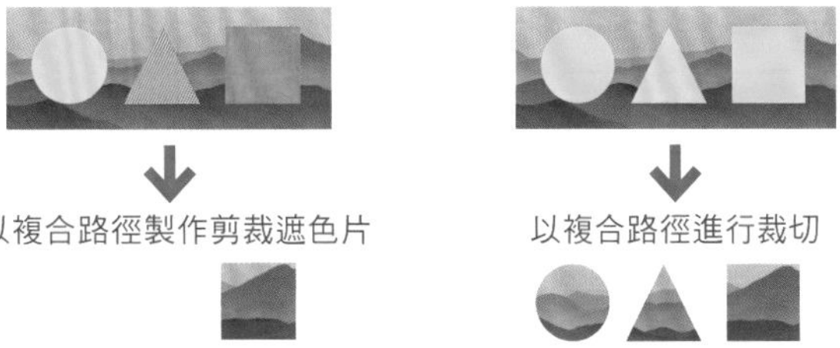

以複合路徑製作剪裁遮色片

以複合路徑進行裁切

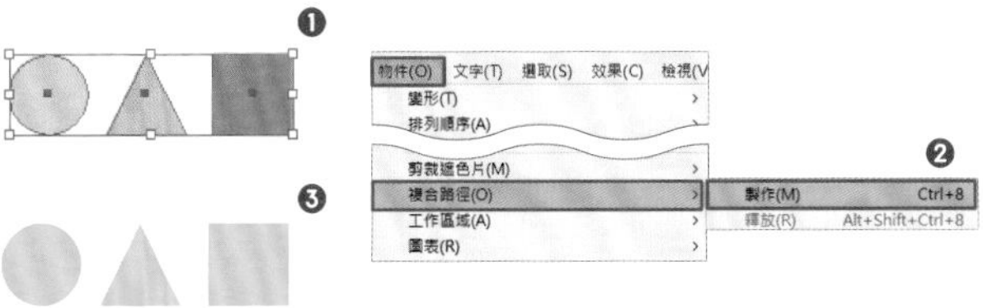
❶
❷
❸
物件(O)
文字(T)
選取(S)
效果(C)
檢視(V
變形(T)
排列順序(A)
剪裁遮色片(M)
複合路徑(O)
工作區域(A)
圖表(R)
製作(M)
Ctrl+8
釋放(R)
Alt+Shift+Ctrl+8

更多
進階知識！

● 製作剪裁遮色片後的影像編輯方法

製作了剪裁遮色片的影像或物件可以縮放或移動。

移動影像

我們可以只移動影像，不移動外框。使用「群組選取工具」 按一下影像的可見部分，往任意方向拖曳。

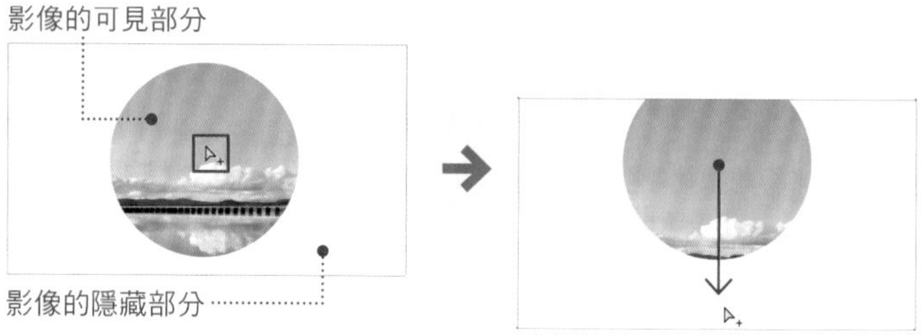
影像的可見部分
影像的隱藏部分

縮放影像

我們可以只縮放影像，不改變外框大小。使用「群組選取工具」 單獨選取影像，按右鍵執行「變形→縮放」命令，開啟「縮放」面板，輸入倍率，按下「確定」鈕。

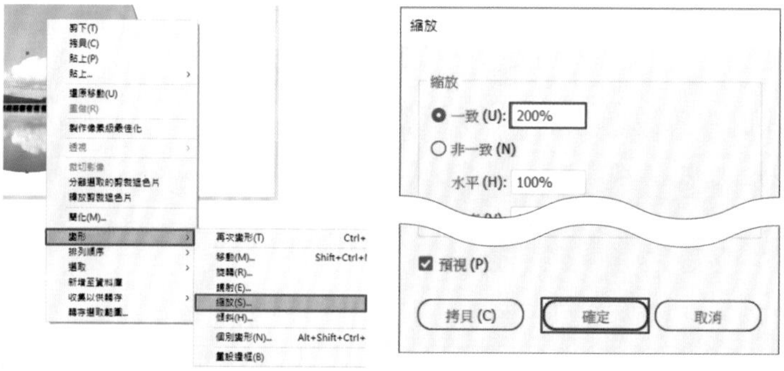
變形
再次變形(T)
移動(M)...
旋轉(R)...
鏡射(E)...
縮放(S)...
傾斜(H)...
個別變形(N)...
重設邊框(B)
縮放
縮放
一致(U): 200%
非一致(N)
水平(H): 100%
預視(P)
拷貝(C)
確定
取消

100%　　200%

● 製作剪裁遮色片的物件編輯方法

我們也可以移動當作剪裁遮色片的物件或調整形狀、大小（顯示範圍）。

移動物件

使用「群組選取工具」 拖曳物件外框，可以單獨移動外框，不改變影像的位置。

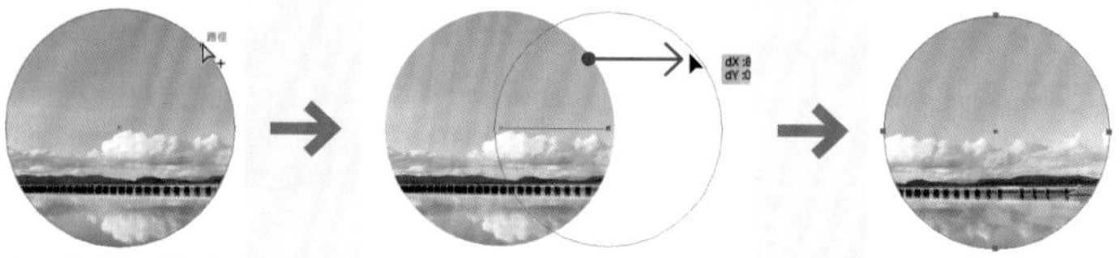

調整形狀與大小

使用「直接選取工具」 按一下物件的外框，拖曳錨點，就能改變外框的形狀。使用「鋼筆工具」 還能新增錨點。

新增錨點 ➡ 91 頁

CHAPTER 8 LESSON 4

嵌入影像

嵌入連結影像

練習檔案 8-4.ai

連結影像可以改成嵌入影像。
反之，嵌入影像也能改成連結影像。

當地極富盛名的咖啡店，味道以及服務都很到位
能看見大海
義大利麵也
當地極富盛名的咖啡店，味道以及服務都很到位
能看見大海
義大利麵也

將雜誌的連結影像改成嵌入影像。

嵌入連結影像

使用 Lesson 2 介紹的「連結」面板嵌入影像。

「連結」面板 ➡ 176 頁

1 開啟練習檔案「8-4.ai」，選取影像 ❶，在「連結」面板的選單 ≡ 執行「嵌入影像」命令 ❷。

❶

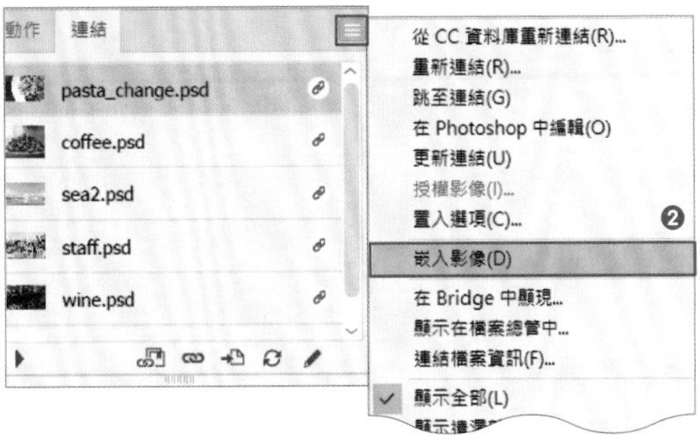
動作
連結
pasta_change.psd
coffee.psd
sea2.psd
staff.psd
wine.psd
從 CC 資料庫重新連結(R)...
重新連結(R)...
跳至連結(G)
在 Photoshop 中編輯(O)
更新連結(U)
授權影像(I)...
置入選項(C)...
❷
嵌入影像(D)
在 Bridge 中顯現...
顯示在檔案總管中...
連結檔案資訊(F)...
顯示全部(L)

重點提示

分辨連結影像與嵌入影像的方法

選取影像時，連結影像會在影像框顯示對角線，而嵌入影像不會顯示對角線。

連結影像

嵌入影像

② 開啟「Photoshop 讀入選項」對話視窗 ❸，按下「確定」鈕 ❹。檢視「連結」面板，可以看到嵌入影像的連結圖示 🔗 消失了 ❺。

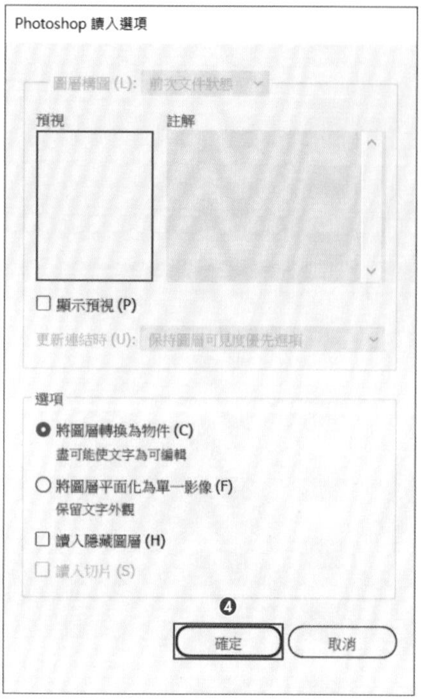
❸
Photoshop 讀入選項
圖層構圖 (L): 前次文件狀態
預視
註解
顯示預視 (P)
更新連結時 (U): 保持圖層可見度優先選項
選項
將圖層轉換為物件 (C)
盡可能使文字為可編輯
將圖層平面化為單一影像 (F)
保留文字外觀
讀入隱藏圖層 (H)
讀入切片 (S)
❹
確定
取消

動作
連結
❺
pasta_change.psd -> ...
coffee.psd
sea2.psd
staff.psd
wine.psd

只有影像為 Photoshop 格式（psd）才會顯示這個對話視窗。如果嵌入的影像為 JPEG 或 PNG 則不會顯示。

＼完成！／嵌入連結影像。

當地極富盛名的咖啡店，味道以及服務都很到位
能看見大海的咖啡店
義大利麵也很美味

嵌入影像之後，資料量會變多，假如一個文件內處理了大量影像，請注意別嵌入過多影像。

更多
＼進階知識！／

● 分別運用連結影像與嵌入影像

連結影像的優點是資料量少，當你在製作含有大量影像的設計作品時，使用連結影像的工作效率較佳。嵌入影像可以避免切斷連結的問題，與外部往來的資料或製作印刷稿時，選擇嵌入影像比較適合。

CHAPTER 8 LESSON 5

調整影像色彩 # 任意變形影像

編輯嵌入影像

練習檔案
8-5.ai

嵌入 Illustrator 文件內的影像可以在 Illustrator 編輯，以下將執行簡單的編輯操作。

這次要利用「調整色彩平衡」功能，將嵌入影像的顏色變成褪色風格，接著變形編輯後的影像，合成在電腦畫面中。

調整影像色彩

利用「調整色彩平衡」功能抑制洋紅色調，編修成略微泛黃的照片。

1 開啟練習檔案「8-5.ai」，選取女性影像❶，執行「編輯→編輯色彩→調整色彩平衡」命令❷。

❶

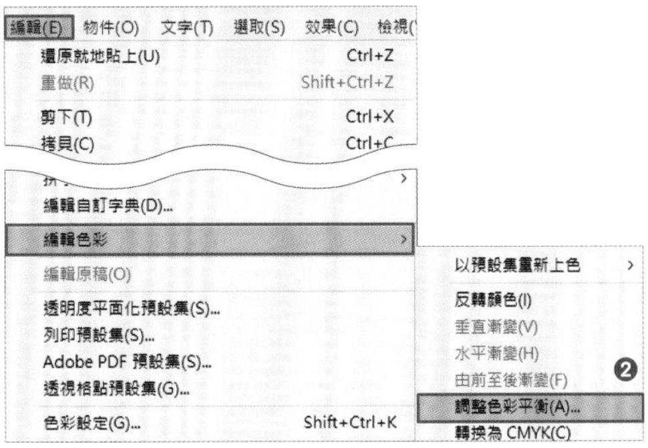
編輯(E) 物件(O) 文字(T) 選取(S) 效果(C) 檢視(
還原就地貼上(U) Ctrl+Z
重做(R) Shift+Ctrl+Z
剪下(T) Ctrl+X
拷貝(C)
編輯自訂字典(D)...
編輯色彩
編輯原稿(O)
透明度平面化預設集(S)...
列印預設集(S)...
Adobe PDF 預設集(S)...
透視格點預設集(G)...
色彩設定(G)... Shift+Ctrl+K
以預設集重新上色
反轉顏色(I)
垂直漸變(V)
水平漸變(H)
由前至後漸變(F)
調整色彩平衡(A)...
轉換為 CMYK(C)
❷

這個單元介紹的操作是以嵌入影像為前提，連結影像無法執行相同操作，請注意這一點。

2 開啟「調整色彩」對話視窗，拖曳滑桿，更改數值。這次想調整成降低洋紅色，帶有強烈黃色調的照片，因此按照右圖進行設定 ❸。勾選「預視」❹，確認顏色變化後，按下「確定」鈕 ❺。

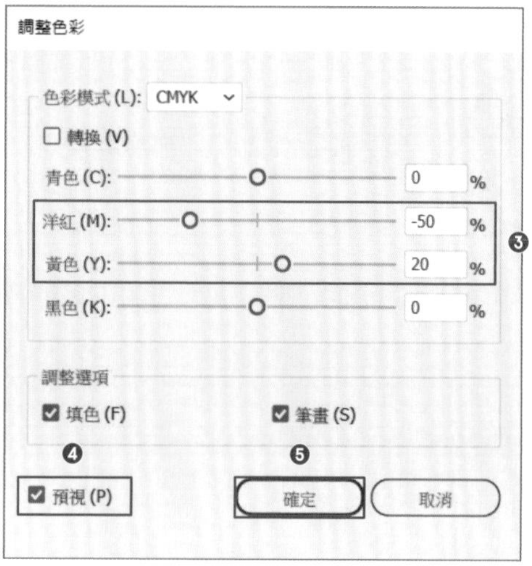

調整色彩
色彩模式 (L): CMYK
轉換 (V)
青色 (C): 0 %
洋紅 (M): -50 %
黃色 (Y): 20 %
黑色 (K): 0 %
調整選項
填色 (F)
筆畫 (S)
預視 (P)
確定
取消
❸
❹
❺

完成！ 改變了影像的顏色。

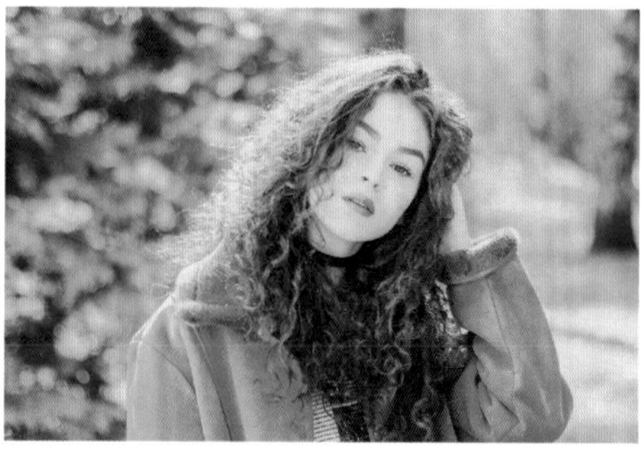

任意變形影像

依照另外準備的電腦影像，將人物影像變形。首先讓人物影像呈現可變形狀態。

1 拖曳嵌入影像，讓影像右邊對齊螢幕右側內緣 ❶。

❶

2 執行「物件→封套扭曲→以網格製作」命令 ❷。

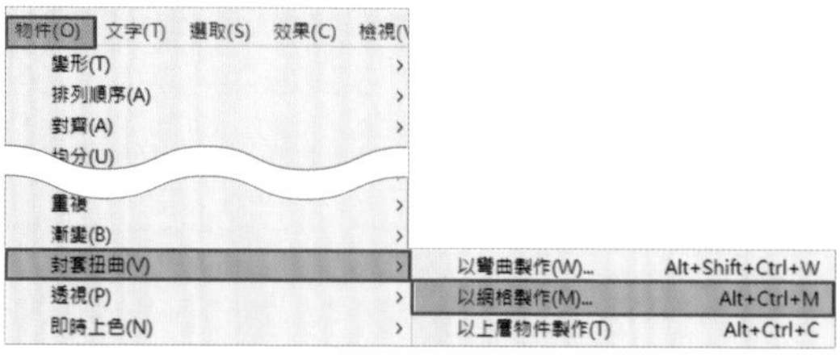

物件(O) 文字(T) 選取(S) 效果(C) 檢視(V
變形(T)
排列順序(A)
對齊(A)
均分(U)
重複
漸變(B)
封套扭曲(V)
透視(P)
即時上色(N)
以彎曲製作(W)... Alt+Shift+Ctrl+W
以網格製作(M)... Alt+Ctrl+M
以上層物件製作(T) Alt+Ctrl+C
❷

3 開啟「封套網格」對話視窗，「橫欄」設定為「4」，「直欄」設定為「4」❸，按下「確定」鈕❹。

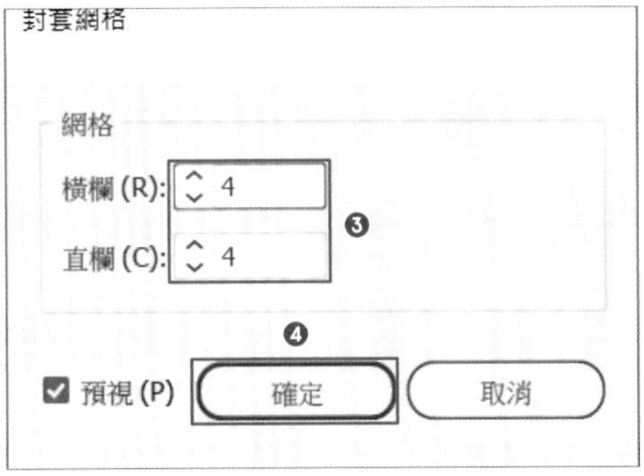
封套網格
網格
橫欄 (R):
4
直欄 (C):
4
❸
❹
預視 (P)
確定
取消

4 在影像上出現了網格。

重點提示

何謂封套扭曲？

封套扭曲是變形物件的功能。如果要在 Illustrator 任意變形影像，必須使用封套扭曲功能。網格就是格線，利用橫欄與直欄可以設定格線的密度。拖曳網格的線條或交叉點，就能變形物件。

牢牢記住！

5 按一下「任意變形工具」❺，就會顯示新的工具列，選取「隨意扭曲」❻，將影像左上方的錨點往內拖曳❼，以符合螢幕大小。

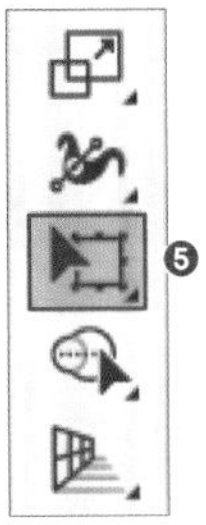

完成！ 拖曳左下方的錨點❽，讓影像符合螢幕大小後即完成。

成功將影像合成在螢幕上。

CHAPTER 8 LESSON 6

影像描圖

使用影像描圖把照片變成插圖風格

練習檔案
8-6.ai

Illustrator 的「影像描圖」功能可以把影像轉換成路徑物件，利用這個功能，就能輕鬆把影像變成插圖。

在 Illustrator 進行「描圖」是指依照影像描繪草圖，轉換成數位資料。這個單元將利用影像描圖功能，把點陣圖影像轉換成插圖，再將插圖轉換成路徑（向量資料），變成可以在 Illustrator 上編輯的物件。

將影像轉換成插圖

利用影像描圖功能，把影像轉換成插圖。

1. 開啟練習檔案「8-6.ai」，選取影像 ❶，執行「視窗→影像描圖」命令 ❷。

❶

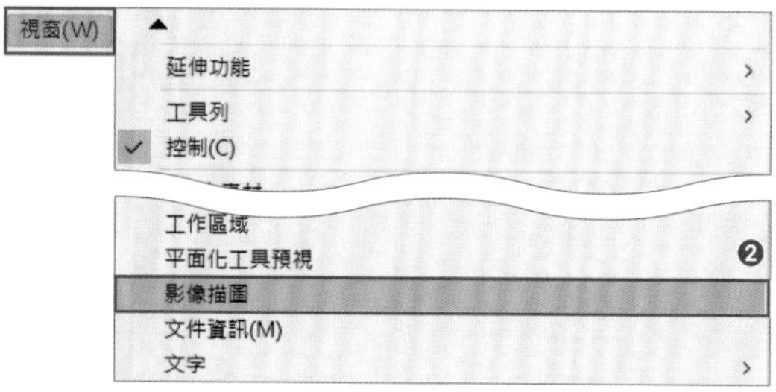
視窗(W)
延伸功能
工具列
控制(C)
工作區域
平面化工具預視
影像描圖
文件資訊(M)
文字
❷

② 開啟「影像描圖」對話視窗，在「預設集」選取「16 色」❸。

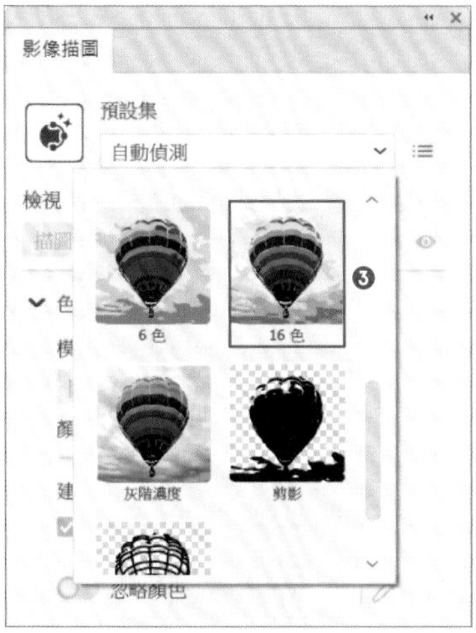
影像描圖
預設集
自動偵測
檢視
6 色
16 色
灰階濃度
剪影
忽略顏色
❸

重點提示

何謂「16 色」？

這個預設集會在自動轉換成 16 色的狀態下描圖，可以減少照片的顏色數量，因而能營造插圖氛圍。

③ 影像轉換成插圖（描圖影像）。

將描圖影像轉換成向量

把用「影像描圖」轉換後的插圖變成可以在 Illustrator 編輯的向量資料。

向量資料 ➡ 17 頁

關鍵重點！

① 選取轉換成插圖的影像 ❶，執行「物件→影像描圖→展開」命令 ❷。

❶

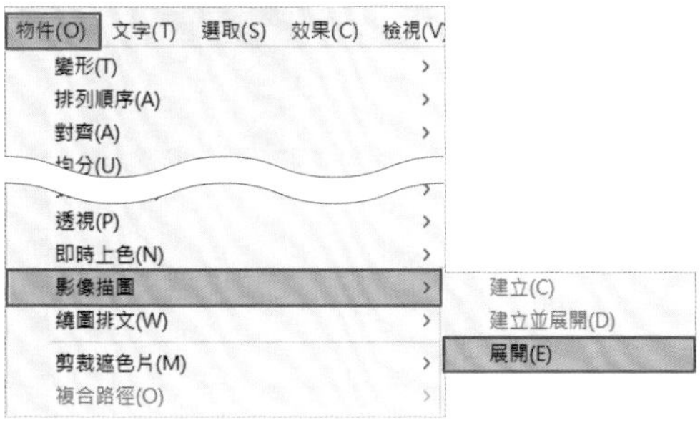
物件(O)
文字(T)
選取(S)
效果(C)
檢視(V)
變形(T)
排列順序(A)
對齊(A)
均分(U)
透視(P)
即時上色(N)
影像描圖
繞圖排文(W)
剪裁遮色片(M)
複合路徑(O)
建立(C)
建立並展開(D)
展開(E)
❷

\ 完成！/ 成功把影像轉換成向量資料。

重點提示

轉換成向量資料之後，可以進一步調整插圖！

向量資料縮放之後，畫質也不會變差，和用「鋼筆工具」或「矩形工具」繪製的圖形一樣，能依照你想要的大小處理資料，也比較容易調整部分區域的顏色。

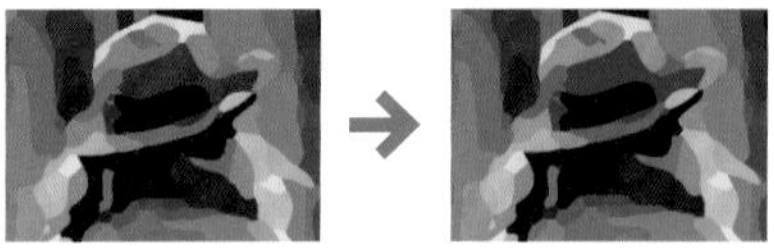

改變帽子的顏色

「影像描圖」的影像處理時間會隨著選用的資料集而異，處理檔案的電腦效能及要處理的影像也會影響處理時間。

重點提示

在「影像描圖」面板進一步調整插圖

光是更改預設集，就能執行各種描圖，但是利用「影像描圖」面板的功能，可以執行更仔細的調整。
「影像描圖」面板有以下功能。

影像描圖
預設集
素描
檢視
描圖結果
色彩設定
模式
黑白
臨界值
128
建立
填色
筆畫
10 px
忽略顏色

❶ 預設集

共有 11 種影像轉換模式可以選擇。

❷ 管理預設集

可以儲存已經設定的預設集。

❸ 檢視

選擇如何顯示影像描圖的結果。可以顯示含外框，也能只顯示外框。

❹ 檢視來源影像

按住不放就會顯示原始影像。

❺ 模式

影像描圖的色調可以選擇「全色調顏色」、「灰階」、「黑白」等。

❻ 臨界值

「模式」選擇「黑白」，會顯示臨界值，可以設定影像描圖的顏色數量。

顏色：30

模式：黑白

檢視：外框

※ 使用預設集「16 色」描圖之後，在「影像描圖」面板進行調整。

更多

進階知識！

●「影像描圖」預設集的種類

「影像描圖」面板中，提供各種類型的預設集，請多多嘗試，並運用在設計作品上。

原始影像

高保真度相片

以非常接近原始影像的外觀轉換成插圖。

低保真度相片

雖然畫質比相片粗糙，卻能轉換成像相片的插圖。

3 色

轉換成三色插圖。如果是彩色的原始影像，邊緣比較容易同化。

6 色

轉換成 6 色插圖，邊緣比 3 色清楚。

16 色

轉換成 16 色插圖，呈現接近照片的彩色結果。

灰階濃度

將影像轉換成灰階插圖。

黑白標誌

將影像轉換成如同黑白照片的插圖。

素描圖

轉換成只使用黑色的插圖。

剪影

除了白色與透明部分，其他都用黑色填滿（以黑色填滿原始影像非白色部分的狀態）。

線條圖

套用在手繪影像時，可以取得筆跡輪廓。

技術繪圖

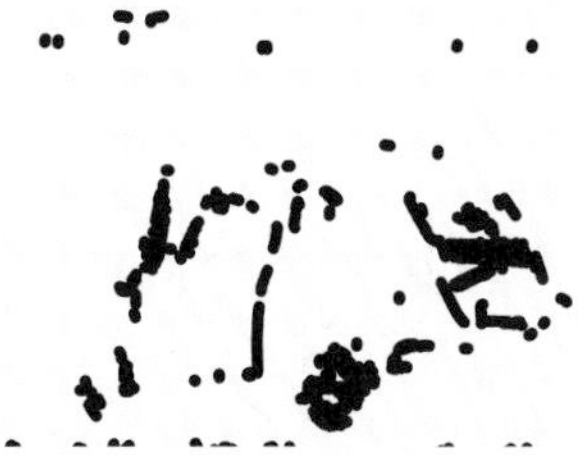

以比線條圖更銳利的效果將文字轉換成插圖。

COLUMN

必備的基本排版知識 ①

設計不僅要重視感性，也要掌握排版，只要記住排版原則，就能讓作品一目瞭然。以下將介紹基本的排版原則（對齊、靠近）。

讓該對齊的地方整齊劃一

不用實際加上線條，對齊垂直軸與水平軸，就能讓作品產生一致性，變得比較易閱讀。留白與元素之間的間距也要統一。

這裡舉了一個比較明顯的例子來說明，不過即使稍微偏移，也會給人不整齊的感覺。

○

DTP
立体デザイン
パッケージ
UX デザイン
ウェブ開発
映像制作
ライティング
SEO

×

DTP
立体デザイン
パッケージ
UX デザイン
ウェブ開発
映像制作
ライティング
SEO

把意義相近的物件放在一起，不相干的物件放在別處

以區塊分類元素，讓這些元素成為有相同意義的區塊，這點很重要。以下圖為例，圖示下方的文字如果距離太遠，會讓人不瞭解究竟在說明哪個項目而造成混淆。

文字與圖示的距離遠，無法當作同一區塊，因而搞不清楚究竟在說明哪個圖示。

○

DTP
立体デザイン
パッケージ
UX デザイン
ウェブ開発
映像制作
ライティング
SEO
グラフィックツール
距離：遠
距離：近
ウェブ開発
サイト作成
システム開発

×

DTP
立体デザイン
パッケージ
UX デザイン
ウェブ開発
映像制作
ライティング
SEO

請把意義相近的元素放在一起，不相關的元素放在遠處。

CHAPTER 9

列印的基本設定

本章將介紹使用印表機列印文件的方法，
以及提供印刷稿給印刷廠時，製作資料與設定方法。

CHAPTER 9

LESSON 1

列印設定

確認列印設定

練習檔案
9-1.ai

確認以印表機列印檔案時的設定。

設定印表機

列印文件時，要開啟「列印」對話視窗再執行設定。這次要列印 A4 尺寸的文件。

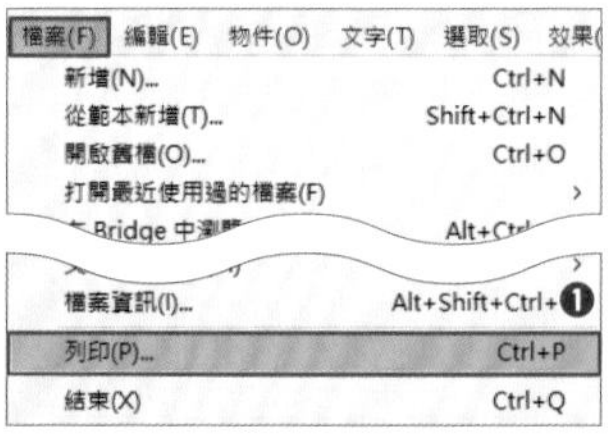

檔案(F) 編輯(E) 物件(O) 文字(T) 選取(S) 效果(
新增(N)... Ctrl+N
從範本新增(T)... Shift+Ctrl+N
開啟舊檔(O)... Ctrl+O
打開最近使用過的檔案(F)
檔案資訊(I)... Alt+Shift+Ctrl+I
列印(P)... Ctrl+P
結束(X) Ctrl+Q
❶

① 開啟練習檔案「9-1.ai」，執行「檔案→列印」命令 ❶，開啟「列印」對話視窗，詳細設定之後，再按下「列印」鈕 ❷。

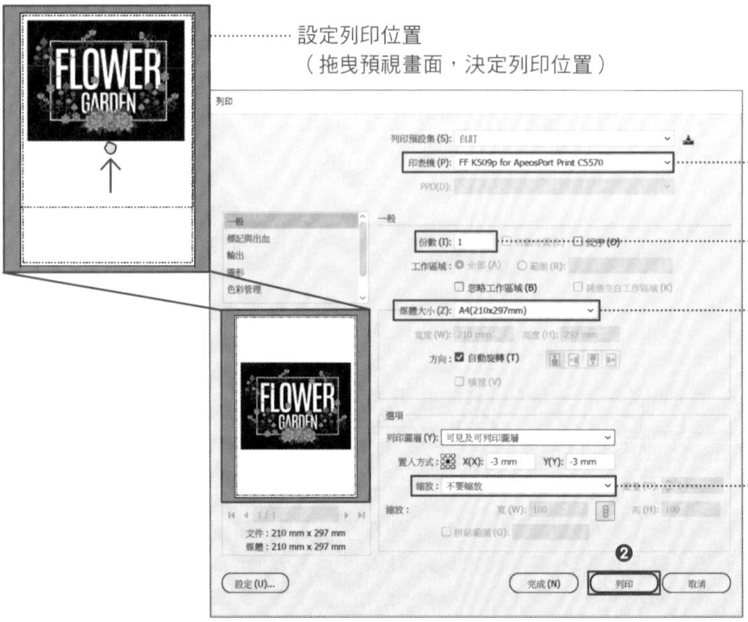

設定列印位置
（拖曳預視畫面，決定列印位置）
設定要使用的印表機
設定列印張數
設定紙張尺寸
設定縮放
列印
列印預設集 (S): 自訂
印表機 (P): FF K509p for ApeosPort Print C5570
一般
份數 (I): 1
媒體大小 (Z): A4(210x297mm)
方向：自動旋轉 (T)
選項
列印圖層 (Y): 可見及可列印圖層
置入方式： X(X): -3 mm Y(Y): -3 mm
縮放： 不要縮放
文件：210 mm x 297 mm
媒體：210 mm x 297 mm
設定 (U)...
完成 (N)
列印
取消
❷

更多
進階知識！

● 調整列印尺寸

列印時，可以設定成與文件大小不一樣的尺寸。試著用 B5 尺寸列印以 A4 尺寸製作的文件。

「媒體大小」設定成「B5」❶，「縮放」設定成「符合頁面大小」❷。

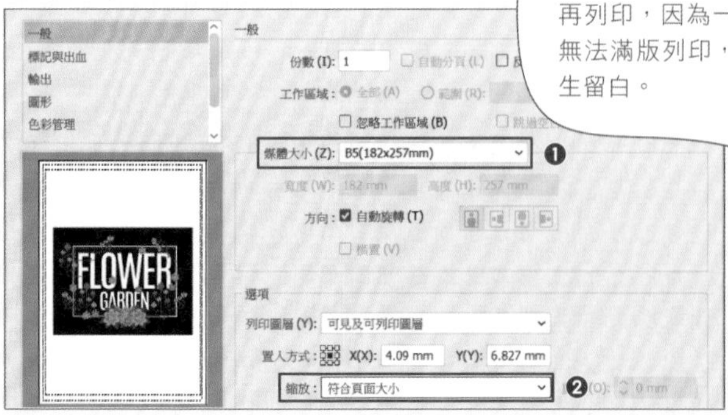

一般
份數 (I): 1
媒體大小 (Z): B5(182x257mm)
❶
方向：自動旋轉 (T)
選項
列印圖層 (Y): 可見及可列印圖層
置入方式： X(X): 4.09 mm Y(Y): 6.827 mm
縮放： 符合頁面大小
❷

假設要把 A4 尺寸製作的資料列印成 A4 大小，會縮小再列印，因為一般印表機無法滿版列印，四周會產生留白。

CHAPTER 9 LESSON 2

印刷稿的檢查重點

提供印刷稿時的檢查重點

Lesson 1 介紹使用印表機列印資料時的設定方法，這個單元將說明提供印刷稿給印刷廠時的檢查重點。

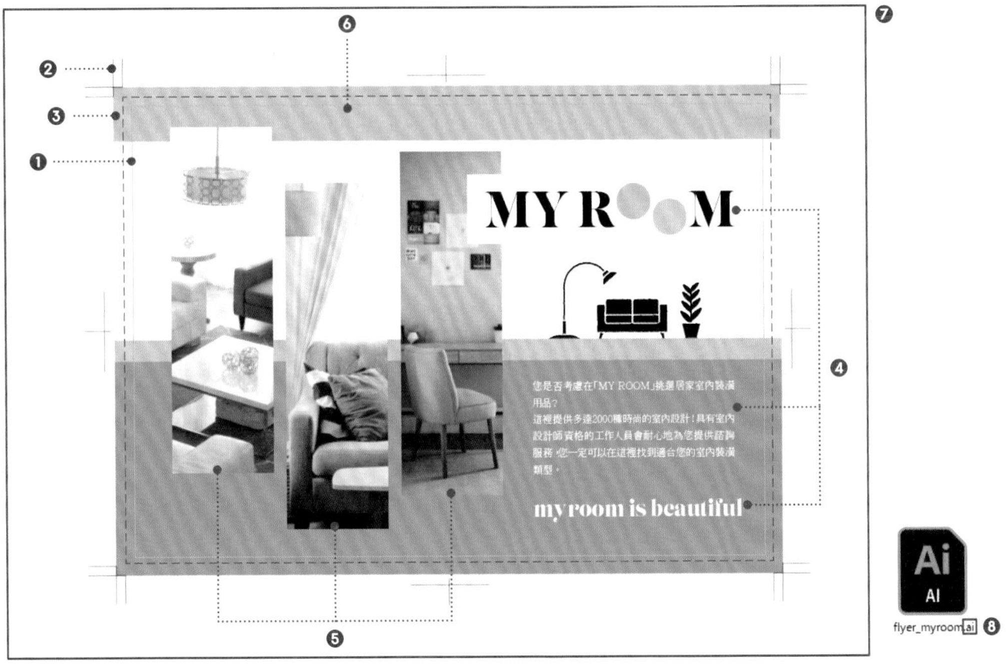

MY ROOM
您是否考慮在「MY ROOM」挑選居家室內裝潢用品？
myroom is beautiful
flyer_myroom.ai

確認裁切設定

❶ 印刷內容（文字等）是否放在完稿尺寸（紅色虛線位置）內側 3mm 的範圍

❷ 是否設定了裁切線（剪裁標記）

❸ 是否設定了出血 ➡ 196 ～ 201 頁

❹ 文字建立外框

文字是否建立外框 ➡ 202 ～ 204 頁

❺ 確認影像設定

・是否嵌入影像

・連結影像時，是否整合在一起

・影像解析度是否設定為 300 ～ 400dpi ➡ 205 ～ 206 頁

❻ 確認顏色設定

・是否以 CMYK 製作原稿

・是否使用了特別色 ➡ 207 ～ 210 頁

❼ 確認其他事項

・是否設定疊印

・確認複色黑及總油墨量

・是否取消所有鎖定，顯示全部資料

・有沒有多餘的孤立控制點 ➡ 211 ～ 214 頁

❽ 確認儲存格式

・儲存格式是否適當（確認副檔名）➡ 215 頁

必備知識！

● 何謂完稿？

這裡所謂的「完稿尺寸」是指印刷時裁切紙張的位置，代表最後的完成結果，又稱作裁切位置。以上面的宣傳單為例，紅色虛線就是裁切位置。

CHAPTER 9 LESSON 3

位移複製

製作資料時要注意完稿尺寸 ① 確認設計位置

練習檔案
9-3.ai

建立參考線，確認設計元素的排版是否在完稿尺寸內。

MY ROOM
myroom is beautiful

往內 3mm 建立參考線，超出參考線的元素可能會被裁掉。

印刷廠在把紙張裁切成完稿尺寸時，裁切位置可能位移。基本上，設計元素要放在紙張往內約 3mm 的範圍內，避免因為位移而發生問題。以下將在完稿尺寸內側 3mm 的位置建立參考線，確認是否會影響到設計內容。

利用位移複製拷貝物件

在紙張尺寸往內 3mm 的位置建立參考線。首先，使用位移複製功能，將現有框線依照指定距離位移並拷貝。

1. 開啟練習檔案「9-3.ai」，使用「直接選取工具」 選取外框線 ❶。

❶
MY ROOM
myroom is beautiful

2. 執行「物件→路徑→位移複製」命令 ❷。

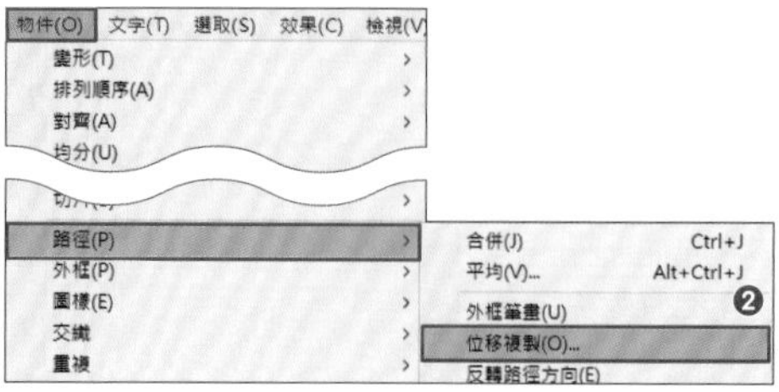
物件(O)
文字(T)
選取(S)
效果(C)
變形(T)
排列順序(A)
對齊(A)
均分(U)
路徑(P)
外框(P)
圖樣(E)
交織
重複
合併(J) Ctrl+J
平均(V)... Alt+Ctrl+J
❷
外框筆畫(U)
位移複製(O)...
反轉路徑方向(E)

重點提示

何謂位移複製？

位移複製是指在選取路徑的內側或外側，依照設定的距離建立新路徑的功能。

3 開啟「位移複製」對話視窗。這次希望在內側建立路徑，因此「位移」設定「-3mm」❸，按下「確定」鈕❹。

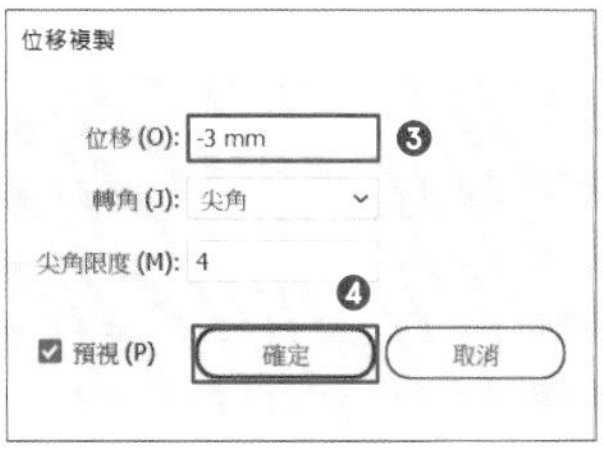
位移複製
位移 (O): -3 mm ❸
轉角 (J): 尖角
尖角限度 (M): 4
❹
預視 (P)
確定
取消

勾選「預視」，可以在畫面上顯示位移後的結果。

4 在往內 3mm 的位置建立框線（路徑）。

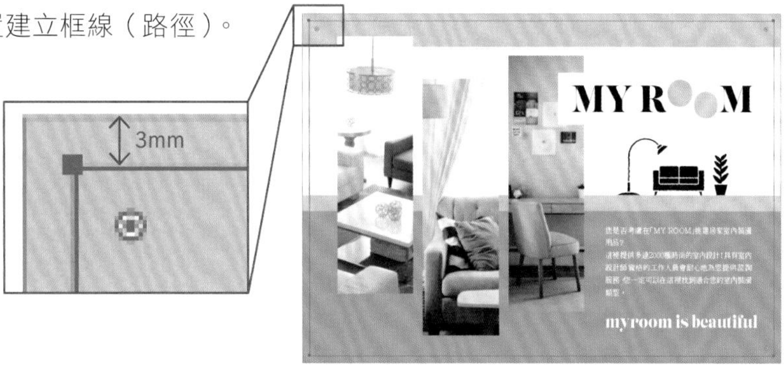
3mm
MY ROOM
myroom is beautiful

建立參考線

把往內位移 3mm 框線變成參考線。

1 選取以位移複製建立的框線，執行「檢視→參考線→製作參考線」命令❶。

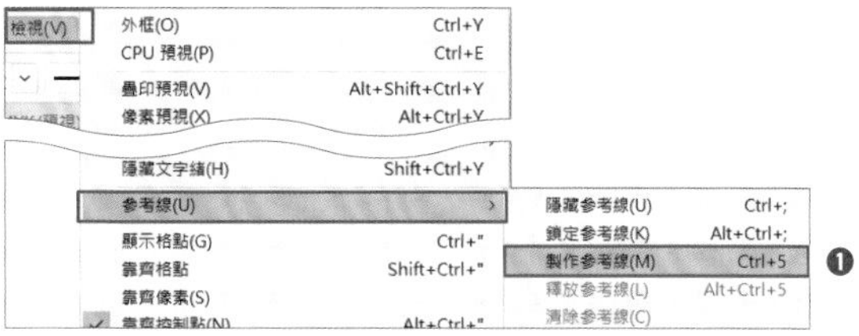
檢視(V)
外框(O) Ctrl+Y
CPU 預視(P) Ctrl+E
疊印預視(V) Alt+Shift+Ctrl+Y
像素預視(X) Alt+Ctrl+Y
隱藏文字緒(H) Shift+Ctrl+Y
參考線(U)
顯示格點(G) Ctrl+"
靠齊格點 Shift+Ctrl+"
靠齊像素(S)
隱藏參考線(U) Ctrl+;
鎖定參考線(K) Alt+Ctrl+;
製作參考線(M) Ctrl+5
釋放參考線(L) Alt+Ctrl+5
清除參考線(C)
❶

＼完成！／ 往內位移 3mm 的框線變成參考線（藍色框線）。

MY ROOM
myroom is beautiful

重點提示

不會列印參考線

把線條轉換成參考線，雖然會顯示在畫面上，卻不會列印出來。

請仔細確認文字、影像等不能被裁切的元素已經放在參考線內。

這次是在檢查時才使用參考線，但是原則上，開始設計之前，就要先畫好參考線。

CHAPTER 9 LESSON 4

剪裁標記

製作資料時要注意完稿尺寸 ② 建立剪裁標記

練習檔案 9-4.ai

在印刷稿加上當作裁切基準的「剪裁標記」，指定裁切位置。

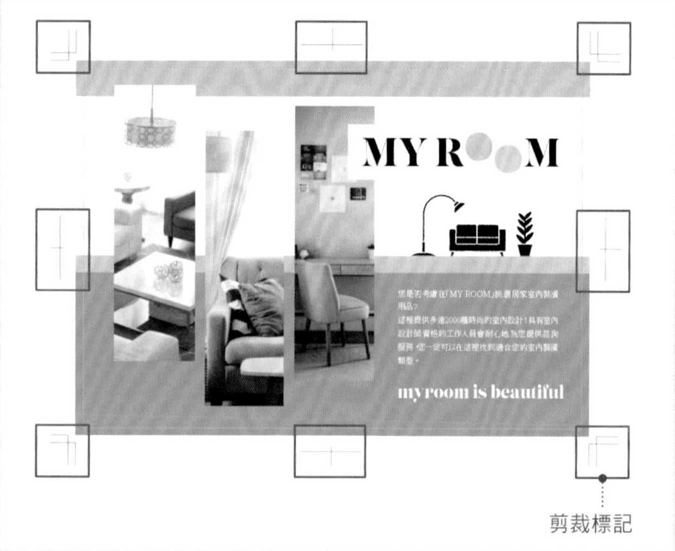

MY ROOM
myroom is beautiful
剪裁標記

「剪裁標記」是用來表示裁切紙張位置的線條，也稱作「裁切線」。一般會在四個角落與上下左右建立剪裁標記，依照剪裁標記內側的連接線裁切紙張。

Illustrator 稱它為「剪裁標記」，但是多數印刷廠稱作「裁切線」。

建立剪裁標記

剪裁標記是以選取物件的尺寸為基準來建立的。這次將利用決定完稿尺寸位置而置入的框線來建立剪裁標記。

關鍵重點！

① 開啟練習檔案「9-4.ai」，使用「直接選取工具」選取外框線 ❶，「填色」與「筆畫」設定為無 ❷。

❶
MY ROOM
myroom is beautiful

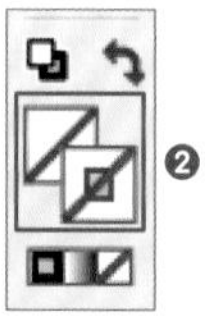

❷

如果筆畫設定了顏色，建立的剪裁標記將會包含筆畫粗細。

② 執行「物件→建立剪裁標記」命令 ❸。

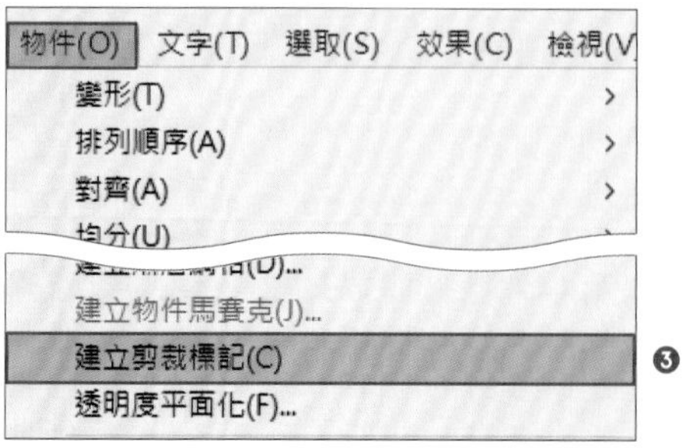

物件(O) 文字(T) 選取(S) 效果(C) 檢視(V
變形(T)
排列順序(A)
對齊(A)
均分(U)
建立物件馬賽克(J)...
建立剪裁標記(C)
透明度平面化(F)...
❸

完成！製作出剪裁標記。

MY R M
您是否考慮在「MY ROOM」挑選居家室內裝潢用品？
這裡提供多達2000種時尚的室內設計！具有室內設計師資格的工作人員會耐心地為您提供諮詢服務，您一定可以在這裡找到適合您的室內裝潢類型。
myroom is beautiful

你可以將步驟①建立剪裁標記時，產生的透明框線刪除。

更多

進階知識！

● 將剪裁標記分成不同圖層

為了避免因為與其他物件重疊而看不見，或不小心改變了位置，建議先把剪裁標記移動到其他圖層。

1. 開啟「圖層」面板，按下「製作新圖層」鈕 ❶，建立新圖層 ❷。

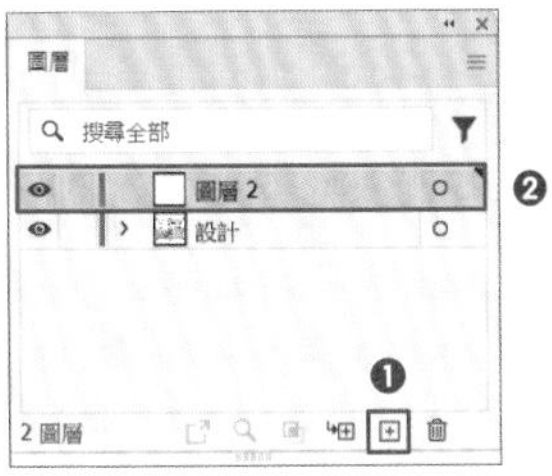
圖層
搜尋全部
圖層 2
設計
❶
❷
2 圖層

2. 更改新圖層的名稱 ❸。

圖層
搜尋全部
剪裁標記
設計
❸
2 圖層

3. 單獨選取剪裁標記 ❹，把方形符號拖曳到剛才在「圖層」面板中新增的圖層 ❺。

❹
MY R M
myroom is beautiful

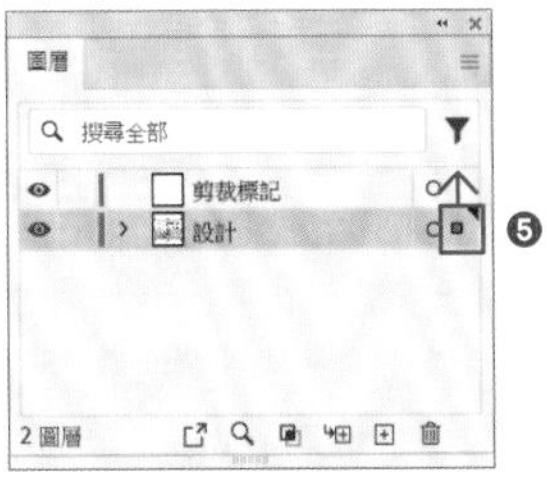
圖層
搜尋全部
剪裁標記
設計
❺
2 圖層

4. 將剪裁標記移動到其他圖層 ❻。

圖層
搜尋全部
剪裁標記
設計
❻
2 圖層

129 頁已經學過把物件移動到其他圖層的方法。

CHAPTER 9 LESSON 5

出血

製作資料時要注意完稿尺寸 ③ 建立出血

練習檔案
9-5.ai

先擴大填色面積，避免裁切位置位移而造成白邊。

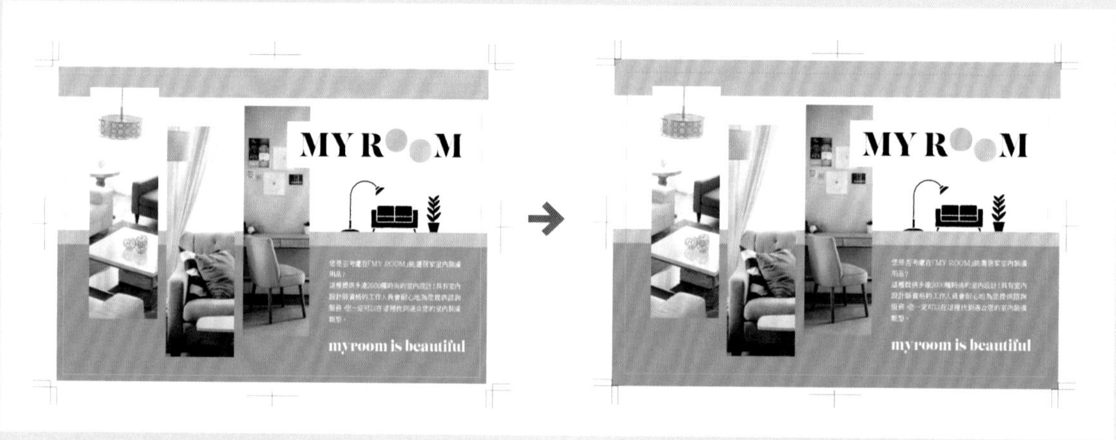

myroom is beautiful
myroom is beautiful

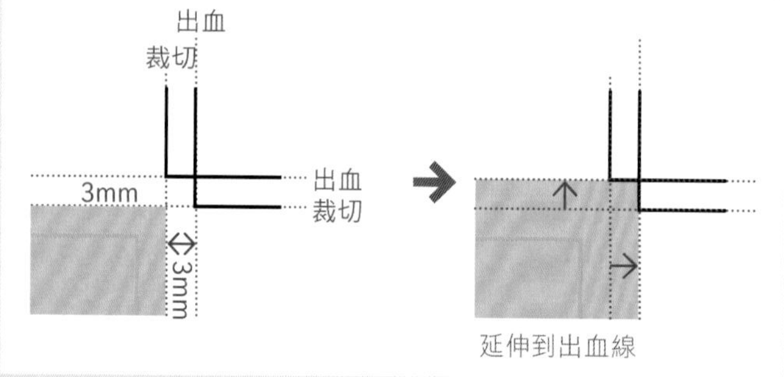

出血
裁切
3mm
出血
裁切
3mm
延伸到出血線

如果設定了滿版的顏色，裁切時可能出現白邊。為了避免這個問題，請先把顏色填滿至裁切位置的外側，這個部分稱作出血。將設計尺寸分別往上下左右延伸 3mm，直到上個單元建立的剪裁標記為止。這個範例在建立粉紅色、淺綠色、深綠色三個矩形的出血之後就完成了。

建立出血

首先從右上部分開始建立出血。使用「直接選取工具」，選取想延伸的部分，拖曳到剪裁標記的位置為止。

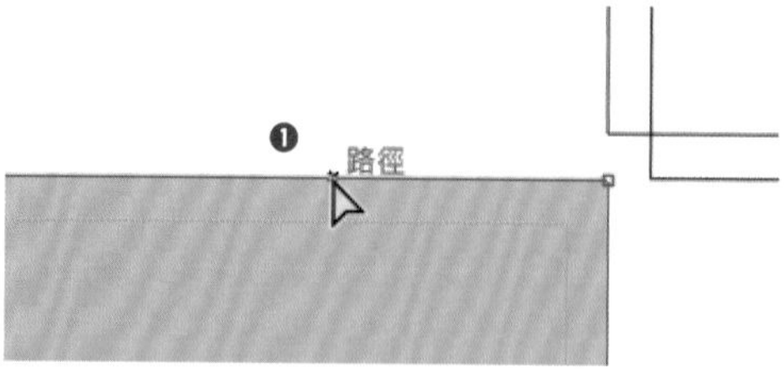

❶
路徑

1. 開啟練習檔案「9-5.ai」。
選取工具列中的「直接選取工具」，按一下選取上緣的路徑 ❶。

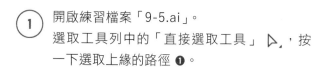

關鍵重點！

② 按住 Shift 鍵不放並將選取的路徑拖曳至剪裁標記的位置 ❷。

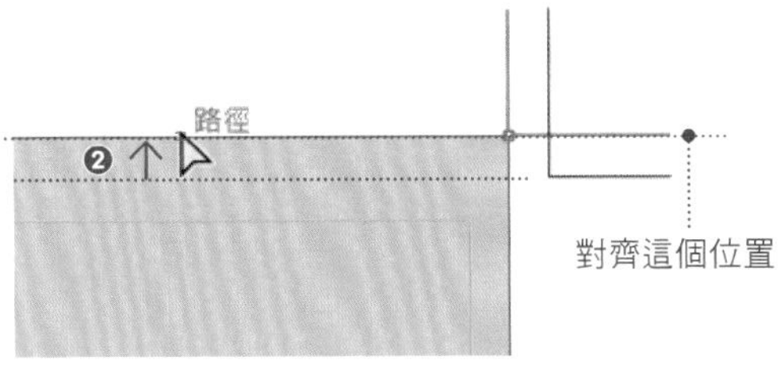
路徑
❷
對齊這個位置

先開啟智慧型參考線，拖曳的路徑就會靠齊剪裁標記的位置。執行「檢視→智慧型參考線」命令，可以設定智慧型參考線。

③ 右邊也按照相同操作延伸。按一下粉紅色矩形的右邊 ❸，接著按住 Shift 不放並拖曳至剪裁標記的位置 ❹。

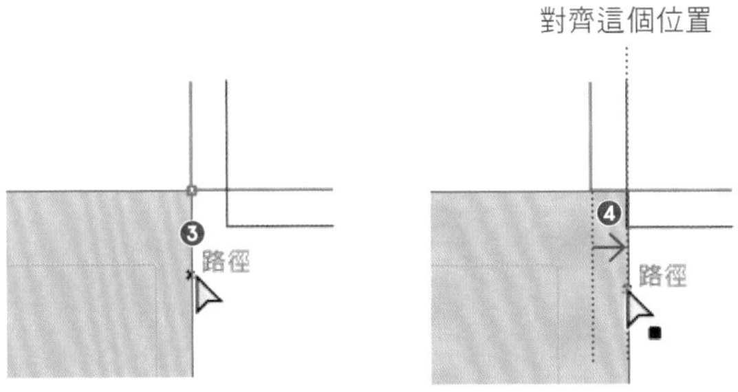
對齊這個位置
❸
路徑
❹
路徑

④ 完成右上部分的出血 ❺。

同樣在完稿線的位置，讓填色路徑對齊剪裁標記線，建立出血。

❺
MY ROOM
Lorem ipsum
myroom is beautiful

完成！ 建立粉紅、淺綠、深綠等三個矩形的出血後，就完成了。

MY ROOM
myroom is beautiful

CHAPTER 9 LESSON 6

文字 # 建立外框

字體轉外框

練習檔案
9-6.ai

使用了文字的設計作品，必須在其他環境也正確顯示選用的字體，最實際的方法是把字體轉成外框。

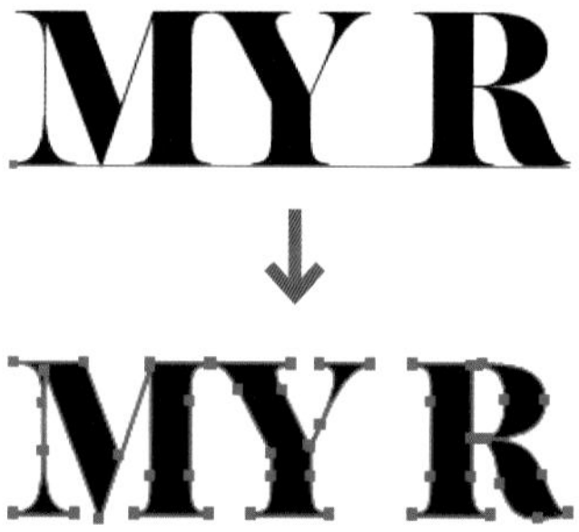

MYR
MYR

將字體轉換成外框，變成路徑

你只能使用安裝在電腦中的字體，在其他電腦上開啟檔案時，除非已經安裝了相同的字體，否則會取代成其他字體，無法正確顯示出原本的設計。因此，提供印刷稿給印刷廠時，一定要將文字轉換成外框。建立外框後，字體會轉換成路徑物件，可以維持原本的設計。

● 在其他電腦開啟沒有安裝的字體時

原始設計
（其他電腦）
字體變得不一樣
あ
あ
原始設計
建立外框
（其他電腦）
維持原本的形狀
あ
あ
あ

沒有建立外框而出現字體不同的問題

建立外框後，顯示為路徑，因而能維持原本的形狀

字體轉外框

選取使用該字體的文字，就可以建立外框。這個範例要把所有文字都轉成外框，所以選取全部的文字。

① 開啟練習檔案「9-6.ai」，按下 Ctrl + A 鍵，選取全部物件 ❶。

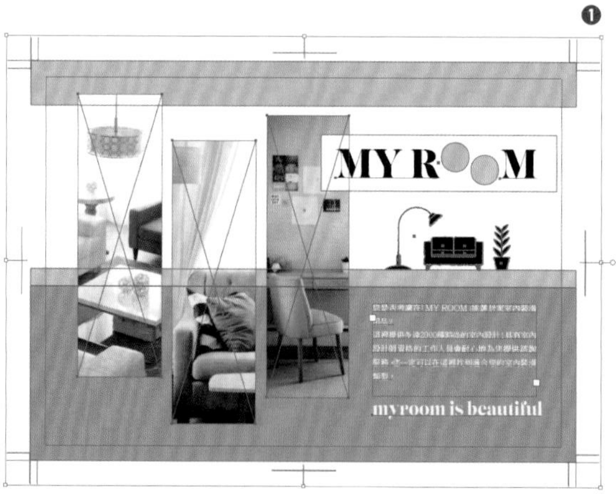

❶
MY ROOM
myroom is beautiful

重點提示

選取全部的快速鍵

按下 Ctrl（⌘）+ A 鍵，可以選取文件上所有物件。

不僅字體，其他物件也會一併選取，但是建立外框的操作不會影響其他物件。

② 執行「文字→建立外框」命令 ❷。

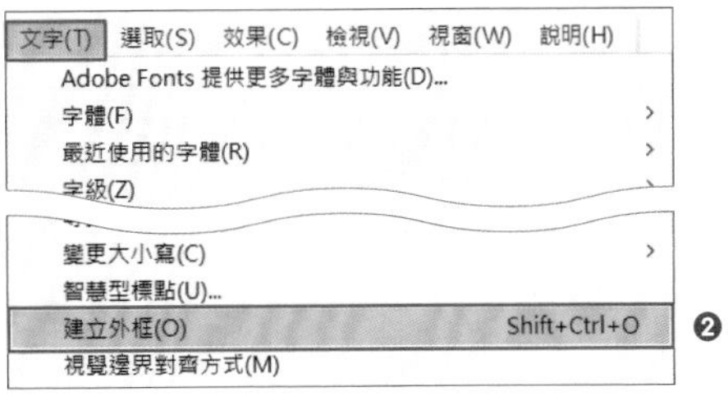
文字(T) 選取(S) 效果(C) 檢視(V) 視窗(W) 說明(H)
Adobe Fonts 提供更多字體與功能(D)...
字體(F)
最近使用的字體(R)
字級(Z)
變更大小寫(C)
智慧型標點(U)...
建立外框(O) Shift+Ctrl+O
視覺邊界對齊方式(M)
❷

快速鍵是 Ctrl（⌘）+ Shift + O 鍵。

完成！將所有字體都轉換成外框。建立外框的資料請先另存新檔，當作印刷用的 Illustrator 檔案。

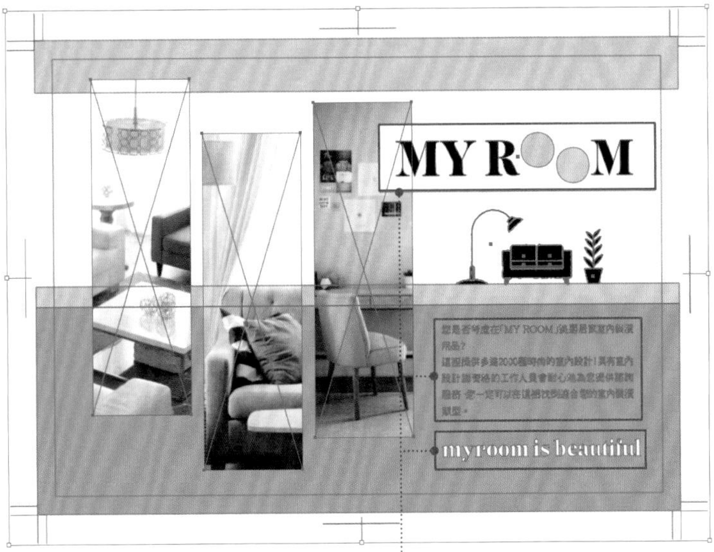
MY ROOM
myroom is beautiful
已建立外框

字體變成和橢圓形、矩形等以路徑繪製的圖形一樣。建立外框後，就無法編輯文字，請先另存新檔，保留建立外框前的資料。

重點提示

如何檢查是否所有字體都轉換成外框？

執行「文字→尋找／取代字體」命令，開啟「尋找／取代字體」對話視窗，「尋找／取代字體」可以搜尋或取代字體。

轉換成外框後，字體變成路徑，就不會顯示在這裡。如果還有字體未轉換成外框，在「文件中的字體」欄內會顯示該字體，可以立刻知道是否有遺漏。

沒有轉換成外框時

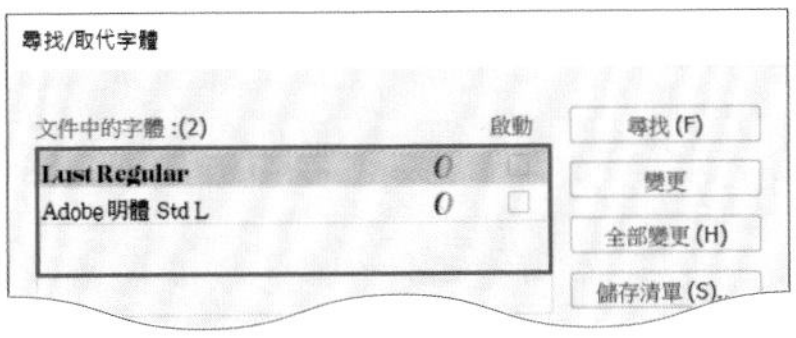
尋找/取代字體
文件中的字體 :(2)
啟動
Lust Regular
Adobe 明體 Std L
尋找 (F)
變更
全部變更 (H)
儲存清單 (S)...

轉換成外框後

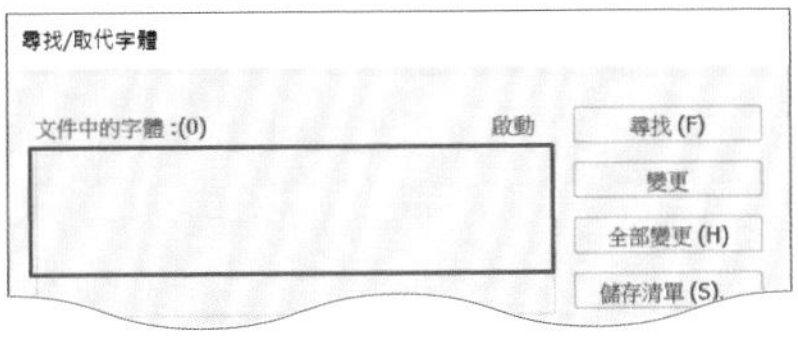
尋找/取代字體
文件中的字體 :(0)
啟動
尋找 (F)
變更
全部變更 (H)
儲存清單 (S)...

提供印刷稿之前，請確認是否已經將所有字體都轉換成外框。

更多
進階知識！

● 無法轉換成外框時？

執行「建立外框」命令，卻無法將字體轉換成外框，可能有以下這些情況，請逐一確認，再採取因應對策。

圖層為鎖定狀態

按一下「圖層」面板中的「切換鎖定狀態」❶，取消鎖定。

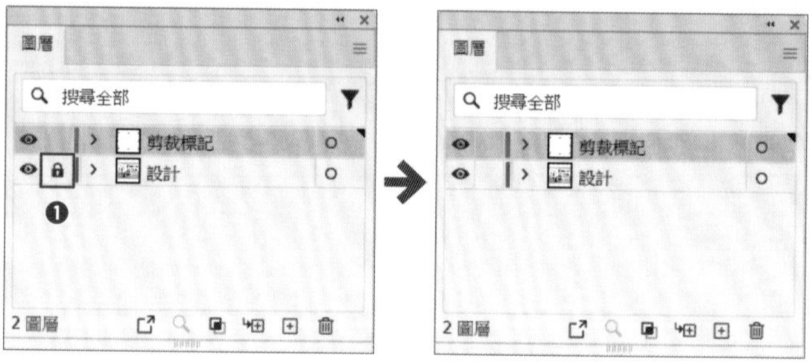
圖層
搜尋全部
剪裁標記
設計
❶
2 圖層
圖層
搜尋全部
剪裁標記
設計
2 圖層

圖層為隱藏狀態

按一下「圖層」面板中的「切換可見度」❷，顯示被隱藏的圖層。

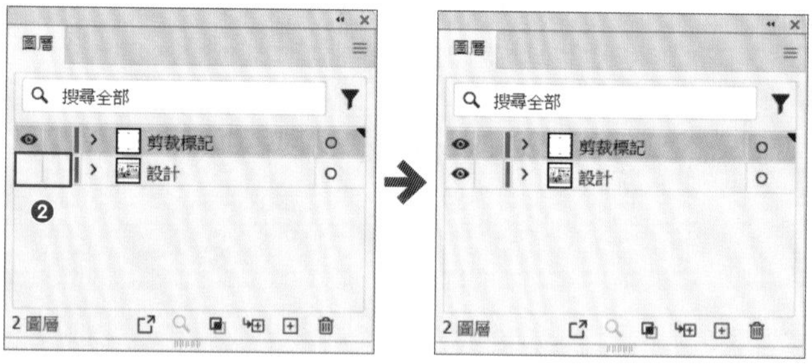
圖層
搜尋全部
剪裁標記
設計
❷
2 圖層
圖層
搜尋全部
剪裁標記
設計
2 圖層

物件為鎖定狀態

執行「物件→全部解除鎖定」命令❸。

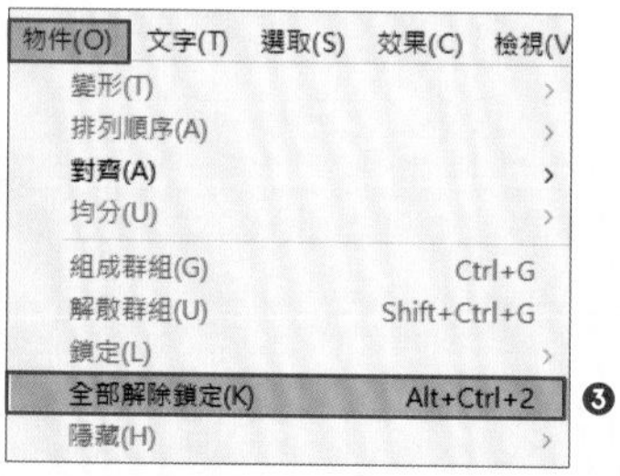
物件(O) 文字(T) 選取(S) 效果(C) 檢視(V
變形(T)
排列順序(A)
對齊(A)
均分(U)
組成群組(G) Ctrl+G
解散群組(U) Shift+Ctrl+G
鎖定(L)
全部解除鎖定(K) Alt+Ctrl+2
❸
隱藏(H)

物件為隱藏狀態

執行「物件→顯示全部物件」命令❹。

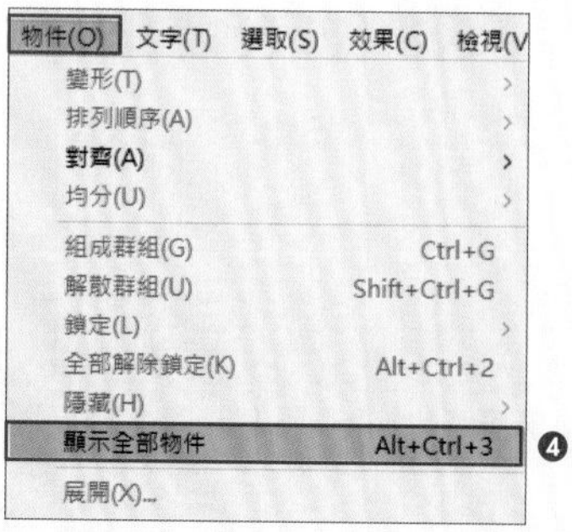
物件(O) 文字(T) 選取(S) 效果(C) 檢視(V
變形(T)
排列順序(A)
對齊(A)
均分(U)
組成群組(G) Ctrl+G
解散群組(U) Shift+Ctrl+G
鎖定(L)
全部解除鎖定(K) Alt+Ctrl+2
隱藏(H)
顯示全部物件 Alt+Ctrl+3
❹
展開(X)...

提供印刷稿時，如果有被鎖定或隱藏的資料，可能無法正確印刷，因此必須執行「全部解除鎖定」與「顯示全部物件」命令。

CHAPTER 9 LESSON 7

連結影像 # 嵌入影像

確認影像的設定 ①「連結」與「嵌入」

練習檔案 9-7.ai

完成設計時，必須確認置入的影像是否正確連結，並視狀況嵌入影像。這個單元將說明管理置入影像的方法。

製作含影像的印刷稿

置入連結時，因為文件本身沒有儲存影像，一旦移動了連結影像或更改檔案名稱，就會切斷連結，無法正確顯示。因此，置入連結時，必須把所有影像儲存在和 Illustrator 檔案一樣的檔案夾內，或建立名為「Links」的檔案夾，把影像儲存在該處，確實管理影像。提供印刷稿給印刷廠時，除了 Illustrator 檔案，也必須一併提供影像檔案。而嵌入影像後，文件本身已經儲存了影像，就不需要原始的連結影像。

連結影像

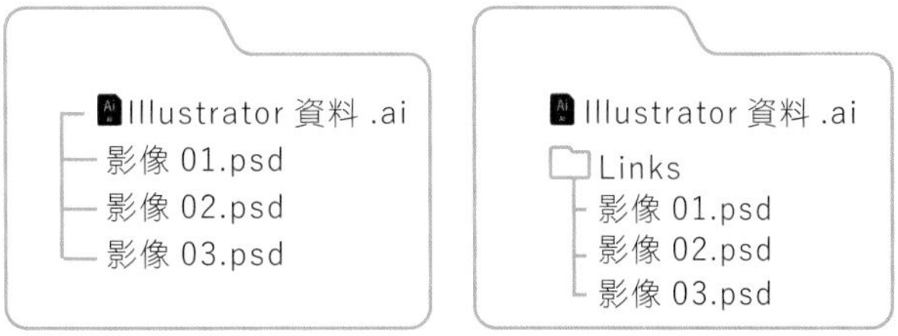
Illustrator 資料 .ai
影像 01.psd
影像 02.psd
影像 03.psd
Illustrator 資料 .ai
Links
影像 01.psd
影像 02.psd
影像 03.psd

把影像資料儲存在和 Illustrator 資料一樣的檔案夾內

在存放 Illustrator 資料的檔案夾內建立名為「Links」的檔案夾，將影像資料放在該處

嵌入影像

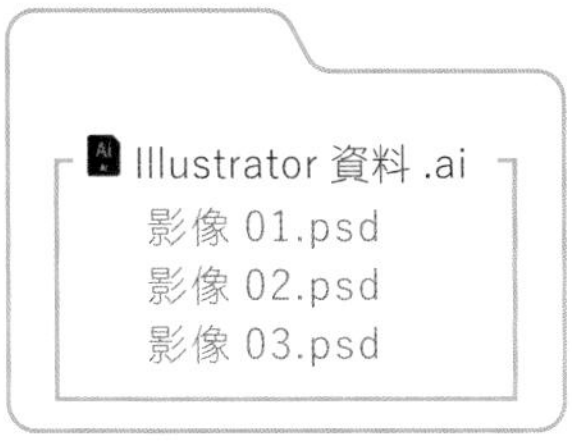
Illustrator 資料 .ai
影像 01.psd
影像 02.psd
影像 03.psd

只有 Illustrator 資料

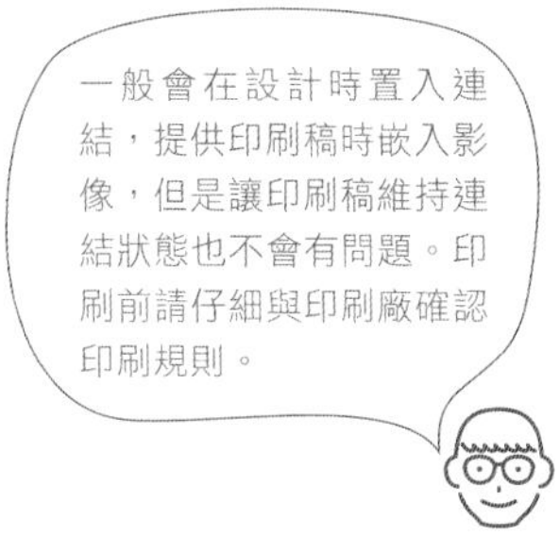
一般會在設計時置入連結，提供印刷稿時嵌入影像，但是讓印刷稿維持連結狀態也不會有問題。印刷前請仔細與印刷廠確認印刷規則。

嵌入影像

在印刷稿用的檔案中，把置入連結的影像嵌入文件中。

1. 開啟練習檔案「9-7.ai」，按下 Ctrl + A 鍵，選取全部物件 ❶，參考 183 頁，嵌入影像。

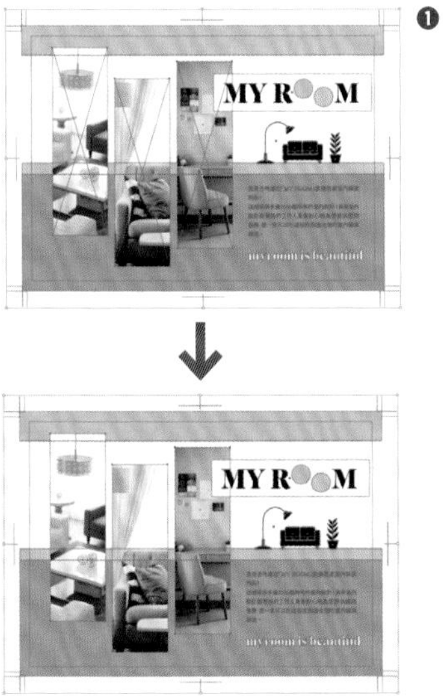
❶
MY ROOM
MY ROOM

完成！ 將影像嵌入文件中。

如果無法嵌入影像，極有可能是影像被鎖定，請確認清楚。

影像解析度

確認影像的設定 ② 解析度

練習檔案
9-8.ai

如果文件內使用了數位相機拍攝的影像資料，必須注意影像解析度的問題。請確認你使用的影像解析度是否適合印刷。

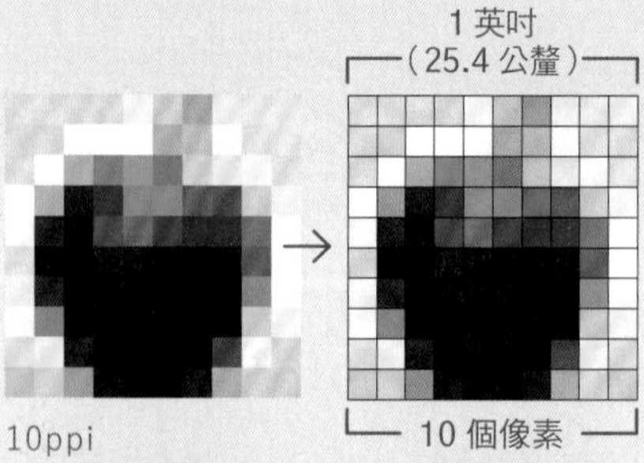
1 英吋
（25.4 公釐）
10ppi
10 個像素

72ppi
350ppi

● **何謂解析度？**

解析度是影像精細程度的數值，代表每一英吋的像素數量。例如，10ppi 是指一英吋內有 10 個像素。

「ppi」為「pixel per inch」，是代表一英吋有多少像素的單位。

● **低解析度與高解析度**

解析度愈高，影像看起來愈精細。比較左圖，可以瞭解 350ppi 的影像連細節都一清二楚。但是解析度的數值愈高，資料量愈大。因此，依照用途設定適合的影像解析度是很重要的關鍵。

確認影像解析度

一般而言，適合網頁影像的解析度為 71 ～ 96ppi，而印刷品用的影像解析度為 300 ～ 400ppi。這個單元是以製作印刷資料為前提，因此要確認每張影像是否為 300ppi 以上。

1. 開啟練習檔案「9-8.ai」，使用「直接選取工具」 ❶ 選取影像，按一下「連結」面板的 ▶ ，顯示影像的詳細資料 ❷。

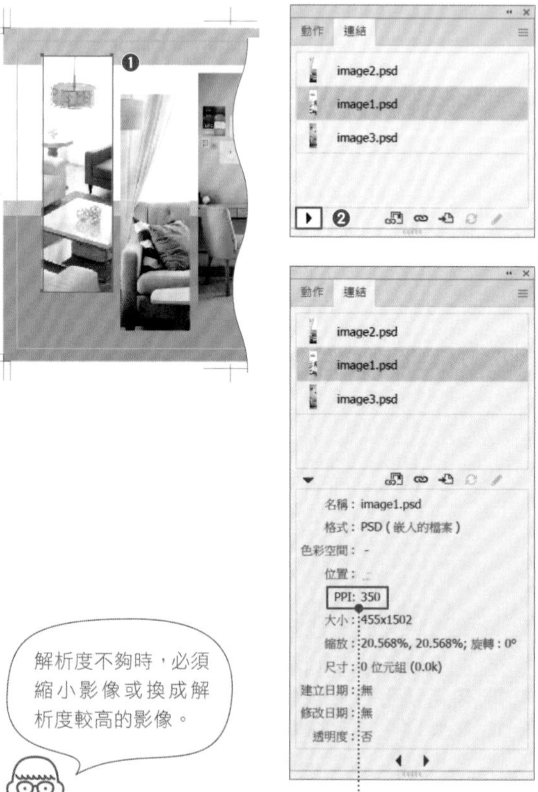
❶
動作
連結
image2.psd
image1.psd
image3.psd
❷
名稱：image1.psd
格式：PSD（嵌入的檔案）
色彩空間：-
位置：
PPI: 350
大小：455x1502
縮放：20.568%, 20.568%; 旋轉：0°
尺寸：0 位元組 (0.0k)
建立日期：無
修改日期：無
透明度：否

解析度：350ppi

＼完成！／「PPI」為 350，表示這張影像適合印刷，其他影像也請一併確認。

解析度不夠時，必須縮小影像或換成解析度較高的影像。

CHAPTER 9 LESSON 9

文件色彩模式

確認色彩模式

練習檔案 9-9.ai

執行設計時，必須依照設計用途設定適合的色彩模式。請先瞭解色彩模式的基本知識，並且依照需求進行調整。

RGB 與 CMYK（印刷色）

電腦螢幕是利用「光的三原色」（RGB）來表現顏色，而印刷品是利用「色彩的三原色」（CMY）加上黑色（K）形成的印刷色來表現顏色。因此，設計印刷品時，設定成 CMYK 模式可以讓螢幕上的顯示狀態接近實際的印刷顏色。

RGB

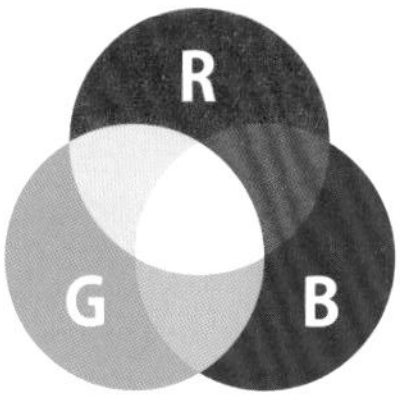
R
G
B

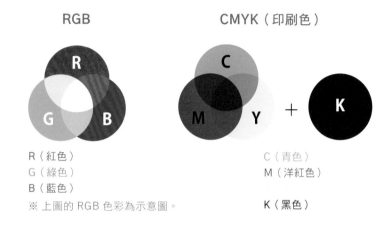

R（紅色）
G（綠色）
B（藍色）
※ 上圖的 RGB 色彩為示意圖。

CMYK（印刷色）

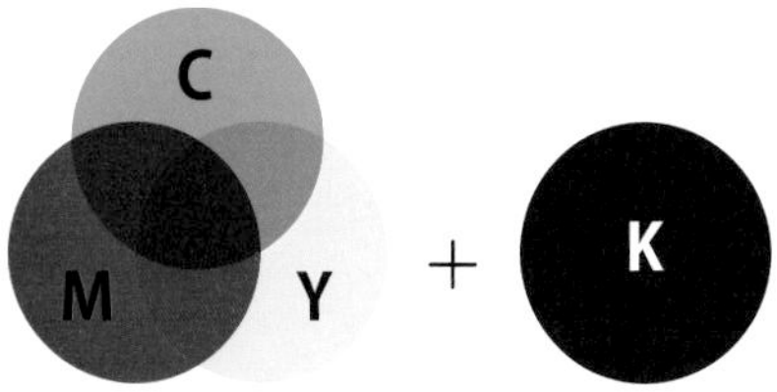
C
M
Y
+
K

C（青色）
M（洋紅色）
K（黑色）

以 RGB 模式印刷時，原本畫面上鮮豔色彩在印刷後會變得暗沉。

統一將顏色由 RGB 轉換成 CMYK

執行設計的途中，若想 RGB 製作的資料轉換成 CMYK，可以透過切換色彩模式的方式進行轉換。

① 開啟練習檔案「9-9.ai」❶，執行「檔案→文件色彩模式→ CMYK 色彩」命令 ❷。

❶
MY ROOM
myroom is beautiful

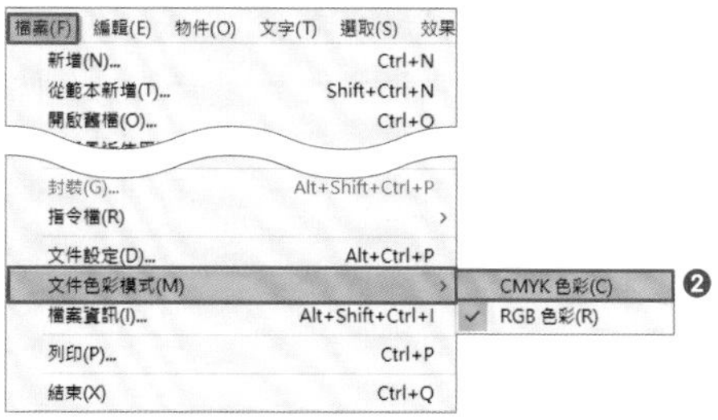
檔案(F) 編輯(E) 物件(O) 文字(T) 選取(S) 效果
新增(N)... Ctrl+N
從範本新增(T)... Shift+Ctrl+N
開啟舊檔(O)... Ctrl+O
封裝(G)... Alt+Shift+Ctrl+P
指令檔(R)
文件設定(D)... Alt+Ctrl+P
文件色彩模式(M)
檔案資訊(I)... Alt+Shift+Ctrl+I
列印(P)... Ctrl+P
結束(X) Ctrl+Q
CMYK 色彩(C)
RGB 色彩(R)
❷

想將網頁用的檔案轉換成印刷用途，或是誤以 RGB 模式製作印刷用資料時，必須轉換成 CMYK。不過轉換之後，部分顏色可能出現意想不到的變化，還得進行調整，因此最好從一開始就設定成適合的 CMYK 或 RGB 色彩。

CHAPTER 9

LESSON 10

特別色的用法 # 分色預視

在 Illustrator 使用特別色

練習檔案
9-10.ai

這個單元將學習特別色的用法，以及把特別色轉換成 CMYK 色彩的方法。

設定特別色

印刷品除了印刷色之外，有時也會使用重點色（特別色）。「特別色」是使用特製油墨製作出 CMYK 無法呈現的色彩，包括螢光色、金色、銀色等。這次將在設計作品中的部分元素使用特別色。從特別色中的 DIC 色彩選擇一種顏色套用在物件上。

MY ROOM
myroom is beautiful
❶

1. 開啟練習檔案「9-10.ai」，使用「直接選取工具」 選取中間的矩形 ❶。

2. 按一下「色票」面板中的「色票資料庫選單」❷，執行「色表→ DIC Color Guide」命令 ❸。

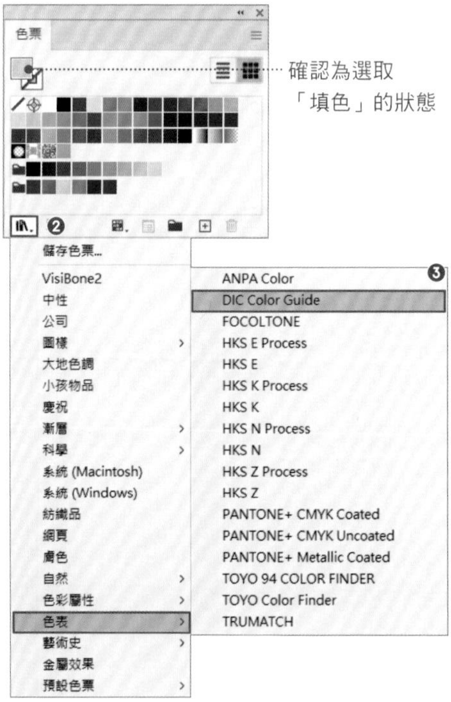
色票
確認為選取「填色」的狀態
❷
儲存色票...
VisiBone2
中性
公司
圖樣
大地色調
小孩物品
慶祝
漸層
科學
系統 (Macintosh)
系統 (Windows)
紡織品
網頁
膚色
自然
色彩屬性
色表
藝術史
金屬效果
預設色票
❸
ANPA Color
DIC Color Guide
FOCOLTONE
HKS E Process
HKS E
HKS K Process
HKS K
HKS N Process
HKS N
HKS Z Process
HKS Z
PANTONE+ CMYK Coated
PANTONE+ CMYK Uncoated
PANTONE+ Metallic Coated
TOYO 94 COLOR FINDER
TOYO Color Finder
TRUMATCH

3. 開啟「DIC Color Guide」面板，按一下「DIC 33s」❹。

4. 將中間矩形的顏色變成特別色 ❺。

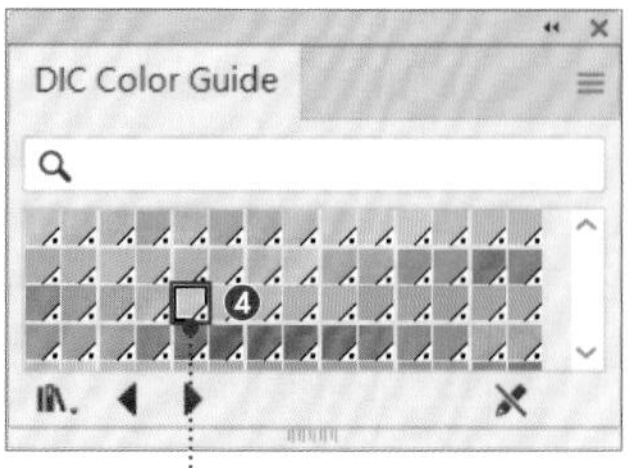
DIC Color Guide
❹

DIC 33s

MY ROOM
myroom is beautiful
❺

檢視使用特別色的部分

利用「分色檢視」可以確認是否使用了特別色。「分色檢視」能依照各個色版檢視設計資料使用的 C、M、Y、K 以及特別色等所有顏色。

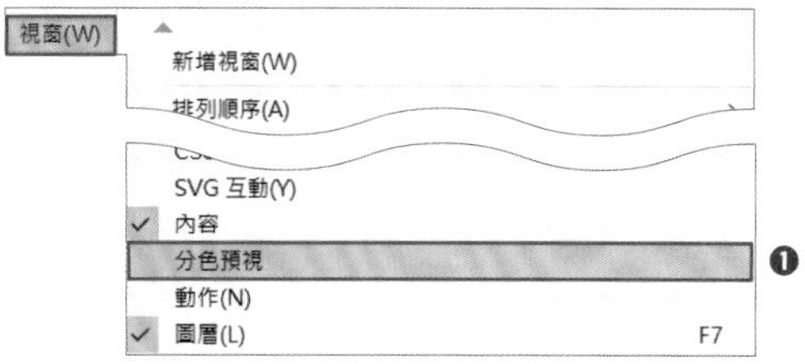
視窗(W)
新增視窗(W)
排列順序(A)
SVG 互動(Y)
內容
分色預視
動作(N)
圖層(L)
F7
❶

① 執行「視窗→分色檢視」命令 ❶。

重點提示

為什麼要確認？

印刷稿若使用了特別色，必須先告訴印刷廠。部分特別色無法立即準備適合的油墨，印刷時也可能發生問題。因此提供印刷稿之前，請先確認哪個部分使用了哪種特別色。

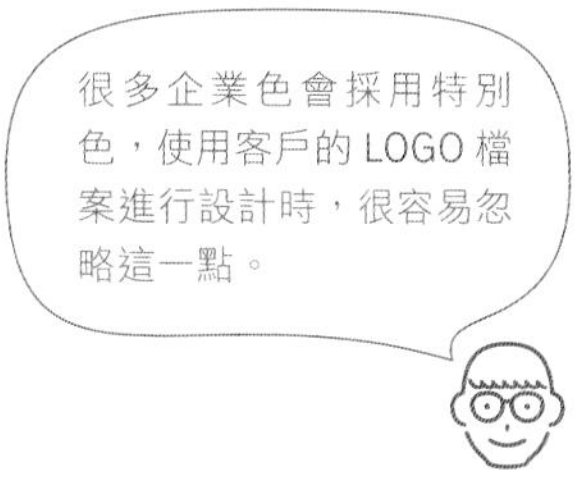
很多企業色會採用特別色，使用客戶的 LOGO 檔案進行設計時，很容易忽略這一點。

② 開啟「分色預視」面板，確認是否使用了特別色。這裡顯示了剛才套用的「DIC 33s」❷。

分色預視
疊印預視
CMYK
青色
洋紅
黃色
黑色
DIC 33s
❷
僅顯示用過的特別色

使用了 CMYK 四個色版以及一個特別色的色版

③ 勾選「分色預視」的「疊印預視」及「僅顯示使用過的特別色」❸，就會隱藏 CMYK ❹，只顯示使用了特別色的地方 ❺。

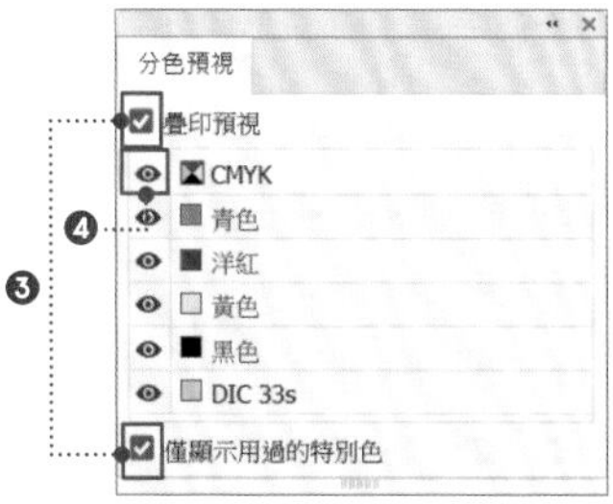
分色預視
疊印預視
CMYK
青色
洋紅
黃色
黑色
DIC 33s
僅顯示用過的特別色
❸
❹

❺

只顯示特別色，就連印刷時需要的剪裁標記也會顯示為模擬的特別色。

④ 確認完畢，恢復成原本的狀態。

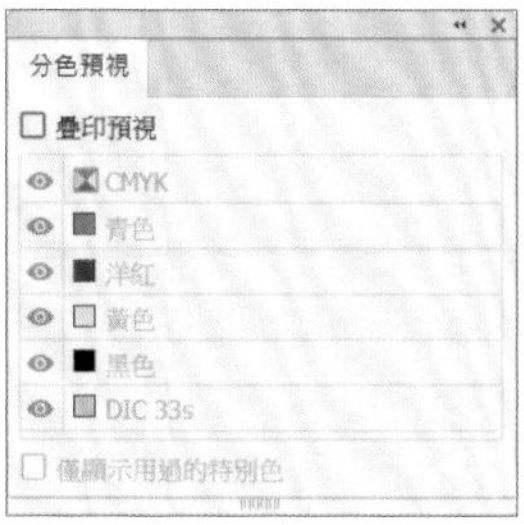
分色預視
疊印預視
CMYK
青色
洋紅
黃色
黑色
DIC 33s
僅顯示用過的特別色

重點提示

使用了特別色的印刷稿

每家印刷廠對於使用了特別色的印刷稿都有不同的規定。有些無法直接使用含特別色的印刷稿，此時必須將特別色取代成印刷色。

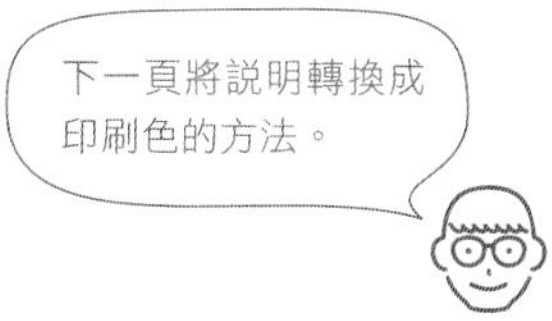
下一頁將說明轉換成印刷色的方法。

將特別色轉換成 CMYK

部分印刷廠無法印刷特別色，此時必須將特別色轉換成相近的 CMYK（印刷色）。Illustrator 可以把特別色轉換成 CMYK，請視狀況善加運用。以下要將文件內的特別色 DIC33c 轉換成 CMYK。

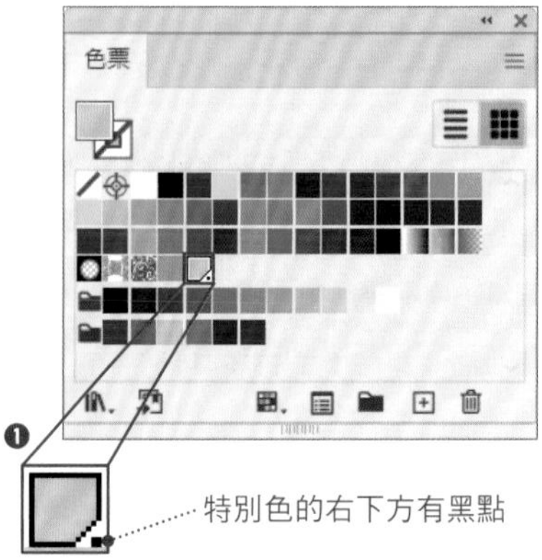
色票
❶
特別色的右下方有黑點

(1) 在「色票」面板的特別色「DIC 33s」按兩下❶。

牢牢記住！

(2) 開啟「色票選項」對話視窗，將色彩模式「色表」切換成「CMYK」❷。

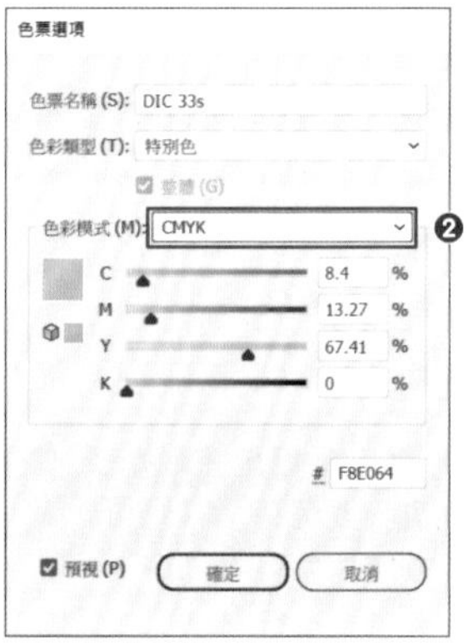
色票選項
色票名稱 (S): DIC 33s
色彩類型 (T): 特別色
整體 (G)
色彩模式 (M): CMYK
❷
C 8.4 %
M 13.27 %
Y 67.41 %
K 0 %
F8E064
預視 (P)
確定
取消

(3) 「色彩類型」由「特別色」切換成「印刷色」❸，按下「確定」鈕❹。

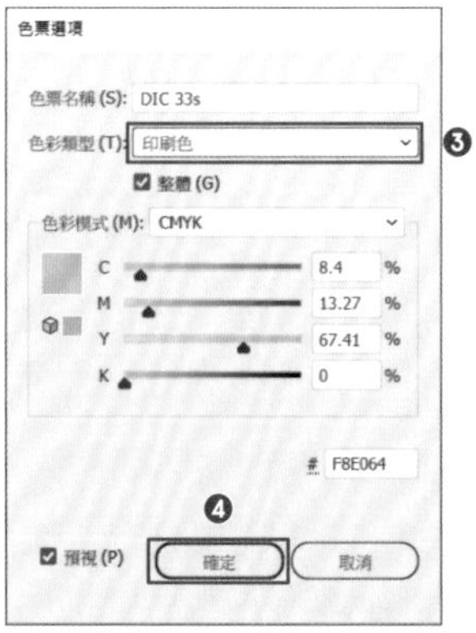
色票選項
色票名稱 (S): DIC 33s
色彩類型 (T): 印刷色
❸
整體 (G)
色彩模式 (M): CMYK
C 8.4 %
M 13.27 %
Y 67.41 %
K 0 %
F8E064
❹
預視 (P)
確定
取消

＼完成！／ 確認「色票」面板，可以發現代表特別色的黑點消失❺。此外，在「分色預視」面板中，也能看到特別色消失，只剩下 CMYK❻。

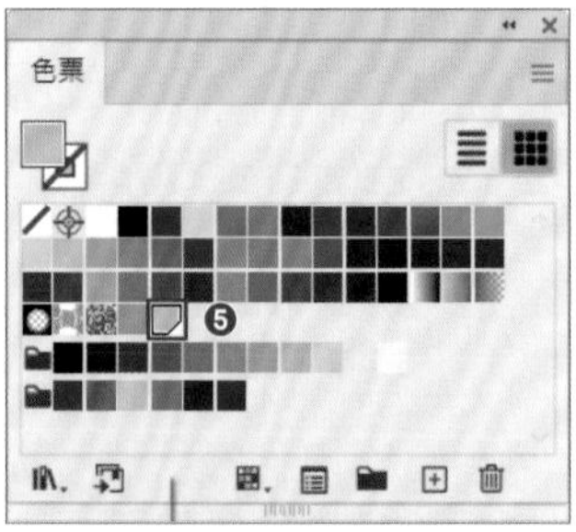
色票
❺

雖然「顏色」面板與「色票」面板仍有 DIC 的名稱，其實已經轉換成 CMYK。

分色預視
疊印預視
CMYK
青色
洋紅
黃色
黑色
❻
僅顯示用過的特別色

重點提示

確認是否因轉換而出現顏色變化！

將特別色轉換成 CMYK（印刷色）時，如果顏色出現大幅變化，請再進行調整。

CHAPTER 9
LESSON 11

解除鎖定、隱藏、刪除孤立控制點

鎖定 # 隱藏 # 孤立控制點

練習檔案
9-11.ai

請把印刷稿中的物件都解除鎖定、隱藏。此外，多餘的孤立控制點也可能造成問題，所以也先刪除。

暫時解除物件的鎖定狀態

製作檔案時，可能會將物件鎖定，避免不小心移動或刪除物件。但是如果檔案內有鎖定的物件，可能無法順利印刷，因此提供印刷稿時，別忘了先解除所有物件的鎖定狀態。

1 開啟練習檔案「9-11.ai」，執行「物件→全部解除鎖定」命令 ❶。

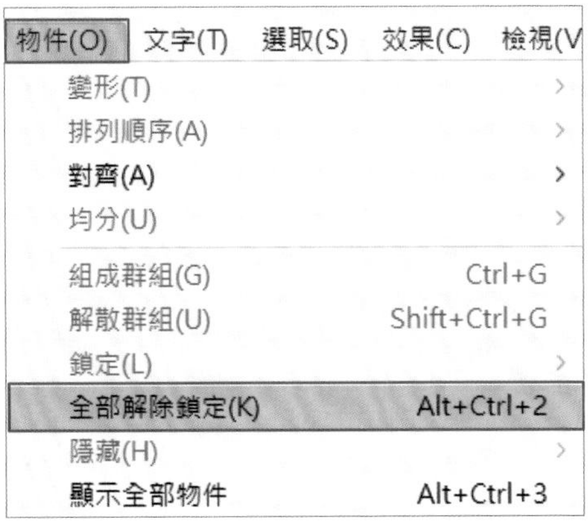
物件(O)
文字(T)
選取(S)
效果(C)
檢視(V
變形(T)
排列順序(A)
對齊(A)
均分(U)
組成群組(G) Ctrl+G
解散群組(U) Shift+Ctrl+G
鎖定(L)
全部解除鎖定(K) Alt+Ctrl+2
隱藏(H)
顯示全部物件 Alt+Ctrl+3
❶

如果無法選取這個選單，代表所有物件已經解除鎖定。

暫時顯示隱藏物件

製作檔案時，為了方便操作而暫時隱藏的物件在提供印刷稿之前，也要全部顯示出來。

1 執行「物件→顯示全部物件」命令 ❶。

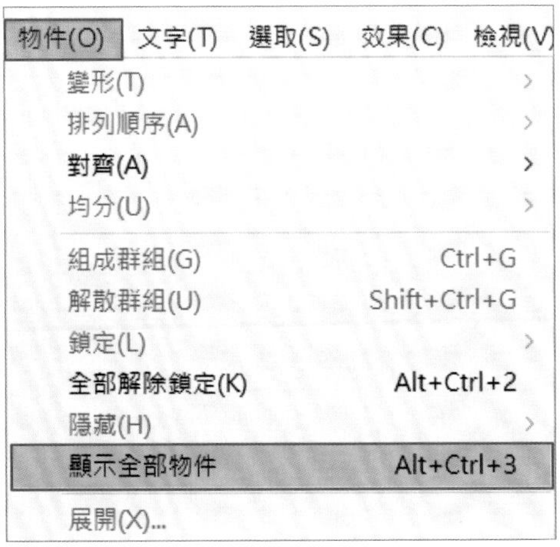
物件(O)
文字(T)
選取(S)
效果(C)
檢視(V)
變形(T)
排列順序(A)
對齊(A)
均分(U)
組成群組(G) Ctrl+G
解散群組(U) Shift+Ctrl+G
鎖定(L)
全部解除鎖定(K) Alt+Ctrl+2
隱藏(H)
顯示全部物件 Alt+Ctrl+3
展開(X)...
❶

刪除孤立控制點

孤立控制點是指多餘的錨點或沒有輸入文字的空白文字物件。解除鎖定及取消隱藏之後，也請刪除孤立控制點。

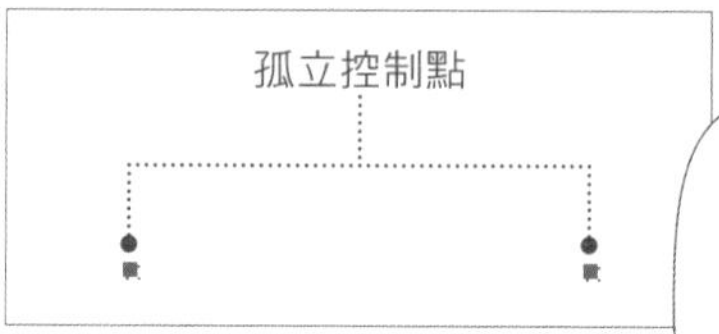

孤立控制點

孤立控制點可能引起殘留字體資料或印出多餘錨點等問題，所以一定要刪除。

1. 執行「選取→物件→孤立控制點」命令 ❶。

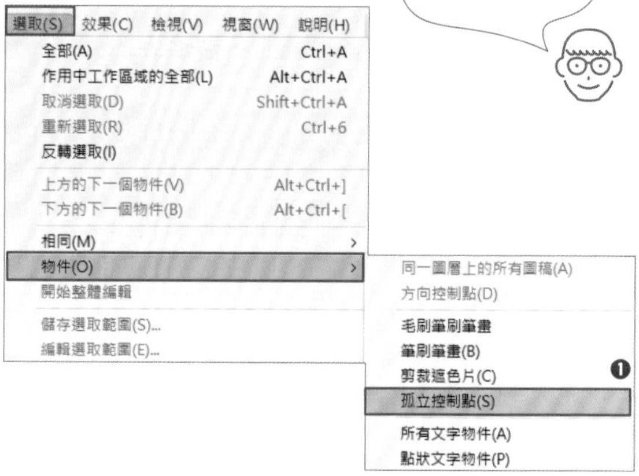

選取(S) 效果(C) 檢視(V) 視窗(W) 說明(H)
全部(A) Ctrl+A
作用中工作區域的全部(L) Alt+Ctrl+A
取消選取(D) Shift+Ctrl+A
重新選取(R) Ctrl+6
反轉選取(I)
上方的下一個物件(V) Alt+Ctrl+]
下方的下一個物件(B) Alt+Ctrl+[
相同(M)
物件(O)
開始整體編輯
儲存選取範圍(S)...
編輯選取範圍(E)...
同一圖層上的所有圖稿(A)
方向控制點(D)
毛刷筆刷筆畫
筆刷筆畫(B)
剪裁遮色片(C)
孤立控制點(S)
所有文字物件(A)
點狀文字物件(P)
❶

2. 選取孤立控制點 ❷，按下 [Delete] 鍵刪除。

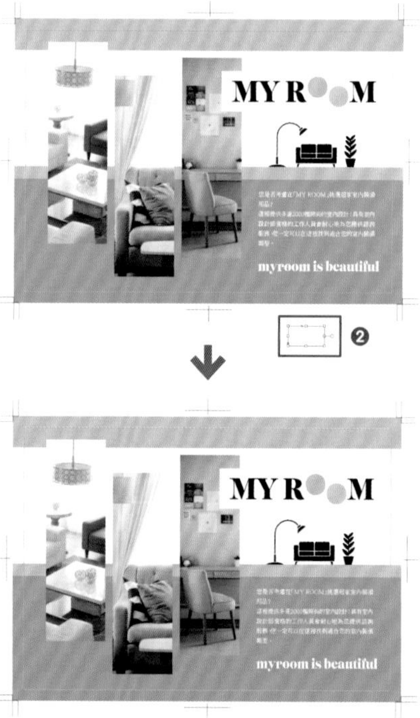

MY R M
myroom is beautiful
❷
MY R M
myroom is beautiful

＼完成！／ 刪除了所有孤立控制點。

重點提示

產生孤立控制點的原因

刪除路徑時，忘了刪除錨點，或使用「文字工具」按一下工作區域，卻沒有輸入任何內容，改執行其他動作時，就會產生孤立控制點。

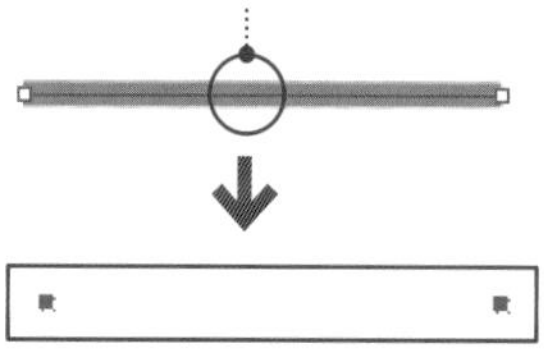

刪除路徑區段

只刪除路徑區段，卻沒有刪除錨點的狀態

按一下

使用「文字工具」按一下工作區域，沒有輸入任何內容，就執行其他動作的狀態

一般操作的預視狀態無法看見孤立控制點，因此通常不會發現，請在完成檔案後統一刪除。

CHAPTER 9
LESSON 12

確認疊印與複色黑

疊印 # 複色黑

練習檔案
9-12.ai

無意間使用了疊印或複色黑時，可能引起印刷問題，因此請先記住以下的確認方法。

● 何謂疊印

重疊顏色印刷就稱作「疊印」。如果沒有設定疊印，就不會重疊顏色，以去底色的狀態，印刷上層顏色。設定疊印時，會以混合上下層顏色的方式印刷。

這裡以在「あ」字設定疊印為例來說明。

沒有設定疊印時的印刷狀態

設定疊印的印刷狀態

白色以外的物件

あ
あ
あ

依照 Illustrator 設定的顏色印刷

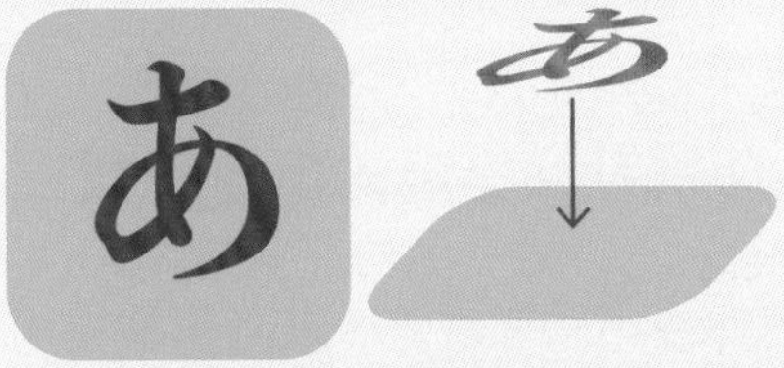
あ
あ

上層顏色與下層顏色混色

沒有設定疊印的印刷狀態

設定疊色的印刷狀態

白色物件時

あ
あ
あ

依照 Illustrator 設定的顏色印刷

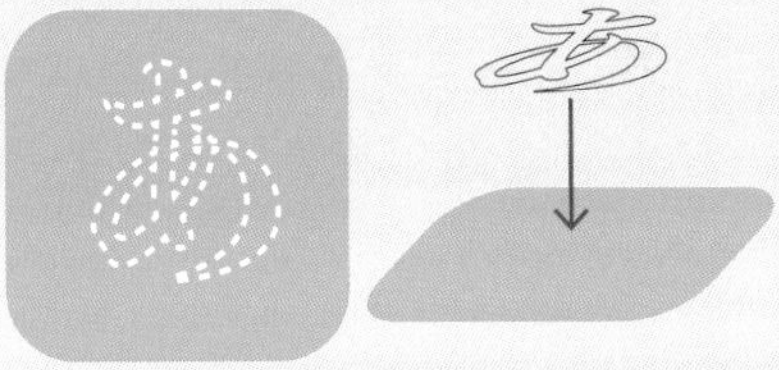
あ

如果是白色物件，除非特別指定，否則不會使用白色油墨，因而無法呈現疊在上面的顏色

在白色設定疊印時，Illustrator 會顯示提醒訊息。

確認疊印設定

每家印刷廠的疊印處理方式都不同，但是重疊顏色可能會引起意想不到的問題，因此如果沒有特殊理由，請取消疊印設定。

1. 開啟練習檔案「9-12.ai」，選取影像以外的所有物件 ❶。

按下 Ctrl + A 鍵，選取全部物件之後，按住 Shift 鍵不放並選取影像，可以單獨取消影像的選取狀態。如果已經組成群組，可以使用「直接選取工具」或「群組選取工具」選取物件。

❶

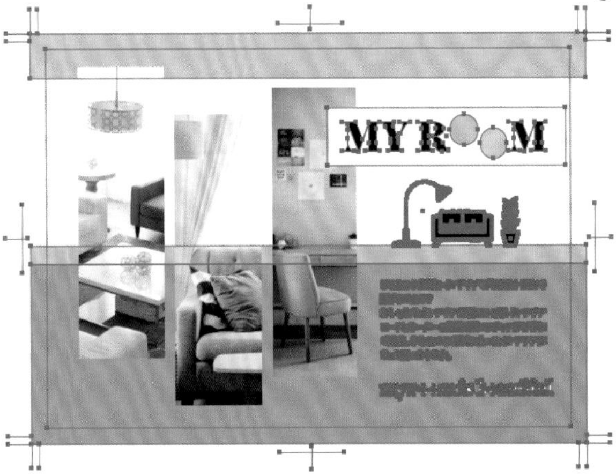
MY ROOM

② 執行「視窗→屬性」命令 ❷。

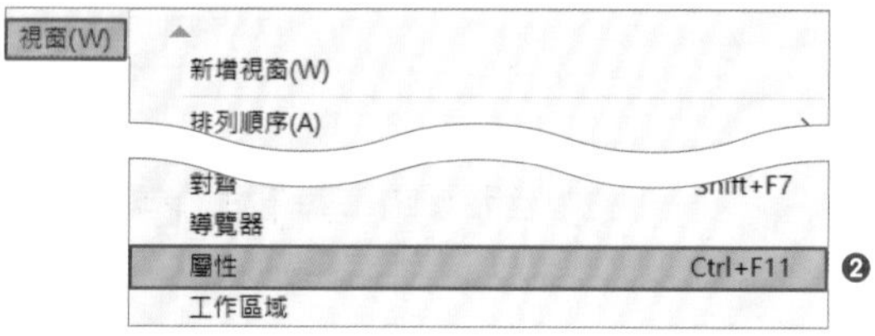
視窗(W)
新增視窗(W)
排列順序(A)
對齊 Shift+F7
導覽器
屬性 Ctrl+F11
工作區域
❷

③ 開啟「屬性」面板，按一下「疊印填色」與「疊印筆畫」的「-」❸，勾選該項目 ❹，再按一下，取消勾選 ❺。

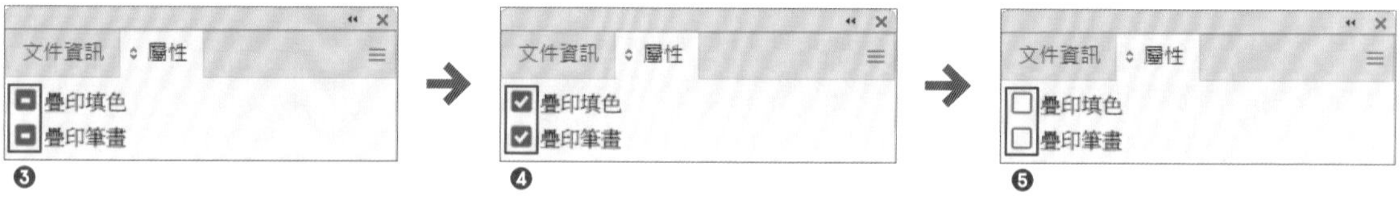
文件資訊 屬性
疊印填色
疊印筆畫
❸
❹
❺

填色與筆畫設定了疊印的狀態

填色與筆畫都沒有設定疊印的狀態

如果想確實取消疊印，先勾選再取消比較讓人放心。

印刷可以呈現的黑色種類

除了確認疊印狀態之外，還必須檢視黑色的設定。一般在 Illustrator 的色票中選取黑色時，CMYK 中的 K 設定為 100%，CMY 設定為 0%，這種黑色稱作「單色黑」，調整該值，加入 CMYK 各色製作成的黑色稱作「複色黑」，CMYK 各色設定為 100% 的黑色稱作「四色黑」。

複色黑與四色黑可以呈現有深度的黑色，但是部分印刷廠已經規定了 CMYK 合計的油墨濃度，因此必須先確認濃度上限或能否印刷。

● 單色黑

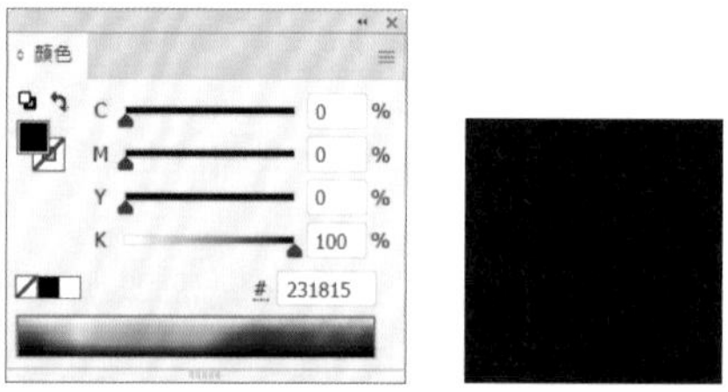
顏色
C 0 %
M 0 %
Y 0 %
K 100 %
231815

只以 K100% 表現的黑色

● 複色黑

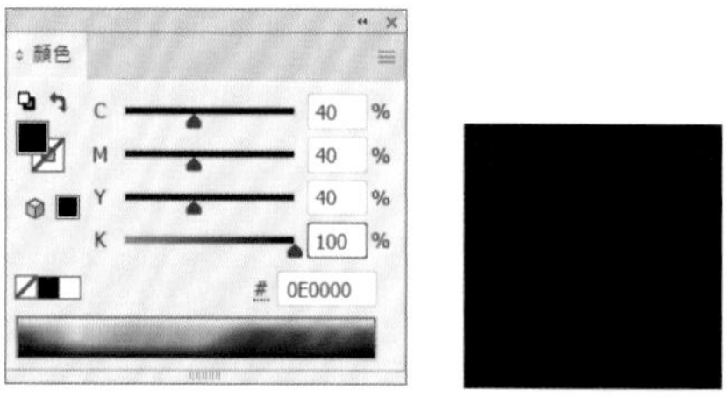
顏色
C 40 %
M 40 %
Y 40 %
K 100 %
0E0000

混合 CMYK 的黑色
（一般會顯示為 C40% M40% Y40% K100%）

● 四色黑

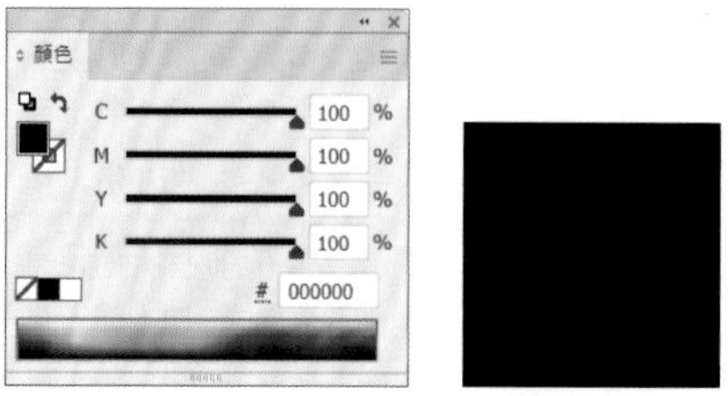
顏色
C 100 %
M 100 %
Y 100 %
K 100 %
000000

CMYK 全都設定為 100% 的黑色

濃度

重點提示

依照對象使用黑色

本來打算使用 K100%，卻誤用了複色黑或四色黑，這種情況極為常見。尤其比較小的文字可能因為油墨量過多而在印刷時出現暈開或透到底層的情況，所以提供印刷稿時，一定要確認清楚。

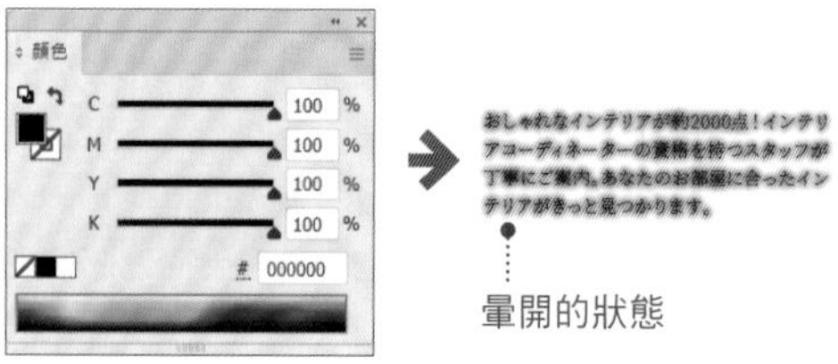
顏色
C 100 %
M 100 %
Y 100 %
K 100 %
000000

暈開的狀態

CHAPTER 9 LESSON 13

印刷稿的檔案 # 儲存成 PDF

確認印刷稿的檔案

完成印刷稿之後，最後要確認提供給印刷廠的檔案。這裡也會一併介紹把 Illustrator 製作的資料儲存成 PDF 檔的方法。

確認印刷稿的檔案

請以這一章製作的資料確認最後提供的檔案夾內容。每家印刷廠需要的資料不同，這裡將介紹基本的印刷稿。

在 Illustrator 置入的影像如果是嵌入影像，就不需要提供檔案。除了 Illustrator 檔案，有時也會提供 PDF 檔案當作完稿的參考資料。

印刷稿的資料

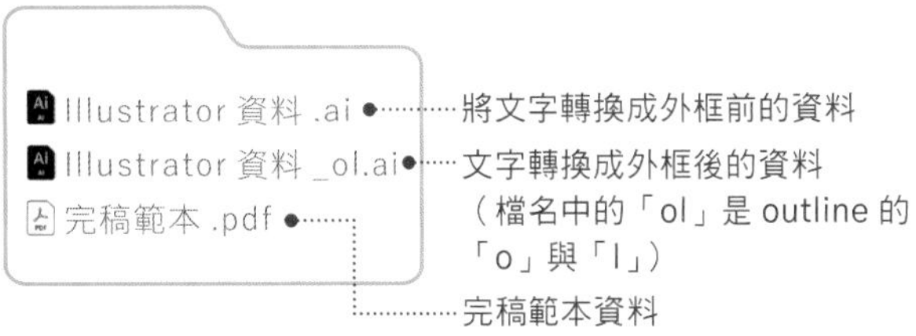
Illustrator 資料 .ai
將文字轉換成外框前的資料
Illustrator 資料 _ol.ai
文字轉換成外框後的資料
（檔名中的「ol」是 outline 的「o」與「l」）
完稿範本 .pdf
完稿範本資料

沒有嵌入影像時，必須一併提供置入的影像檔案。205 頁說明過，提供影像檔案時，要先把檔案儲存在與 ai 檔案夾同一個階層，或建立名為「Links」的檔案夾，把檔案先放在裡面。

更多 進階知識！

● 製作 PDF 資料

除了提供印刷稿給印刷廠，與外部分享設計資料時，也需要 PDF 檔案，因此請先記住儲存成 PDF 格式的方法。參考 41 頁的說明，另存新檔時，檔案類型設定為「Adobe PDF」，可以開啟「儲存 Adobe PDF」對話視窗，請參考下圖進行設定，再按下「儲存 PDF」鈕。

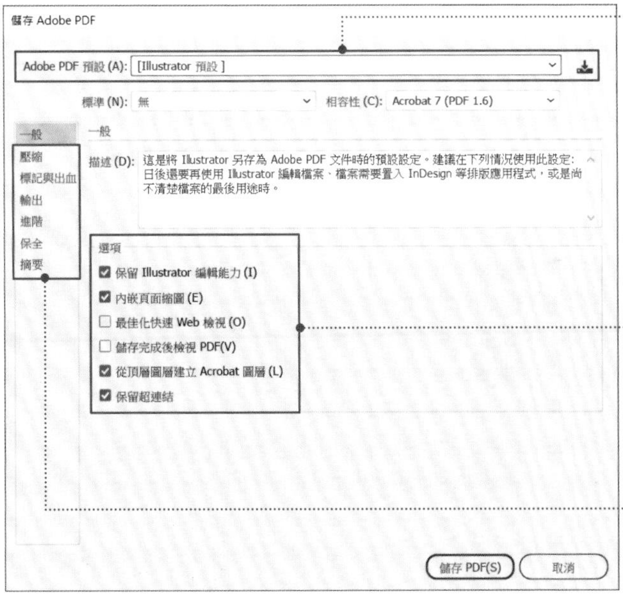
儲存 Adobe PDF
Adobe PDF 預設 (A): [Illustrator 預設]
標準 (N): 無
相容性 (C): Acrobat 7 (PDF 1.6)
一般
壓縮
標記與出血
輸出
進階
保全
摘要
一般
描述 (D): 這是將 Illustrator 另存為 Adobe PDF 文件時的預設設定。建議在下列情況使用此設定：日後還要再使用 Illustrator 編輯檔案、檔案需要置入 InDesign 等排版應用程式，或是尚不清楚檔案的最後用途時。
選項
保留 Illustrator 編輯能力 (I)
內嵌頁面縮圖 (E)
最佳化快速 Web 檢視 (O)
儲存完成後檢視 PDF(V)
從頂層圖層建立 Acrobat 圖層 (L)
保留超連結
儲存 PDF(S)
取消

選取預設集

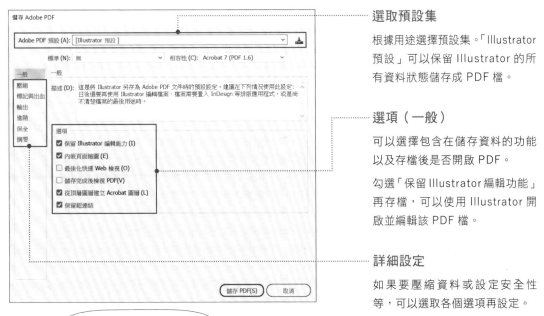

根據用途選擇預設集。「Illustrator 預設」可以保留 Illustrator 的所有資料狀態儲存成 PDF 檔。

選項（一般）

可以選擇包含在儲存資料的功能以及存檔後是否開啟 PDF。

勾選「保留 Illustrator 編輯功能」再存檔，可以使用 Illustrator 開啟並編輯該 PDF 檔。

詳細設定

如果要壓縮資料或設定安全性等，可以選取各個選項再設定。

最近以 PDF 檔案提供印刷稿的情況愈來愈多，請根據用途及傳送對象的操作環境來設定。

必備的基本排版知識 ②

感性是設計時的重要元素，但是掌握排版原則，可以提高設計時的工作效率，所以一定要記住基本的排版原則（規則性、強弱）。

● 重複規則性

重複相同規則性的元素，完成一目瞭然的版面。
一開始就要考量文字量，這點很重要。

並非所有元素都有規則性，但是如果有大量元素，最好注意這一點。

○

私たちにできること
DTP
映像制作
ウェブ開発

以相同設計編排三個標題與下方說明。

×

私たちにできること
DTP グラフィック広告・グラフィックツール
アニメーション作成 / 撮影等
映像制作
ウェブ開発 サイト作成/システム開発

以不同設計編排三個標題與下方說明。

● 加上強弱

依照重要性加上強弱，如突顯主題、標題、說明等，可以維持平衡，讓版面一清二楚。

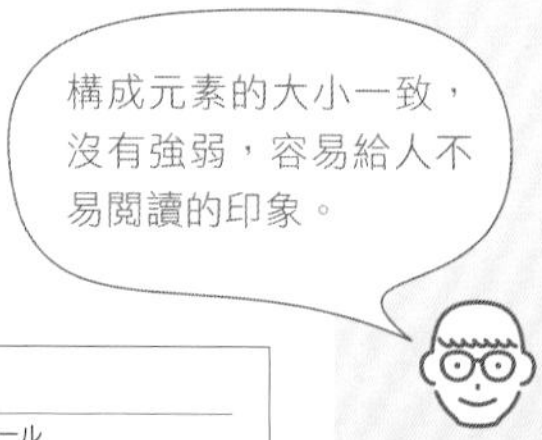

構成元素的大小一致，沒有強弱，容易給人不易閱讀的印象。

○

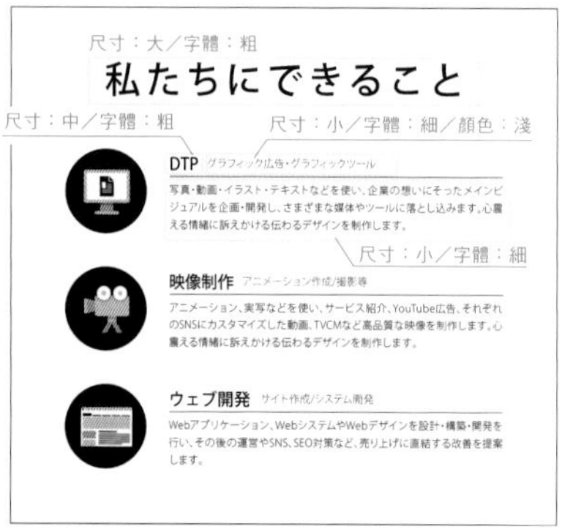

尺寸：大／字體：粗
私たちにできること
尺寸：中／字體：粗
尺寸：小／字體：細／顏色：淺
DTP
尺寸：小／字體：細
映像制作
ウェブ開発

分別設定主題、標題、內文的字體大小與粗細。

×

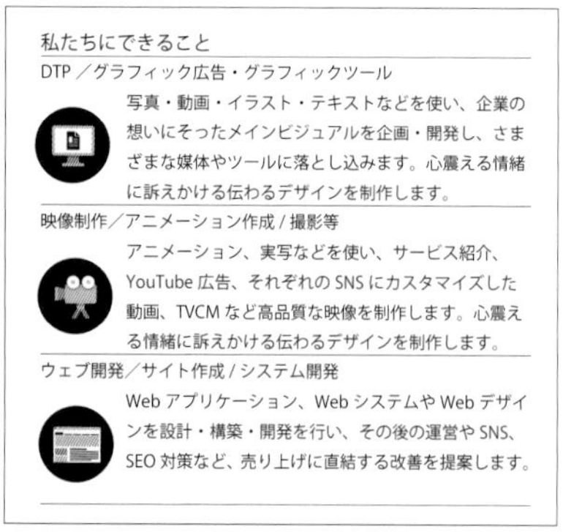

私たちにできること
DTP／グラフィック広告・グラフィックツール
写真・動画・イラスト・テキストなどを使い、企業の想いにそったメインビジュアルを企画・開発し、さまざまな媒体やツールに落とし込みます。心震える情緒に訴えかける伝わるデザインを制作します。
映像制作／アニメーション作成 / 撮影等
アニメーション、実写などを使い、サービス紹介、YouTube 広告、それぞれの SNS にカスタマイズした動画、TVCM など高品質な映像を制作します。心震える情緒に訴えかける伝わるデザインを制作します。
ウェブ開発／サイト作成 / システム開発
Web アプリケーション、Web システムや Web デザインを設計・構築・開発を行い、その後の運営や SNS、SEO 対策など、売り上げに直結する改善を提案します。

所有元素的字體大小與粗細一致。

CHAPTER 10

效法專家！
提升平面設計的品質

這一章將介紹實際執行設計工作時會用到的技巧。
請運用本書學到的技巧，試著設計出更高品質的作品。

CHAPTER 10 LESSON 1

插圖 # 鋼筆工具 # 鏡射工具

製作社群媒體使用的頭像

練習檔案
10-1_草圖 ai

試著用 Illustrator 製作社群媒體使用的個人頭像。

這個單元將用簡單的線條繪製插圖，製作出 300px × 300px 的個人頭像。臉部與身體為左右對稱，只要繪製一半，再利用拷貝 & 反轉連接，就能有效率地完成插圖。

這次簡化了人物的髮型及眼鏡等特徵，搭配上搶眼的用色，製作出吸引人的頭像。

按照頭像大小建立新文件

這次要製作社群媒體用的個人頭像，因此建立文件時，設定為網頁用的 RGB 色彩，單位為像素。

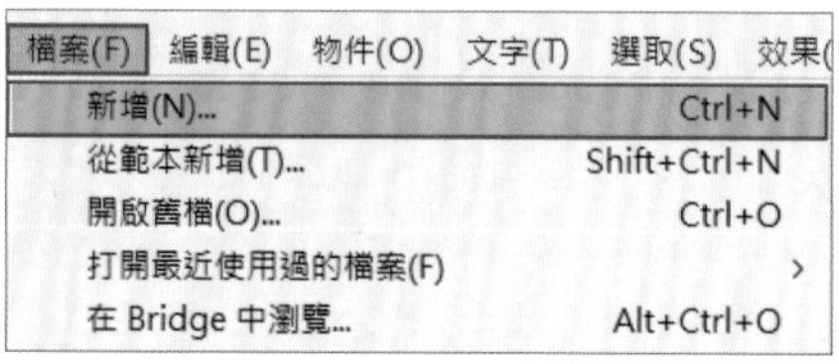

檔案(F) 編輯(E) 物件(O) 文字(T) 選取(S) 效果(
新增(N)... Ctrl+N
從範本新增(T)... Shift+Ctrl+N
開啟舊檔(O)... Ctrl+O
打開最近使用過的檔案(F)
在 Bridge 中瀏覽... Alt+Ctrl+O

❶

1. 執行「檔案→新增」命令❶。

2. 開啟「新增文件」對話視窗。

   按一下「網頁」❷，「寬度」設定為「300px」，「高度」設定為「300px」❸，按下「建立」鈕。

❷

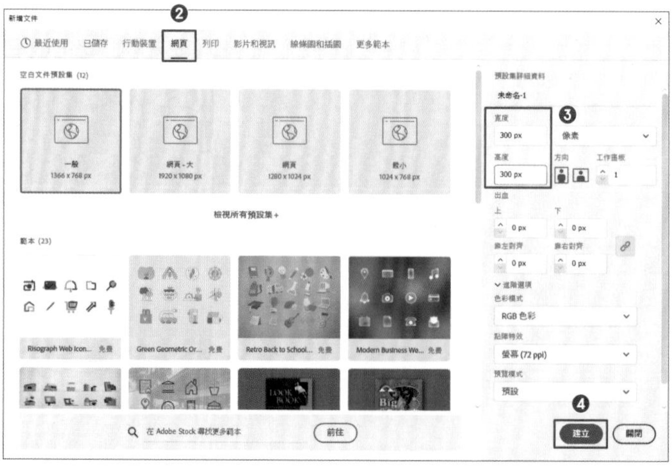

新增文件
最近使用
已儲存
行動裝置
網頁
列印
影片和視訊
線條圖和插圖
更多範本
一般
1366 x 768 px
網頁 - 大
1920 x 1080 px
1280 x 1024 px
較小
1024 x 768 px
檢視所有預設集 +
預設集詳細資料
未命名-1
寬度
300 px
像素
高度
300 px
方向
工作區域
RGB 色彩
螢幕 (72 ppi)
預設
在 Adobe Stock 尋找更多範本
前往
建立
關閉

❸ ❹

選取「網頁」內的預設集時，文件會設定成適合網頁使用的狀態。我們可以看到調整成最適合網頁的「RGB 色彩」、「72ppi」❹。

③ 建立 300px ×300px 的工作區域 ❺。

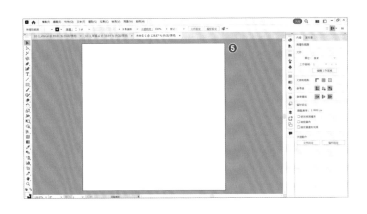

設定基本線條

使用「鋼筆工具」繪製構成插圖的基本線條。首先要設定筆畫。

① 筆畫顏色設定為黑色 ❶，在「筆畫」面板中，將「寬度」設定為「6pt」，「端點」設定為「圓端點」，「尖角」設定為「圓角」❷。

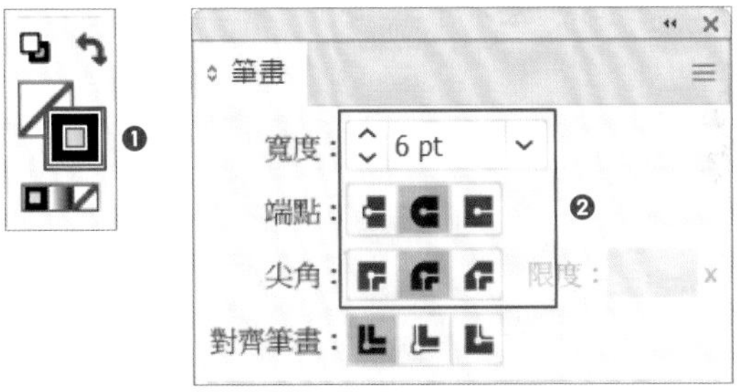
筆畫
寬度：6 pt
端點：
尖角：
限度：
對齊筆畫：

這次想設定成和範例一樣具有圓潤感的粗黑線，因此「端點」與「尖角」皆設定成圓形，請依照實際完成的影像選擇適合的設定。

繪製左半部分

繪製臉部與身體的左半部分，當作插圖的基本形狀。後面的步驟將反轉這裡繪製的左半部分，製作出右半部分，因此繪製時，要意識到之後會翻轉物件。

① 在工作區域中央繪製垂直線，建立參考線 ❶。

建立參考線的方法 ➡ 197 頁

② 參考右圖，使用「鋼筆工具」繪製左半部分的臉部輪廓線 ❷。

「鋼筆工具」的用法 ➡ 86 頁

③ 接著繪製左半部分的頭髮、肩、頸線條 ❸。下巴與衣領的端點要對齊參考線，避免翻轉時出現縫隙。

10-1_草圖.ai 已經繪製了草圖的線條，請練習描摹，直到掌握技巧為止。

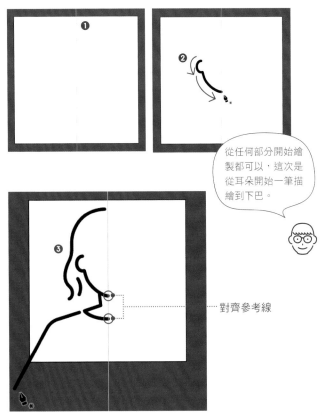

從任何部分開始繪製都可以，這次是從耳朵開始一筆描繪到下巴。

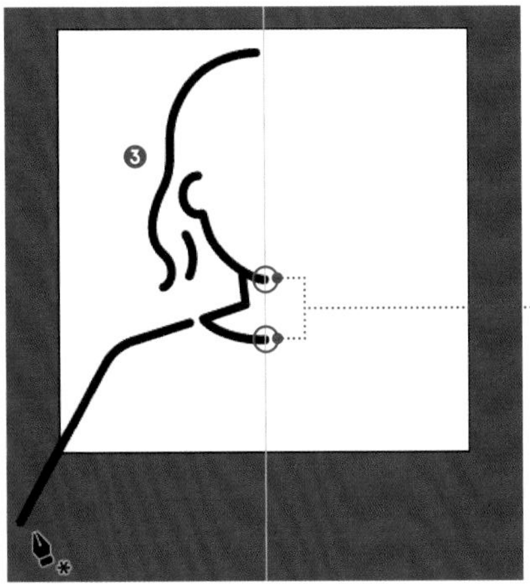
對齊參考線

拷貝翻轉

拷貝繪製完成的半邊線條再翻轉，完成左右對稱的上半身。

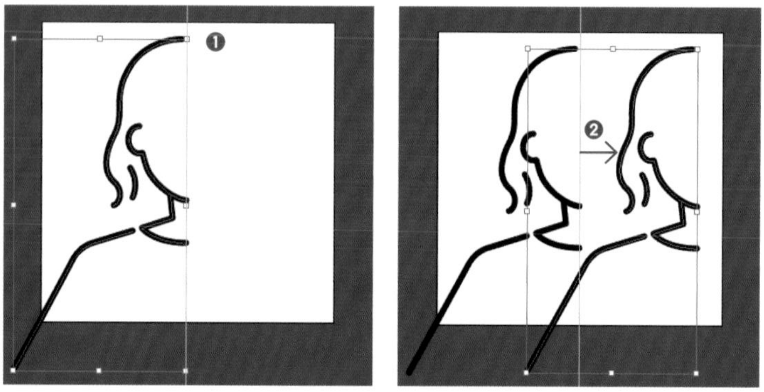

1. 選取參考線以外的線條 ❶，按住 Alt（option）+ Shift 鍵不放並往右拖曳拷貝線條 ❷。

2. 在選取拷貝後線條的狀態，於「鏡射工具」按兩下 ❸，開啟「鏡射」對話視窗，選取「垂直」❹，按下「確定」鈕 ❺。

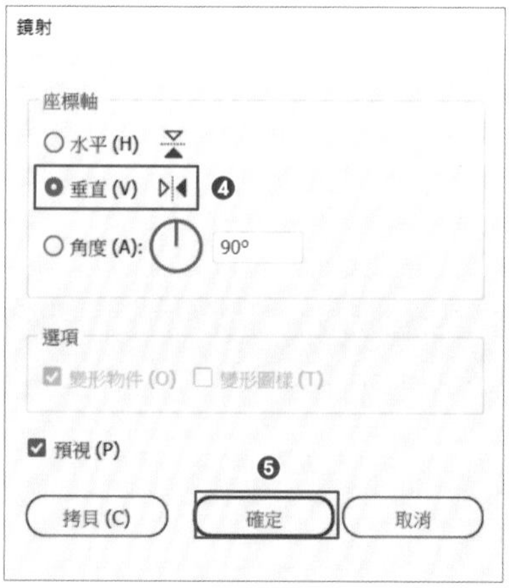
鏡射
座標軸
水平 (H)
垂直 (V)
角度 (A):
90°
選項
變形物件 (O)
變形圖樣 (T)
預視 (P)
拷貝 (C)
確定
取消

如果沒有顯示「鏡射工具」，請長按「旋轉工具」進行切換。

3. 使用「選取工具」移動物件，讓左半身與右半身連接在一起。

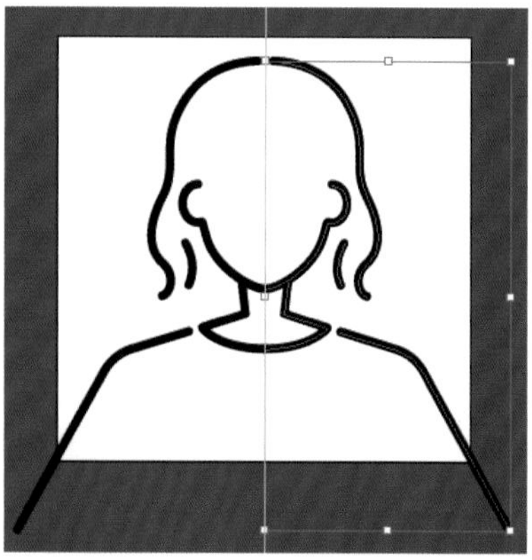

繪製到這裡請先將參考線刪除。

重點提示

使用智慧型參考線

執行「檢視→智慧型參考線」命令，啟用智慧型參考線，比較容易對齊物件。

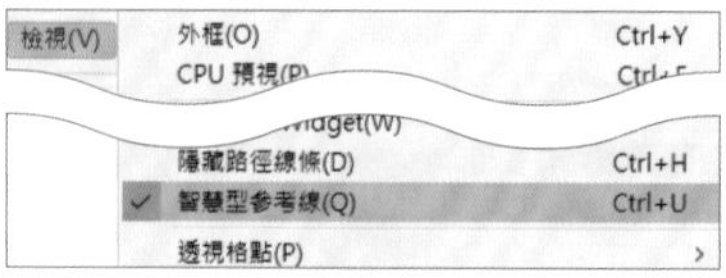
檢視(V)
外框(O)
Ctrl+Y
隱藏路徑線條(D)
Ctrl+H
智慧型參考線(Q)
Ctrl+U
透視格點(P)

繪製瀏海與眼、口、鼻

1. 使用「鋼筆工具」繪製瀏海、鼻子、嘴巴，再使用「橢圓形工具」繪製眼睛 ❶。

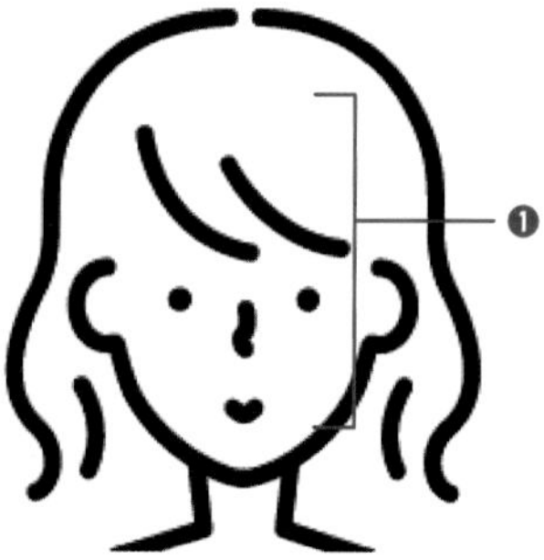

使用「橢圓形工具」繪製眼睛時，請先將「填色」設定為黑色，「筆畫」設定為無。

② 選取所有線條 ❷，按下 Ctrl（ ⌘ ）+ G 鍵組成群組。

完成插圖的基本線條之後，先組成群組，後續操作比較方便。

②

上色

使用「鋼筆工具」建立上色範圍再設定顏色。請鎖定之前繪製的基本線條再開始操作。

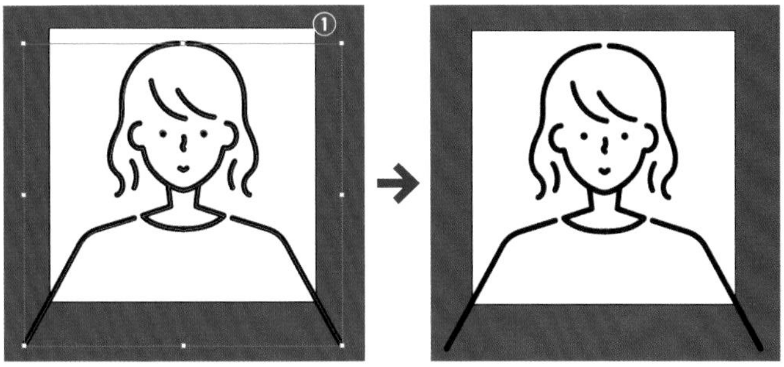

①

① 選取剛才繪製的基本線條 ❶，按下 Ctrl（ ⌘ ）+ 2 鍵鎖定物件。

② 從最下層的頭髮開始上色。

使用「鋼筆工具」 繪製沒有超出基本線條的路徑，包圍頭髮部分 ❷。

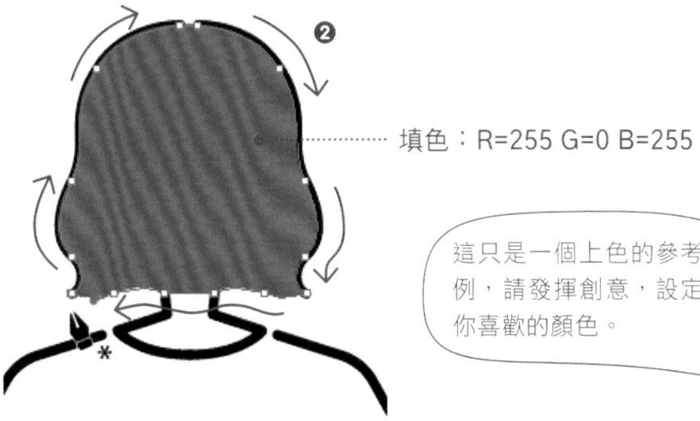

❷
填色：R=255 G=0 B=255

這只是一個上色的參考範例，請發揮創意，設定成你喜歡的顏色。

③ 執行「物件→排列順序→移至最後」命令 ❸。

把頭髮的填色物件移到最下層 ❹。

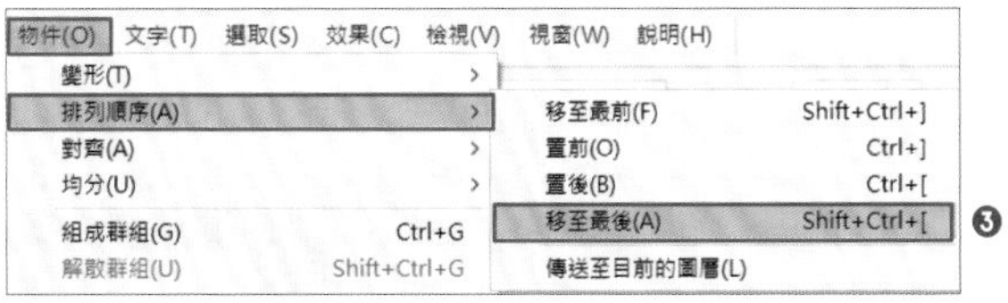

物件(O) 文字(T) 選取(S) 效果(C) 檢視(V) 視窗(W) 說明(H)
變形(T)
排列順序(A)
對齊(A)
均分(U)
組成群組(G) Ctrl+G
解散群組(U) Shift+Ctrl+G
移至最前(F) Shift+Ctrl+]
置前(O) Ctrl+]
置後(B) Ctrl+[
移至最後(A) Shift+Ctrl+[
傳送至目前的圖層(L)
❸

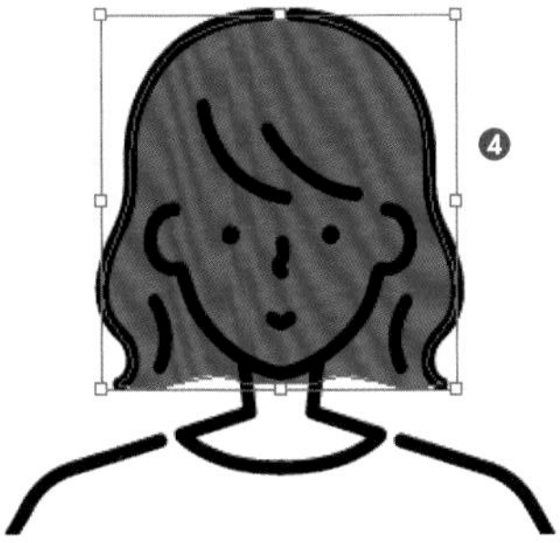

❹

重點提示

排列順序的快速鍵

「移至最後」的快速鍵是 Shift + Ctrl（ ⌘ ）+ [鍵。

路徑愈多愈常用到，因此請先記住此快速鍵。

4. 同樣沿著基本線條繪製路徑，在其他部分也加上顏色。

參考右圖，調整排列順序，再按下 Ctrl（⌘）+ Alt（option）+ 2 鍵，解除鎖定。

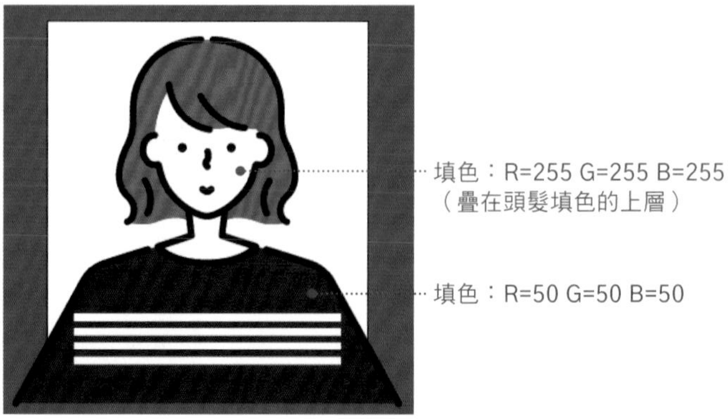

填色：R=255 G=255 B=255
（疊在頭髮填色的上層）
填色：R=50 G=50 B=50

這裡使用了「矩形工具」製作衣服的圖案。

5. 選取全部的筆畫與填色 ❺，按下 Ctrl（⌘）+ G 鍵，先組成群組。

⑤

製作背景，裁剪成頭像風格

請將完成的插圖調整成社群媒體的頭像風格。這次將使用剪裁遮色片把插圖裁切成圓形。

1. 參考右圖，使用「橢圓形工具」，在工作區域的中心建立正圓形 ❶，把插圖裁切成大頭照的尺寸。完成後，和上一頁的步驟③一樣，將物件的排列順序「移至最後」❷。

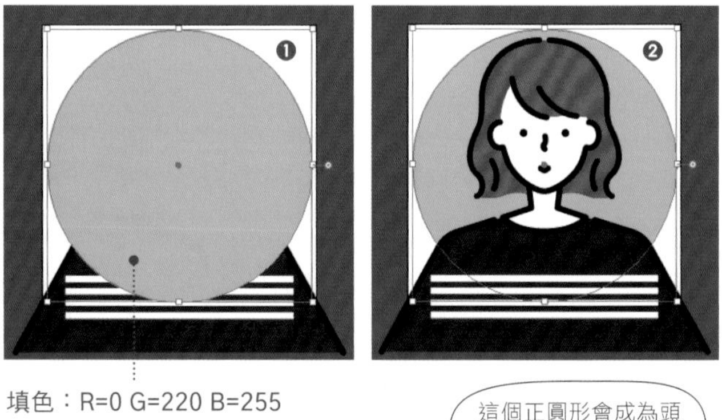

❶
❷
填色：R=0 G=220 B=255

這個正圓形會成為頭像的背景。

2. 在選取圓形的狀態，拷貝（Ctrl（⌘）+ C 鍵）並貼至上層（Ctrl（⌘）+ F 鍵）。

把貼上的正圓形「填色」設定為圓點圖樣 ❸。

❸

此時的排列順序由上往下依序為，插圖物件、背景為透明且套用圓點圖樣的圓形、藍色圓形。

圓點圖樣的製作方法 ➡ 72～73 頁

還差一步！

3 拷貝套用圓點圖樣的圓形。將圓點圖樣的圓形拷貝之後貼至上層 ❹，接著按下 Ctrl （ ⌘ ）＋ Shift ＋] 鍵，移至最上層 ❺。

④

排列順序（由上往下）：筆畫與填色群組、圓點圓形、圓點圓形、素色圓形

⑤

排列順序（由上往下）：圓點圓形、筆畫與填色群組、圓點圓形、素色圓形

4 選取全部物件 ❻，執行「物件→剪裁遮色片→製作」命令 ❼。

❻

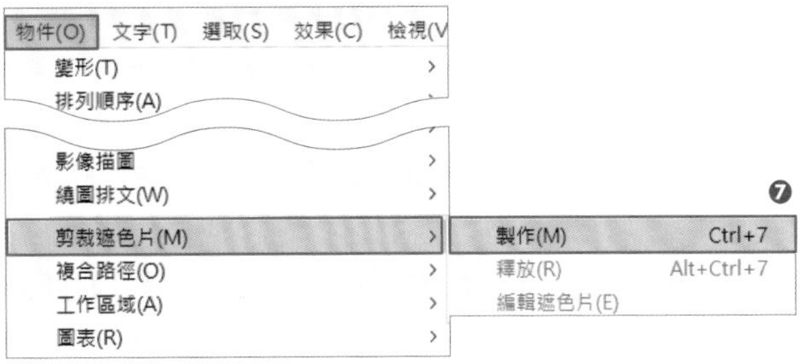
物件(O)
文字(T)
選取(S)
效果(C)
檢視(V
變形(T)
排列順序(A)
影像描圖
繞圖排文(W)
剪裁遮色片(M)
複合路徑(O)
工作區域(A)
圖表(R)
❼
製作(M) Ctrl+7
釋放(R) Alt+Ctrl+7
編輯遮色片(E)

重點提示

一次遮住多個物件

這個步驟利用移動到最上層的圓點正圓形把下面的所有物件都遮住。

當作剪裁遮色片使用的最上層物件，在建立剪裁遮色片的同時，填色與筆畫都會消失。

＼完成！／ 製作出以正圓形建立剪裁遮色片的社群媒體頭像。

請利用相同技巧，製作出不同類型的頭像。

CHAPTER 10 LESSON 2

轉存 # 儲存為 PNG 格式

轉存為網頁用資料

練習檔案 10-2.ai

「轉存為網頁用」可以把檔案儲存成適合網頁或社群媒體使用的影像，除了能依照畫質與用途選擇儲存格式之外，也可以設定影像尺寸。

儲存為網頁用

39 頁介紹了以 Illustrator 格式存檔的「儲存」與「另存新檔」方法。如果想儲存成 JPEG 或 PNG 等影像格式，請利用「轉存」功能進行設定。以下將以 PNG 格式儲存檔案。

1. 開啟練習檔案「10-2.ai」。

   執行「檔案→轉存→儲存為網頁用（舊版）」命令 ❶。

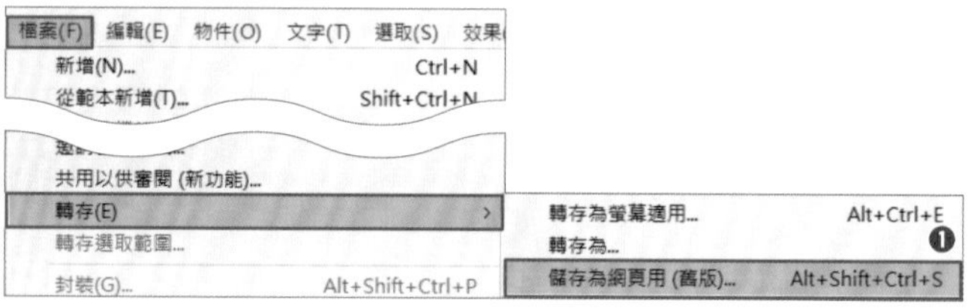

檔案(F)
編輯(E)
物件(O)
文字(T)
選取(S)
新增(N)... Ctrl+N
從範本新增(T)... Shift+Ctrl+N
共用以供審閱 (新功能)...
轉存(E)
轉存選取範圍...
封裝(G)... Alt+Shift+Ctrl+P
轉存為螢幕適用... Alt+Ctrl+E
轉存為...
❶
儲存為網頁用 (舊版)... Alt+Shift+Ctrl+S

2. 開啟「儲存為網頁用」對話視窗。

   「最佳化檔案格式」設定為「PNG-8」❷，勾選「透明度」❸，按下「儲存」鈕 ❹。

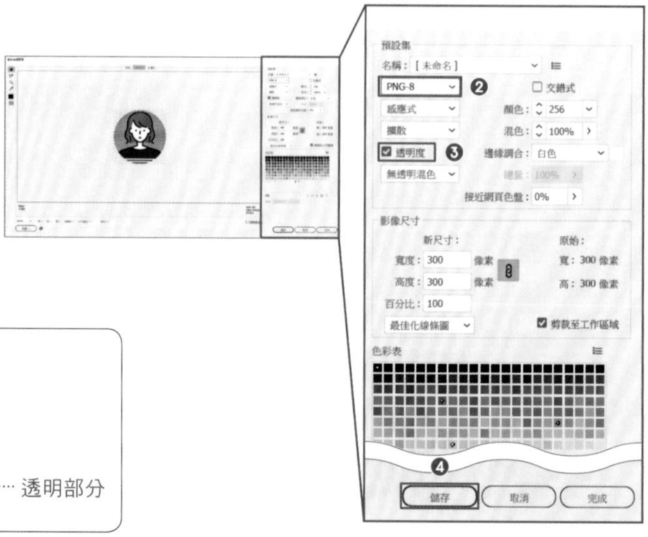

預設集
名稱：[未命名]
PNG-8 ❷
交錯式
感應式
顏色：256
擴散
混色：100%
透明度 ❸
邊緣調合：白色
無透明混色
接近網頁色盤：0%
影像尺寸
新尺寸：
原始：
寬度：300 像素
寬：300 像素
高度：300 像素
高：300 像素
百分比：100
最佳化線條圖
剪裁至工作區域
色彩表
❹
儲存
取消
完成

重點提示

何謂透明度？

勾選「透明度」，能以透明狀態儲存工作區域的空白部分。

透明部分

3. 開啟「另存最佳化檔案」對話視窗。

   設定存檔位置 ❺，輸入「檔案名稱」❻，按下「存檔」鈕 ❼。

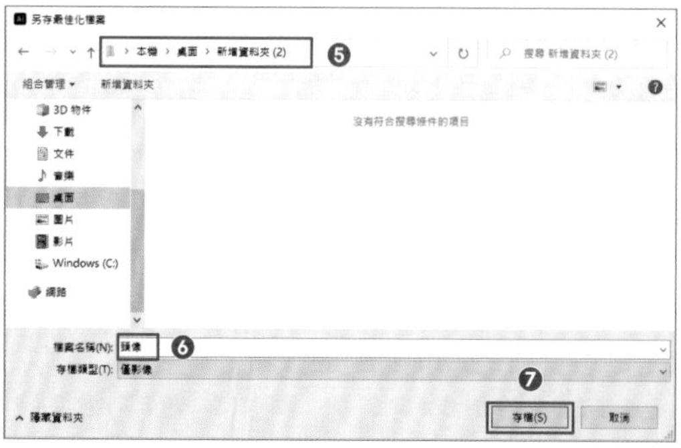

另存最佳化檔案
本機 › 桌面 › 新增資料夾 (2)
❺
組合管理
新增資料夾
3D 物件
下載
文件
音樂
桌面
圖片
影片
Windows (C:)
網路
沒有符合搜尋條件的項目
檔案名稱(N): 頭像
❻
存檔類型(T): 僅影像
❼
隱藏資料夾
存檔(S)
取消

更多
進階知識！

●「轉存為網頁用」可以儲存的格式

「轉存為網頁用」除了 PNG 之外，也能儲存 GIP 或 JPEG 格式的影像，請瞭解各個檔案格式的特性，選擇最適合的格式存檔。

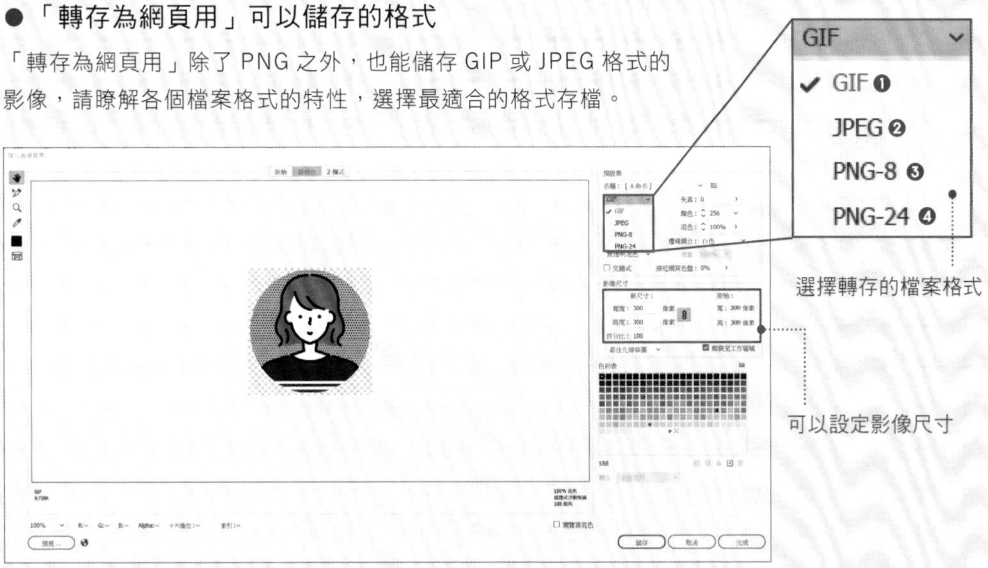
GIF
GIF ❶
JPEG ❷
PNG-8 ❸
PNG-24 ❹
選擇轉存的檔案格式
可以設定影像尺寸

❶ GIF

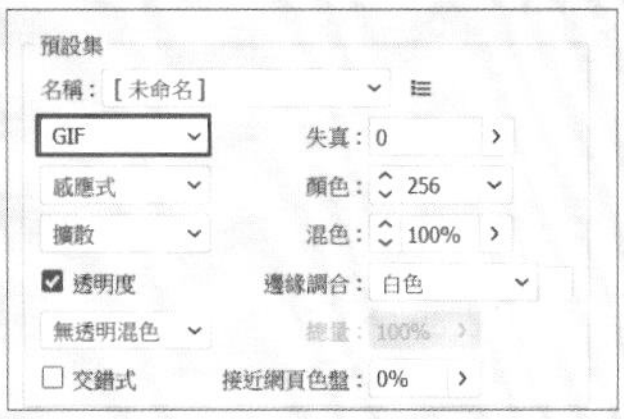
預設集
名稱：[未命名]
GIF
失真：0
顏色：256
混色：100%
透明度
邊緣調合：白色
無透明混色
交錯式
接近網頁色盤：0%

這是可以儲存 256 色的存檔格式，適合儲存顏色數量較少的插圖。以數位相機或智慧型手機拍攝的照片，顏色數量大於 256 色，儲存成 GIF 時，顏色數量會減少成 256 色以下。

最大的特色是，可以將多個影像儲存成動畫，但是光靠 Illustrator 無法製作出動畫。如果你想製作 GIF 動畫，必須使用 Photoshop 等其他的程式應用程式。

❷ JPEG

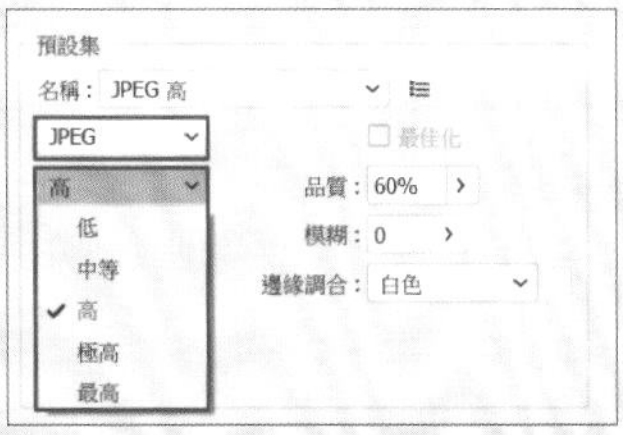
預設集
名稱：JPEG 高
JPEG
最佳化
高
品質：60%
模糊：0
邊緣調合：白色
低
中等
高
極高
最高

這是可以呈現約 1677 萬色的存檔格式，適合儲存照片等顏色變化細膩的影像。但是因為表現細膩，檔案容量也容易變大。「轉存為網頁用」可以選擇畫質，能建立降低畫質，減少容量的 JPEG 影像。

包含透明部分的影像若儲存為 JPEG 格式，將無法保留透明狀態。

❸ PNG-8

預設集
名稱：[未命名]
PNG-8
交錯式
顏色：256
混色：100%
透明度
邊緣調合：白色
無透明混色
接近網頁色盤：0%

這是最大可以儲存至 256 色的格式。適合儲存顏色數量少的插圖，能減少檔案容量。

由於存檔時能保留透明部分，遇到想將背景部分儲存成透明狀態時，例如這個單元製作的圓形頭像，就能派上用場。

❹ PNG-24

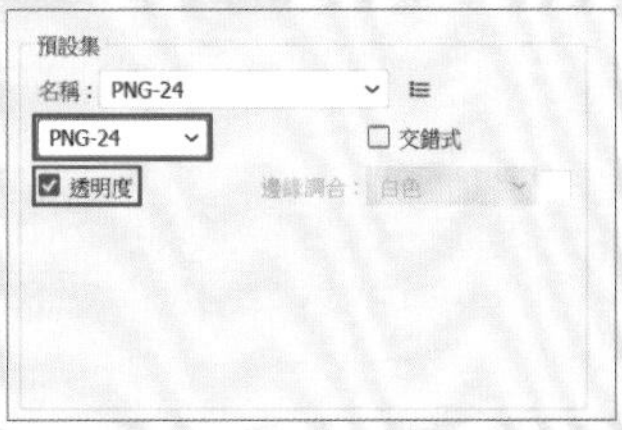
預設集
名稱：PNG-24
PNG-24
交錯式
透明度

這是可以呈現約 1677 萬色的格式，適合儲存運用了大量漸層的藝術作品或照片。

但是無法和 JPEG 一樣調整畫質，所以檔案容量較大。如果不在乎檔案容量大小，希望能呈現高品質的影像時，請儲存成這種格式。由於是 PNG 格式，所以存檔時可以保留透明部分。

CHAPTER 10

LESSON 3

文字 # 設計 # 建立外框

製作標題文字

練習檔案
10-3.ai

標題或標語可說是設計的重點，以下將設計符合整體概念的標題。

日本を旅する
日本古都巡禮
這次的「日本之旅」將走訪日本的古都，瞭解歷史悠久的日本建築以及風土民情。
透過親身體驗與實際接觸，感受日本歷史，展開一場深度之旅。同時也會介紹古都的傳統美食，體會當地的「飲食文化」。「放鬆」與「享受」的確是旅行的重要元素，不過若加上「學習」，絕對能讓旅程更加豐富充實。

這個單元把文字建立外框，並將其中一部分轉換成圖形或變形，製作出標題文字。完成標題文字之後，再與影像搭配組合。

決定基本文字

以下是設計標題「日本を旅する（前往日本旅行）」的準備工作，先建立外框再取消群組。

① 開啟練習檔案「10-3.ai」❶。

❶
日本を旅する

字體：砧 丸明 Shinano StdN R
字體大小：115pt

② 選取文字，按下 Ctrl（⌘）＋ Shift ＋ O 鍵，將文字建立外框 ❷。

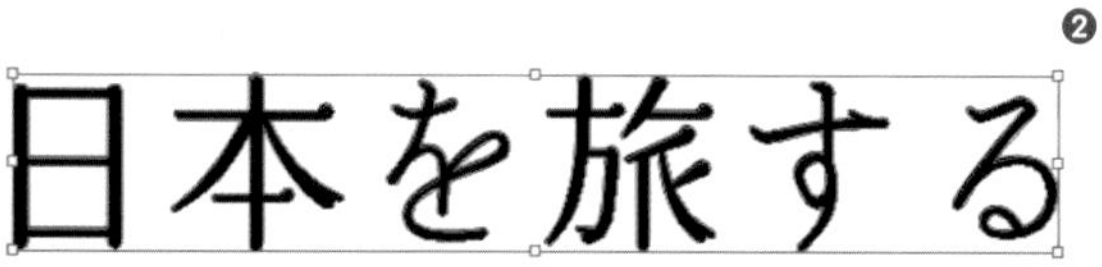

❷
日本を旅する

建立外框後的文字

③ 建立外框的字串已經組成群組，因此要選取字串，按下 Ctrl（⌘）＋ Shift ＋ G 鍵，取消群組。

日本を旅する

取消群組後的文字

縮小平假名的部分

在文字加上強弱，製作出有震撼力的標題。這次只縮小平假名的部分。

❶
日本を旅する

1. 選取「を」、「す」、「る」三個字 ❶。

按住 Shift 鍵不放並選取，可以選取多個文字。

2. 在「縮放工具」按兩下 ❷，開啟「縮放」對話視窗，「一致」設定為「60」❸，按下「確定」鈕 ❹。

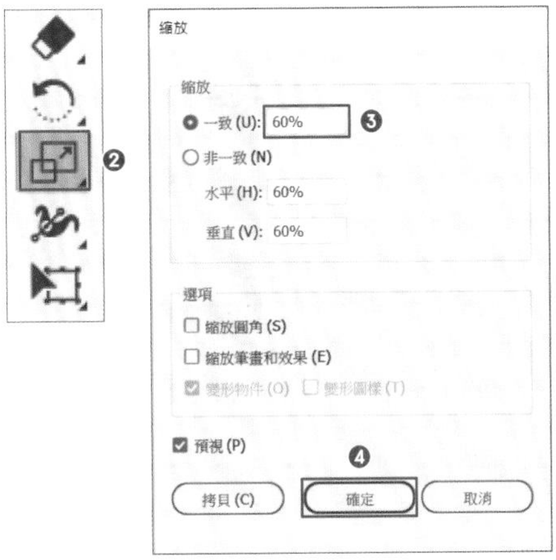
❷
縮放
縮放
一致 (U): 60% ❸
非一致 (N)
水平 (H): 60%
垂直 (V): 60%
選項
縮放圓角 (S)
縮放筆畫和效果 (E)
變形物件 (O)
變形圖樣 (T)
預視 (P)
❹
拷貝 (C)
確定
取消

3. 這三個字縮小為 60%。

4. 參考右圖，重新編排文字，完成基本雛形。

日本を旅する

雖然也可以使用「觸控文字工具」，不過接下來還要再加工，所以要建立外框。

編修「日」字

以下將把「日」這個字設計成日本國旗的樣子。刪除正中央的橫線，在該部分放入紅色圓形。

1. 使用「直接選取工具」 拖曳選取「日」中央橫線的兩個路徑 ❶，按下 Delete 鍵刪除。

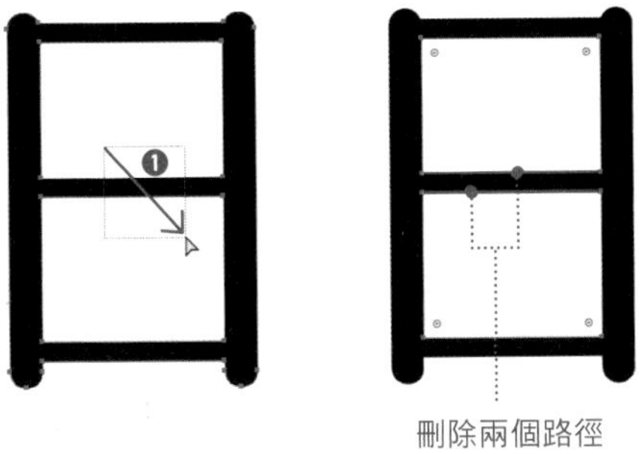
❶
刪除兩個路徑

刪除之後，乍看之下沒有變化，其實已經刪除了兩個路徑。

2 使用「鋼筆工具」按一下錨點 ❷ ❸，封閉開放路徑。

這樣就能刪除「日」正中央的橫線。

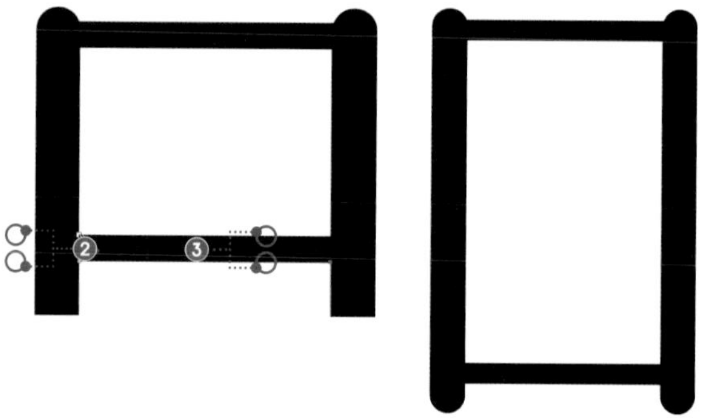
②
③

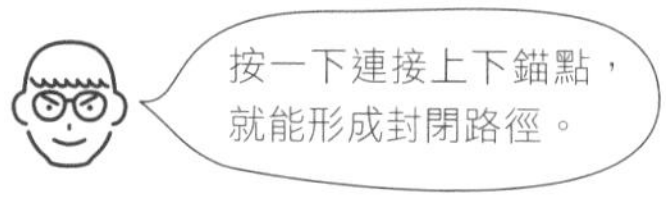
按一下連接上下錨點，
就能形成封閉路徑。

3 使用「橢圓形工具」繪製正圓形，更改顏色，放在「日」的中央 ❹。

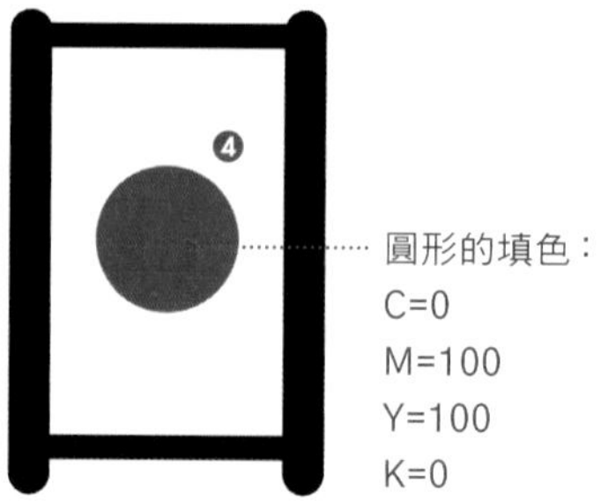
④
圓形的填色：
C=0
M=100
Y=100
K=0

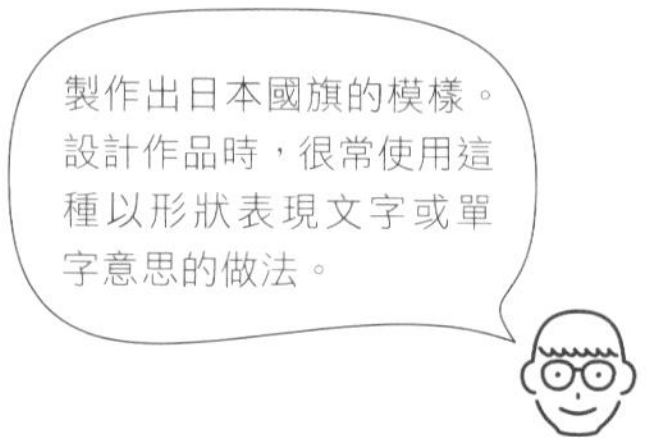
製作出日本國旗的模樣。
設計作品時，很常使用這
種以形狀表現文字或單
字意思的做法。

調整「旅」字

變形「旅」這個字，製作出走路的模樣。

1 使用「直接選取工具」拖曳選取「旅」字中央直線的下方 ❶，參考右圖，往左下延伸選取部分 ❷。

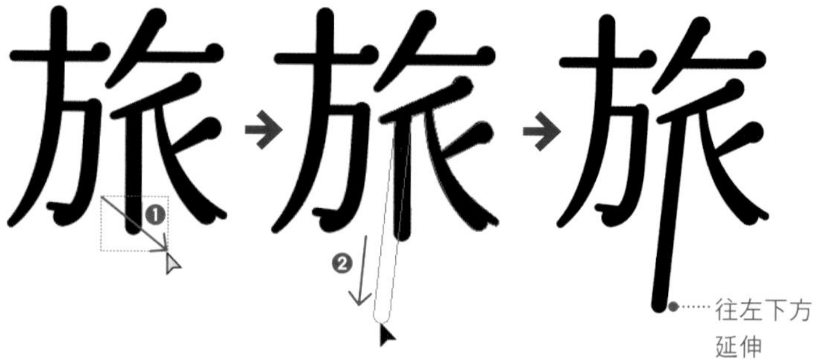
旅
旅
旅
①
②
往左下方
延伸

2 橫向拖曳延伸部分的右邊錨點 ❸，讓直線往下變粗。

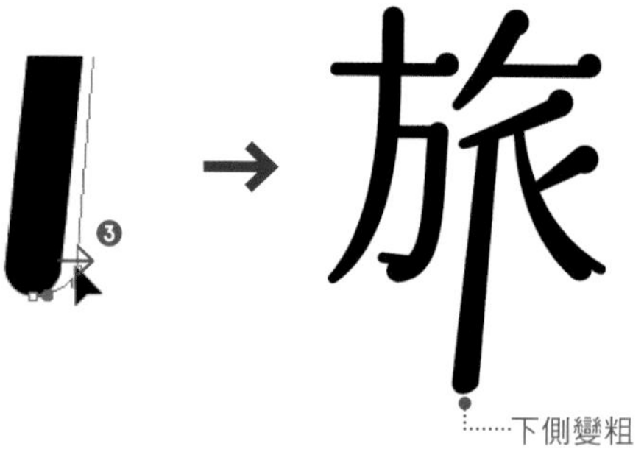
③
旅
下側變粗

3 接著拖曳選取右撇的部分 ❹，請參考右圖往外延伸 ❺。

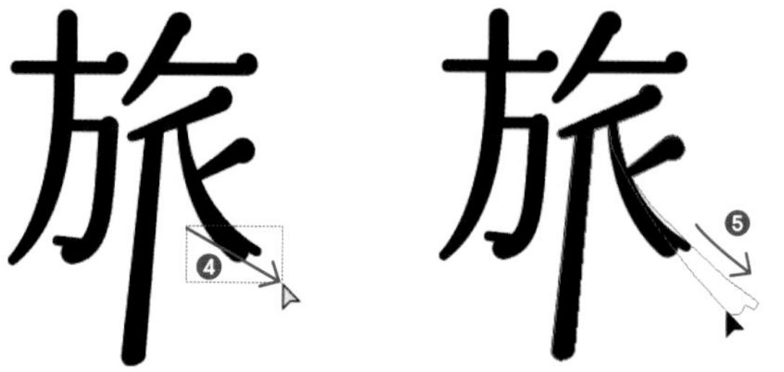
旅
旅
④
⑤

4 操作方向控制把手調整形狀 ❻。

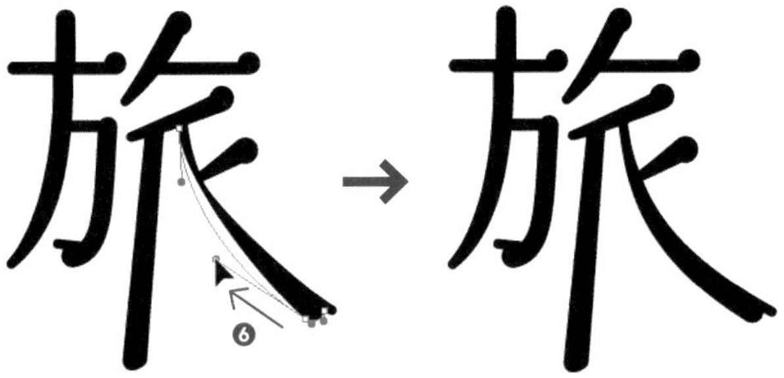
❻

重點提示

沒有顯示方向控制把手？

使用「直接選取工具」按一下起點的錨點，就會顯示方向控制把手。

5 使用「鋼筆工具」繪製讓人聯想到鞋子的剪影 ❼，完成之後，拷貝該物件，並旋轉成像在步行的角度 ❽。

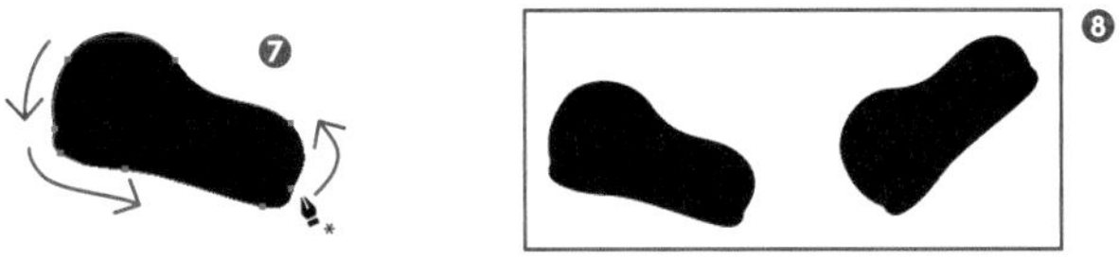
❼
❽

6 把剛才製作的鞋子剪影重疊在「旅」字的變形部分。

7 完成文字加工。

日本を旅する

完成設計

把剛才製作好的標題文字放在影像中完成設計。

還差一步！

1 把標題文字置入影像。視狀況調整標題大小並把顏色改成白色 ❶。

①
日本を旅する
日本古都巡禮
這次的「日本之旅」將走訪日本的古都，瞭解歷史悠久的日本建築以及風土民情。
透過親身體驗與實際接觸，感受日本歷史，展開一場深度之旅。同時也會介紹古都的傳統美食，體會當地的「飲食文化」。「放鬆」與「享受」的確是旅行的重要元素，不過若加上「學習」，絕對能讓旅程更加豐富充實。

② 考量到「旅」字與其他文字的比例平衡，使用「鋼筆工具」 繪製可以聯想成地面的底線 ❷。

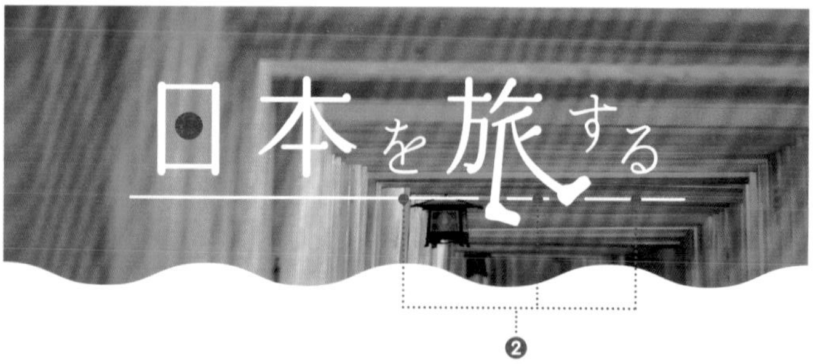

日本を旅する
❷

③ 在「筆畫」面板調整底線。選取所有底線，「寬度」設定為「2pt」❸，「端點」設定為「圓端點」❹，勾選「虛線」，由左起分別將「虛線」與「間隔」設定為「8pt」、「8pt」、「2pt」、「8pt」❺。

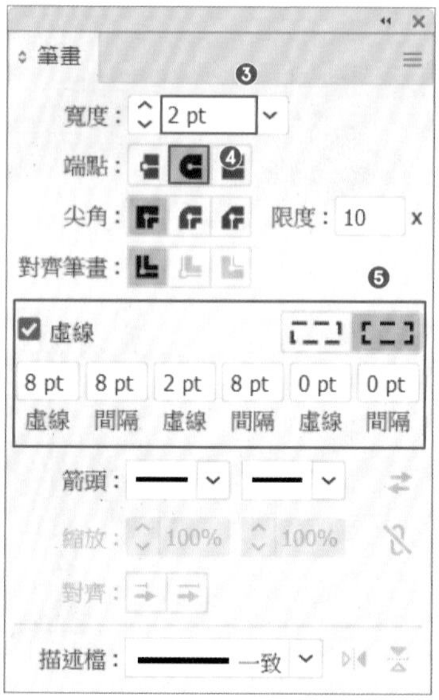

筆畫
❸
寬度：2 pt
端點：
❹
尖角：
限度：10
x
對齊筆畫：
❺
虛線
8 pt 虛線
8 pt 間隔
2 pt 虛線
8 pt 間隔
0 pt 虛線
0 pt 間隔
箭頭：
縮放：100% 100%
對齊：
描述檔：一致

僅只是改變「虛線」與「間隔」的長度，就能讓設計的氛圍變得截然不同。

完成！製作出像在海報或手冊上看到的設計作品。

日本を旅する
日本古都巡禮
這次的「日本之旅」將走訪日本的古都，瞭解歷史悠久的日本建築以及風土民情。
透過親身體驗與實際接觸，感受日本歷史，展開一場深度之旅。同時也會介紹古都的傳統美食，體會當地的「飲食文化」。「放鬆」與「享受」的確是旅行的重要元素，不過若加上「學習」，絕對能讓旅程更加豐富充實。

把文字的一部分改成圖形，加上其他元素，可以完成令人印象深刻的標題文字。利用相同方法也能製作出 LOGO，請試著挑戰看看。

CHAPTER 10

LESSON 4

外觀 # 繪圖樣式

製作霓虹燈文字

練習檔案
10-4.ai

在文字加上黑暗中發出柔和光線的霓虹燈效果。把完成的效果儲存起來，也可以套用在其他物件。

OPEN

這次要建立發光的霓虹燈文字。首先，製作突顯文字的陰暗背景影像，接著利用「外觀」面板在文字加上漸層、模糊、陰影效果，就能製作出發光的霓虹燈文字。

RGB 比較適合呈現發光效果，因此這個單元的文件設定為 RGB。

以色彩增值重疊漸層

使用漸層效果表現磚牆被霓虹燈的光線柔和照亮的情景。

(1) 開啟練習檔案「10-4.ai」❶，建立和磚牆影像相同大小（寬度 875px、高度 700px）的矩形 ❷。

設定圖形大小 ➡ 47 頁

❶

❷

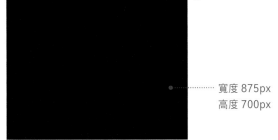

寬度 875px
高度 700px

重點提示

可以更改「單位」

這裡以「px」（像素）為單位來表示大小，如果單位不是像素，請執行「編輯→偏好設定→單位」命令，進行調整。

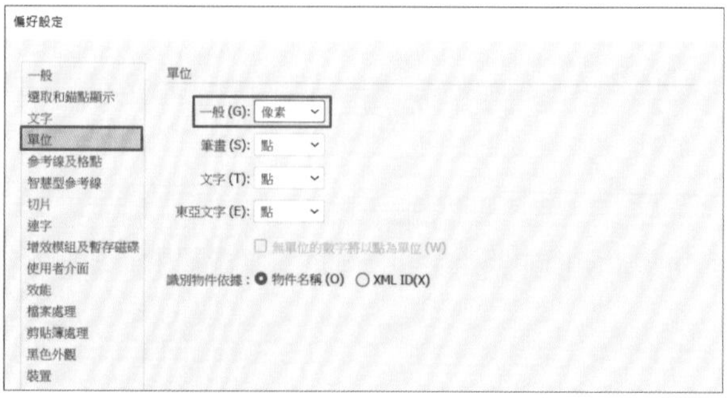
偏好設定
一般
選取和錨點顯示
文字
單位
參考線及格點
智慧型參考線
切片
連字
增效模組及暫存磁碟
使用者介面
效能
檔案處理
剪貼簿處理
黑色外觀
裝置
單位
一般 (G): 像素
筆畫 (S): 點
文字 (T): 點
東亞文字 (E): 點
識別物件依據：物件名稱 (O) XML ID(X)

2 開啟「漸層」面板，按一下「放射性漸層」❸，接著在「漸層滑桿」的左邊色標按兩下❹，選取「RGB」❺。

漸層 ➡ 65 ～ 66 頁

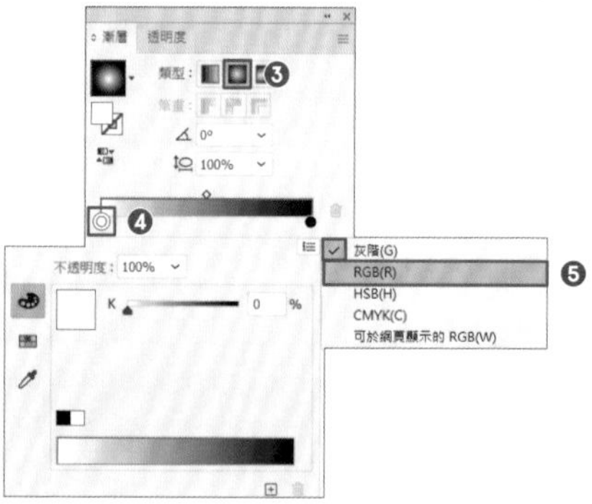
漸層
透明度
類型：
❸
❹
不透明度：100%
灰階(G)
RGB(R)
HSB(H)
CMYK(C)
可於網頁顯示的 RGB(W)
❺

執行「視窗→漸層」命令，即可開啟「漸層」面板。

3 設定 R=255 G=15 B=255 ❻。右側色標也同樣選取 RGB，設定為 R=0 G=0 B=104 ❼。

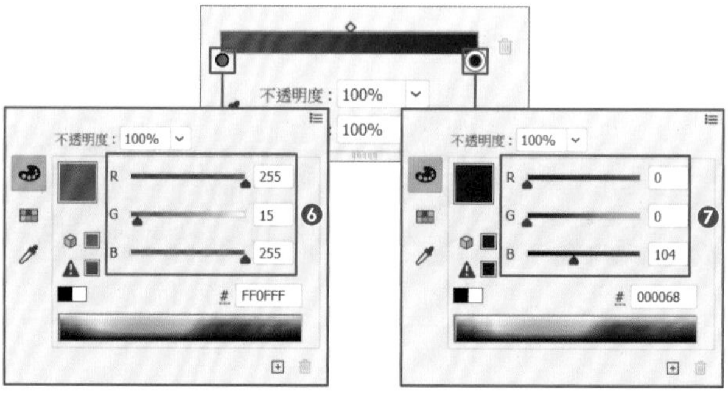
不透明度：100%
R 255
G 15
B 255
❻
FF0FFF
R 0
G 0
B 104
❼
000068

4 按照❽調整漸層的色標位置，製作出由中心的粉紅色開始往外變化成藍色的漸層❾。

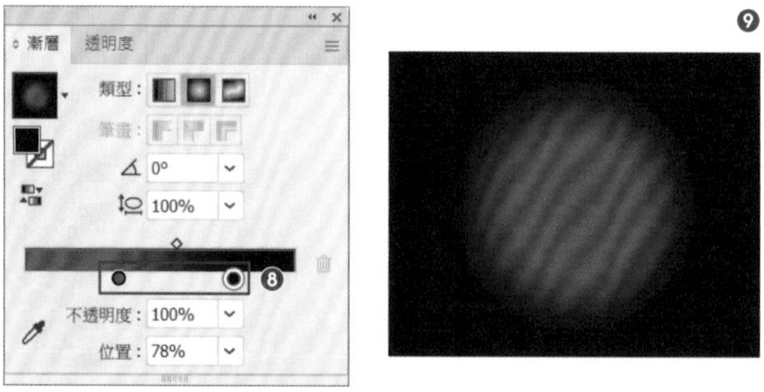
漸層
透明度
類型：
0°
100%
❽
不透明度：100%
位置：78%
❾

5 將漸層物件完整重疊在影像上❿。

置入與對齊物件 ➡ 119 ～ 120 頁

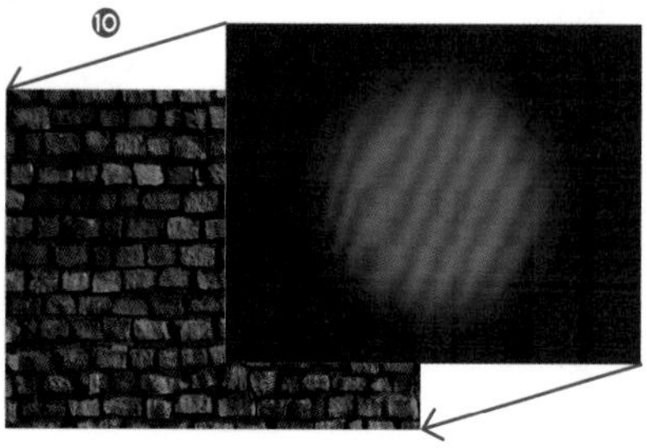
❿

6 選取漸層物件，在「外觀」面板按一下「填色」的「不透明度」⓫。

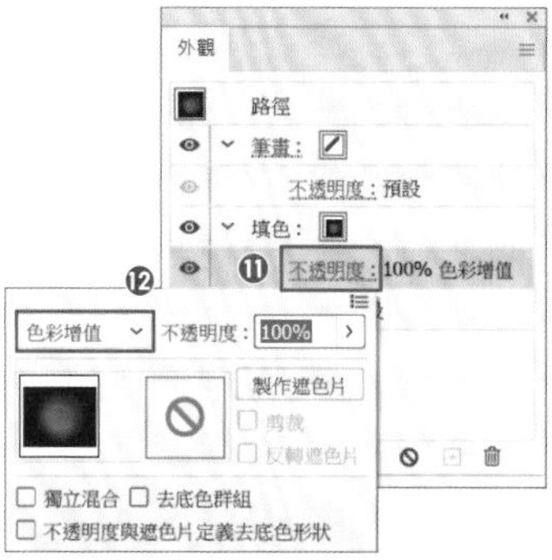
外觀
路徑
筆畫：
不透明度：預設
填色：
⓫ 不透明度：100% 色彩增值
⓬
色彩增值
不透明度：100%
製作遮色片
剪裁
反轉遮色片
獨立混合
去底色群組
不透明度與遮色片定義去底色形狀

7 「混合模式」設定為「色彩增值」⓬，漸層物件就會與背景影像融合，呈現出照亮牆壁的感覺 ⓭。

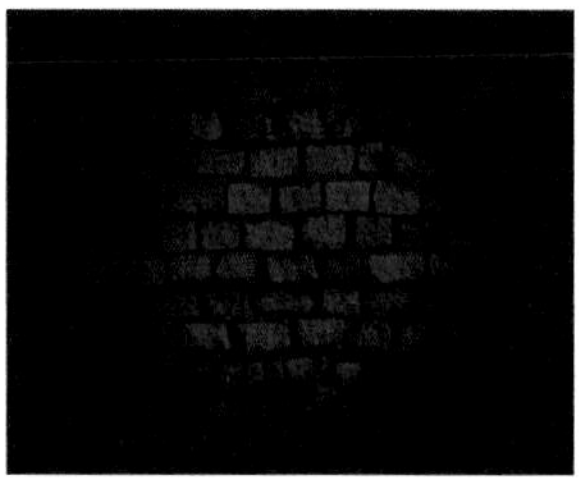
⓭

讓筆畫變得更像霓虹燈管

接著要製作霓虹燈文字的燈管部分。只留下粗體字的輪廓線，接著加上放射性漸層，就能編修成霓虹燈管風格。

OPEN
❶
字體：Komu A
字體大小：258pt
水平縮放：130%

1 選取練習檔案的英文字「OPEN」❶，「填色」設定為無 ❷。

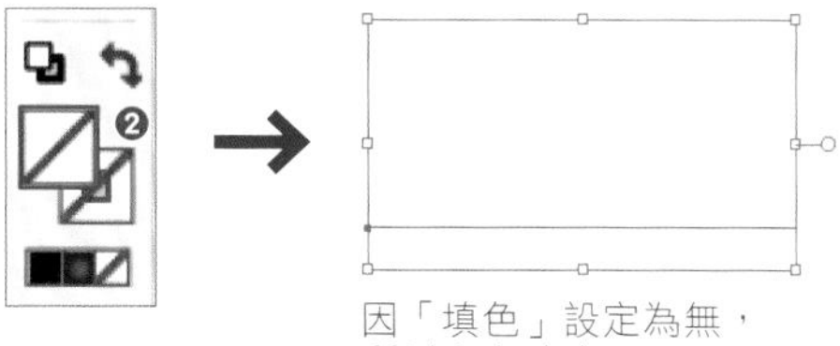
❷
因「填色」設定為無，
所以文字消失

2 開啟「外觀」面板，按一下「新增筆畫」鈕 ❸，將新增筆畫的「寬度」設定為「9pt」❹。

外觀
文字
字元
不透明度：預設
❸
fx.

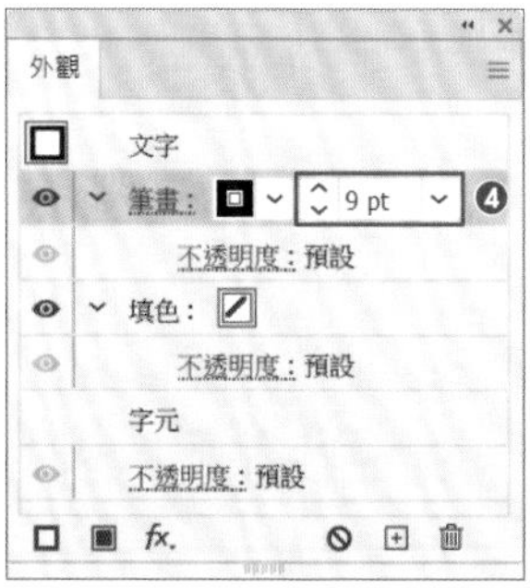
外觀
文字
筆畫：
9 pt
❹
不透明度：預設
填色：
不透明度：預設
字元
不透明度：預設
fx.

3 在「OPEN」加上筆畫。

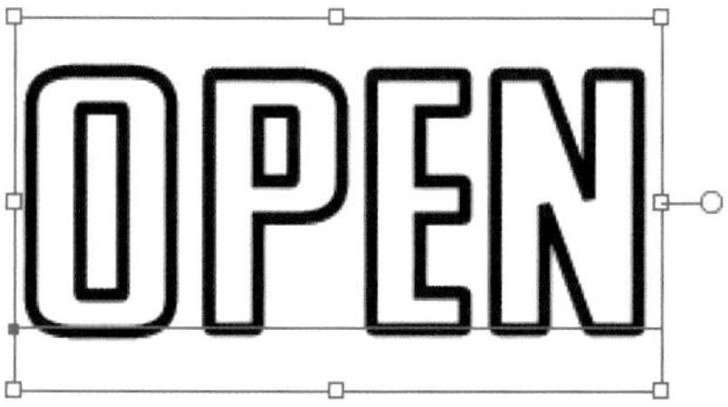
OPEN

如果要在「外觀」面板對文字套用效果，必須刪除原本的筆畫，然後在「外觀」面板新增筆畫。

④ 按一下「漸層」面板中的「放射性漸層」❺，再按一下「跨筆畫套用漸層」❻。

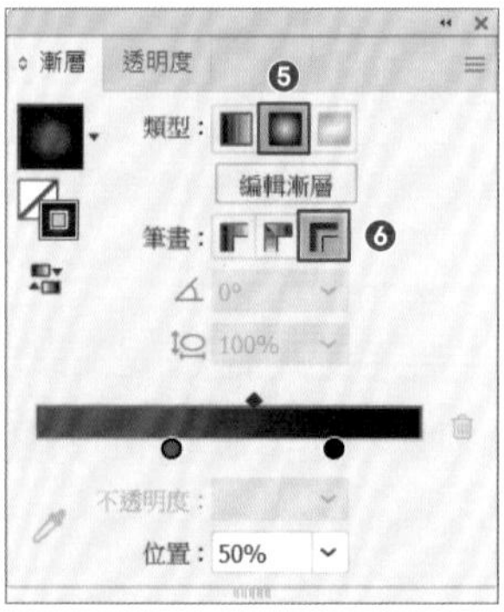
漸層
透明度
類型：
編輯漸層
筆畫：
不透明度：
位置：50%
❺
❻

⑤ 參考 232 頁的步驟②～③，確認「漸層滑桿」兩邊的色標已經調整成 RGB，往兩端移動，設定成由白色變成粉紅的漸層 ❼，在英文字「OPEN」套用漸層效果。

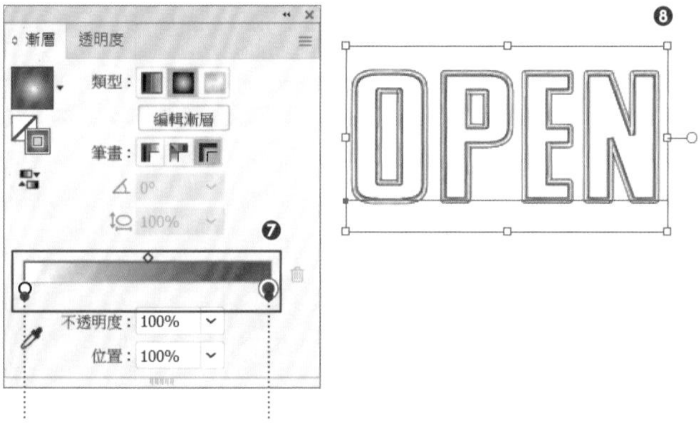
漸層
透明度
類型：
編輯漸層
筆畫：
不透明度：100%
位置：100%
❼
❽
OPEN

R=255 G=255 B=255　R=255 G=15 B=255

呈現發光的模樣

在上個步驟製作出來的霓虹燈管文字加上代表發光效果的筆畫。拷貝霓虹燈管文字，將筆畫的顏色變成單色粉紅色，即可呈現出發光感，接著在筆畫加上模糊效果，營造出由霓虹燈管文字的背面透出柔和光線的感覺。

① 選取「外觀」面板的筆畫 ❶，按一下「複製選取項目」❷。

> 重點提示
>
> **外觀的顯示順序**
>
> 按一下「複製選取項目」，會在選取項目下方拷貝出該項目。外觀是由上往下依序顯示。

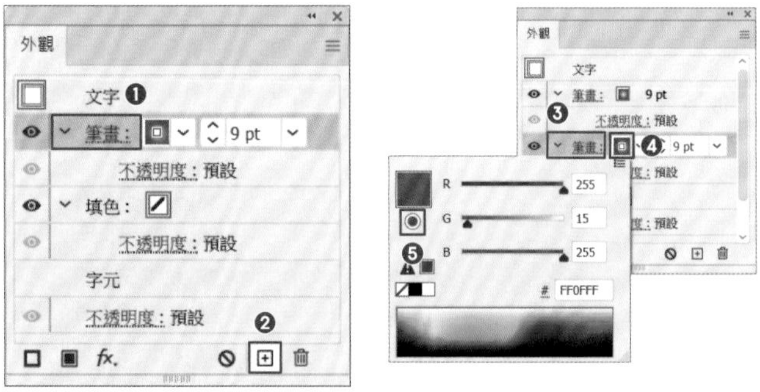
外觀
文字 ❶
筆畫：9 pt
不透明度：預設
填色：
不透明度：預設
字元
不透明度：預設
❷
❸
❹
❺
R 255
G 15
B 255
FF0FFF

② 取消拷貝筆畫的漸層效果。在「外觀」面板選取剛才拷貝的筆畫 ❸，按住 Shift 鍵不放並按一下顏色 ❹，開啟「顏色」面板，接著按一下「漸層色標顏色」❺。

> 重點提示
>
> **色標的顏色**
>
> ❺ 的色標顏色會與「漸層」面板中，漸層滑桿選取的色標同步。執行這個步驟時，請確認是否選取了「漸層」面板右側的色標。

3 按一下「最後的顏色」❻，將解除漸層的筆畫設定成粉紅色，確認漸層筆畫是否恢復成一般筆畫 ❼。

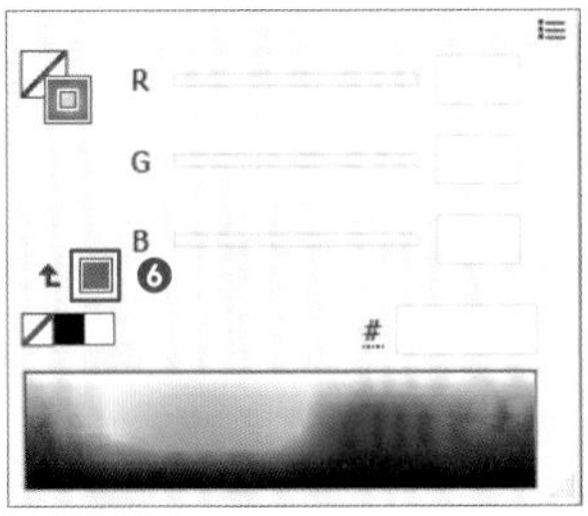
R
G
B
❻
#

外觀
文字
筆畫： 9 pt
不透明度：預設
筆畫 ❼ 9 pt
不透明度：預設
填色：
不透明度：預設

4 執行「效果→模糊→高斯模糊」命令 ❽，開啟「高斯模糊」對話視窗，「半徑」設定為「6」❾，按下「確定」鈕 ❿。

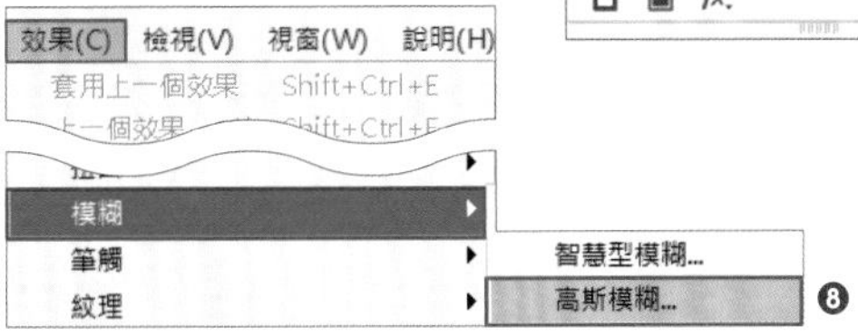
效果(C) 檢視(V) 視窗(W) 說明(H)
套用上一個效果 Shift+Ctrl+E
模糊
筆觸
紋理
智慧型模糊...
高斯模糊...
❽

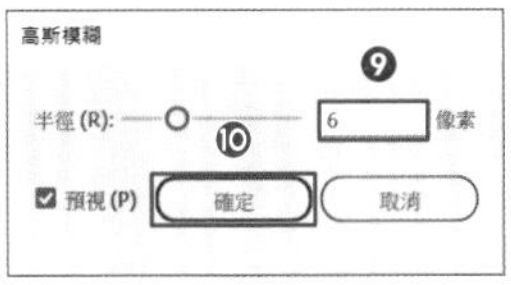
高斯模糊
❾
半徑 (R):
6
像素
❿
預視 (P)
確定
取消

重點提示

何謂高斯模糊？

高斯模糊可以呈現照片失焦的模糊效果，常用來營造柔和氛圍。「半徑」的數值愈大，模糊效果愈強烈。

⓫
OPEN

模糊效果套用在「外觀」面板中的第二個筆畫，所以不會影響第一個套用漸層的筆畫。

5 在英文字「OPEN」加上周圍暈出粉紅色光芒的效果 ⓫。

6 進一步加強光線效果。選取套用模糊效果的筆畫 ⓬，按一下「複製選取項目」⓭，重疊筆畫讓發光部分變得比較明顯 ⓮。

外觀
文字
筆畫： 9 pt
⓬
不透明度：預設
筆畫： 9 pt
高斯模糊
不透明度：預設
填色：
不透明度：預設
⓭

⓮
OPEN

接下來會再套用其他效果，因此請先維持選取文字的狀態。

加上陰影

接著要在霓虹燈管加上陰影效果。

1 選取「外觀」面板中的原始「筆畫」❶，執行「效果→風格化→製作陰影」命令 ❷。

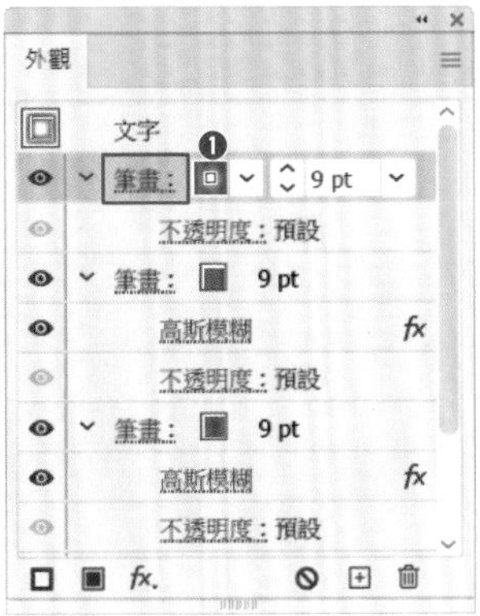
外觀
文字
❶
筆畫： 9 pt
不透明度：預設
筆畫： 9 pt
高斯模糊
不透明度：預設
筆畫： 9 pt
高斯模糊
不透明度：預設

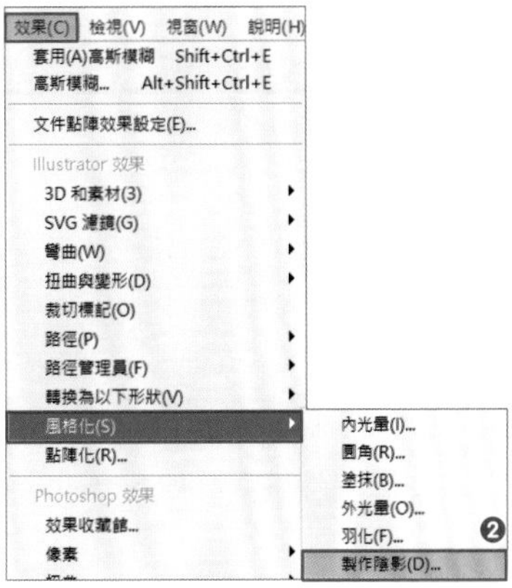
效果(C) 檢視(V) 視窗(W) 說明(H)
套用(A)高斯模糊 Shift+Ctrl+E
高斯模糊... Alt+Shift+Ctrl+E
文件點陣效果設定(E)...
Illustrator 效果
3D 和素材(3)
SVG 濾鏡(G)
彎曲(W)
扭曲與變形(D)
裁切標記(O)
路徑(P)
路徑管理員(F)
轉換為以下形狀(V)
風格化(S)
點陣化(R)...
Photoshop 效果
效果收藏館...
像素
內光暈(I)...
圓角(R)...
塗抹(B)...
外光暈(O)...
羽化(F)...
❷
製作陰影(D)...

2 開啟「製作陰影」對話視窗，依照 ❸完成設定，按下「確定」鈕 ❹。

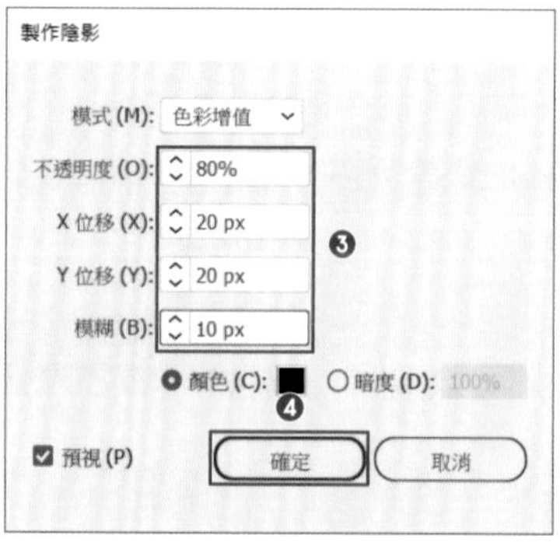
製作陰影
模式 (M): 色彩增值
不透明度 (O): 80%
X 位移 (X): 20 px
Y 位移 (Y): 20 px
模糊 (B): 10 px
顏色 (C):
暗度 (D): 100%
預視 (P)
確定
取消
❸
❹

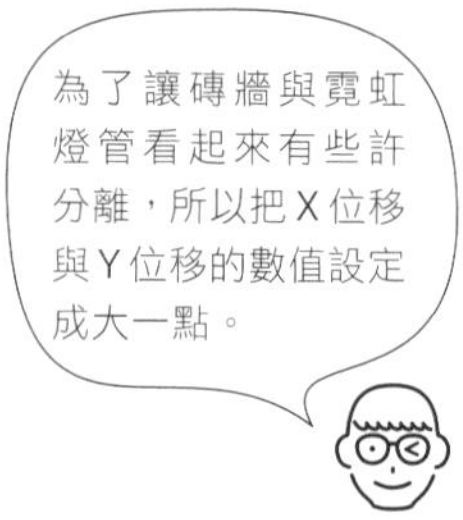
為了讓磚牆與霓虹燈管看起來有些許分離，所以把 X 位移與 Y 位移的數值設定成大一點。

3 在文字加上陰影效果。

儲存在「繪圖樣式」面板

把剛才設定的霓虹燈光儲存在「繪圖樣式」面板中，之後就能套用在其他物件上。

1 執行「視窗→繪圖樣式」命令 ❶，開啟「繪圖樣式」面板。

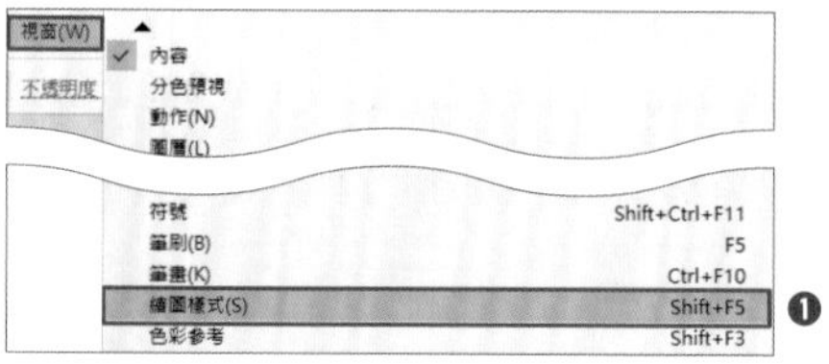
視窗(W)
不透明度
內容
分色預視
動作(N)
圖層(L)
符號 Shift+Ctrl+F11
筆刷(B) F5
筆畫(K) Ctrl+F10
繪圖樣式(S) Shift+F5
色彩參考 Shift+F3
❶

2 把設定了霓虹燈效果的字串拖曳到「繪圖樣式」面板中 ❷。

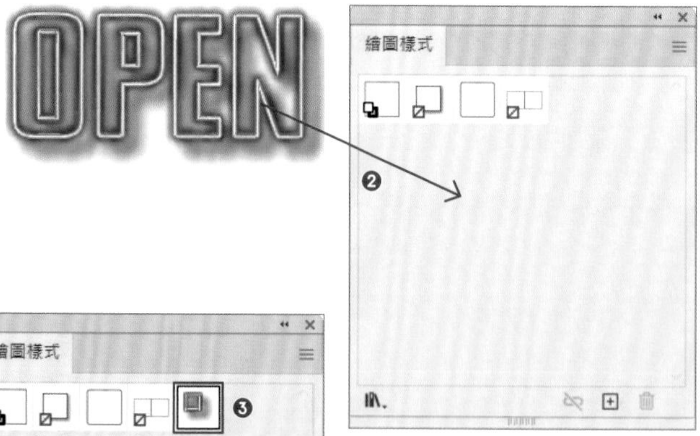
繪圖樣式
❷

3 在「繪圖樣式」面板儲存了新的繪圖樣式 ❸。

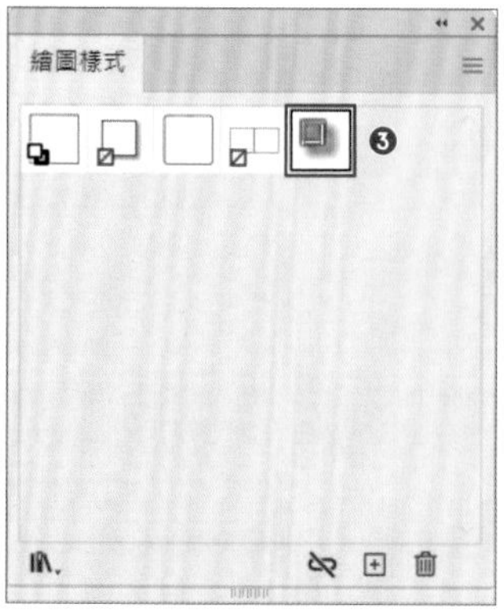
繪圖樣式
❸

套用繪圖樣式

試著把剛才儲存的繪圖樣式套用在練習檔案中的其他物件。

還差一步！

1. 選取兩個相對的弧形物件 ❶，按一下剛才儲存的繪圖樣式 ❷。

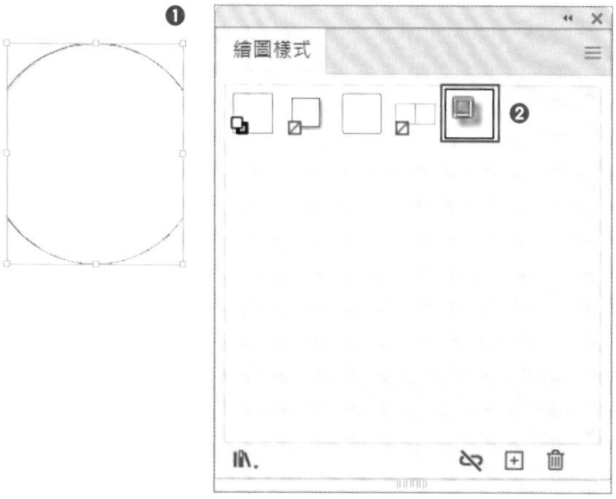
❶
繪圖樣式
❷

2. 半圓形物件也套用了霓虹燈的繪圖樣式 ❸。

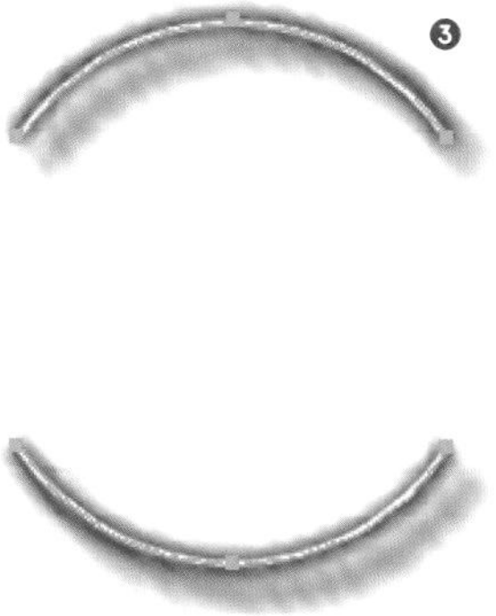
❸

3. 選取英文字「OPEN」與弧形物件，設定水平與垂直置中對齊，並將對齊後的兩個物件組成群組，按下 Ctrl（⌘）+ Shift +] 鍵，移至最上層。

OPEN

＼完成！／ 放在 233 頁製作的磚牆背景中央即完成設計。

OPEN

CHAPTER 10 LESSON 5

製作網頁橫幅廣告

鋸齒化 # 路徑管理員 # 路徑文字工具

練習檔案
10-5.ai

這個單元將製作網頁常見的橫幅廣告。調整圖形的裁切方法與字體，完成吸引人的設計。

Summer
SALE
7.24 ▸ 8.15

這次將使用「鋸齒化」功能變形路徑，再利用「路徑管理員」面板的「減去上層」裁切物件，製作出橫幅廣告。

這是讓人想到夏季促銷的設計作品。

製作背景中的波浪

以下將製作充滿夏季感的波浪背景。

① 開啟練習檔案「10-5.ai」，參考右圖，使用「鋼筆工具」 在上半部分繪製線條 ❶。

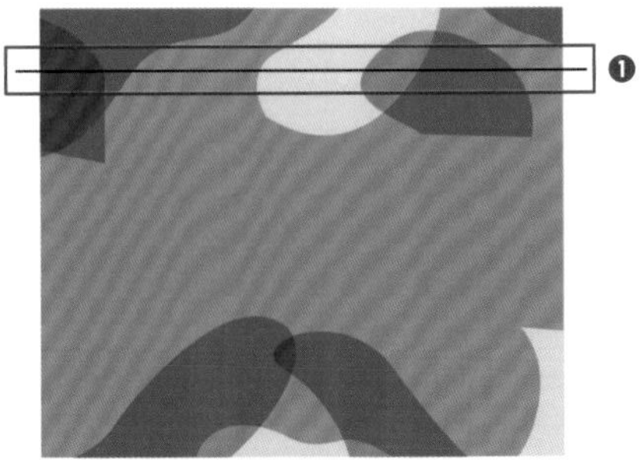
❶

2 拷貝剛才繪製的線條。按住 Ctrl（⌘）+ Alt（option）+ Shift 鍵不放並往下拖曳線條 ❷。

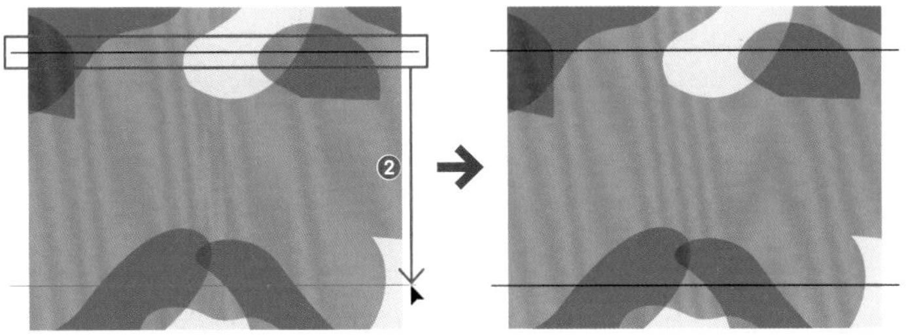

按住 Ctrl（⌘）+ Alt（option）+ Shift 鍵不放並拖曳，可以水平移動拷貝物件。

3 把橫線變成波浪線。選取剛才的兩條線 ❸，執行「效果→扭曲與變形→鋸齒化」命令 ❹。

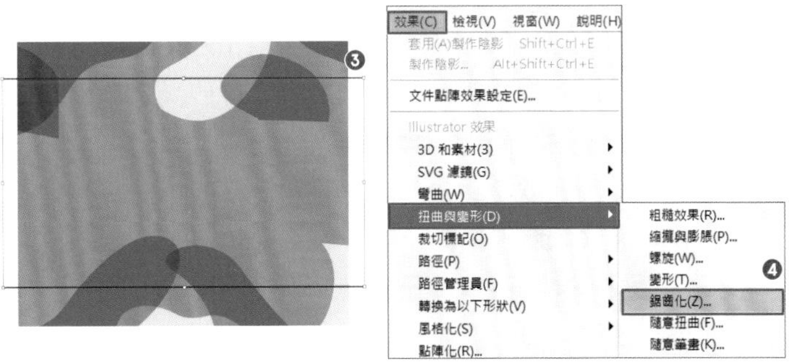

效果(C) 檢視(V) 視窗(W) 說明(H)
套用(A)製作陰影 Shift+Ctrl+E
製作陰影... Alt+Shift+Ctrl+E
文件點陣效果設定(E)...
Illustrator 效果
3D 和素材(3)
SVG 濾鏡(G)
彎曲(W)
扭曲與變形(D)
裁切標記(O)
路徑(P)
路徑管理員(F)
轉換為以下形狀(V)
風格化(S)
點陣化(R)...
粗糙效果(R)...
縮攏與膨脹(P)...
螺旋(W)...
變形(T)...
鋸齒化(Z)...
隨意扭曲(F)...
隨意筆畫(K)...

4 開啟「鋸齒化」對話視窗，「尺寸」設定為「6px」❺，「各區間的鋸齒數」設定為「11」❻，選取「平滑」❼，按下「確定」鈕 ❽。

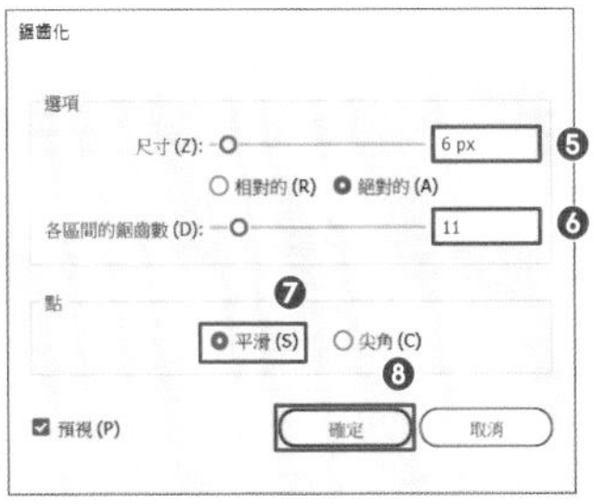

鋸齒化
選項
尺寸(Z): 6 px
相對的(R) 絕對的(A)
各區間的鋸齒數(D): 11
點
平滑(S) 尖角(C)
預視(P)
確定 取消

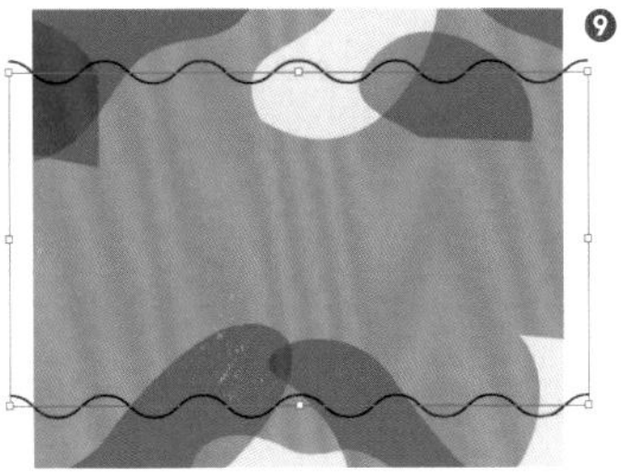

重點提示

何謂鋸齒狀效果？

套用「鋸齒狀」之後，可以將線條變成波浪線或鋸齒線。「尺寸」代表山高，「各區間的鋸齒數」代表山峰數量，「平滑」與「尖角」代表山的形狀。

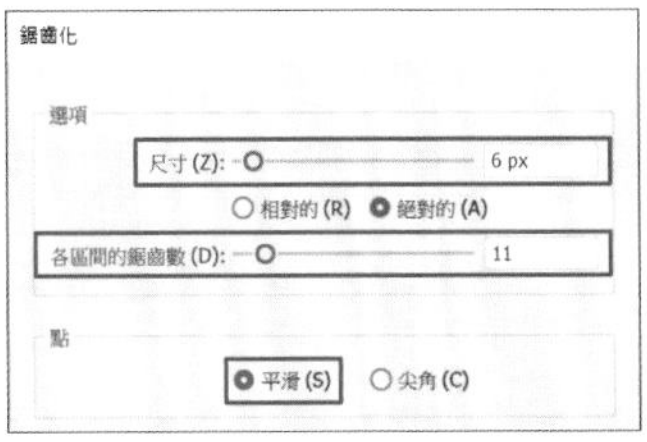

鋸齒化
選項
尺寸(Z): 6 px
相對的(R) 絕對的(A)
各區間的鋸齒數(D): 11
點
平滑(S) 尖角(C)

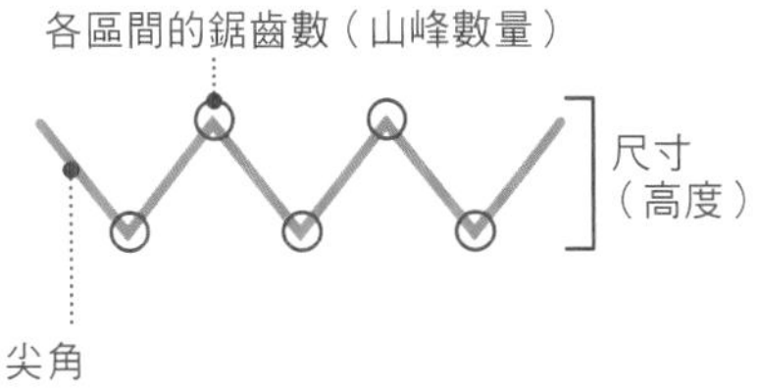

各區間的鋸齒數（山峰數量）
尺寸（高度）
尖角

5 仔細觀察線條，可以發現錨點數量沒有改變。這只是利用效果改變外觀，線條的實體仍是直線。擴充外觀之後，就會顯示錨點，確定形狀。選取這兩條線，執行「物件→擴充外觀」命令 ❿。

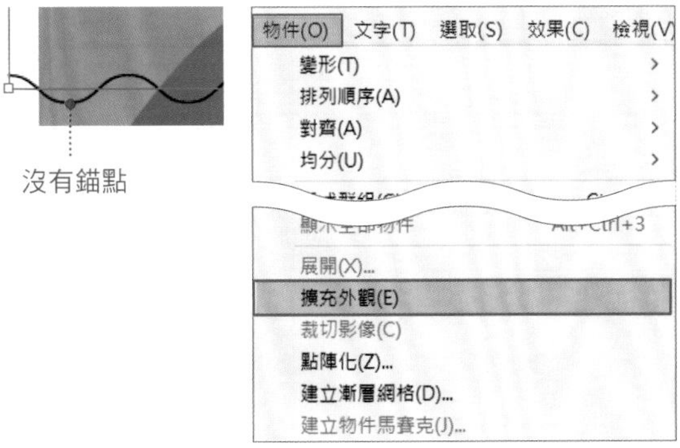

沒有錨點
物件(O) 文字(T) 選取(S) 效果(C) 檢視(V)
變形(T)
排列順序(A)
對齊(A)
均分(U)
展開(X)...
擴充外觀(E)
裁切影像(C)
點陣化(Z)...
建立漸層網格(D)...
建立物件馬賽克(J)...

⑥ 完成擴充外觀 ⓫。

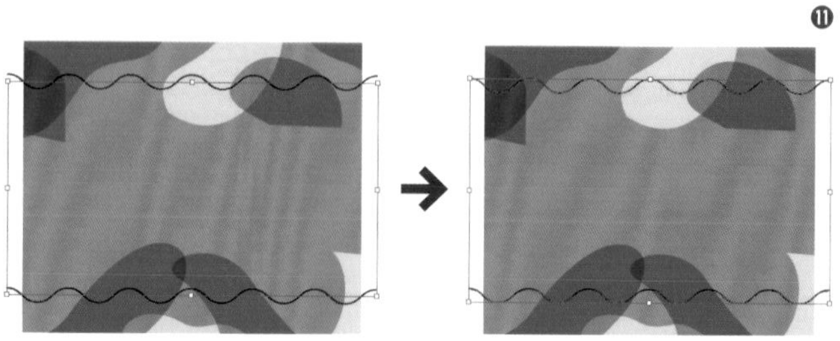

這樣就會變成「波浪線」而不是「套用波浪線效果的直線」。後面的步驟會設定「減去上層」，因此必須先「擴充外觀」。

⑦ 將上下波浪線的兩端連接起來，變成封閉路徑，把用波浪線包圍的範圍變成白色。使用「鋼筆工具」，在上下波浪線的左邊按一下，連接兩條波浪線 ⓬，右邊也以相同方式連接 ⓭。連接之後，填色設定為白色，筆畫設定為無 ⓮。

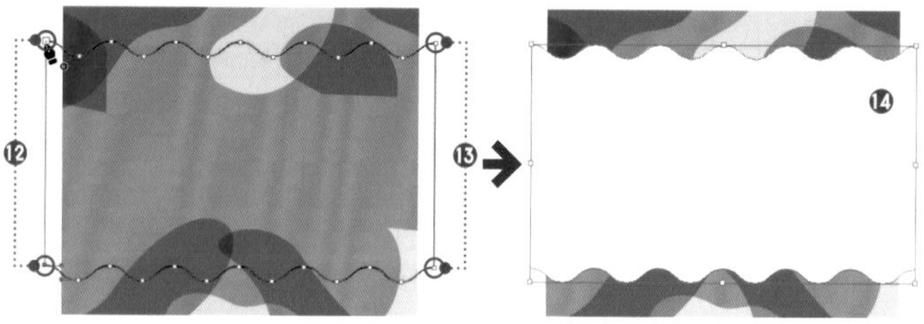

⑧ 拷貝以白色填滿的物件並貼至上層，將該物件的「填色」設定為圓點圖樣 ⓯。

製作圖樣的方法 ➡ 73 頁

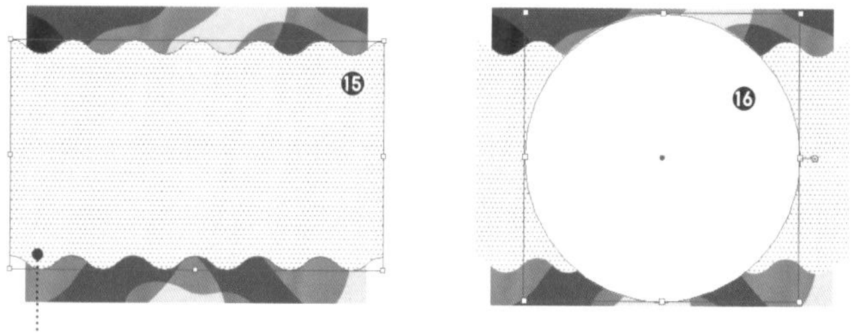

圓點的顏色：R=0 G=170 B=255

⑨ 使用「橢圓形工具」在中央繪製白色正圓形 ⓰。

⑩ 選取圓點物件與正圓形 ⓱，按一下「路徑管理員」面板中的「減去上層」⓲。

路徑管理員 ➡ 60 頁

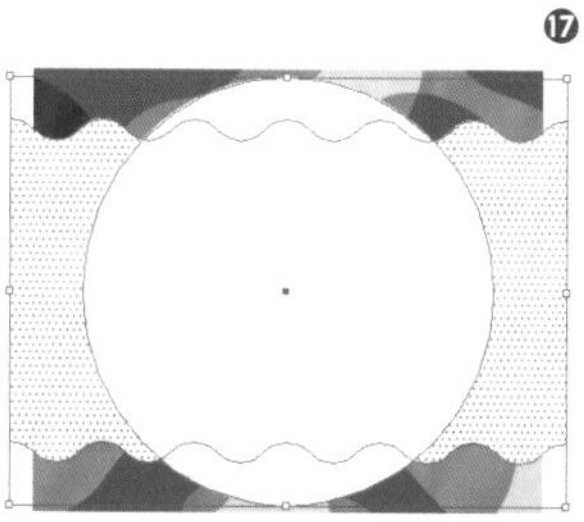

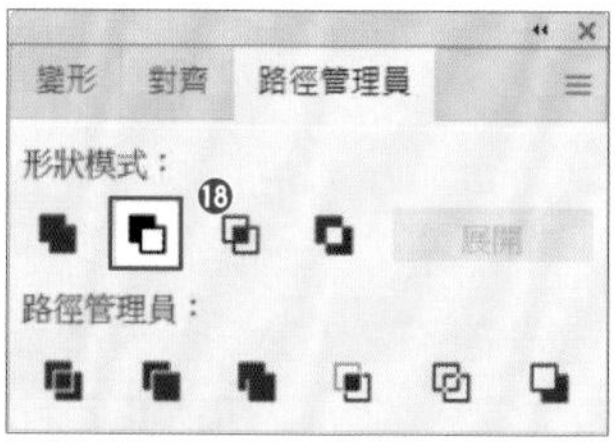
變形
對齊
路徑管理員
形狀模式：
擴張
路徑管理員：

⑪ 以圓形減去圓點物件，完成橫幅廣告的背景設計。

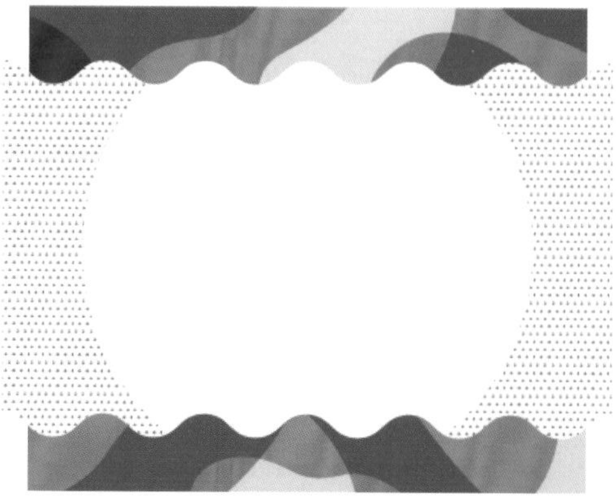

最後只會轉存工作區域內的圖稿，即使超出範圍也沒關係。

輸入文字

在剛才製作的背景輸入文字。

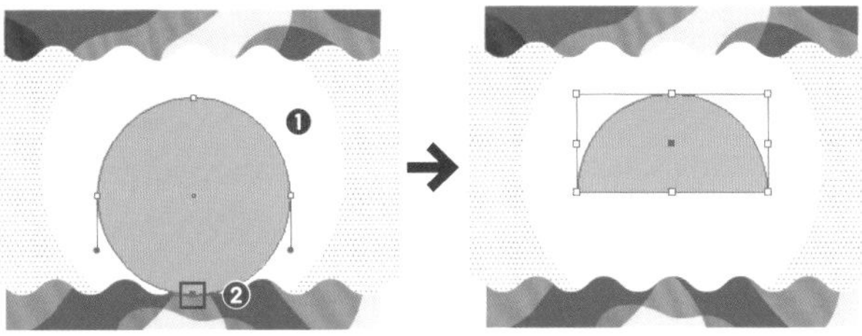
❶
❷

圓形可以設定
成任何顏色。

1. 參考右圖的位置，建立「寬度」與「高度」為「154px」的正圓形 ❶。使用「直接選取工具」 選取正圓形下方的錨點 ❷，按下 Delete 鍵刪除，製作成半圓形。

還差一步！

2. 使用「路徑文字工具」 在剛才製作的半圓形輸入英文字「Summer」，依照 ❸ 完成設定。

「路徑文字工具」的說明 ➡ 137 頁

Summer

❸ 填色：R=0 G=170 B=255
字體：Funkydori
字體樣式：Regular
字體大小：30pt
字距微調：100

3. 把練習檔案的文字移動到最上層，參考右圖安排位置 ❹，在「SALE」與日期之間繪製套用 239 頁「鋸齒化」效果的波浪線 ❺。

Summer
SALE
7.24 ▸ 8.15
❹
❺

這個單元已先置入建立
外框的文字，如果你想
從頭開始製作，請參考
右下方的資料。

SALE

填色：R=255 G=255 B=0
筆畫：R=0 G=170 B=255 寬度：1pt
字體：Brandon Grotesque Medium
字體樣式：Medium
字體大小：80pt
置中對齊

SALE

填色：R=0 G=170 B=255
筆畫：R=0 G=170 B=255 寬度：1pt
字體：Brandon Grotesque Medium
字體樣式：Medium
字體大小：80pt
置中對齊

7.24 ▸ 8.15

筆畫：R=0 G=170 B=255
字體：Acumin Pro ExtraCondensed
字體樣式：Semibold
字體大小：32pt
置中對齊

重點提示

讓文字變立體的技巧

稍微錯開相同大小的文字，可以製造出陰影效果，讓文字變立體。

SALE SALE
SALE

完成！參考 224 頁，轉存檔案。

Summer
SALE
7.24 ▸ 8.15

更多

進階知識！

● 製作出更繽紛的橫幅廣告！

以下將製作橫幅廣告中常見的貼紙物件。

1. 使用「橢圓形工具」繪製圓形 ❶。

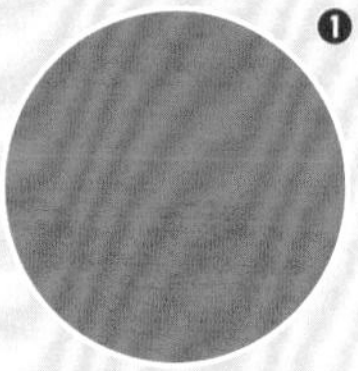

2. 執行「效果→扭曲與變形→鋸齒化」命令，依照 ❷ 完成設定。

填色：R=255 G=120 B=100
筆畫：R=255 G=255 B=255
寬度：1pt

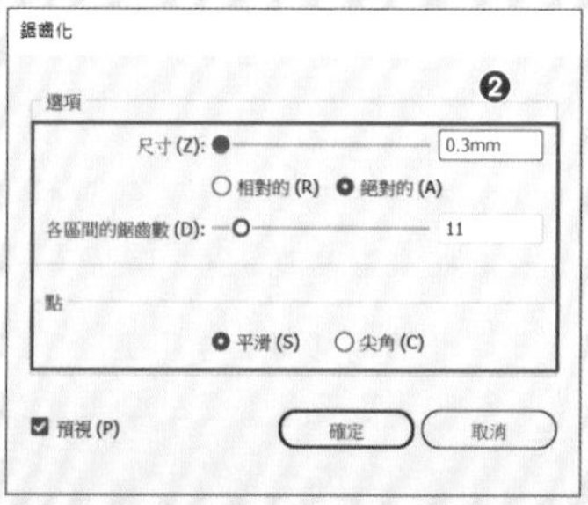
鋸齒化
選項
尺寸(Z):
0.3mm
相對的(R)
絕對的(A)
各區間的鋸齒數(D):
11
點
平滑(S)
尖角(C)
預視(P)
確定
取消

3. 輪廓出現了變化 ❸，請先擴充外觀。

4. 輸入白色文字。

MAX
90%
OFF!!

字體：Funkydori
字體樣式：Regular
置中對齊

5. 加入橫幅廣告的設計中。

MAX
90%
OFF!!
Summer
SALE
7.24 ▸ 8.15

利用重點物件突顯關鍵元素可以讓設計顯得更豐富。建議加上各式各樣的圖形，營造出繽紛感。

CHAPTER 10 LESSON 6

線段區段工具 # 旋轉工具 # 藝術筆刷

充滿懷舊風格的標籤設計① 製作有磨損痕跡的標籤

練習檔案 10-6.ai

使用藝術筆刷設計充滿懷舊風格的標籤。

Before
After
MILD
Craft Beer
MADE in JAPAN
BRAND
BREWERY
DATE
ABV

這個單元將在基本的標籤加上放射狀的裝飾與緞帶，再利用筆刷表現磨損痕跡。拷貝一條直線，重複旋轉操作，可以製作出放射狀裝飾。利用拱形效果，做出垂直彎曲的拱形，就能製作成緞帶。

製作放射狀裝飾

在標籤的上半部分加上放射狀的線條。請從一條直線開始製作出放射狀物件。

1. 開啟練習檔案「10-6.ai」，在空白處繪製長度 65mm、C=8 M=30 Y=30 K=0 的垂直線 ❶。

❶

重點提示

試著用「線段區段工具」繪製直線

如果要繪製指定長度的直線，使用「線段區段工具」比較方便。選取「線段區段工具」❶，在空白處按一下，開啟對話視窗，「長度」設定為「65mm」，「角度」設定為「90°」❷，按下「確定」鈕 ❸。

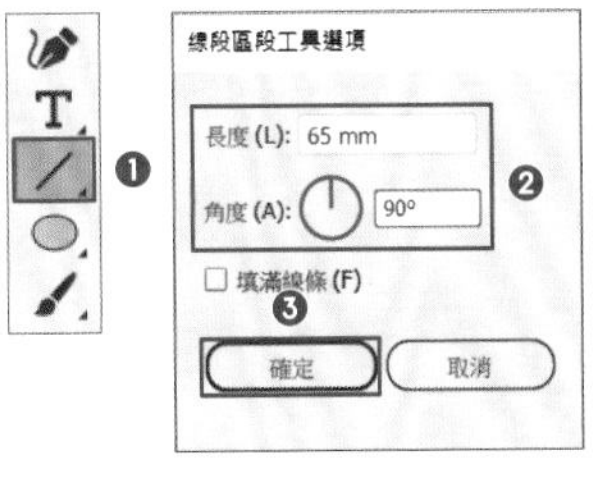

❶
線段區段工具選項
長度 (L): 65 mm
角度 (A): 90°
❷
填滿線條 (F)
❸
確定
取消

② 按照以下資料設定垂直線。

寬度：1.5pt ❷

描述檔：寬度描述檔 1 ❸

執行「視窗→筆畫」命令，可以開啟「筆畫」面板。

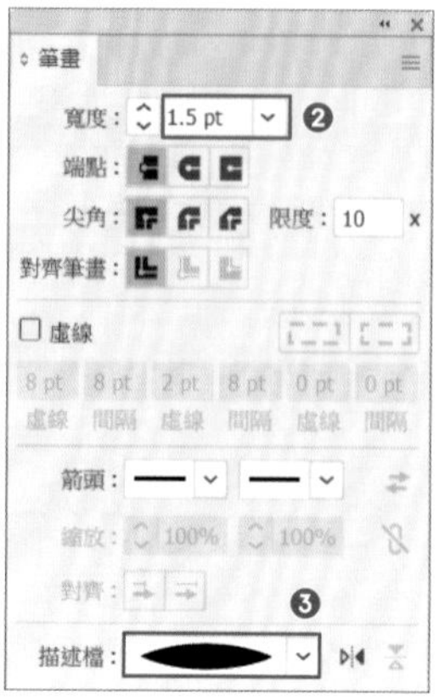
筆畫
寬度：
1.5 pt
❷
端點：
尖角：
限度：
10
對齊筆畫：
虛線
8 pt
8 pt
2 pt
8 pt
0 pt
0 pt
虛線
間隔
虛線
間隔
虛線
間隔
箭頭：
縮放：
100%
100%
對齊：
❸
描述檔：

③ 選取線條，在「旋轉工具」按兩下 ❹，開啟「旋轉」對話視窗，「角度」設定為「5°」❺，再按下「拷貝」鈕 ❻。

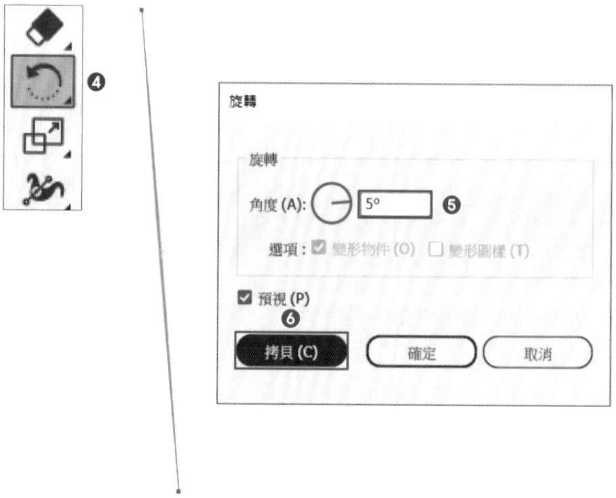
❹
旋轉
旋轉
角度 (A):
5°
❺
選項：
變形物件 (O)
變形圖樣 (T)
預視 (P)
❻
拷貝 (C)
確定
取消

④ 重複執行步驟③，直到形成放射狀為止 ❼。

重點提示

利用快速鍵重複執行操作

重複執行上一步操作的快速鍵是 Ctrl（⌘）+ D。

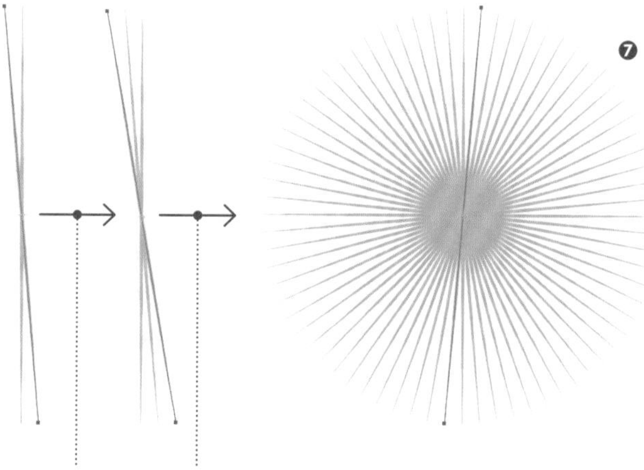
❼
按下
Ctrl + D 鍵
重複執行 Ctrl + D 鍵，
直到旋轉一周為止

執行「物件→變形→再次變形」命令，也可以重複執行操作。如果和這次一樣，需要重複操作多次，使用快速鍵比較方便。

⑤ 選取所有放射狀線條，組成群組。

組成群組的快速鍵是 [Ctrl]（[⌘]）+ [G]。

把放射狀裝飾放在標籤上

置入放射狀裝飾，並利用剪裁遮色片裁切成標籤外框的形狀。

① 把放射狀的線條放在標籤上半部分的中央位置 ❶。

❶

② 這次要把底層的深紅色物件當作剪裁遮色片，因此拷貝該物件再置於最上層。選取並拷貝底層的填色物件 ❷，按下 [Ctrl]（[⌘]）+ [F] 鍵，貼至上層。

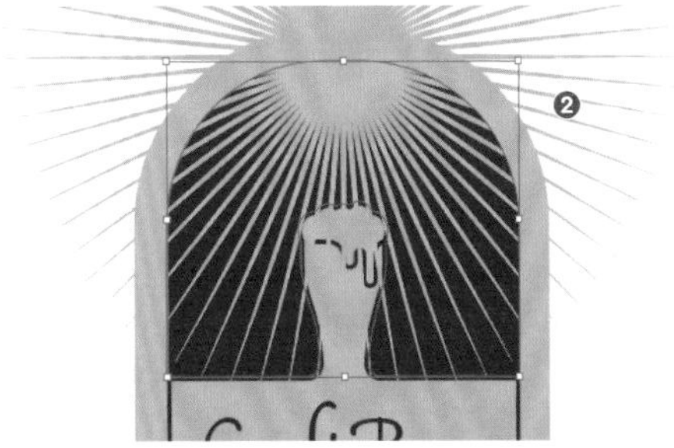
❷

製作剪裁遮色片之後，底層物件就會消失。為了保留底色，所以拷貝後再製作剪裁遮色片。

③ 把貼至上層的物件移動到最上層 ❸。

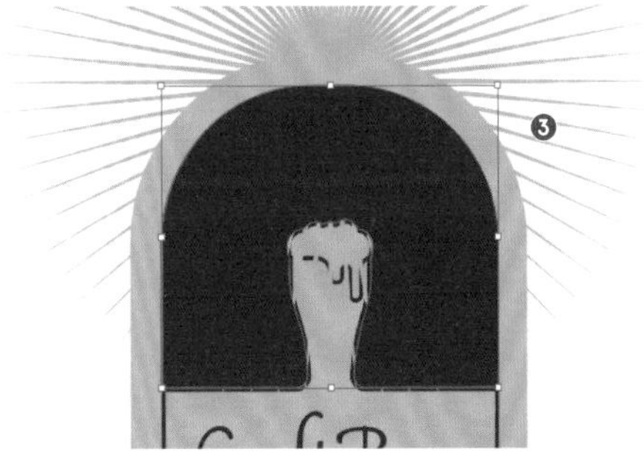
❸

移動到最上層是因為想以這個物件對放射狀線條建立剪裁遮色片。

4 選取移動至最上層的物件與放射狀線條 ❹，按右鍵執行「製作剪裁遮色片」命令 ❺。

在標籤加上裝飾 ❻。

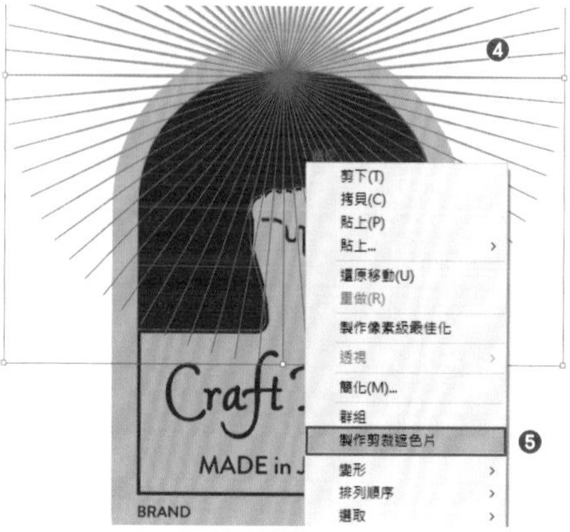

❹
剪下(T)
拷貝(C)
貼上(P)
貼上...
還原移動(U)
重做(R)
製作像素級最佳化
透視
簡化(M)...
群組
製作剪裁遮色片
❺
變形
排列順序
選取
BRAND

❻
Craft Beer
MADE in JAPAN
BRAND
BREWERY
DATE
ABV

疊上變成拱形的緞帶

練習檔案「10-6.ai」已經準備了輸入「MILD」的緞帶物件，請將這個緞帶變形成拱形，疊放在標籤上。

MILD
❶

1 選取緞帶 ❶，執行「效果→彎曲→拱形」命令 ❷。

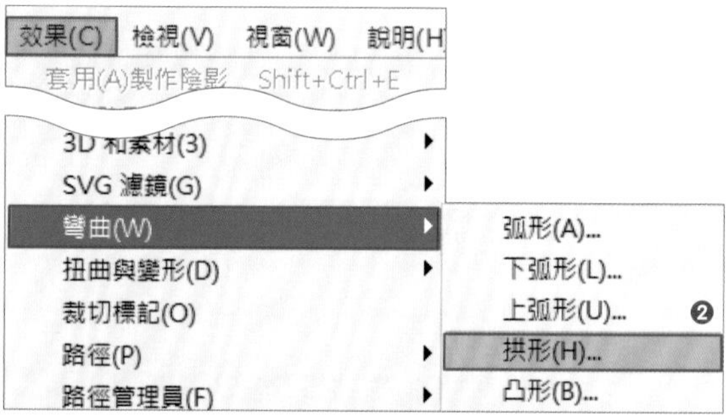

效果(C) 檢視(V) 視窗(W) 說明(H)
套用(A)製作陰影 Shift+Ctrl+E
3D 和素材(3)
SVG 濾鏡(G)
彎曲(W)
扭曲與變形(D)
裁切標記(O)
路徑(P)
路徑管理員(F)
弧形(A)...
下弧形(L)...
上弧形(U)...
❷
拱形(H)...
凸形(B)...

2 開啟「彎曲選項」對話視窗，確認已經選取「水平」,「彎曲」設定為「30%」❸，按下「確定」鈕 ❹。

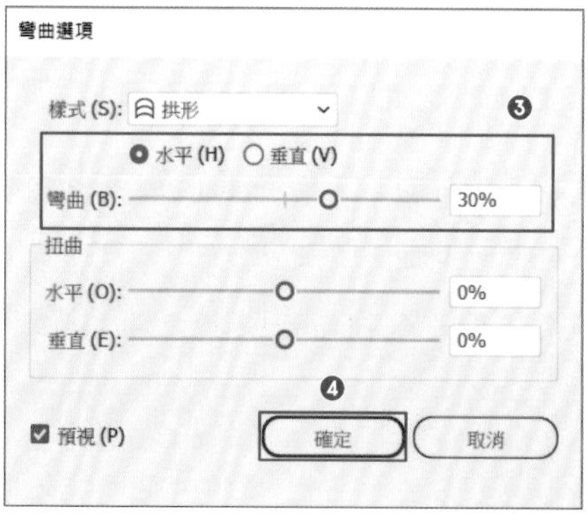

彎曲選項
樣式 (S): 拱形
❸
水平 (H) 垂直 (V)
彎曲 (B):
30%
扭曲
水平 (O):
0%
垂直 (E):
0%
❹
預視 (P)
確定
取消

如果選取了垂直，會往水平方向套用拱形效果。

3 在緞帶套用「拱形」效果，製作出有動態感的緞帶 ❺，再把緞帶放在標籤上 ❻。

MILD
❺
❻
MILD
Craft Beer

製造磨損質感

使用藝術筆畫加上磨損質感。為了能輕易瞭解加上磨損效果的範圍與角度，所以先繪製直線再套用筆刷。

❶
MILD
Craft Beer
MADE in JAPAN
BRAND
BREWERY
DATE
ABV

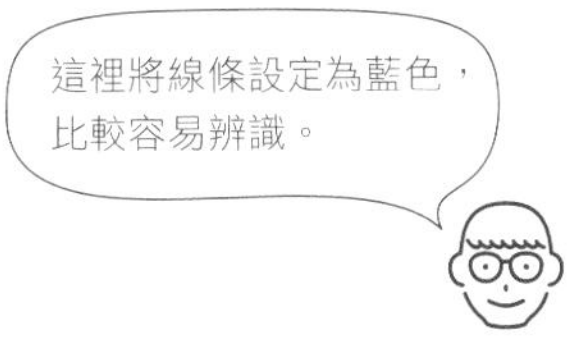
這裡將線條設定為藍色，
比較容易辨識。

(1) 在標籤上繪製多條直線，再選取全部的直線 ❶。

(2) 執行「視窗→筆刷資料庫→藝術→藝術 _ 粉筆炭筆鉛筆」命令 ❷。

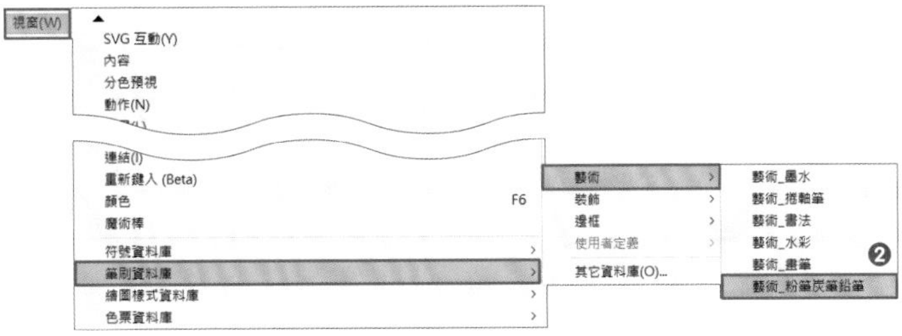
視窗(W)
SVG 互動(Y)
內容
分色預視
動作(N)
連結(I)
重新鍵入 (Beta)
顏色
F6
魔術棒
符號資料庫
筆刷資料庫
繪圖樣式資料庫
色票資料庫
藝術
裝飾
邊框
使用者定義
其它資料庫(O)...
藝術_墨水
藝術_捲軸筆
藝術_書法
藝術_水彩
藝術_畫筆
藝術_粉筆炭筆鉛筆
❷

(3) 開啟「藝術 _ 粉筆炭筆鉛筆」面板，選取「粉筆」❸。

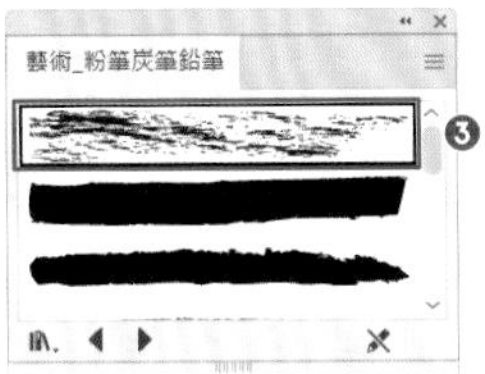
藝術_粉筆炭筆鉛筆
❸

還差一步！

(4) 在選取的線條套用「粉筆」筆刷。將筆畫顏色設定為 C=8 M=30 Y=30 K=0，與標籤自然融合 ❹。

❹
MILD
Craft Beer
MADE in JAPAN
BRAND
BREWERY
DATE
ABV

重點提示

調整筆刷效果

筆刷效果會隨著筆畫長度與寬度產生變化。請根據文字的辨識度及筆刷比例，逐一調整，避免加上過於強烈的磨損效果。

長度短，寬度粗

長度長，寬度細

5 拷貝標籤的外框，貼至上層 ❺。

❺
MILD
Craft Beer
MADE in JAPAN
BRAND
BREWERY
DATE
ABV

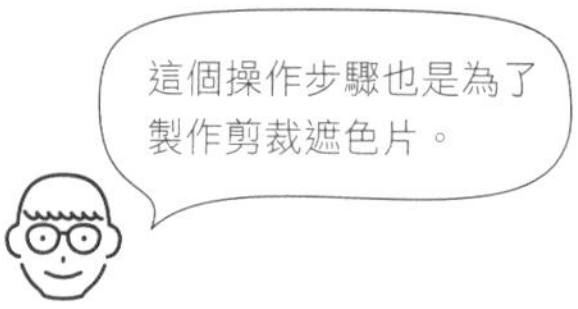
這個操作步驟也是為了製作剪裁遮色片。

6 將排列順序移至最上層後 ❻，選取所有物件，按右鍵執行「製作剪裁遮色片」命令 ❼。

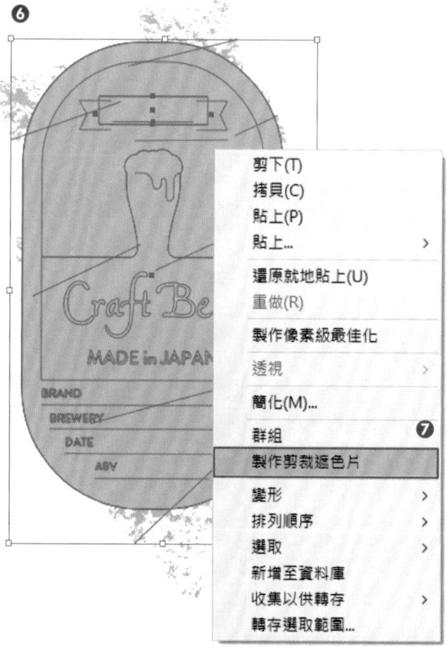
❻
Craft Be
MADE in JAPAN
BRAND
BREWERY
DATE
ABV
剪下(T)
拷貝(C)
貼上(P)
貼上...
還原就地貼上(U)
重做(R)
製作像素級最佳化
透視
簡化(M)...
群組
❼
製作剪裁遮色片
變形
排列順序
選取
新增至資料庫
收集以供轉存
轉存選取範圍...

\ 完成！/ 完成充滿懷舊風格的標籤。

MILD
Craft Beer
MADE in JAPAN
BRAND
BREWERY
DATE
ABV

CHAPTER 10 LESSON 7

相同

充滿懷舊風格的標籤設計 ②製作各種色彩變化

練習檔案
10-7.ai

統一更改相同的顏色，創造出不一樣的色彩變化。

MILD
DRY
BLACK
Craft Beer
MADE in JAPAN
BRAND
BREWERY
DATE
ABV

這個標籤是由圓角矩形、緞帶、框線、橫線、放射狀線條構成，並且分別設定了填色與筆畫的顏色。執行「選取→相同」命令，可以一次選取起設定了相同填色與筆畫的物件，能把同色物件統一改變成其他顏色。

選取和底層物件相同填色的物件

選取底層物件，再選取設定了相同填色的物件，並在此狀態統一更改顏色。

1. 開啟練習檔案「10-7.ai」，使用「群組選取物件」 選取外側的圓角矩形 ❶。

❶
MILD
Craft Beer
MADE in JAPAN
BRAND
BREWERY
DATE
ABV

這次想從組成群組的物件中，單獨選取圓角矩形，因此使用「群組選取工具」，不過你也可以用「直接選取工具」選取物件。

2 執行「選取→相同→填色顏色」命令 ❷。

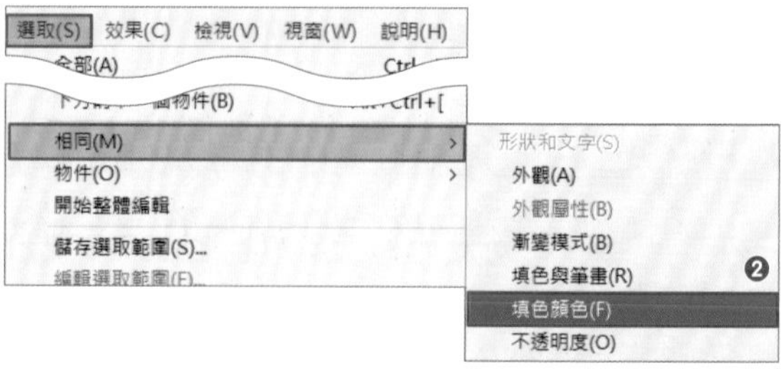

選取(S) 效果(C) 檢視(V) 視窗(W) 說明(H)
全部(A) Ctrl
相同(M)
物件(O)
開始整體編輯
儲存選取範圍(S)...
編輯選取範圍(E)...
形狀和文字(S)
外觀(A)
外觀屬性(B)
漸變模式(B)
填色與筆畫(R)
❷
填色顏色(F)
不透明度(O)

3 這樣會選取所有設定了相同填色的物件 ❸，在此狀態將填色更改成 C=40 M=13 Y=30 K=0 ❹。

❸ ❹

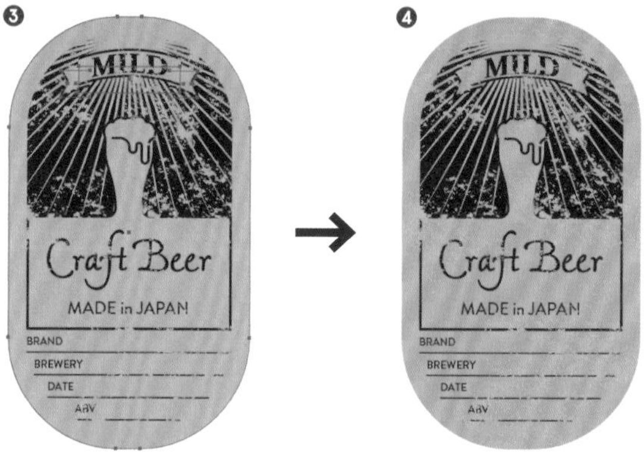

MILD
Craft Beer
MADE in JAPAN
BRAND
BREWERY
DATE
ABV

4 同樣使用「群組選取工具」選取想更改顏色的物件，調整相同的顏色或填色。如果想選取同色的筆畫，請執行「選取→相同→筆畫顏色」命令。

❺ 深紅色填色更改成 C=80 M=50 Y=70 K=0

❻ 粉紅色筆畫更改成 C=40 M13 Y=30 K=0

❼ 深紅色筆畫更改成 C=80 M=50 Y=70 K=0

❺

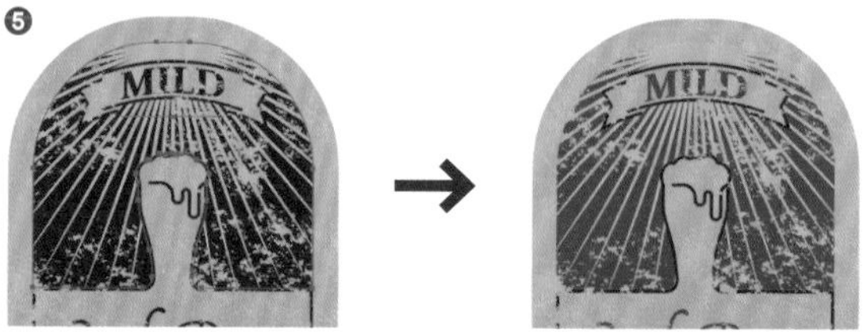

MILD

❻

MILD
Craft Beer
MADE in JAPAN
BRAND
BREWERY
DATE
ABV

❼

MILD
Craft Beer
MADE in JAPAN
BRAND
BREWERY
DATE
ABV

完成！ 請隨意更改顏色，製作出你喜歡的類型。

CHAPTER 10 LESSON 8

重複

利用「重複」功能快速完成裝飾框

練習檔案 10-8.ai

這個單元將製作包圍文字的圓形裝飾框。變成重複物件後，就可以有效率地製作或編輯物件。

NATURAL
FRAME
DESIGN

這是不使用素材，自行製作裝飾框的技巧。

如上面範例所示，使用重複功能，可以輕易重複相同物件，排列成圓形。請製作一個充滿植物風格的物件，再將其變成重複物件。

製作葉子

先製作葉子當作重複物件的雛形。重疊兩個正圓形，利用路徑管理員剪裁成葉子的形狀。

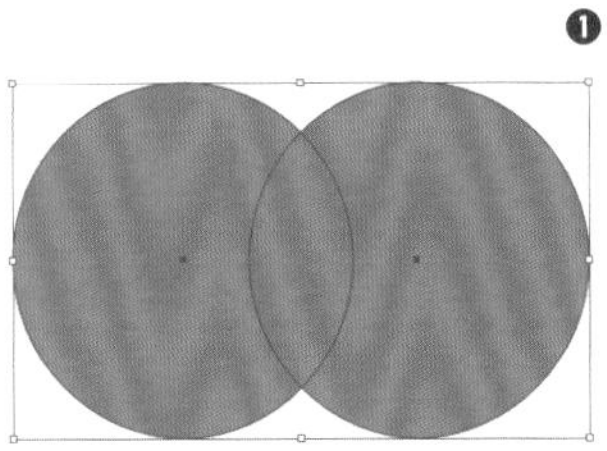

1. 開啟練習檔案「10-8.ai」，繪製兩個正圓形，依照右圖疊在一起，再選取這兩個物件 ❶。

(2) 按一下「路徑管理員」面板中的「交集」❷，製作出葉子形狀的物件 ❸。

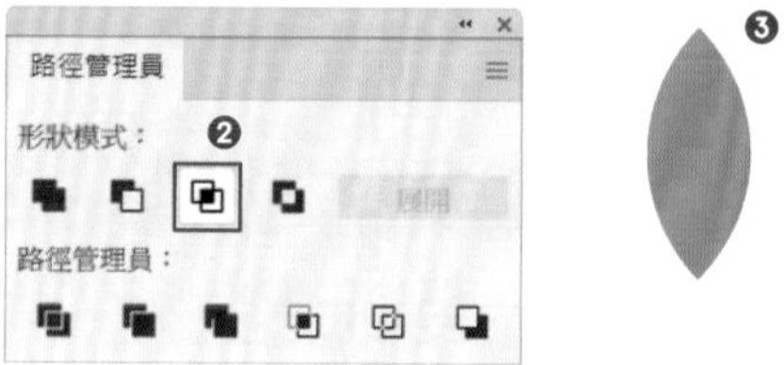
路徑管理員
形狀模式：
❷
擴展
路徑管理員：
❸

將葉子物件重複排列成圓形

使用重複功能將葉子排成圓形。

(1) 選取剛才製作的葉子物件，執行「物件→重複→放射狀」命令 ❶。

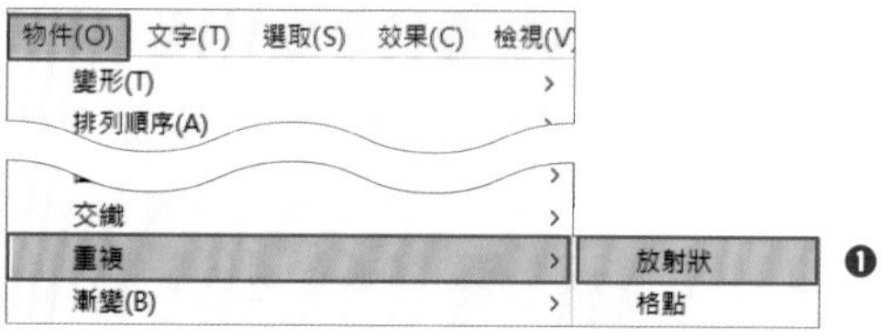
物件(O)
文字(T)
選取(S)
效果(C)
檢視(V)
變形(T)
排列順序(A)
交織
重複
漸變(B)
放射狀
格點
❶

(2) 套用「重複」，建立重複物件。

在選取重複物件的狀態，執行「物件→重複→選項」命令 ❷。

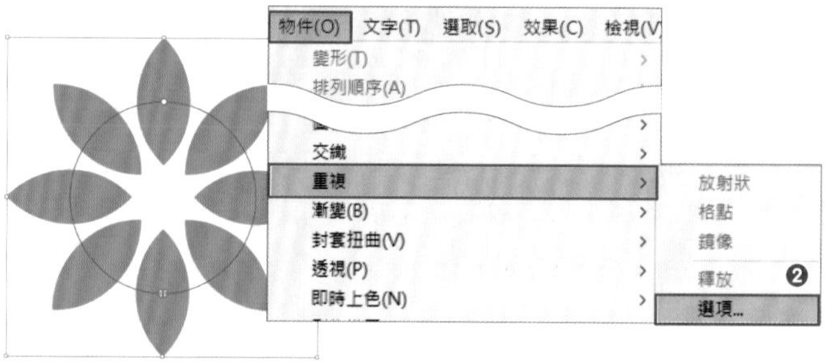
物件(O)
文字(T)
選取(S)
效果(C)
檢視(V)
變形(T)
排列順序(A)
交織
重複
漸變(B)
封套扭曲(V)
透視(P)
即時上色(N)
放射狀
格點
鏡像
釋放
選項...
❷

(3) 開啟「重複選項」對話視窗，「例項數」設定為「20」❸，「半徑」設定為「45mm」❹，按下「確定」鈕 ❺。

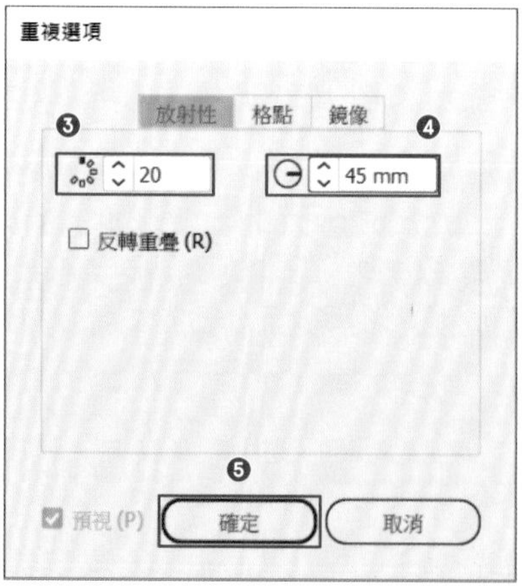
重複選項
放射性
格點
鏡像
❸
20
❹
45 mm
反轉重疊 (R)
❺
預視 (P)
確定
取消

「例項數」可以設定重複次數，「半徑」可以設定重複物件的圓形大小。

\ 完成！/ 製作出重複物件。

接著要編輯重複物件。

編輯重複物件

對重複物件執行的變更操作會套用在所有重複物件上。先縮小物件，再調整葉子的數量及裝飾，將葉子排成更像裝飾的模樣。

1. 使用「選取工具」▶ 在其中一片葉子上按兩下，即可進行編輯。這次在正中央最上方的葉子按兩下 ❶，確認工作區域左上方顯示了「放射狀重複」❷。

圖層 1
<放射狀重複>

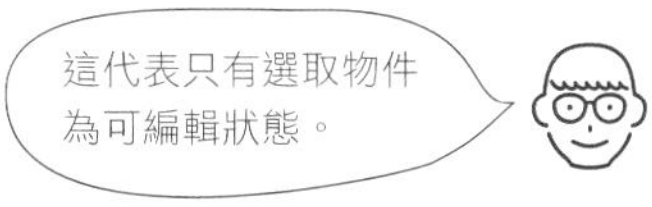
這代表只有選取物件為可編輯狀態。

2. 拖曳邊框左上方的錨點，縮小葉子 ❸，其他葉子也會同步縮小。

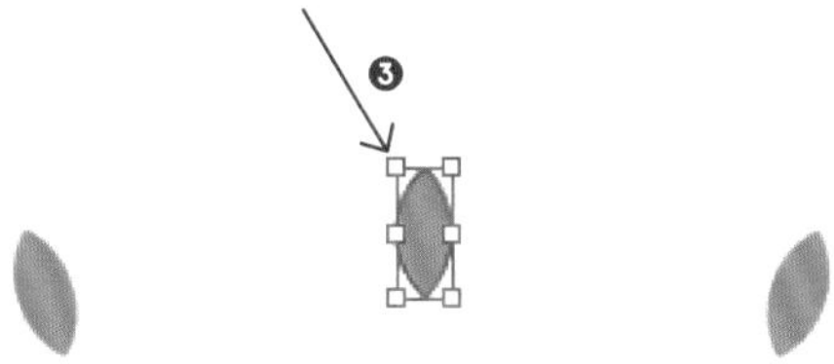

3. 接著增加葉子的數量並旋轉，加上莖與裝飾。

拷貝葉子物件 ❹，將原本的葉子旋轉 -45°，拷貝後的葉子旋轉 -125°，再把葉子放在相對位置並錯開 ❺。

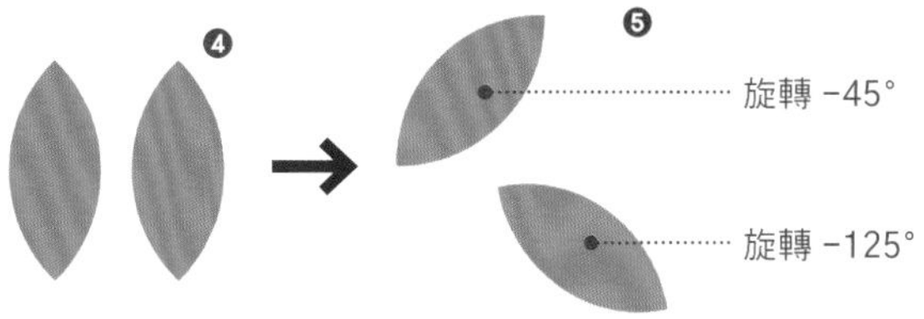
旋轉 -45°
旋轉 -125°

還差一步！

4 使用「鉛筆工具」✏️繪製兩條線當作莖部 ❻ ❼。選取這兩條線 ❽，將「筆畫」面板中的「寬度」設定為「2pt」❾，「描述檔」設定為「寬度描述檔 1」❿，筆畫顏色設定為 C=60 M=10 Y=60 K=0。

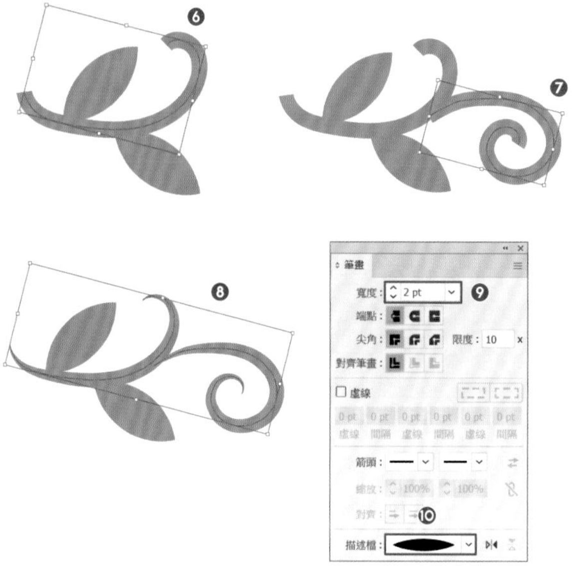

❻
❼
❽
筆畫
寬度：2 pt ❾
端點：
尖角：
限度：10
對齊筆畫：
虛線
箭頭：
縮放：100% 100%
對齊：❿
描述檔：

5 在兩個莖部的前端繪製正圓形 ⓫，接著在四周加上黃色正圓形，製作出花朵般的效果 ⓬。

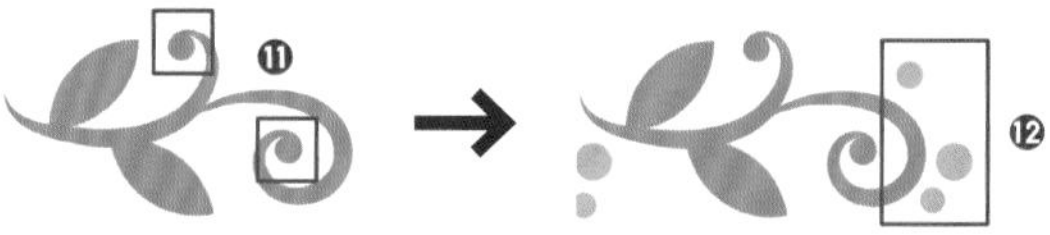

⓫
⓬

6 編輯完畢，在空白處按兩下 ⓭，取消編輯狀態。

⓭

完成！ 在所有物件套用編輯結果，完成花環般的裝飾，請搭配文字素材一起使用。

NATURAL
FRAME
DESIGN

更多 進階知識！

● 重複的種類

放射狀
製作出圓形的重複物件。

格點
製作出格狀的重複物件。

鏡像
翻轉物件，製作成重複物件。

● 直覺編輯重複物件
拖曳選取重複物件時顯示的錨點，可以調整大小、角度、例項數等。請試著用滑鼠操作調整。

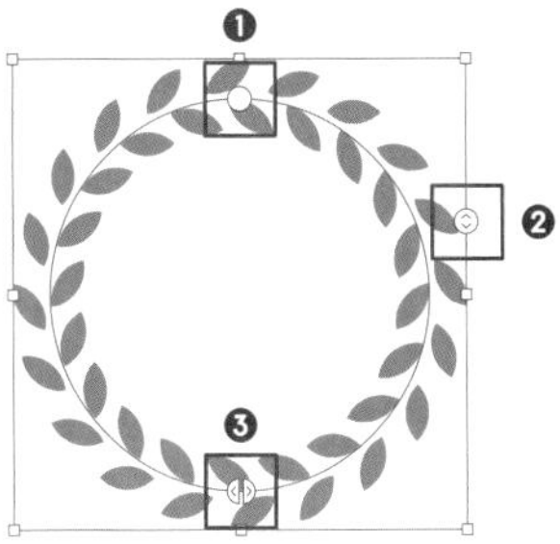

放射狀
❶ 拖曳 ◯ 可以調整圓形大小與角度。

❷ 上下拖曳 可以調整「例項數」。

❸ 拖曳 可以決定重複物件的起點與終點。

只顯示從這裡到
這裡的範圍

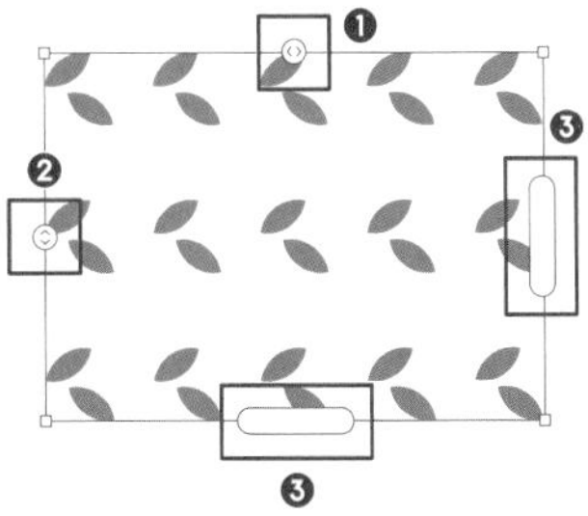

格點
❶ 左右拖曳 ，可以調整水平間距。

❷ 上下拖曳 ，可以調整垂直間距。

❸ 拖曳 ，可以分別調整重複物件的水平、垂直顯示範圍。

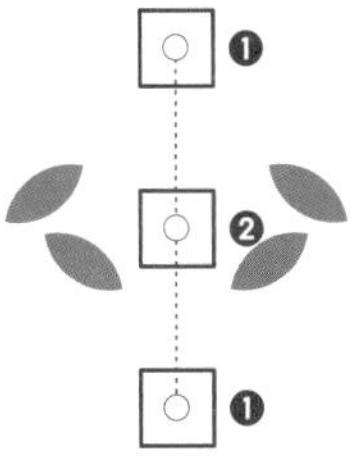

鏡射
❶ 往左右傾斜、旋轉上下錨點，可以調整翻轉角度。

❷ 上下拖曳正中央的錨點，可以調整旋轉時的支點。

CHAPTER 10 LESSON 9

路徑管理員 # 圖樣筆刷 # 效果

製作各種對話框

練習檔案
10-9.ai

這個單元要製作出現在漫畫中的各種對話框。除了漫畫之外，設計作品時，也常用到對話框。

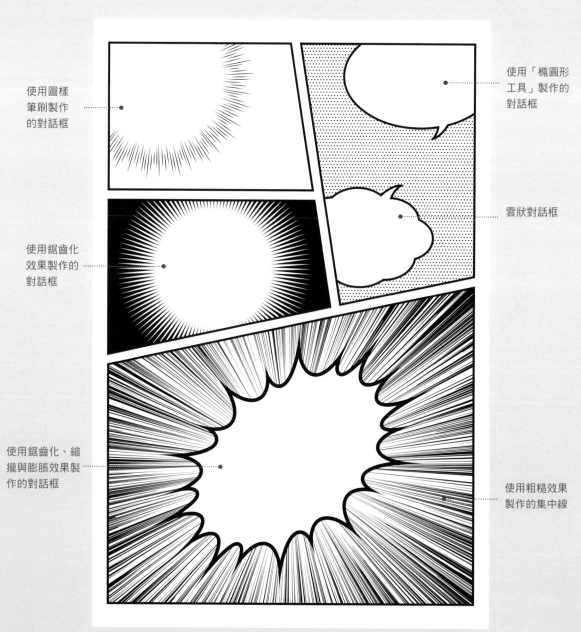

使用圖樣筆刷製作的對話框
使用「橢圓形工具」製作的對話框
雲狀對話框
使用鋸齒化效果製作的對話框
使用鋸齒化、縮攏與膨脹效果製作的對話框
使用粗糙效果製作的集中線

和實際的漫畫一樣，分別在格內繪製對話框。先完成對話框，再使用剪裁遮色片放入漫畫格內。

這次只製作對話框。

使用「橢圓形工具」製作的對話框

以下將使用「橢圓形工具」製作出標準的對話框。

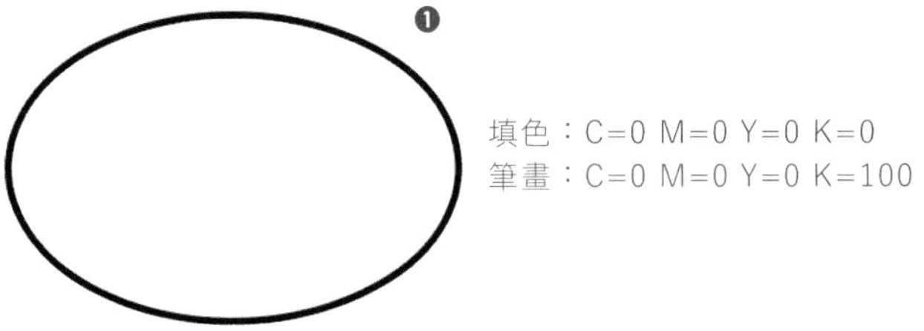
❶
填色：C=0 M=0 Y=0 K=0
筆畫：C=0 M=0 Y=0 K=100

1. 使用「橢圓形工具」 繪製任意大小的橢圓形 ❶。

2. 使用「鋼筆工具」 在橢圓形下方繪製對話框的突起部分 ❷。

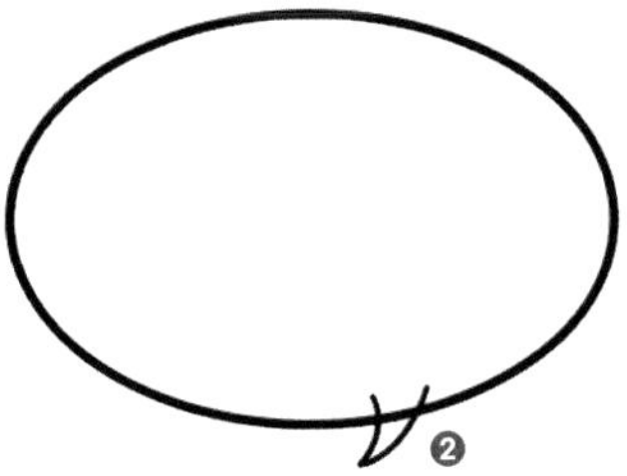
❷

繪製物件時，請讓橢圓形與突起部分交疊。

3. 選取橢圓形與突起部分 ❸，按一下「路徑管理員」面板中的「聯集」❹，合併兩個物件。

路徑管理員 ➡ 60 頁

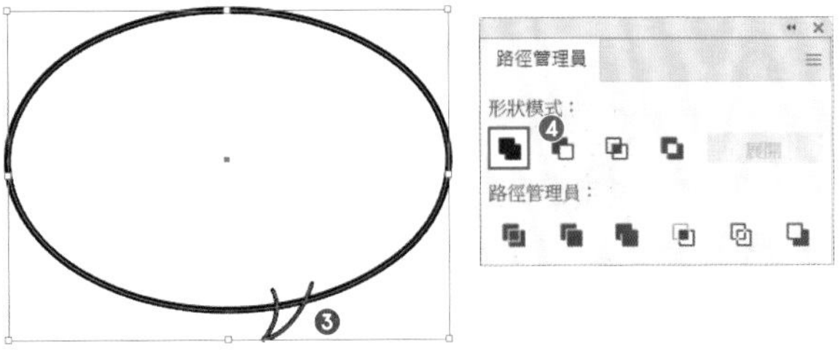
❸
路徑管理員
形狀模式：
❹
路徑管理員：

完成！ 利用橢圓形製作出標準對話框。

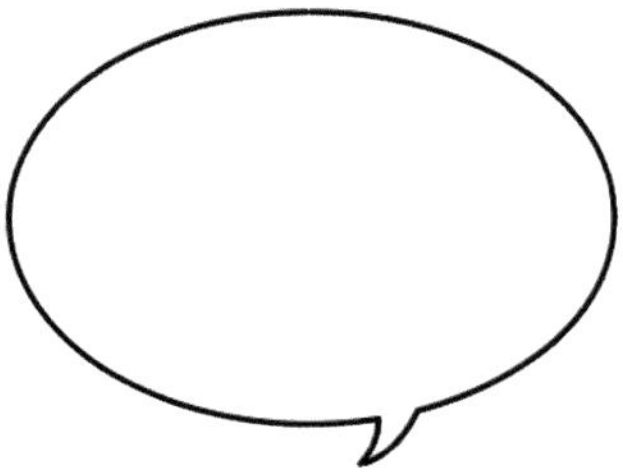

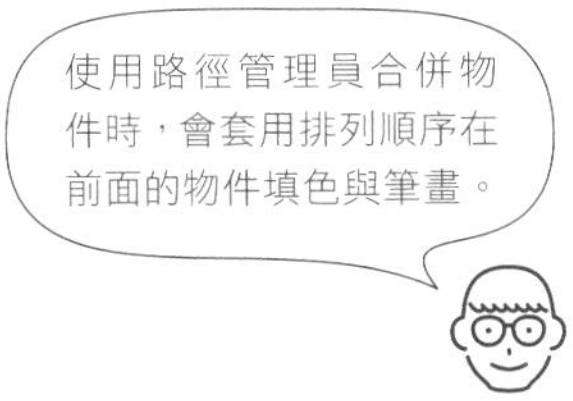
使用路徑管理員合併物件時，會套用排列順序在前面的物件填色與筆畫。

重點提示

不使用路徑管理員合併物件

你也可以不使用路徑管理員合併物件。只要將突起部分的填色設定成和橢圓形一樣，再疊放在橢圓形上方即可。

使用「橢圓形工具」製作雲狀對話框

利用和前面一樣的對話框製作技巧，製作如白雲般的蓬鬆對話框。

❶ 填色：C=0 M=0 Y=0 K=0
筆畫：C=0 M=0 Y=0 K=100
寬度：3pt

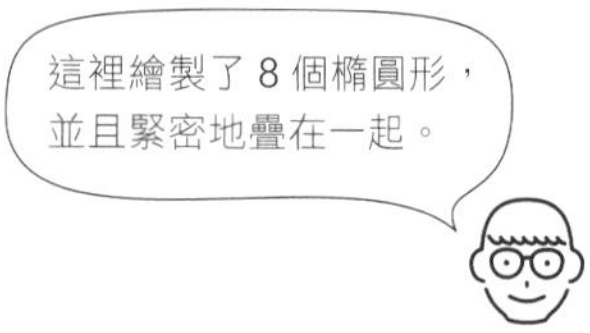
這裡繪製了 8 個橢圓形，並且緊密地疊在一起。

1. 使用「橢圓形工具」 繪製多個任意大小的橢圓形 ❶。

2. 使用「鋼筆工具」 在橢圓形上方繪製突起部分 ❷。

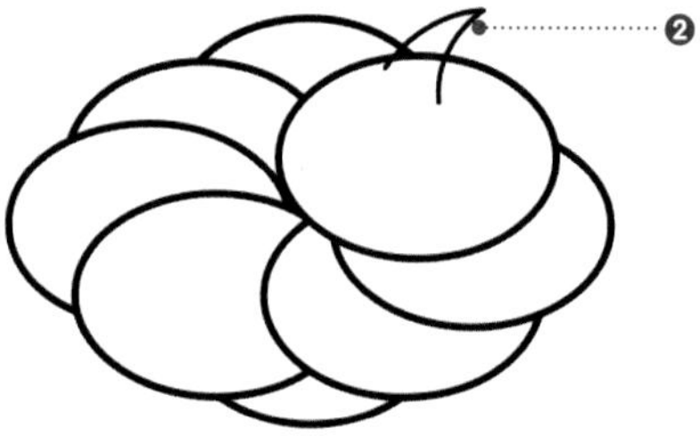
❷

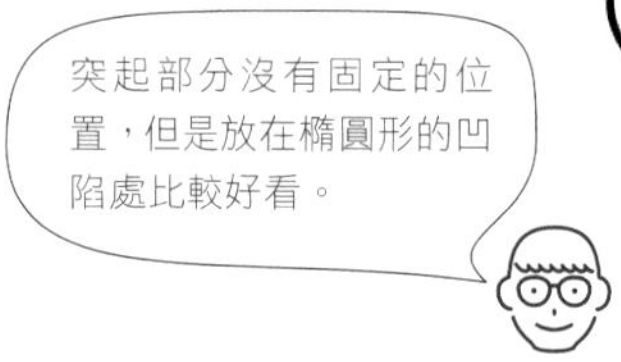
突起部分沒有固定的位置，但是放在橢圓形的凹陷處比較好看。

3. 選取全部的橢圓形與突起部分 ❸，按一下「路徑管理員」面板的「聯集」❹。

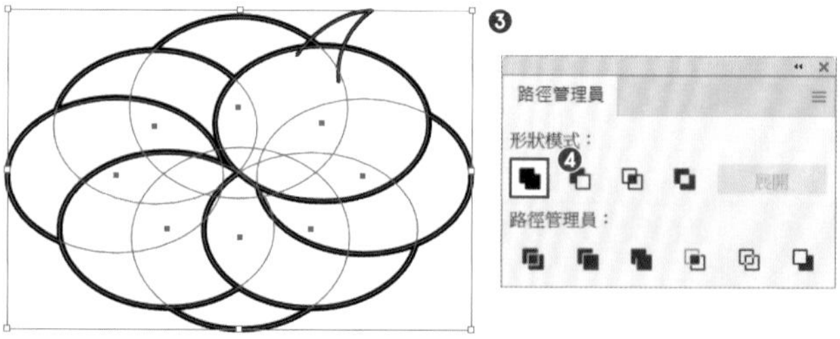
❸
路徑管理員
形狀模式：
❹
路徑管理員：

＼完成！／ 使用橢圓形製作出雲狀對話框。

重點提示

無法確認橢圓形是否呈現蓬鬆狀態

筆畫設定為黑色的橢圓形很難預料最後的蓬鬆效果，請設定填色，把筆畫改成無，再重疊橢圓形，比較容易想像最後的結果。

使用圖樣筆刷製作對話框

接下來要利用圖樣筆刷製作放射狀對話框。

① 使用「鋼筆工具」 繪製長度不一、橫向排列的垂直線 ❶。

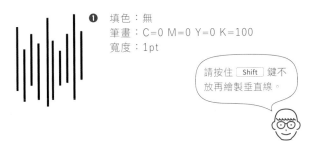

❶ 填色：無
筆畫：C=0 M=0 Y=0 K=100
寬度：1pt

請按住 Shift 鍵不放再繪製垂直線。

② 選取所有垂直線 ❷，在「筆畫」面板的「描述檔」選取「寬度描述檔 1」❸。

❷
筆畫
寬度：1 pt
端點：
尖角：
限度：10
對齊筆畫：
虛線
0 pt 0 pt 0 pt 0 pt 0 pt 0 pt
虛線 間隔 虛線 間隔 虛線 間隔
箭頭：
縮放：100% 100%
對齊：
❸
描述檔：

③ 開啟「筆刷」面板，選取剛才繪製的所有垂直線，拖曳到「筆刷」面板中放開 ❹。

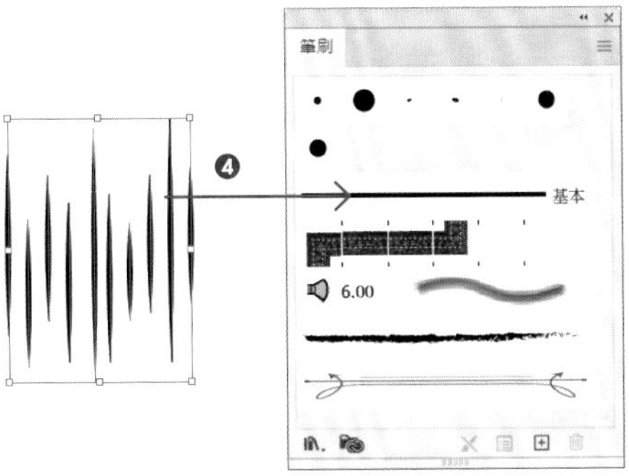
❹
筆刷
基本
6.00

④ 開啟「新增筆刷」對話視窗，選取「圖樣筆刷」❺，按下「確定」鈕 ❻。

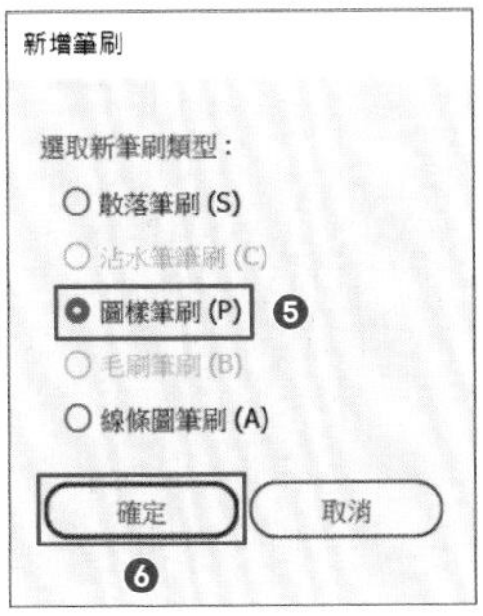
新增筆刷
選取新筆刷類型：
散落筆刷 (S)
沾水筆筆刷 (C)
圖樣筆刷 (P)
❺
毛刷筆刷 (B)
線條圖筆刷 (A)
確定
取消
❻

5 開啟「圖樣筆刷選項」對話視窗，「間距」設定為「6%」❼，按下「確定」鈕❽。

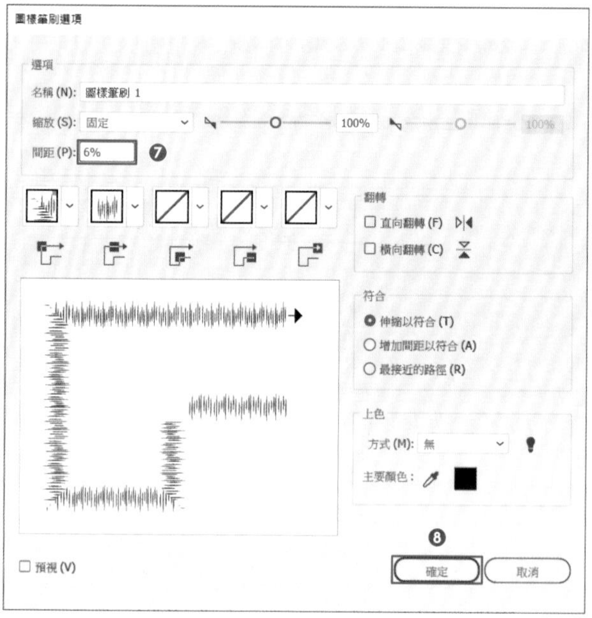

圖樣筆刷選項
選項
名稱 (N): 圖樣筆刷 1
縮放 (S): 固定
100%
100%
間距 (P): 6%
❼
翻轉
直向翻轉 (F)
橫向翻轉 (C)
符合
伸縮以符合 (T)
增加間距以符合 (A)
最接近的路徑 (R)
上色
方式 (M): 無
主要顏色：
預視 (V)
❽
確定
取消

重點提示

何謂圖樣筆刷的「間距」?

圖樣筆刷可以重複製作已經儲存的物件，「間距」能設定物件的起點與終點的間隔。

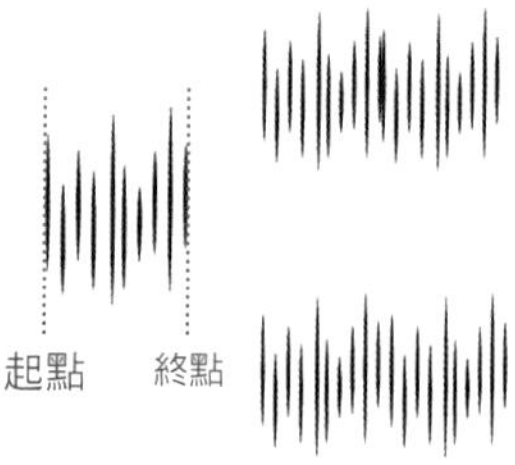

起點
終點

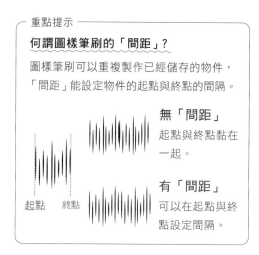

無「間距」
起點與終點黏在一起。

有「間距」
可以在起點與終點設定間隔。

6 使用「橢圓形工具」 繪製正圓形❾，在選取正圓形的狀態，於「筆刷」面板中，按一下剛才儲存的圖樣筆刷❿。

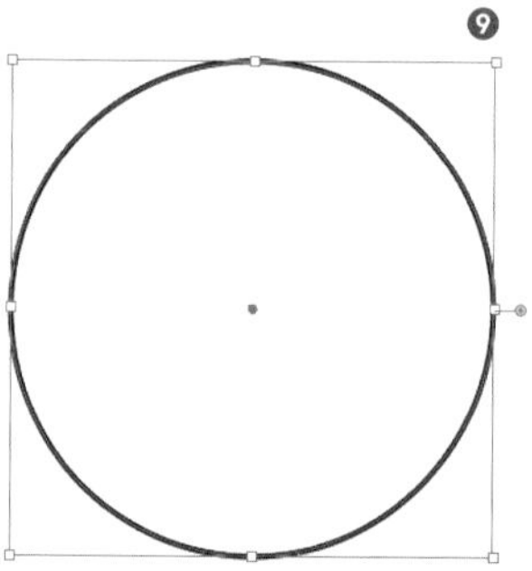

❾

填色：C=0 M=0 Y=0 K=0
筆畫：C=0 M=0 Y=0 K=100
寬度：1pt

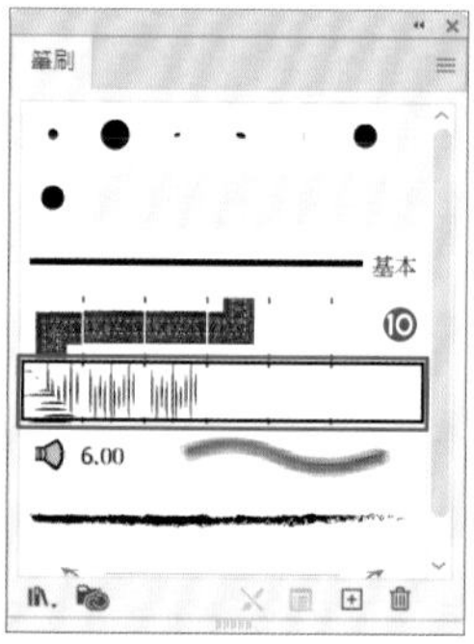

筆刷
基本
❿
6.00

完成！ 在正圓形套用圖樣筆刷，製作出放射狀的對話框。

更改圓形大小或筆畫寬度，可以調整線條的長度與對話框大小。右邊完成結果的筆畫寬度為 0.5pt，圓形大小約為 58mm。

利用效果製作對話框

接下來要試著用效果製作對話框。

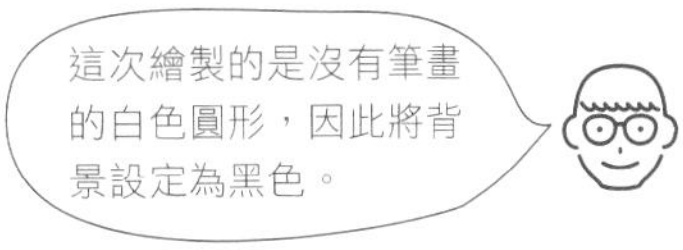
這次繪製的是沒有筆畫的白色圓形，因此將背景設定為黑色。

① 使用「橢圓形工具」 繪製 75mm × 75mm 的正圓形❶，執行「效果→扭曲與變形→鋸齒化」命令❷。

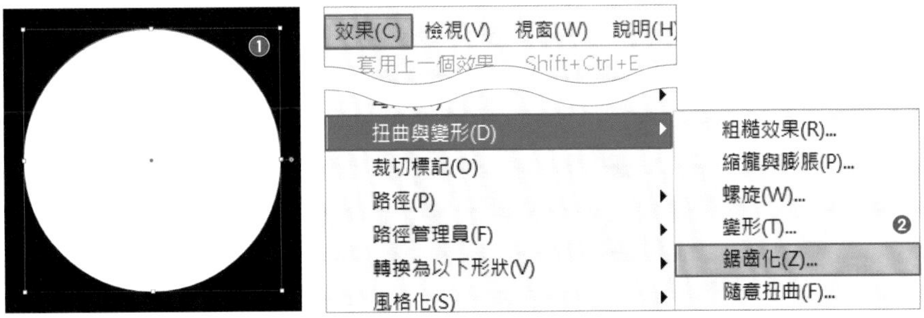
❶
效果(C) 檢視(V) 視窗(W) 說明(H)
套用上一個效果 Shift+Ctrl+E
扭曲與變形(D)
裁切標記(O)
路徑(P)
路徑管理員(F)
轉換為以下形狀(V)
風格化(S)
粗糙效果(R)...
縮攏與膨脹(P)...
螺旋(W)...
變形(T)...
鋸齒化(Z)...
隨意扭曲(F)...
❷

填色：C=0 M=0 Y=0 K=0
筆畫：無

② 開啟「鋸齒化」對話視窗，「尺寸」設定為「10mm」❸，「各區間的鋸齒數」設定為「60」❹，確認「點」設定為「尖角」❺，按下「確定」鈕❻。

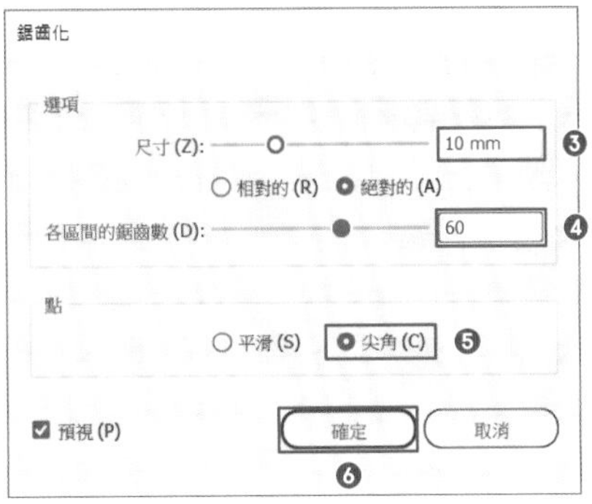
鋸齒化
選項
尺寸 (Z):
10 mm
❸
相對的 (R) 絕對的 (A)
各區間的鋸齒數 (D):
60
❹
點
平滑 (S) 尖角 (C)
❺
預視 (P)
確定
取消
❻

完成！ 在正圓形套用鋸齒化效果，製作出鋸齒數量密集的對話框。

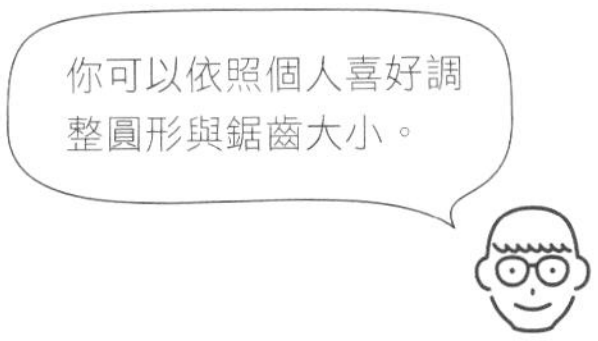
你可以依照個人喜好調整圓形與鋸齒大小。

製作爆炸式對話框

這次要利用鋸齒化、縮攏與膨脹的效果，製作出爆炸式對話框。

① 使用「橢圓形工具」 繪製 110mm × 110mm 的正圓形❶。

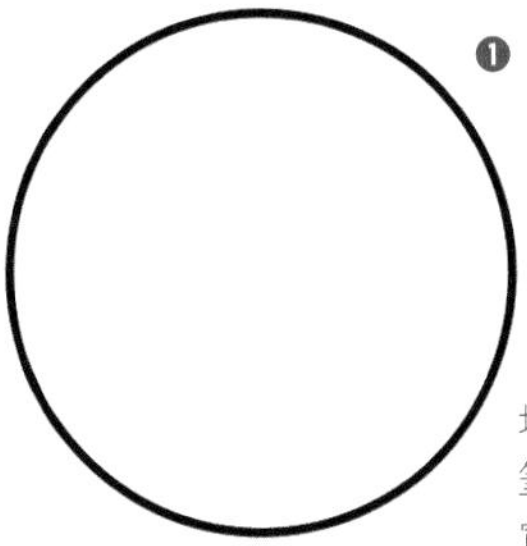
❶

填色：C=0 M=0 Y=0 K=0
筆畫：C=0 M=0 Y=0 K=100
寬度：5pt

② 選取剛才繪製的正圓形，和上一頁的步驟①～② 一樣，套用「鋸齒化」效果。

這次「尺寸」設定為「4mm」,「各區間的鋸齒數」設定為「4」❷。

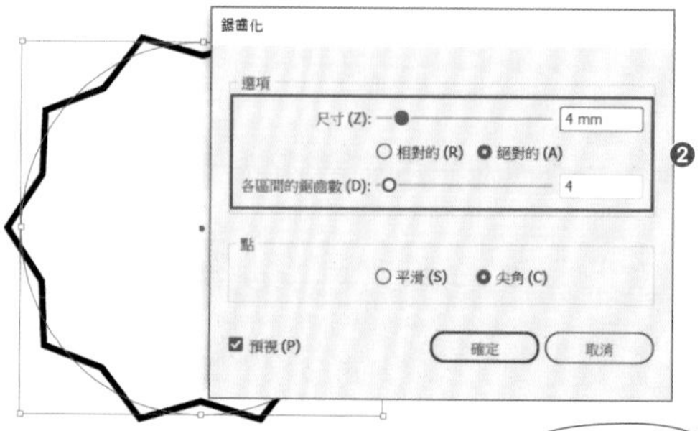

鋸齒化
選項
尺寸 (Z):
4 mm
相對的 (R)
絕對的 (A)
各區間的鋸齒數 (D):
4
❷
點
平滑 (S)
尖角 (C)
預視 (P)
確定
取消

③ 選取套用了鋸齒化的正圓形 ❸，執行「效果→扭曲與變形→縮攏與膨脹」命令 ❹。

請試著設定
各種數值。

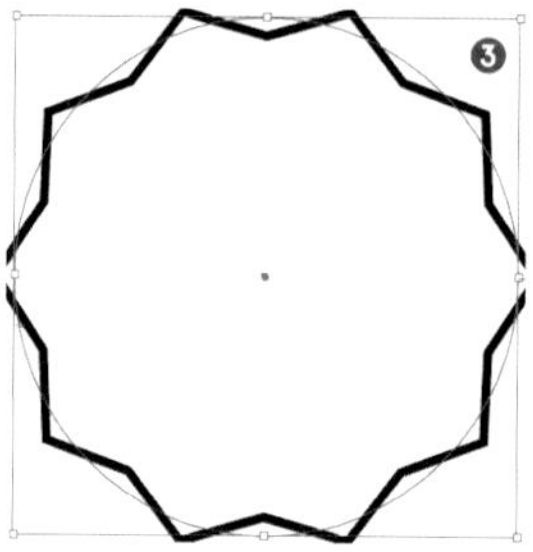

❸

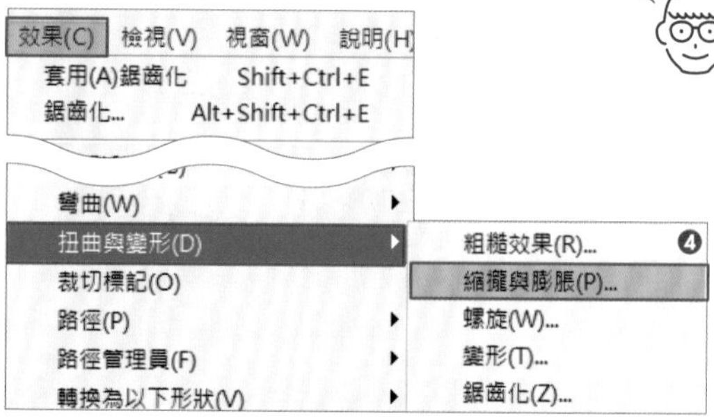

效果(C)
檢視(V)
視窗(W)
說明(H)
套用(A)鋸齒化
Shift+Ctrl+E
鋸齒化...
Alt+Shift+Ctrl+E
彎曲(W)
扭曲與變形(D)
裁切標記(O)
路徑(P)
路徑管理員(F)
轉換為以下形狀(V)
粗糙效果(R)...
❹
縮攏與膨脹(P)...
螺旋(W)...
變形(T)...
鋸齒化(Z)...

④ 開啟「縮攏與膨脹」對話視窗，在輸入欄設定「-30%」❺，按下「確定」❻。

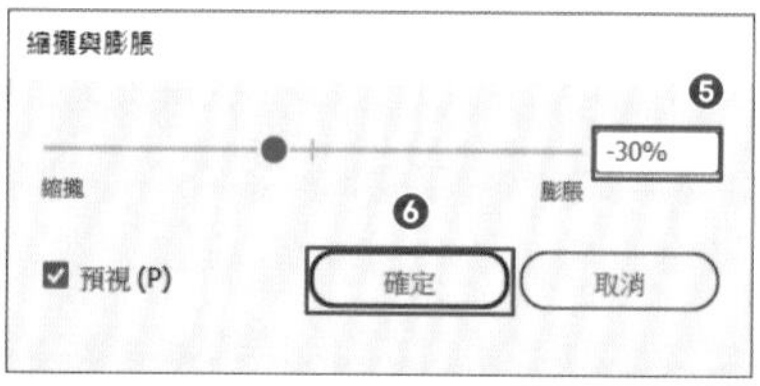

縮攏與膨脹
❺
-30%
縮攏
膨脹
❻
預視 (P)
確定
取消

⑤ 確認已經選取了套用效果的圓形 ❼，使用「傾斜工具」往右拖曳傾斜物件 ❽。

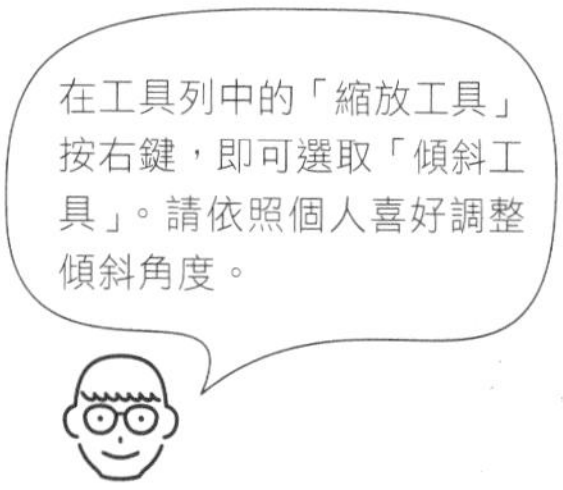

在工具列中的「縮放工具」按右鍵，即可選取「傾斜工具」。請依照個人喜好調整傾斜角度。

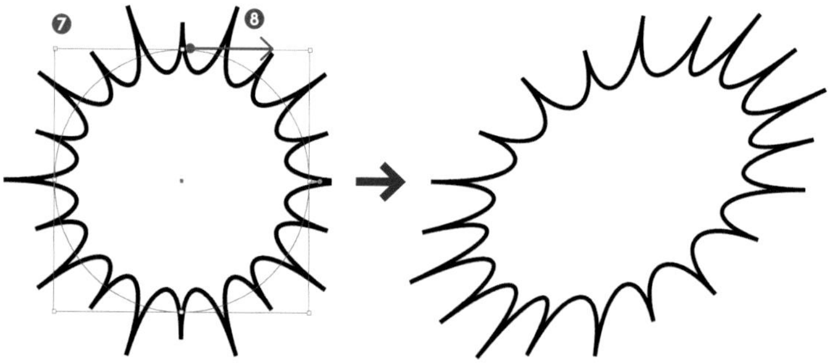

❼
❽

＼完成！／ 製作出套用「鋸齒化」與「縮攏與膨脹」兩種效果的對話框。

將筆畫位置對齊內側，可以讓前端變尖。

端點形狀 ➡ 94 頁

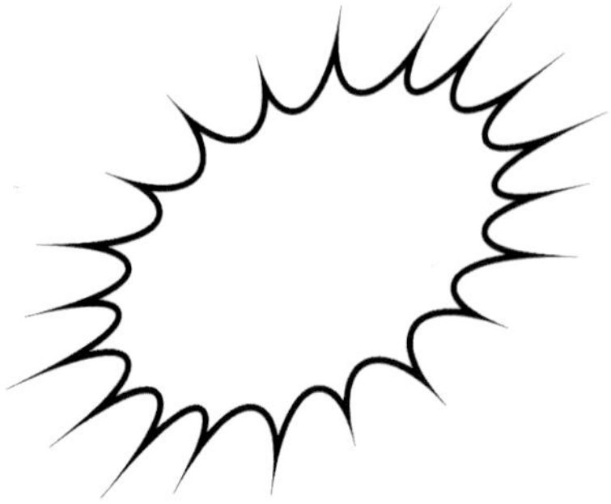

重點提示

製作集中線

變形路徑可以輕易製作出集中線。在黑色矩形上繪製白色正圓形 ❶，執行「效果→扭曲與變形→粗糙效果」命令，開啟對話視窗，設定筆畫尺寸與粗細 ❷，按下「確定」鈕 ❸，製作出集中線 ❹，與對話框重疊，效果更好 ❺。

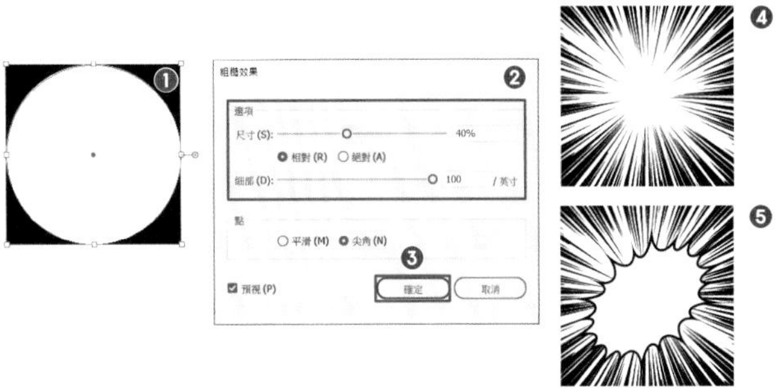
❶
❷
粗糙效果
選項
尺寸 (S): 40%
相對 (R) 絕對 (A)
細部 (D): 100 / 英寸
點
平滑 (M) 尖角 (N)
❸
預視 (P)
確定
取消
❹
❺

把對話框放入漫畫格內

將剛才製作的對話框放入漫畫格內，製作剪裁遮色片，即可完成漫畫風格的設計。

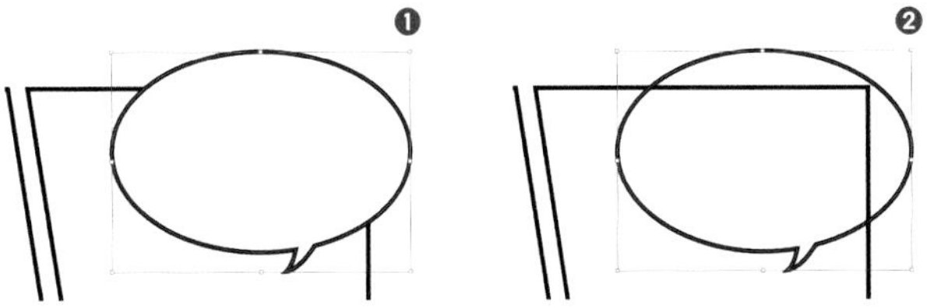
❶
❷

還差一步！

① 開啟練習檔案「10-9.ai」，貼上剛才製作的對話框 ❶，移動到漫畫格的下層 ❷。

② 拷貝漫畫格 ❸。

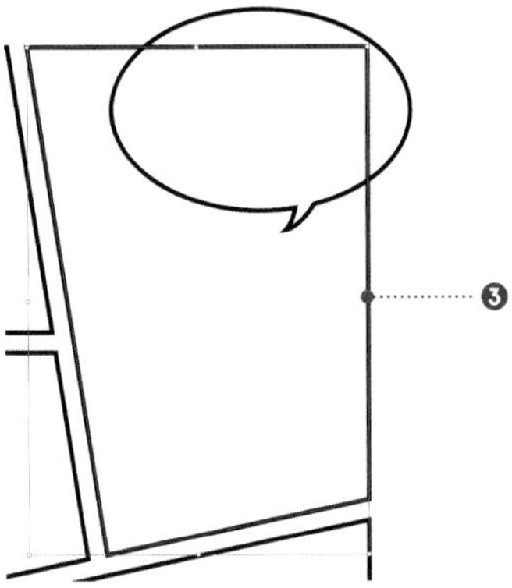
❸

最後會用到這裡
拷貝的漫畫格。

③ 選取漫畫格與對話框 ❹，製作剪裁遮色片 ❺。

製作剪裁遮色片 ➡ 180 頁

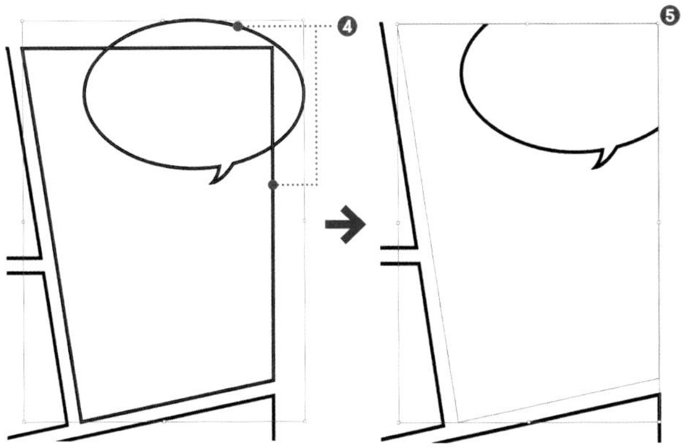
❹
❺

製作剪裁遮色片之後，上層物
件就會消失，必須把步驟 ②
拷貝的漫畫格貼在相同位置。

\ 完成！/ 按下 Ctrl + F 鍵，在相同位置貼上剛才拷貝的漫畫格就完成了 ❻。

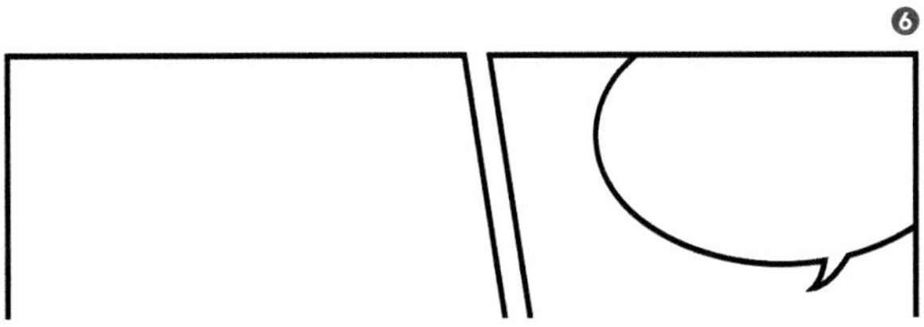
❻

COLUMN

必備的基本排版知識 ③

思考排版時，「留白」很重要。留白可以讓設計看起來乾淨俐落、一目瞭然。記住基本的留白用法之後，也請試著挑戰其他的留白運用方法，讓設計變得更吸引人。

● 上下左右留白

沒有留白的設計非常擁擠，也很難傳達內容。請重視易讀性，注意整體的留白以及方塊內輸入文字時的留白等，完成清爽舒適的設計。

在方塊內塞滿文字，或左右、上下的留白不平均，都是錯誤的做法。

○

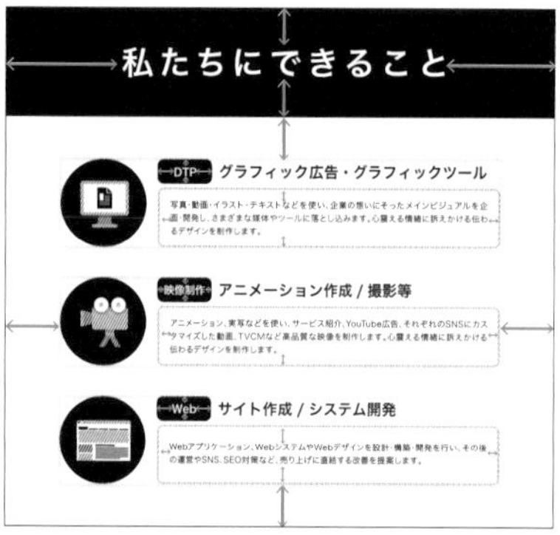
私たちにできること
DTP グラフィック広告・グラフィックツール
映像制作 アニメーション作成 / 撮影等
Web サイト作成 / システム開発

×

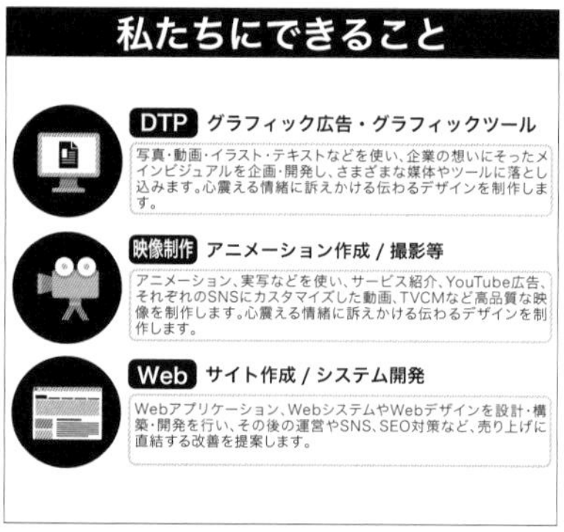
私たちにできること
DTP グラフィック広告・グラフィックツール
写真・動画・イラスト・テキストなどを使い、企業の想いにそったメインビジュアルを企画・開発し、さまざまな媒体やツールに落とし込みます。心震える情緒に訴えかける伝わるデザインを制作します。
映像制作 アニメーション作成 / 撮影等
アニメーション、実写などを使い、サービス紹介、YouTube広告、それぞれのSNSにカスタマイズした動画、TVCMなど高品質な映像を制作します。心震える情緒に訴えかける伝わるデザインを制作します。
Web サイト作成 / システム開発
Webアプリケーション、WebシステムやWebデザインを設計・構築・開発を行い、その後の運営やSNS、SEO対策など、売り上げに直結する改善を提案します。

● 留白的關鍵是重心平衡

只要從中心來看，左右重心可以保持平衡，即使稍微不符合排版的基本原則，也能設計出適當的版面，這是比較偏應用性的技巧，留白也可以成為設計的一部分。

只要重心保持平衡，就算刻意破壞版面，反而能製造出動態感，完成有趣的設計。

sketch
デザイナー
石川 洋平
株式会社スケッチ
103-0026
TEL : 00-0000-0000
Mobile : 000-0000-0000
Mail : y.ishikawa@sketch-inc.jp

デザイナー
石川 洋平
株式会社スケッチ
103-0026
TEL : 00-0000-0000
mobile : 000-0000-0000
y.ishikawa@sketch-inc.jp
managing director
Youhei Ishikawa
sketch Inc.
TEL : 00-0000-0000
mobile : 000-0000-0000
y.ishikawa@sketch-inc.jp
sketch

MORE

提升技巧的實用知識

這裡整理了 Illustrator 常用的快速鍵，
請記住能提高工作效率的快速鍵，徹底掌握 Illustrator 的技巧。

MORE 快速鍵清單

以下將介紹提高 Illustrator 操作效率的快速鍵。

快速鍵的用法

快速鍵是使用電腦的鍵盤執行操作。按下按鍵，即可切換各種功能。部分操作可以按住按鍵並使用滑鼠，或只在按下按鍵的期間才能執行。

※ 這裡以 Windows 的按鍵為主，Mac 的使用者請將 Ctrl 取代成 ⌘，Alt 取代成 option，例外的部分以（）表示。
※ 這裡的快速鍵清單是依照選單項目的順序＋建議的順序排序。

● 基本操作的快速鍵

目的	快速鍵操作
新增文件	Ctrl + N
開啟舊檔	Ctrl + O
關閉檔案	Ctrl + W
儲存	Ctrl + S
另存新檔	Ctrl + Shift + S
儲存為網頁用（舊版）	Ctrl + Shift + Alt + S
列印	Ctrl + P
結束	Ctrl + Q

● 編輯的基本快速鍵

目的	快速鍵操作
還原	Ctrl + Z
重做	Ctrl + Shift + Z
剪下	Ctrl + X
拷貝	Ctrl + C
貼上	Ctrl + V
貼至上層	Ctrl + F
貼至下層	Ctrl + B
就地貼上	Ctrl + Shift + V

● 與畫面顯示有關的快速鍵

目的	快速鍵操作
移動畫面	space ＋拖曳
放大 100%	Ctrl + 1
使工作區域符合視窗	Ctrl + 0
暫時切換成「放大鏡工具」	Ctrl + space
暫時切換成「放大鏡工具」（縮小）	Ctrl + Alt + space
縮放游標所在位置	Alt ＋轉動滑鼠滾輪
顯示尺標	Ctrl + R
智慧型參考線	Ctrl + U
製作參考線	Ctrl + 5
釋放參考線	Ctrl + Alt + 5

● 與物件有關的快速鍵

目的	快速鍵操作
選取全部	Ctrl + A
選取多個物件	Shift + 按一下
再次變形	Ctrl + D
置前	Ctrl +]
移至最前	Ctrl + Shift +]
置後	Ctrl + [
移至最後	Ctrl + Shift + [
組成群組	Ctrl + G
解散群組	Ctrl + Shift + G
鎖定	Ctrl + 2
全部解除鎖定	Ctrl + Alt + 2
隱藏	Ctrl + 3
顯示全部文件	Ctrl + Alt + 3
合併路徑	Ctrl + J
以 45 度為單位移動	Shift + 拖曳
文字建立外框	Ctrl + Shift + O
製作剪裁遮色片	Ctrl + 7
釋放解才遮色片	Ctrl + Alt + 7
隱藏邊框	Ctrl + Shift + B
靠齊控制點	Ctrl + Alt + /

● 與繪圖有關的快速鍵

目的	按鍵操作
固定長寬比縮放	Shift + 拖曳
從中心開始繪圖	Alt + 拖曳
在填色與筆畫之間切換	X
預設填色與筆畫	D
切換填色與筆畫	Shift + X

● 切換工具的快速鍵

目的	快速鍵操作
選取工具	V
直接選取工具	A
鋼筆工具	P
文字工具	T
觸控文字工具	Shift + T
線段區段工具	/
矩形工具	M
橢圓形工具	L
筆刷工具	B
點滴筆刷工具	Shift + B
鉛筆工具	N
橡皮擦工具	Shift + E
剪刀工具	C
旋轉工具	R
鏡射工具	O
縮放工具	S
任意變形工具	E
漸層工具	G
檢色滴管工具	I
手形工具	H
放大鏡工具	Z

超迷人 Illustrator 入門美學 (CC 適用)

作　　者：石川 洋平 / 清水 建次 / 堀內 良太
文字設計：木村由紀（MdN Design）
製　　作：柏倉真理子
設計團隊：高橋結花 / 鈴木 薰
協力編輯：小枝祐基
編　　輯：浦上諒子
副 主 編：田淵 豪
主　　編：藤井貴志
譯　　者：吳嘉芳
企劃編輯：江佳慧
文字編輯：江雅鈴
設計裝幀：張寶莉
發 行 人：廖文良

發 行 所：碁峰資訊股份有限公司
地　　址：台北市南港區三重路 66 號 7 樓之 6
電　　話：(02)2788-2408
傳　　真：(02)8192-4433
網　　站：www.gotop.com.tw
書　　號：ACU085500
版　　次：2023 年 12 月初版
建議售價：NT$580

國家圖書館出版品預行編目資料

超迷人 Illustrator 入門美學(CC 適用) / 石川洋平, 清水健次, 堀內良太原著；吳嘉芳譯. -- 初版. -- 臺北市：碁峰資訊, 2023.12
面；　公分
ISBN 978-626-324-693-5(平裝)
1.CST：Illustrator(電腦程式)　2.CST：電腦繪圖
312.49I38　　112020233